水文水资源及水环境论文集

王正发◎著

河海大學出版社
HOHAI UNIVERSITY PRESS
·南京·

图书在版编目(CIP)数据

水文水资源及水环境论文集 / 王正发著. -- 南京 ：
河海大学出版社，2024.5
ISBN 978-7-5630-8966-6

Ⅰ. ①水… Ⅱ. ①王… Ⅲ. ①水文学—文集②水资源
管理—文集③水环境—文集 Ⅳ. ①P33-53
②TV213.4-53③X143-53

中国国家版本馆 CIP 数据核字(2024)第 091502 号

书　　名 水文水资源及水环境论文集
书　　号 ISBN 978-7-5630-8966-6
责任编辑 龚　俊
特约编辑 梁顺弟　卞月眉
特约校对 丁寿萍　许金凤
装帧设计 徐娟娟
出版发行 河海大学出版社
地　　址 南京市西康路 1 号(邮编:210098)
电　　话 (025)83737852(总编室)　(025)83722833(营销部)
(025)83787600(编辑室)
经　　销 江苏省新华发行集团有限公司
排　　版 南京布克文化发展有限公司
印　　刷 广东虎彩云印刷有限公司
开　　本 787 mm×1092 mm　1/16
印　　张 22
字　　数 526 千字
版　　次 2024 年 5 月第 1 版
印　　次 2024 年 5 月第 1 次印刷
定　　价 120.00 元

序一

这本专著是作者从业 34 年技术论文及专业总结的汇编，凝聚了作者长期对专业领域技术问题的探索精神，作者及时总结自己的技术成果，完成了这样一部高水平技术专著，实属难能可贵。应作者之邀，请我作序，我欣然同意。

我和作者是同龄人，都在电建设计院系统工作了 30 多年，2016 年 3 月之前，因专业和从事的工作不同，我和作者在工作上没有交集，也不认识作者，可以说对作者是一无所知。2016 年 1 月—3 月，我俩都因响应电建集团号召，为了共同的目标，不约而同地从电建集团不同单位来到深圳治理茅洲河，由此结缘。我是受电建集团党委委派，出任电建集团 2015 年 12 月 29 日在深圳新成立的中电建水环境治理技术有限公司(以下简称“电建水环境公司”)的党委书记和副总经理，与公司时任领导班子成员一起负责组建公司，招聘员工。2016 年 3 月作者按集团内部招聘要求来到电建水环境公司应聘，当时，公司急需水文水资源专业领域的技术人才，我面试作者后，当即就同意录用，经公司党委会研究决定，根据作者的专业特长和从业经历聘任其担任公司技术标准部主任。此后，我才逐渐从实际工作中了解、认识、熟悉作者，并成为治水战友。在一起工作的 7 年多时间里，我们一起奋斗，攻克了不少技术难题，共同谱写了茅洲河治水新篇章，在工作中也结下了深厚的友情。

这 7 年多来，随着电建水环境公司从项目公司发展到平台公司，再到电建生态集团公司，公司快速发展壮大，已成为全国水环境治理的领军企业，作者也先后从技术标准部主任岗位，于 2019 年 11 月转岗任电建生态全资子公司深圳国浣检测技术有限公司支部书记，再于 2021 年 4 月转岗任公司技术研发中心总经理，直至 2023 年 1 月改任公司咨询、技术顾问。在和作者一起工作的 7 年多时间里，我作为公司主要领导对作者在各岗位的工作还是比较了解。作者在不同的工作岗位都取得了很好的业绩，在公司技术标准化建设、水质检测 CMA 资质认定、科技创新管理和技术研发等工作方面都作出了重要贡献，给我留下深刻印象的是：作者专业基础扎实，数学、英语、计算机基础都很好，工作踏实，认真负责，做事不推诿，有钻研精神。我本科是水利建筑工程专业，硕士、博士阶段都是管理学专业，长期从事水利水电、风电、水环境治理勘测设计咨询、管理工作，对水文水资源专业知识的了解主要是宏观层面的，对作者在西北院工作时期从事水文水资源专业设计工作期间完成的专业技术论文所取得的成绩，难以从专业角度作深入评价，但从作者在水文水资源专业研究的范围和内容深度来看，还是达到了很高的学术水平，也推动了相关专业领域的技术发展，尤其是在多年持续水灾害的概率分析和重现期估算，大坝设计洪水计算、评估与确定，梯级水电站防洪标准选择，水电站工程水文设计系统软件开发等方面，作者取得了很好的研究成果，很多成果具有创新性，促进了工程水文及水资源学科的发展。

在水环境治理与生物天然气专业领域发表的论文，是作者入职电建生态公司后完成的，主要发表在公司内部技术期刊《水环境治理》上，我作为该期刊的主编之一，对大多数技术论文都进行了评审，这些研究文章满足了公司初创期打造技术品牌的迫切需要。作者能从公司发展需要选题，从水环境治理理念、标准化战略、法律、政策与行业培育、水环境治理模式、技术体系、技术标准体系、工程定额体系等多角度开展科学技术研究，积极参与公司技术体系和技术标准体系建设，为电建生态公司健康发展作出了突出贡献，尤其是在公司技术标准体系建设和标准编制方面。《茅洲河流域水文自动监测预报预警响应系统总体构建初探》是打造公司六大技术系统的技术支撑论文之一，为茅洲河治理项目施工期建立水文水质监测网奠定了基础。《水环境治理技术标准体系研究》这篇论文是作者在公司主要领导指导下，带领技术团队积极承担公司级、集团级、省级科研课题，主持执行完成了“水环境治理技术标准体系研究”科研课题后发表的，研究成果创新性地提出按照水环境治理工程功能模块序列＋全生命周期理念，确定水环境治理技术标准体系层次框架，建立水环境治理技术标准体系，首次建立了《水环境治理技术标准体系表》，提出较为全面的水环境治理技术标准清单。公司依据这项研究成果，分步开展技术标准、定额编制工作，截至 2023 年 5 月，已累计完成并发布 30 多项企业标准、3 项地方标准、20 多项团体标准，形成了一整套公司核心技术成果，为公司创新发展和项目履约提供多角度的技术服务和技术支撑，为电建集团水资源与环境业务板块奠定了一定的技术优势。目前，公司已成为深圳市水务局、广东省水利厅水利标准体系建设的重要技术支撑单位，我和作者也于 2021 年 5 月成为广东省水利标准化技术委员会（第一届）委员，这些也是对作者努力工作和所取得成果的认可。

作者在任职公司技术研发中心总经理不到 2 年的时间里，带领团队于 2021 年申报并成功获得深圳市研发与标准化同步示范企业称号、广东省城乡水环境治理（中国电建）工程技术研究中心认定、国家高新技术企业重新认定，推动公司博后工作站建设，2022 年成功获得深圳市企业技术中心认定等，在平台建设方面作出了贡献。同时，作者还带领团队总结提炼电建集团重大科技项目报告研究成果，积极申报水利部大禹水利科学技术奖、广东省水利科技进步奖、电力行业协会科技进步奖、深圳市科技进步奖、中施企协科技进步奖等外部奖项，成功获得集团级、省部级科技进步一等奖 5 项，取得很好成绩。为公司成功获评行业领军企业、主要领导获评领军人才提供了重要技术成果支持。

党的二十大报告指出，教育、科技、人才是全面建设社会主义现代化国家的基础性、战略性支撑。科技是第一生产力、人才是第一资源、创新是第一动力。一个企业的发展，离不开科技，企业高质量发展要坚持科技创新，加快实施创新驱动发展战略，加快实现高水平科技自立自强，以国家战略需求为导向，持续开展科研攻坚，不断总结科技成果，并将研究成果应用到实践，在实践中检验提高，形成有效生产力，促进经济社会可持续发展，为把我国建成富强民主文明和谐美丽的社会主义现代化强国贡献力量。党的二十大报告已为我们指明了前进的方向，确定了建设中国式现代化的宏伟目标。中国式现代化是人与自然和谐共生的现代化，电建生态公司作为从事生态环保事业的领军企业，任务艰巨，将积极贯彻落实习近平生态文明思想，围绕电建集团"水、能、砂、城、数"五大业务领域和主营主业，打造质量效益型的一流生态环境集团。在前进道路上，还有许多科技难题需要攻坚，本书作者能将自己毕生的研究成果集结成书，做好传承，这种努力值得点赞！

作者在34年工作期间，在完成本职工作的同时，还持续努力进行科技创新和成果总结，几乎平均每年就发表一篇专业技术论文，实属不易，这种探索精神和坚持，也值得喝彩！

孔德安　2023年5月于深圳

序二

我和作者1990年代在西北院就认识，共事20多年，共同参与了多个大型水电站工程项目的勘测设计，从国内黄河上游龙羊峡以上的羊曲、茨哈峡等水电站，到缅甸北部伊洛瓦底江上游恩梅开江的乌托水电站、匹萨水电站，一起经历了许多水电踏勘过程的艰难险阻和设计中的技术难关，我们也随着年龄的增长和工作中取得业绩的提升，从普通员工，成长为项目设总和副设总，走上了领导岗位，建立了深厚的兄弟情谊和水电开发战斗友情，为我国水电开发贡献了青春力量。

2016年4月，作者响应电建集团号召，从西北院调到电建集团在深圳新成立的中电建水环境治理技术有限公司，拓展电建集团新的水环境治理事业，7年中在电建水环境公司技术标准部主任、国涚检测技术有限公司支部书记、电建生态公司技术研发中心总经理等岗位取得了不错的工作业绩，很为老友感到高兴。作者在2023年1月改任公司咨询后，又及时进行技术总结，将自己在34年从事水利水电、水环境治理等领域的勘测设计、技术研发和科研管理工作中完成的专业技术论文和技术总结集结成专著，做好专业技术传承，这种精神值得鼓励！

水文与水资源专业是水利水电工程建设和水环境治理的基础专业，作者喜爱自己的专业，长期致力于专业技术问题研究，专业基础知识扎实，治学严谨，并积极实践，将有关研究成果应用到工程中，同时也敢于进行技术创新。给我印象比较深刻的是作者在缅甸乌托水电站、匹萨水电站的勘测设计中大胆使用GIS技术进行水电站工程水文的设计，解决了国外无资料地区水电站设计缺乏水文基础资料的难题。作者带领团队基于GIS技术提取了伊洛瓦底江上游恩梅开江流域河流水系，量算了其培、乌托、匹萨等梯级水电站坝址以上流域特征参数，校对了相关勘测设计单位量算流域面积的错误，有力地推进了设计进度，获得了业主单位的好评！

作者也比较善于进行技术总结，经常对在工程中得到有效应用的成果进行总结，撰写成专业技术论文，从1990年12月至2015年12月在《西北水电》上陆续发表了15篇以上的技术论文，其中很多论文专业技术水平和学术水平都很高，还有一些论文具有创新性，很好地支持了《西北水电》技术期刊的创刊发展。

我认真学习了作者这本专著，对作者治学过程也有了更深入的了解，这本学术专著汇集了作者从业 34 年所取得的专业技术成果和工作经验总结，还有一些科研管理方面的经验总结，内容非常丰富，涵盖了水文预报、设计洪水计算、多年持续水灾害的概率研究、梯级水库防洪安全、水环境治理技术、生物天然气开发技术等水文水资源与水环境治理专业领域，有应用基础研究成果，也有工程技术研究成果，还有科研管理和人才培养方面的成果，这些成果大多经过实践检验并在黄河上游水电站开发和深圳茅洲河水环境治理工程中得到了应用，对从事水利水电工程、水环境治理工程等专业领域的相关技术人员具有很好的借鉴价值，借此机会，推荐大家一读，体会作者长期持续开展专业技术研究的探索精神和刻苦用心！

周恒　2023 年 5 月于西安

序三

2023年初，临近癸卯年春节，在繁忙工作之余，也静下心来，把自己从事水利水电行业和水环境治理行业工作30多年陆续发表的近50多篇技术论文进行整理，其中独自或以第一作者发表的论文就有30多篇，涵盖了水文水资源、水环境治理、生物天然气、专业软件开发等专业领域，还有几篇专业技术总结没有公开发表过，觉得将其集结成书，很有意义。

对这些整理后的专业技术论文，水文水资源选择了24篇，水环境治理选了8篇，生物天然气选了2篇，其他管理类选了4篇，均是独自或以第一作者发表。这些技术论文虽大多都公开发表过，但由于受专业技术期刊技术论文字数要求限制，发表时做了一些删减，这次整理有原稿的，都用原稿。水文水资源专业领域的24篇论文是我在西北勘测设计研究院（以下简称“西北院”）工作27年间完成的，内容从水文基本原理到工程水文技术总结，涵盖了我工作中的主要技术研究成果，其中学术水平最高的是《多年持续干旱的概率分析及重现期的确定》，该文于1992年10月首次在全国水文干旱灾害学术会议上进行交流，解决了多年调节水库使用长系列操作中长期难以评价的连续枯水段的概率问题，受到与会专家的一致好评。

《中国大坝设计洪水计算、评估与确定》《中、美大坝防洪和抗震安全设计理念比较研究》《工程水文设计在水电站工程设计中的基础作用》，这3篇论文是有关工程水文的技术总结论文，是我从事27年水利水电工程水文设计的心得体会和经验总结，也为我在西北院的职业生涯画了完美的句号。自我感觉没有辜负西北院各级领导的关心、培养，以及同事们的支持和帮助，在此，也表示衷心感谢。

党的十八大提出了生态文明建设战略，2015年“水十条”发布以后，全国大力开展水环境治理。电建集团积极贯彻落实国家“五位一体”总体布局和“四个全面”战略布局，承担央企责任担当，充分发挥“懂水熟电、擅规划设计、长施工建造、能投资运营”的优势，积极参与深圳市水环境治理业务，并将水资源与环境治理业务作为电建集团第三大业务板块，带领集团转型升级，投入到水污染防治攻坚战。

2016年4月，我响应电建集团号召，正式入职电建水环境治理技术有限公司，至2023年1月，陆续发表或完成了10多篇水环境治理、生物天然气等专业领域的技术论文,这些研究成果为打造公司技术体系和技术标准体系提供了很好技术支持,为公司的健康发展也尽了微薄之力。

本专著收录的论文有些是合著,本人是第一作者,感谢合著者的辛勤劳动和贡献。论文在完成过程中引用了大量参考文献,还借鉴了很多研究人员的研究成果,在此一并表示衷心感谢!

电建生态环境集团有限公司总经理孔德安对本专著进行了认真审阅,提出了宝贵的修改意见,在此,表示衷心感谢!

限于作者水平,书中疏漏和不当之处在所难免,恳请专家及同行批评指正,也热诚欢迎广大读者提出宝贵意见。

作者,王正发　2023 年 5 月于深圳

作者简介

王正发，1965 年 2 月 23 日出生，安徽南陵人，1986 年 8 月毕业于合肥工业大学土木工程系，获农田水利工程专业学士学位，并于同年 9 月考取陕西机械学院（现为西安理工大学）研究生，1989 年 4 月毕业，获工程水文及水资源专业工学硕士学位。1989 年 4 月至 2016 年 4 月在中国电建集团西北勘测设计研究院工作，先后担任副主任、副设总、规划发展研究院副总工等职务；2016 年 4 月至今在中电建生态环境集团有限公司（2019 年 8 月 18 日前为中电建水环境治理技术有限公司）工作。2016 年 4 月至 2019 年 11 月任中电建水环境治理技术有限公司技术标准部主任；2018 年 12 月—2023 年 1 月 12 日兼任中电建生态环境集团有限公司控股子公司深圳市华浩淼水生态环境技术研究院总工程师；2019 年 11 月—2021 年 4 月任中电建生态环境集团全资子公司深圳国涚检测技术有限公司支部书记；2021 年 4 月—2023 年 1 月 12 日任中电建生态环境集团有限公司技术研发中心总经理；2023 年 1 月 12 日至今，改任公司咨询、技术顾问。2021 年至今任广东省环保产业碳达峰碳中和专业委员会副主任委员；2021 年 1 月 7 日—2026 年 1 月 6 日任广东省水利标准化技术委员会（第一届）委员。

从事专业技术工作 34 年，熟悉工程水文及水资源、农田水利、水利水电工程规划、水资源论证、防洪安全、风能资源、河流泥沙、河流水力学、环境水力学、水环境治理、智慧水务等专业领域的技术、标准及规程规范，能从事各种复杂的水文水资源、河流规划、风能资源、河道水力学、水环境治理等专业设计、咨询及其标准化工作。1992 年被聘为工程师，1998 年 12 月被聘为高级工程师，2007 年 12 月被聘为教授级高级工程师，2019 年 3 月被聘为正高级工程师，2021 年 4 月获评深圳市宝安区高层次人才，具有国家注册咨询工程师资格证书、执业证书和国家注册土木工程师（水利水电工程规划）资格证书，具有水利部水资源司建设项目水资源论证和水资源调查两个上岗证书，以及水利部水资源论证评审专家证书。

长期从事水文及水资源、水利水电工程规划、水灾害、风能资源、河流泥沙、河流水力学、水环境治理等专业领域的研究和工程设计、咨询、审查、核定工作，2016 年 4 月以来主要从事水环境治理科技研发及技术标准化工作。比较全面地掌握了水利水电、风力发电、流域水资源开发利用与综合管理、水环境治理等领域的基础理论知识，具有扎实的理论基础和丰富的实际工作经验。

对水文及水资源专业具有比较深入的研究，1992 年提出了多年持续水灾害概率分析研究的一般方法，首次给出了其重现期的估计公式，在持续性水灾害研究方面有创新研究成果，得到国内外专家认可；2000 年自主开发了一套具有国内领先水平技术的水电站工程水文设计软件系统，该软件系统投入实际工作后，大大提高了设计工效和产品质量；能熟练应用美国陆军工程师兵团 HEC-Works 软件包开展水文及水资源系统模拟；熟悉本专业的技术标准及规程规范，能从事各种复杂的水文水资源、风能资源、水环境治理专业设计及咨询工作，专业技术水平和科研学术水平较高。

在西北勘测设计研究院工作 27 年期间，平时能认真学习党和国家的法律法规、政策，严以律己，时刻以党员标准严格要求自己，能努力学习专业技术知识、院技术管理文件，努力提高自己的党性修养、管理水平和业务能力。在实际工作中能按自己的各级岗位职责严格要求自己，平时工作脚踏实地、认真负责，能积极主动地承担技术难度大、任务艰巨的专业设计咨询工作。能服从院各级领导工作安排，顾全大局，能与相关设计人员密切配合完成各项专业设计、校核、审查和核定工作及处室管理工作。参与了我国西北地区，东南亚地区，非洲赞比亚、埃塞俄比亚、喀麦隆等区域或国家的大江大河的水电踏勘和规划工作，27 年的工作期间大部分年份都有 100 多天在外出差，为我国水电事业奉献青春力量。

参加和主持过国内外 50 多个大中型水利水电工程、风电场工程项目的水文水资源、风能资源、泥沙、水电规划专业设计、校核、审查、核定及咨询工作，特别是担任高级工程师以后，参加了黄河龙羊峡、李家峡、积石峡、公伯峡、羊曲、班多、茨哈峡、宁木特、小峡、大峡、乌金峡，白龙江宝珠寺，嘉陵江金溪场、凤仪场，甘肃冰沟一级，新疆叶尔羌河阿尔塔什、阜康抽水蓄能，浙江乌龙山抽水蓄能，伊朗塔里干，老挝 Xeset2、萨拉康，柬埔寨达岱，巴基斯坦真纳，赞比亚 KARIBA 北岸扩机、下凯富峡、卡邦波，马来西亚巴贡、特鲁桑 2，缅甸乌托、匹萨，印尼 Upper Cisokan 抽蓄、佳蒂格德等大中型水电站工程的水文水资源、泥沙、水电规划及水情自动测报系统的专业设计科研工作，以及陕西汉中市兴元新区城市水系综合治理及生态环境提升工程、深圳茅洲河水环境综合治理等水环境治理工程的规划设计咨询工作，先后编写和参与编写过水利水电工程、风电场工程各类设计、咨询、研究报告 200 多本，取得了很好的工作业绩。自 2016 年 3 月调入广东省深圳市工作以来，在做好本职工作的同时，积极参与深圳市、区两级水务领域的技术评审和咨询工作，共参加 300 多项水务项目技术评审和咨询活动，为深圳市、区两级水务项目建设贡献了自己的经验和智慧，获得了相关单位的广泛认可。

1996—2000 年期间，西北院在中国水电工程顾问集团内率先进行西北风能资源开发研究，由规划处水文室承担前期研究工作。而要进行风电场设计首先要研究风能资源分析计算和风电场发电量计算问题，当时，国内这方面的专业技术人才较少，也缺乏相关资料和设计软件。作者服从西北院规划处和水文室领导安排，加入风电开发攻关小组，收集风电场设计理论资料，学习风谱分析及风电场设计理论，利用自己英语好、熟悉软件编程的优势，对自丹麦引进的风谱分析软件 WAsP 程序和风电场设计软件 PARK 程序进行应用开发，阅研大量英文操作手册资料，从利用数字化板录入地形图开始、风资料整理、风谱分析、风能密度计算、风玫瑰图绘制，再到利用 PARK 程序进行风机布置、风机性能曲线选择、发电量计算、工程规模确定等，面临国内其他先行进行风电开发部门和公司的技术封锁，克服重重困难，攻克一道道难关，加班加点，在一个月时间里，完全掌握了利用WAsP程序进行风能资源分析和利用PARK程序进行风电场设计的要点，并将相关技术教给设计团队，为西北院首个风电场项目——甘肃玉门3台风机试验场项目可行性研究报告按期完成奠定了坚实基础，给业主甘肃省电力投资公司留下了良好印象，为西北院早期的风电市场开拓培养了人才，抢夺了先机，作出了重要贡献。2006年全国风电市场正处于成长期，11月，为进一步开拓西北院风电设计咨询市场，向规划与新能源分院领导建议，西北院风电开发主要的战略措施是通过西北院业已在甘肃、宁夏两省(区)建立的信誉，开拓新的市场，扩大西北院在风电设计市场的份额(成效显著)，重视设计产品质量，增加服务方式(设计和咨询)，加大人力和物力的投入，研究和发展风电设计新技术，主要有：①风谱分析、风能资源及风电场能量指标计算理论研究；②近海岸大型风电场设计理论跟踪研究；③风电、水电和火电补偿调度研究。努力创建西北院风电设计品牌，把风电设计市场做强、做大。上述建议得到有关领导重视。

2007—2009年期间，作为中国水电工程顾问集团科研项目"梯级水库群设计洪水研究"第二个子题"梯级水库群防洪标准研究"(合同编号：CHC－KJ－2005－05)的项目负责人，组织并积极参与了整个项目的研究过程，完成了《梯级水库群防洪标准研究报告》，研究工作内容符合集团科研项目合同要求，于2009年4月15日—16日，通过了中国水电工程顾问集团公司在西安主持召开的"梯级水库群设计洪水研究"科技项目验收会，获得了一致好评。《梯级水库群防洪标准研究报告》针对我国防洪标准中存在的不足，从分析梯级水库群防洪系统特点、防洪决策特点和防洪标准特点入手，通过对影响梯级水库群防洪标准确定的主要因子进行归纳研究，根据研究结果，提出了选择梯级水库群防洪标准的三个体系：标准体系、决策体系和混合体系。以我国现行防洪标准为基础，对梯级水库群防洪标准选择的标准体系进行了研究，提出了梯级水库群防洪标准选择的协调原则和方法，给出了9条规定，较全面地反映了河流梯级开发水电的技术特点；将风险分析引入到梯级水库群防洪标准选择的研究中，综合考虑了工程、技术、经济、政治、社会和环境等方面诸多影响因素，提出了梯级水库防洪标准可接受风险决策模型，指出了梯级水库群防洪标准研究的发展方向；通过对梯级水库群防洪标准选择的标准体系与决策体系之间关系的比较研究，结合ICOLD设计洪水选择标准(2003)、《防洪标准》(GB 50201—94)的规定，提出了梯级水库群防洪标准选择的标准与决策混合体系方法。本课题提出的选择梯级水库群防洪标准的三个体系，将现行《防洪标准》中提出的"统筹研究，相互协调"落到实处，丰富了我国现行《防洪标准》(GB 50201—94)中的有关内容，对我国基于风险分析的第三代防洪标准研究具有一定的推动作用，对于今后修定《防洪标准》(GB 50201—94)、《水电枢纽工程等级划分及设计安全标准》(DL 5180—2003)等规范，具有较高的参考价值。该课题研究成果也为随后开展的集团科研项目"流域梯级水库群防洪标准与运行安全管理研究""流域梯级水电站安全与应急研究"奠定了一定基础。

2013年2月—5月和2014年9月，作为首席水文工程师参与了由中国台湾中兴公司与中国水电顾问集团国际工程有限公司联合中标的印度尼西亚Upper Cisokan抽水蓄能水电站的设计咨询工作。该项目为印度尼西亚第一座抽水蓄能电站，装机容量1 040 MW，为世行贷款项目，也是中国水电工程顾问集团第一个实际意义上的世行水电设计咨询项目，西北院作为设计分包商，负责 Upper Cisokan 抽水蓄能水电站上、下水库 RCC 坝的设计。项目工作语言为英语，设计标准采用世行标准或美国标准，所有计算书、报告要经过世行特咨团水电专家的审查通过，工作期间完成了水文专题分析研究，并提交了英文版水文专题报告，通过了审查，获得主承包商中国台湾中兴公司项目经理的好评，同时，经过本次国际水电项目的锻炼，作者也积累了比较丰富的国际水电工程设计咨询经验。

2013 年 7 月—9 月，作为首席水文工程师参与了马来西亚特鲁桑 2 水电站可行性研究咨询工作，在沙捞越电力公司现场办公，完成了开发方式研究、初始阶段研究、可行性阶段研究设计咨询工作，编写并提交了开发方式研究、初始阶段研究、可行性阶段研究等十几份报告，所有报告均用英语直接编写，圆满完成合同规定的设计咨询任务，获得了业主单位沙捞越电力公司技术负责人的好评。

在西北院工作的 27 年里，还积极参与相关行业的技术标准编制工作，曾任电建集团水文泥沙专业标准化分委员会专家成员。参编国家能源局《水电工程设计洪水计算规范》(NB/T 35046—2014)。

我国改革开放 40 年来，国民经济建设虽取得令世人瞩目的成绩，但也付出了沉重的环境代价。随着社会经济和城市化快速发展，面临的水问题呈现出复杂化、多元化特点，经济、社会发展与资源、环境的矛盾日益突出，洪涝灾害频发、水资源短缺、水环境污染、水生态退化形势严峻，严重威胁了国家的水安全。

党的十八大提出了生态文明建设战略，2015 年“水十条”发布以后，全国大力开展水环境治理。电建集团积极贯彻落实国家“五位一体”总体布局和“四个全面”战略布局，承担央企责任担当，充分发挥“懂水熟电、擅规划设计、长施工建造、能投资运营”的优势，积极参与深圳市水环境治理业务。

2016 年 3 月，响应电建集团号召，毅然投奔中电建水环境治理技术有限公司(简称“电建水环境公司”)，成为公司一员，努力为国家生态文明建设贡献力量。2016 年 4 月正式调入电建水环境公司，受公司领导信任，先后在多个岗位担任部门正职，完成了职业生涯的一次跨越，使作者信心倍增。2016 年 3 月至今，一直努力使自己成为想干事、能干事、干成事的部门领导，并不断学习新知识、新技术，充实自我、提升自我，实现了快速转型升级，努力为公司的发展作贡献。

2016 年 4 月—2019 年 11 月担任中电建生态环境集团有限公司技术标准部主任，短短 3 年多的时间里，坚决贯彻公司领导的决策部署，实施技术标准引领战略，抢占水环境治理技术制高点，重视培养技术标准化建设人才，带领团队，参与了公司技术体系建设，参与了电建集团重点专项科技项目“城市河流(茅洲河)水环境治理关键技术研究”，并作为子题四“污染河流水力调控技术”的负责人，完成相关研究工作；主持开展了水环境治理技术标准体系研究，完成了集团科技项目“水环境治理技术标准体系研究”，构建了电建集团水环境治理技术标准体系和定额体系，打造水环境治理全产业链创效增值服务能力；分步开展技术标准、定额编制工作，形成了一整套公司核心技术成果，为公司创新发展和项目履约提供多角度的技术服务和技术支撑，为电建集团水资源与环境业务板块奠定了一定的技术优势；主持编制了水环境公司《城市河湖泊涌水环境治理工程建设管理规程》《城市河湖泊涌水环境治理工程设计阶段划分及工作规定》《城市河湖泊涌水环境治理综合规划设计编制规程》《城市河湖泊涌水环境治理可行性研究报告编制规程》《城市河湖泊涌水环境治理初步设计报告编制规程》等30多项企业标准；主持编制了深圳市《河湖污泥处理厂产出物处置技术规范》等2项标准；累计发布公司企业级工法15项；推出了3项生物天然气领域技术标准；完成水环境治理定额体系《道路工程》和《底泥处理工程》2个分册定额编制工作；组织编制的1项静压钢板桩定额经深圳市建设工程造价管理站评审复核后发布；主持编制了《城市河湖水环境治理工程设计阶段划分及工作规定》《城市河湖水环境治理综合规划设计编制规程》《城市河湖水环境治理工程可行性研究报告编制规程》《城市河湖水环境治理工程初步设计报告编制规程》等15项水环境治理产业技术创新战略联盟团体标准；主持编制了《河湖污泥处理厂产出物分类分级处置技术规范》等5项广东省水利水电行业协会团体标准。

2019年11月—2021年4月，任中电建生态环境集团有限公司全资子公司深圳国涚检测技术有限公司支部书记，参与了水质检测实验室CMA资质认定取证工作，成功获得第三方CMA资质。同时，努力培养了公司水环境监测站运维团队，为公司雄安府河湿地工程项目和龙岗河、观澜河水环境治理项目履约提供了重要的水质资料。

自2021年4月受公司主要领导信任，担任公司技术研发中心总经理，主持公司技术研发中心工作，至2023年1月12日离任，在一年10个月的时间里，在科技研发团队建设、体制机制改革、科技项目完成、平台建设、奖项申报等方面取得了很好的业绩。主要体现在：

体制机制方面：

参与制定公司专业技术系列人才管理相关制度文件，成功推行科研机制改革，成立5个研究所，打造技术研发人才团队。

科技项目方面：

成功组织人员完成广东省科技厅重点领域研发项目和龙岗面源污染治理科研项目，顺利通过验收。

平台建设方面：

1. 2021年一次申报成功获得深圳市研发与标准化同步示范企业称号。亲自组织编写申报材料并带队答辩，一次申报就成功，为深圳市水务企业所仅有，为公司赢得了声誉。

2. 2021年获得广东省城乡水环境治理(中国电建)工程技术研究中心认定。

3. 2021年成功获得国家高新技术企业重新认定。2021年为公司减免所得税及加计扣除7 917万元，2019—2021年累计为公司减免所得税及加计扣除超3亿元，为公司利润指标完成和健康发展作出了重大贡献。

4. 2021年成功招生一名博士后进公司博后工作站，获得深圳市资助资金105万元，避免了公司博后工作站摘牌风险。

5. 2022年成功获得深圳市企业技术中心认定，为公司申请施工特级资质奠定了基础。

科技奖励申报方面：

亲自总结提炼电建集团重大科技项目报告成果，积极申报大禹水利科技技术奖、广东省水利科技进步奖、电力行业协会科技进步奖、深圳市科技进步奖、中施企协科技进步奖等外部奖项，成功获得集团级以上科技进步一等奖5项，取得很好成绩。为公司成功获评行业领军企业、主要领导获评领军人才提供了重要技术成果支持。

在2021年4月—2023年1月任技术研发中心总经理1年10个月左右时间内，很好地完成了组织赋予的职责。

始终高度重视“高附加值的技术产品”在市场营销和解决工程项目现场技术问题中的支撑作用，带领部门员工努力为公司提供全方位、多角度的技术服务和技术支撑。

工作30多年来，除了参与大量水利水电工程、风电工程、抽水蓄能电站工程、水环境治理工程的设计、咨询工作之外，还积极对工作成果进行技术总结，对工作中遇到的技术难题进行研究，撰写专业技术论文。作为第一作者陆续在《水文》《水利学报》《水电能源科学》《西北水电》《陕西水力发电》《水环境治理》等技术期刊上发表了30多篇专业技术论文；参与编著《中国大坝建设60年》《水环境治理技术标准：理论与实践》《水环境系统治理理念、技术、方法与实践》等5部技术专著。《多年持续干旱的概率分析及重现期的确定》获1994年陕西省自然科学优秀学术论文四等奖；《水文事件的频率、重现期和风险率之间的关系》获2000年水电水利规划设计总院科学技术进步三等奖；《梯级水库群设计洪水研究》获2010年中国水电工程顾问集团科学技术进步一等奖、2011年水力发电科学技术二等奖、2011年中国电力科学技术三等奖；《城市河流（茅洲河）水环境治理关键技术研究》获得2020年度中国电建科学技术特等奖、中国施工企业协会2022年度工程建设科学技术进步一等奖；《水环境治理技术标准体系研究》获得2021年度中国电建科学技术一等奖；《污染底泥工厂化处理处置与资源化利用关键技术研究与应用》获得中国电力企业联合会2021年度电力创新一等奖。

目录

一、水文水资源

二、水环境治理

三、生物天然气

四、其他

一 水文水资源

1

流域蓄水变量对水文系统模型的影响

该篇论文发表于《西北水电》1990 年第 4 期，是作者研究生毕业论文的部分研究内容，有关研究得到了导师陕西机械学院副院长沈晋教授和水利部海河水利委员会副总工程师冯焱高工（陕西机械学院兼职教授）的精心指导。这是作者职业生涯的第一篇正式发表的专业技术论文。

提　要：在无土壤特性资料的流域，如何考虑流域蓄水状况对水文系统模型的影响是一个较难处理的问题。为解决这一问题，本文提出了流域蓄水变量的概念，并将其引进流域水文系统模型，通过实际应用，表明这一方法是可行的。

关键词：流域蓄水变量　水文系统模型　确定性系数

1　概述

从国内外现有的大量水文预报文献来看，一般都认为，若在水文系统模型中引进一些具有一定物理意义的参数（如土壤含水量、土壤前期影响指数等）将可望提高水文模型的预报精度。对此，国内有关单位已做了一些有益的尝试。他们所做的主要工作是将概念性模型和黑箱子模型结合起来应用。这样做的优点是能适当提高黑箱子水文预报模型的精度，缺点是：(1)对资料要求高；(2)计算工作量增大；(3)使黑箱子模型的一些特点失去了。对那些资料不全（如仅有降雨资料和流量资料而无土壤含水量、土壤蒸散发资料）的流域，这种方法显然是无能为力的。现提出一种改进设想，即在水文系统模型（如 CARMA 模型）中引入一个反映流域蓄水状况的输入变量，以表示流域蓄水变化状况对模型输出的影响，而这一输入变量可由现有的降雨和流量资料得到。

2　流域蓄水变量的概念

流域蓄水变量反映全流域蓄水状况的变化，可定义为流域的总入流量和总出流量之差。由于每个流域都有无数的小支流，一般难以统计各支流的入流量和出流量，且流域内常无蒸散发资料，因此在计算时，假定流域蓄水变量与流域出口断面的流量和上游输入断面的流量加区间平均降雨量之差呈线性关系，其关系式为：

$$\Delta W(t)=\int_0^t \frac{\partial W}{\partial t}\mathrm{d}t=\alpha\left[\sum_{i=1}^{m-1}Q_i(t)+\beta P(t)-Q(t)\right] \tag{1-1}$$

写成离散形式为：

$$\Delta W(k)=\alpha\left[\sum_{i=1}^{m-1}Q_i(k)+\frac{P(k)\cdot S}{3.6\Delta t}-Q(k)\right] \tag{1-2}$$

式中：

ΔW——流域蓄水变量，m^3/s；

α——常系数；

Q——流域出口断面的流量，m^3/s；

m——总输入的数目；

Q_i——上游第 i 个输入断面的流量，m^3/s；

β——单位换算系数；

P——流域平均降雨量，mm；

S——流域面积，km^2；

Δt——计算时段，h。

(1-1)或(1-2)式均为计算流域蓄水变量的一种方法，当然还可以采用其他计算方法。如由于 k 时段流域蓄水变量不仅与本时段的降雨有关，且与以前各时段的降雨也有关，故可将(1-2)式改写为：

$$\Delta W(k)=\alpha\left[\sum_{i=1}^{m-1}\sum_{j=1}^{k}Q_i(j)+\sum_{j=1}^{k}\frac{P(j)\cdot S}{3.6\Delta t}-\sum_{j=1}^{k}Q(j)\right] \tag{1-3}$$

3 引入流域蓄水变量的 CARMA 模型

为研究流域蓄水变量对水文系统模型输出的影响，本文拟以 CARMA 模型为例。对于多输入-单输出线性水文系统，其 CARMA 模型的一般数学描述可表示为：

$$y(k)=-\sum_{j=1}^{n}a_j y(k-j)+\sum_{i=1}^{m}\sum_{j=0}^{n_i}b_{ij}u_j(k-j-\tau_i)+\mathrm{e}(k) \tag{1-4}$$

(1-4)式未考虑流域蓄水状况对流域出口断面流量的影响，在式(1-4)中引入流域蓄水变量，以反映这种影响。流域蓄水变量按(1-2)式计算，即将该式作为第 $m+1$ 个输入变量代入(1-4)式，则得：

$$y(k)=-\sum_{j=1}^{n}a_j y(k-j)+\sum_{i=1}^{m}\sum_{j=0}^{n_i}b_{ij}u_j(k-j-\tau_i)+\sum_{j=0}^{n_{i+1}}c_j\Delta\omega(k-j-\tau_{i+1})+\mathrm{e}(k) \tag{1-5}$$

式(1-4)和(1-5)中的 e(k)为输出预报误差，当 e(k)用自回归模型表示时，则(1-4)式和(1-5)式可分别改写为：

$$y(k)=-\sum_{j=1}^{n}a_j y(k-j)+\sum_{i=1}^{m}\sum_{j=0}^{n_i}b_{ij}u_j(k-j-\tau_i)+\sum_{j}^{n_e}d_j\mathrm{e}(k-j) \tag{1-6}$$

$$
\begin{aligned}
y(k)=&-\sum_{j=1}^{n}a_j y(k-j)+\sum_{i=1}^{m}\sum_{j=0}^{n_i}b_{ij}u_j(k-j-\tau_i)\\
&+\sum_{j=0}^{n_{i+1}}c_j\Delta\omega(k-j-\tau_{i+1})+\sum_{j}^{n_e}d_j\mathrm{e}(k-j)
\end{aligned}
\tag{1-7}
$$

式(1-6)为 CARMA 模式，式(1-7)是引入流域蓄水变量的 CARMA 模型。

4 实际应用

4.1 白沟河流域概况

本区位于海河支流大清河的北支，主要由北拒马河、琉璃河和小清河组成(见图 1-1)，东茨村以上流域面积 10 000 km^2。白沟河自琉璃河漫水河站和北拒马河落宝滩站到白沟河东茨村站的区间流域面积为 1 290 km^2。落宝滩站与东茨村站相距 55 km，传播时间约 20～28 h。漫水河站与东茨村站相距 50 km，传播时间约 16—22 h。当永定河卢沟桥断面超过保证流量 2 500 m^3/s 时，永定河将向小清河分洪。北拒马河落宝滩站至京广铁路之间有较大的滞洪区。东茨村站保证水位 28.61 m(大沽海平面)，相应流量为 3 000 m^3/s。

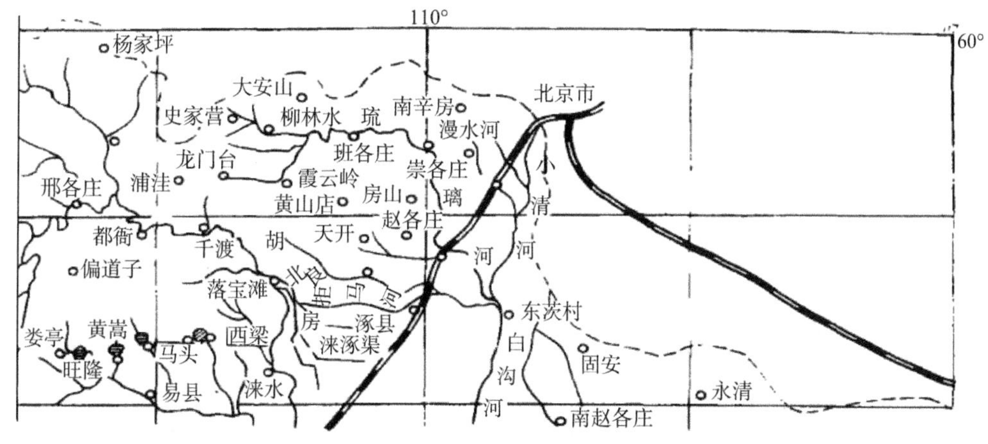

图 1-1　白沟河流域示意图

4.2 基本资料的选取

白沟河雨洪资料较完善，应用时共选取了 9 年(1954、1955、1956、1958、1959、1963、1964、1977、1979)汛期的降水和流量观测资料，其中以 1954、1955、1956、1958、1959、1964 等 6 年资料作为模型参数率定之用，而以 1963、1977、1979 等年的资料用来验证模型。

4.3 计算时段的选择

在内陆地区，计算时段的选择一般由汇流速度的大小和洪水过程线的起涨时段来决定。在实际预报中，尚需考虑预报精度等问题，这里选 $\Delta t = 3$ h 为计算时段。

4.4 模型评定准则

Nash－Sutcliffe 效率标准（确定性系数）能反映模型对洪水过程拟合的优劣，洪峰预报合格率能反映计算洪峰对实测洪峰拟合的优劣，而累积量准则则能衡量整个预报期内实测水量与预报水量是否平衡。因此，将三者结合起来作为模型优劣的评定准则，可望较好地反映模型对水文系统模拟的优劣。

4.5 模型验证

选择 1963、1977、1979 三年汛期实测流量资料对模型进行验证，其中 1963 年东茨村站汛期最大流量 $Q_m = 2\ 790\ \text{m}^3/\text{s}$，属大洪水；1977 年东茨村站汛期最大流量 $Q_m = 435\ \text{m}^3/\text{s}$，属中偏枯的小洪水；1979 年东茨村站汛期最大流量 $Q_m = 645\ \text{m}^3/\text{s}$，属中等洪水，这三年资料具有较好的代表性。根据白沟河的水文站网情况，考虑到实际预报的需要，将东茨村以上概化为 3 个输入（落宝滩站的流量值、漫水河站的流量值及区间平均降雨量），1 个输出（东茨村控制站的流量值）的多输入-单输出线性水文系统。由线性水文系统理论可知，若将白沟河概化为 3 输入-单输出线性水文系统，则（1-6）、（1-7）、（1-2）式可分别写为：

$$y(k) = -\sum_{j=1}^{n} a_j y(k-j) + \sum_{i=1}^{3}\sum_{j=0}^{n_i} b_{ij} u_j (k-j-\tau_i) + \sum_{j=0}^{n_e} d_j \mathrm{e}(k-j) \tag{1-8}$$

$$\begin{aligned} y(k) = & -\sum_{j=1}^{n} a_j y(k-j) + \sum_{i=1}^{3}\sum_{j=0}^{n_i} b_{ij} u_j (k-j-\tau_i) \\ & + \sum_{j=0}^{n_{i+1}} c_j \Delta\omega (k-j-\tau_{i+1}) + \sum_{j=0}^{n_e} d_j \mathrm{e}(k-j) \end{aligned} \tag{1-9}$$

$$\Delta W(k) = \alpha \left[\sum_{i=1}^{2} Q_i(k) + \frac{P(k) \cdot S}{3.6\Delta t} - Q(k) \right] \tag{1-10}$$

（1-8）式为未考虑流域蓄水变量的白沟河水文预报模型（CARMA 模型），（1-9）式为引入流域蓄水变量的白沟河水文预报模型。模型参数用递推最小二乘法辨识。显示出三场洪水过程的验证成果，见图 1-2 至图 1-7。表 1-1 是海河流域大清河北支白沟河洪水预报模型预报成果比较表。

表 1-1 海河流域大清河北支白沟河洪水预报模型预报成果比较表

模型结构	确定性系数(%)	洪峰相对误差(%)	峰时差(h)
CARMA 模型	96.56	9.5	3
引入流域蓄水变量的 CARMA 模型	97.29	0.2	1

注：表中值系 1963、1977、1979 三年计算值的均值。

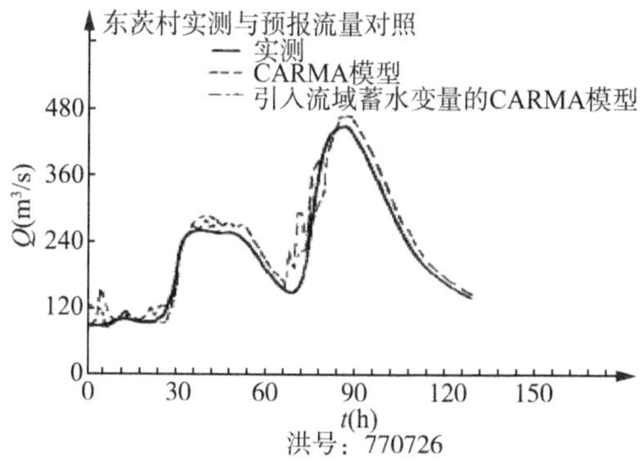

图 1-2 “770726”洪水实测与预报过程比较

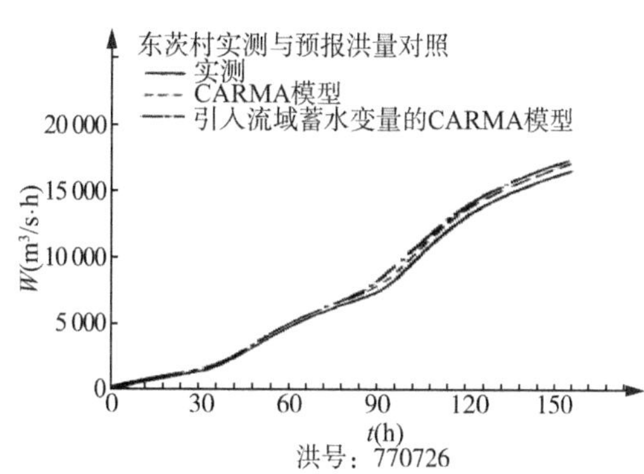

图 1-3 “770726”洪水实测与预报洪量比较

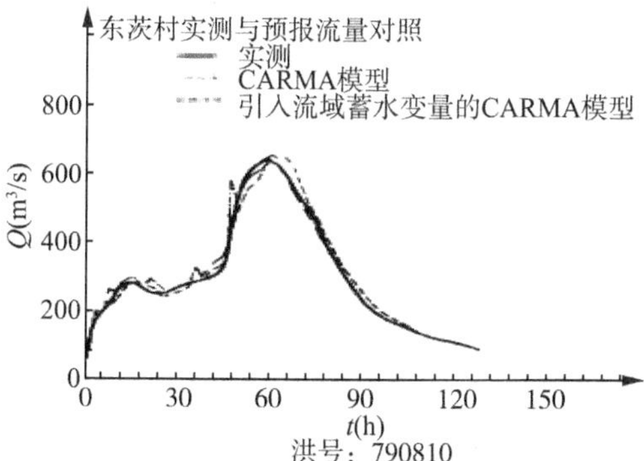

图 1-4 “790810”洪水实测与预报过程比较

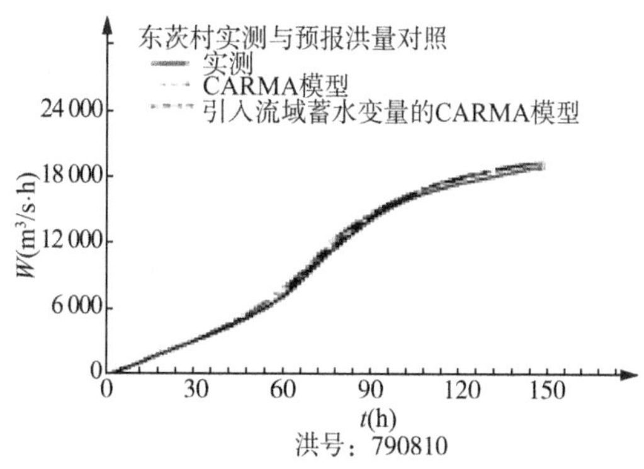

图 1-5 “790810”洪水实测与预报洪量比较

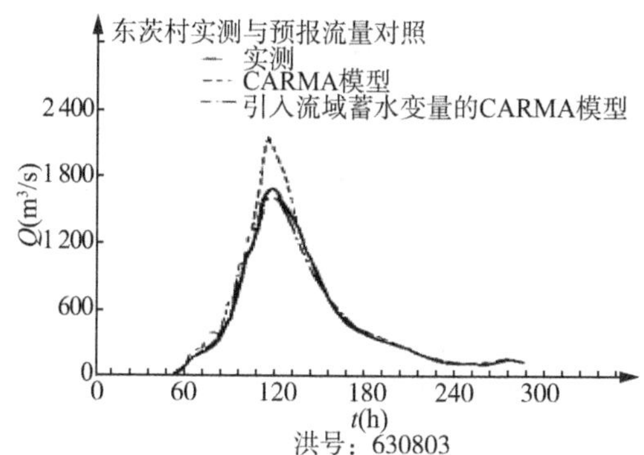

图 1-6 “630803”洪水实测与预报过程比较

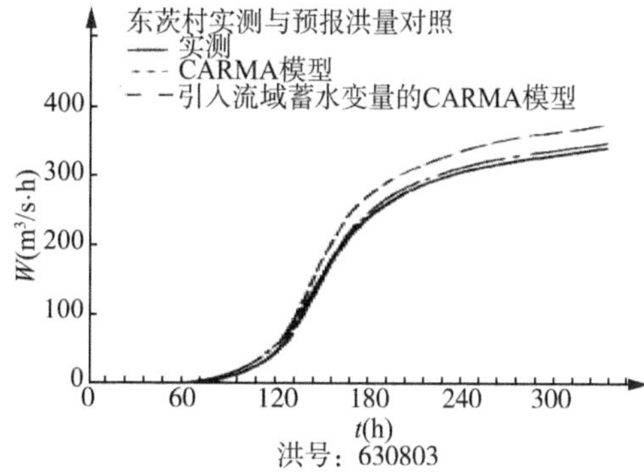

图 1-7 “630803”洪水实测与预报洪量比较

表 1-2 和表 1-3 分别是 CARMA 模型和引入流域蓄水变量的 CARMA 模型单场洪水预报成果表。

表 1-2 CARMA 模型预报成果表

年份	确定性系数(%)	洪峰相对误差(%)	峰时差(h)
1977	96.06	4.20	−3

续表

年份	确定性系数(%)	洪峰相对误差(%)	峰时差(h)
1979	98.14	1.38	−3
1963	95.48	28.21	3

表 1-3　引入流域蓄水变量的 CARMA 模型预报成果表

年份	确定性系数(%)	洪峰相对误差(%)	峰时差(h)
1977	99.12	4.20	0
1979	94.44	0.28	3
1963	98.31	1.47	0

4.6　成果分析

比较图 1-2—图 1-7 及表 1-2—表 1-3 可知，对于中、小洪水，引进流域蓄水变量后，模型的预报精度提高得不大。这说明，当发展中、小洪水时，流域的调蓄作用，对预报站的流量过程的影响不明显，在模型中可不考虑流域蓄水变量的影响。对于大洪水(如 1963 年洪水)，引进流域蓄水变量后，模型预报精度提高较大。这说明，当发生大洪水时，流域调蓄作用对预报站的流量过程的影响明显，在模型中必须考虑流域蓄水变量(或相当的物理参变量)以反映流域调蓄能力对水文预报模型的影响。

5　结束语

流域蓄水变量是一个差量，它充分发掘了现有的降雨和流量资料所内含的潜在信息，因而将其引进水文系统模型，能适当提高模型的预报精度。从成果分析来看，本文所得出的结论与其他水文工作者得出的结论是一致的，因而，这种尝试是可行的。

参考文献

[1] 水利电力部南京水文水资源研究所. 水文水资源论文选 1978—1985[M]. 北京：水利电力出版社，1987.

[2] 王厥谋，张瑞芳，徐贯午. 综合约束线性系统模型[J]. 水利学报，1987(7)：1-9.

2

水文概率分布参数估计新进展简介

该篇论文是作者在水利部南京水文所参加"水利水电工程设计洪水计算规范"培训班学习后进行的技术总结，发表于《西北水电》1991 年第 3 期。

提　要：本文在对水文频率曲线参数估计方法进行简单分类的基础上，简要概述了当前水文概率分布参数估计的进展情况，并对各种参数估计方法进行了统计检验。计算结果表明，权函数法和概率权重法，与传统的矩法相比具有优良的统计特性，因而，在目前工程设计中具有一定的推广价值。

关键词：参数估计　设计洪水　评价准则

1　引言

水文频率分析计算工作是水文水利计算、水电规划以及水资源评价等工作的基础。其计算成果是否合理，精度如何，直接关系到整个水资源系统的开发方式、规模、工程投资及相应的综合效益(包括经济效益、环境效益、社会效益等)。从理论上来说，水文频率计算有两个主要问题：一是线型选择；其次是参数估计。由于水文现象是高度复杂的复合自然现象，且不说其必然性规律无法确定，甚至其统计规律也不能期望从目前短的实测水文系列确切地推求。因此，人们只得暂且满足于选用能密切拟合大多数现有较长水文系列的那种线型作为最优线型。我国设计洪水频率曲线线型一般采用 P-Ⅲ型。近年来，围绕 P-Ⅲ型曲线分布参数的估计，我国水文工作者做了大量的工作，取得了明显的进展。本文仅对现行水文概率分布参数估计最新进展作一简介。

2　参数估计方法的分类及评价准则

2.1　参数估计方法的分类

根据南京水文所宋德敦的观点，现行参数估计方法大致可以分为以下几类。

2.1.1　经典的数理统计方法——估计量方法

其具体步骤为：

(1) 定义一个统计量 σ；

(2) 建立统计量 σ 与参数的关系；

(3) 由实测样本计算这个统计量的值，并作为总体参数的估计值。如矩法(MOM法)、概率权重矩法(PWM法)。

2.1.2 点线拟合法

有目估适线法，参数优选法，动点动线适线法等。其实施步骤为：

(1) 选择绘点公式；

(2) 确定点线拟合准则，适配曲线；

(3) 确定参数等。

2.1.3 利用随机样本特性的统计方法

利用随机样本特性的统计方法主要有极大似然法、熵原理法等。

2.1.4 其他近似估计方法

水文频率曲线参数估计还有三点法、五点法、绘线读点补矩法等其他近似估计方法。

2.2 估计方法优劣的评价准则

评价水文频率曲线参数估计方法优劣的准则很多，目前国内还没有统一的定论。主要有以下几种。

2.2.1 损失最小准则[1]

评价水文频率曲线参数估计方法优劣的损失最小准则数学上可以表示为：

$$\mathrm{Min}E[L(\hat{X}_p, X_p)] = \int_{-\infty}^{\infty} L(\hat{X}_p, X_p) g(\hat{X}_p) \mathrm{d}\hat{X}_p \tag{2-1}$$

式中：

X_p ——理论值；

$\hat{X}_p$ ——估计值；

$L(\hat{X}_p, X_p)$ ——损失函数；

$g(\hat{X}_p)$ ——密度函数。

由于损失函数 $L(\hat{X}_p, X_p)$ 通常很难确定，国内工程设计中很少采用。

2.2.2 统计量的优劣准则

评定统计量的优劣准则通常有：一致性、无偏性、有效性、充分性和稳健性。

2.2.3 理想样本还原的准则

2.2.4 点线拟合的准则

2.2.5 设计估计值 $\hat{X}_p$ 的绝对精度准则

设计估计值 $\hat{X}_p$ 的绝对精度准则数学上可表示为：

$$\frac{\hat{X}_p - X_p}{X_p} < \varepsilon \quad (\hat{X}_p > X_p) \tag{2-2}$$

或

$$\frac{\hat{X}_p - X_p}{X_p} < -\varepsilon \quad (\hat{X}_p < X_p) \tag{2-3}$$

3 参数估计方法

目前在我国生产单位进行洪水频率计算时，普遍使用的参数估计方法是目估适线法。由于成果因人而异，缺乏客观性，因此寻找一种客观的、具有良好统计特性的参数估计方法就具有重要的实际意义。多年来，不少学者就此问题相继做了大量的研究工作。

P-Ⅲ型频率曲线的密度函数为：

$$f(x) = \frac{\beta^r}{\Gamma(r)}(x-\alpha)^{\gamma-1}\mathrm{e}^{-\beta(x-\alpha)} \quad \alpha < x < \infty \tag{2-4}$$

式中，α、β 和 γ 为未知参数。

在水文频率分析中，常采用的参数是均值（$\bar{x}$）、变差系数（C_v）和偏态系数（C_s），它们和 α、β 和 γ 的关系可表示如下：

$$\begin{cases} \alpha = \bar{x}\left(1 - \dfrac{2C_v}{C_s}\right) \\ \beta = \dfrac{2}{\bar{x}C_v C_s} \\ \gamma = \dfrac{4}{C_s^2} \end{cases} \tag{2-5}$$

3.1 矩法（MOM 法）

矩法是估计频率曲线参数的传统方法。设 n 为代表观测资料系列的个数，则用矩法估计 $\bar{x}$、C_v 和 C_s 三个参数的公式为：

$$\bar{x} = \int_{-\infty}^{\infty} x f(x)\mathrm{d}x \approx \frac{1}{n}\sum_{i=1}^{n} x_i \tag{2-6}$$

$$\sigma^2 = \int_{-\infty}^{\infty}(x-\bar{x})^2 f(x)\mathrm{d}x \approx \frac{1}{n-1}\sum_{i=1}^{n}(x_i-\bar{x})^2 \tag{2-7}$$

$$C_v = \frac{\sigma}{\bar{x}} \tag{2-8}$$

$$C_s = \frac{1}{\sigma^3}\int_{-\infty}^{\infty}(x-\bar{x})^3 f(x)\mathrm{d}x \approx \frac{1}{(n-3)\sigma^3}\sum_{i=1}^{n}(x_i-\bar{x})^3 \tag{2-9}$$

已经证明，当样本容量 n 较小时，用“有限和”取代上述各项积分将带来较大的计算误差，其中尤以 C_s 的计算误差最大。1950 年代的中期，林平一先生采用矩法对 P-Ⅲ型曲线的理想样本，做到著名的还原计算建成后，指出用矩法计算的频率曲线各阶矩（指常用的前三阶矩）及统计参数都系统偏小，存在“求矩差”（包括“梯矩差”和“端矩差”）。由矩法估计的 $\bar{x}$、C_v 和 C_s 三个参数，其有效性几乎是最低的。

3.2 极大似然估计(ML 法)

ML 法是以使似然函数达到极大的一组参数作为估计值，对于 P-Ⅲ型分布，其似然函数为：

$$L = \prod_{i=1}^{n} f(x_i) = \sum_{i=1}^{n}\frac{\beta^r}{\Gamma(r)}(x_i-\alpha)^{\gamma-1}\mathrm{e}^{-\beta(x_i-\alpha)} \tag{2-10}$$

或

$$\mathrm{Ln}L = \sum_{i=1}^{n}\ln f(x_i) = (\gamma-1)\sum_{i=1}^{n}\ln(x_i-\alpha) - \beta\sum_{i=1}^{n}(x_i-\alpha) + n\gamma\ln\beta - n\ln\Gamma(\gamma) \tag{2-11}$$

则满足：

$$\begin{cases}\dfrac{\partial \mathrm{Ln}L}{\partial \alpha}=0\\ \dfrac{\partial \mathrm{Ln}L}{\partial \beta}=0\\ \dfrac{\partial \mathrm{Ln}L}{\partial \gamma}=0\end{cases} \tag{2-12}$$

的 α、β 和 γ 即为所求。但对于参数 α，不满足 $\dfrac{\partial \mathrm{Ln}L}{\partial \alpha}=0$ 这一条件，使得(2-12)式很难求解。且当 $\alpha = x_{\min}$，$C_s > 2$ 时，$L \to \infty$，极大似然方程组失效。这些限制使得 ML 法很难付诸实践。ML 法比 MOM 法有效性高，但可能稍偏。

3.3 适线法

长期以来，我国水文频率分析中广泛使用目估适线法估计频率曲线的参数，所谓“适线法”，实质是一种图解法。

3.4 计算机适线法

1970 年代中期以来，随着计算机技术逐渐普及使用，带一定拟合准则（或目标函数）的参数寻优技术也逐步得到使用，无疑它们比目估适线法前进了一步，一般称之为计算机适线法。常用的适线准则如下：

3.4.1 “残差绝对值”准则(ABS)

$$\mathrm{Min}S_1(\theta)=\sum_{i=1}^{n}|y_i-f(p_i;\theta)| \tag{2-13}$$

式中 $f(p_i;\theta)$ 为频率曲线纵坐标；p_i 为经验频率；θ 为参数矢量；n 为样本容量。

3.4.2 “残差平方和”准则(PLS)

$$\mathrm{Min}S_2(\theta)=\sum_{i=1}^{n}[y_i-f(p_i;\theta)]^2 \tag{2-14}$$

3.4.3 “横标残差平方和”准则(PLS)

$$\mathrm{Min}S_3(\theta)=\sum_{i=1}^{n}(\bar{p}_i-p_i)^2 \tag{2-15}$$

式中 p_i 为经验频率；$\bar{p}_i$ 为水文要素观测值 y 在频率曲线上所对应的横坐标——频率。

适线法在根据理想样本计算频率曲线参数，拟合水文变量经验点据方面，都远优于其他参数估计方法，这些优点对水文频率分析工作来说是非常重要的。但是，目估适线法的设计成果具有前述的缺点，往往因人而异，主观任意性大，计算机适线法的成果则随频率曲线模型及适线准则的选择不同而变，这些都是适线法的不足之处。

3.5 权函数法(SWF 法)[2][3][4]

用传统的矩法估计 P-Ⅲ型频率曲线的参数，存在“求矩差”。为减小这种“求矩差”，黄河水利委员会水文局马秀峰高工通过分析产生“求矩差”的原因，首先提出了“权函数”法，其基本思路为：

1. 选择一个适当的函数 $\varphi(x_i)$，满足条件：

(1) $\varphi(x_i)$ 连续可导；

(2) $\int_{-\infty}^{\infty}\varphi(x_i)\mathrm{d}x=1$。

2. 用水文变量实测资料系列对函数 $\varphi(x_i)$ 求和，为如下积分的近似值：

$$\sum_{i=1}^{n}\varphi(x_i)\Delta p_i=\int_{-\infty}^{\infty}\varphi(x_i)f(x)\mathrm{d}x \tag{2-16}$$

3. 推导出积分(2-16)式的表达式，求出偏态系数 C_s。

于是，可得到用权函数法计算 P-Ⅲ型频率曲线参数 C_s 的公式：

$$\varphi(x_i)=\frac{1}{\sigma\sqrt{2\pi}}\mathrm{e}^{\frac{1}{2}}\left(\frac{\bar{x}-x}{\sigma}\right)^2 \tag{2-17}$$

$$C_s=4\sigma\frac{E}{G} \tag{2-18}$$

其中：

$$E=\int_{x^0}^{\infty}(\bar{x}-x_i)\varphi(x)f(x)\mathrm{d}x\approx\sum_{i=1}^{n}(\bar{x}-x_i)\varphi(x_i) \tag{2-19}$$

$$G=\int_{x^0}^{\infty}(\bar{x}-x_i)^2\varphi(x)f(x)\mathrm{d}x\approx\frac{1}{n}\sum_{i=1}^{n}(\bar{x}-x_i)^2\varphi(x_i) \tag{2-20}$$

计算 $\bar{x}$、C_v 同矩法。

权函数法的实质是通过引进具有正态分布的权函数。这样，加权后的一、二阶矩函数，增加了靠近均值附近的权重，削减了远离均值部位的权重，因而可以减少失去的端矩面积，提高 C_s 的计算精度。

纯权函数法的实质在于用一、二阶权函数矩来推出三阶矩和参数 C_s，虽然收到了降阶及加权平差的效果，从而大大降低求矩误差，但是计算 $\bar{x}$、C_v 时仍然是用“有限和式”代替积分式，这样，$\bar{x}$ 和 C_v 的计算误差较大，对 C_s 的估值有着很大的影响。为了提高 $\bar{x}$ 和 C_v 的计算精度，河海大学的刘治中讲师和刘光文教授又相继提出了数值积分单权函数法(NISWF)和数值积分双权函数法(NIDWF)。

实际应用表明，权函数法比矩法的有效性好，精度高。纯权函数法(SWF)、数值积分单权函数法(NISWF)和数值积分双权函数法(NIDWF)，其有效性依次递减，在连序系列的参数估计中，权函数法精度与计算机适线法相当，在不连序系列的参数估计中，权函数法的精度不如计算机适线法。因此，将权函数法用于有特大值的水文变量的不连序系列的参数估计还有待进一步研究。

3.6 概率权重矩法(PWM 法)[5][6][7]

概率权重矩法是 1979 年由美国 Greenwood 等人首先提出的一种新的参数估计方法，它属于经典的数理统计方法。起初，人们都认为这种新方法仅适用于分布函数的反函数为显式的那些分布。后来，经宋德敦、丁晶等的研究，将该方法推广用于 P-Ⅲ型频率曲线分布，并推演出一套计算公式，表明这种方法也能用于不能解析的表达成逆形式的分布，从而大大拓宽了它的应用范围。概率权重矩法计算简便，且具有许多优良的统计特性，如它能利用资料中更多的信息，避免计算高阶矩，成果较稳定等。其估计参数程序如下。

3.6.1 选用统计量

$$M_{1,0,0}=\int_0^1 xF(x)\mathrm{d}F=\int_0^{\infty}x\cdot f(x)\mathrm{d}x \tag{2-21}$$

$$M_{1,1,0}=\int_0^1 xF(x)\cdot F\mathrm{d}F=\int_0^{\infty}x\left[\int_0^x f(t)\mathrm{d}t\right]f(x)\mathrm{d}x \tag{2-22}$$

$$M_{1,2,0}=\int_0^1 xF(x)\cdot F^2\mathrm{d}F=\int_0^{\infty}x\left[\int_0^x f(t)\mathrm{d}t\right]^2 f(x)\mathrm{d}x \tag{2-23}$$

其中，$M_{1,0,0}$、$M_{1,1,0}$、$M_{1,2,0}$ 分别称为 0 阶、1 阶、2 阶不及概率权重矩；$F\equiv F(x)=P(X\leqslant x)$，为随机变量 x 的分布函数；$x\equiv x(F)=p^{-1}(x)$，为随机变量 x 的分布函数

的反函数。

3.6.2 推求参数与概率权重矩的关系

经分析推导，P－Ⅲ型频率曲线分布的参数 α、β 和 γ 与概率权重矩 $M_{1,0,0}$、$M_{1,1,0}$、$M_{1,2,0}$ 之间存在以下关系：

$$\alpha = M_{1,0,0} - \frac{\gamma}{\beta} \tag{2-24}$$

$$\beta = \frac{\Gamma(2\gamma)}{\Gamma^2(\gamma)2^{2\gamma}(M_{1,1,0} - M_{1,0,0}/2)} \tag{2-25}$$

$$\frac{M_{1,2,0} - M_{1,0,0}/3}{2M_{1,1,0} - M_{1,0,0}} = W \tag{2-26}$$

其中

$$W = \frac{\Gamma(3\gamma)2^{2\gamma}}{\Gamma(\gamma)\Gamma(2\gamma)}G$$

$$G = \int_0^1 \frac{y^{\gamma-1}}{(2+y)^{3\gamma}}\mathrm{d}y$$

3.6.3 由样本观测值计算样本概率权重矩

$$M'_{1,0,0} = \sum_{i=1}^{n} x_i \cdot \Delta p_i \tag{2-27}$$

$$M'_{1,1,0} = \sum_{i=1}^{n} x_i \cdot p_i \cdot \Delta p_i \tag{2-28}$$

$$M'_{1,2,0} = \sum_{i=1}^{n} x_i \cdot p_i^2 \cdot \Delta p_i \tag{2-29}$$

其中：

$$\Delta p_i = \frac{1}{n}$$

$$p_i = \frac{i-1}{n-1}$$

$$p_i^2 = \frac{(i-1)(i-2)}{(n-1)(n-2)}$$

3.6.4 令样本概率权重矩为相应总体概率权重矩的估计值

$$M'_{1,0,0} = M_{1,0,0} \tag{2-30}$$

$$M'_{1,1,0} = M_{1,1,0} \tag{2-31}$$

$$M'_{1,2,0}=M_{1,2,0} \tag{2-32}$$

3.6.5 由样本概率权重矩的估计值推求总体概率权重矩的估计值

实际应用表明，概率权重矩法比矩法有效性好，精度高。在连序水文变量系列的参数估计中，其精度与计算机适线法相当，但在不连序系列的参数估计中，概率权重矩法的精度不如计算机适线法，其设计值系统偏小。因此，将概率权重矩法用于历史洪水的不连序系列的参数估计，还有待进一步的研究。

4 各种方法的检验

任何参数估计方法，即使理论上是正确的，也必须通过大量样本充分检验合格后，才算有应用的价值。刘光文教授在文[4]中分别以理想样本和全国各大江河的 22 个主要水文站的实测样本，对前节所述的各种估计方法进行了统计检验。对于理想样本，文中以绝对精度准则为参数估计方法优劣的评定准则，对于实测系列，文中以相对拟合优度(实质为目估适线)为评定准则。其主要结论如下所述，它对于我们认识前述的各种估计方法的优劣具有一定的参考价值。各种 P-Ⅲ型频率曲线分布参数估计方法估算理想系列 x_p 的误差对比见表 2-1，主要结论有：

表 2-1 各种 P-Ⅲ型频率曲线分布参数估计方法估算理想系列 x_p 的误差对比表

总体参数与样本组成						估计方法	参数估计值			设计值相对误差(%)	
E_x	C_v	C_s	N	n	Q		E_x	C_v	C_s	$p_{0.1\%}$	$p_{1\%}$
100	0.5	1.5	19	19	0	MOM	97.0	0.43	0.90	−22.25	−17.10
100	0.5	1.5	19	19	0	PWM	97.0	0.46	1.30	−12.05	−9.57
100	0.5	1.5	19	19	0	ML	97.0	0.48	1.71	−1.60	−3.00
100	0.5	1.5	19	19	0	SWF	97.0	0.43	1.20	−17.19	−1.40
100	0.5	1.5	19	19	0	NISWF	99.0	0.47	1.50	−5.88	−5.32
100	0.5	1.5	19	19	0	NIDWF	99.0	0.48	1.50	−4.14	−3.82
100	0.5	1.5	19	19	0	FIT(S)	97.0	0.51	1.39	−3.98	−3.34
100	0.5	1.5	19	19	0	FIT(Q)	97.0	0.49	1.15	−10.44	−7.72
100	0.5	1.5	19	19	1	MOM	98.7	0.45	1.13	−15.00	−11.49
100	0.5	1.5	19	19	1	PWM	98.7	0.48	1.39	−6.56	−5.36
100	0.5	1.5	19	19	1	ML	98.7	0.51	1.80	6.08	3.24
100	0.5	1.5	19	19	1	SWF	98.7	0.45	1.32	−11.66	−9.49
100	0.5	1.5	19	19	1	NISWF	100.0	0.48	1.49	−3.36	−2.94
100	0.5	1.5	19	19	1	NIDWF	100.0	0.48	1.49	−3.12	−2.73

续表

总体参数与样本组成						估计方法	参数估计值			设计值相对误差(%)	
E_x	C_v	C_s	N	n	Q		E_x	C_v	C_s	$p_{0.1\%}$	$p_{1\%}$
100	0.5	1.5	19	19	1	FIT(S)	98.7	0.52	1.44	0.17	0.22
100	0.5	1.5	19	19	1	FIT(Q)	98.7	0.53	1.30	−1.21	−0.20

注:1. FIT(S),以“残差平方和”为准则的计算机适线法;
2. FIT(Q),以“残差绝对值之和”为准则的计算机适线法;
3. 历史洪水重现期为99年。

(1) 传统的矩法是不合格的,其误差常超出允许范围很远。

(2) 极大似然法虽然号称是理论上相对最优的参数估计方法,但对实测资料的平差性能却很差,容易受观测误差的影响而产生不良,甚至低劣的结果。

(3) 在绝大多数情况下,概率权重矩法的计算误差超出允许范围,对实测资料的适应性很差。

(4) 单纯权函数法在理论上是正确的,它可能降低矩阶,适当加权,从而有效地提高了P-Ⅲ型频率曲线分布矩法确定参数的精度。但此法只考虑到参数 C_s 的改善,未曾涉及 $\bar{x}$ 和 C_v ,因而其估计精度仍然不足。

(5) 数值积分单、双权函数法从理论上以及对实测水文资料都能通过检验,取得精度合格的结果。

上述结论(3)还值得商榷,李松仕在文[6]中给出了计算概率权重矩法的新公式,使得概率权重矩法估计参数的精度有较大提高,比单纯权函数法的精度还略高,见表2-1。

参考文献

[1] 华东水利学院. 水文学的概率统计基础[M]. 北京:水利出版社,1980.

[2] 马秀峰. 计算水文频率参数的权函数法[J]. 水文,1984(3):1-8.

[3] 刘治中. 数值积分权函数法推求P-Ⅲ型分布参数[J]. 水文,1987(5):11-14.

[4] 刘光文. 皮尔逊Ⅲ型分布参数估计[J]. 水文,1990(5):1-14.

[5] 宋德敦,丁晶. 概率权重矩法及其在P-Ⅲ型分布中的应用[J]. 水利学报,1988,(3):1-11.

[6] 李松仕. 概率权矩法推求P-Ⅲ型分布参数新公式[J]. 水利学报,1989(5):39-42+48.

[7] 宋德敦. 不连序系列统计参数计算的新方法——概率权重矩法[J]. 水利学报,1989(9):25-32.

3

多维线性水文系统模型及其在白沟河洪水预报中的应用

该篇论文是作者在其研究生毕业论文的基础上进行总结的一篇专业技术论文，在论文完成过程中，也得到了导师沈晋教授和冯焱高工的精心指导，发表在《水文》1992年第1期。

提　要：如何考虑雨洪的非线性影响一直是系统水文学中一个较难处理的问题。本文建议用多维线性水文系统模型来模拟降雨—径流系统的非线性现象，并将其应用于海河流域大清河北支白沟河的洪水预报，成果令人满意。

关键词：拟线性汇流模型　非线性概念模型　多维线性系统模型

1　概述

严格言之，所有物理水文系统几乎都是非线性的。为简单、实用起见，我们常在实际工作中假定其为线性的，但这是有条件的。就流域水文汇流系统而言，其非线性主要表现在：(1) 输入强度不同，汇流系统的脉冲响应函数不同；(2) 用汇流系统的脉冲响应函数复合洪水时，不遵循线性叠加的原则。流域水文汇流系统的非线性机制在不同的水文汇流系统中表现的程度是不一样的。一般来说，中、小流域水文汇流系统的非线性要比大流域的表现得强些。目前，对水文汇流系统的非线性现象主要有以下两种解释：(1) 输入-输出关系的非线性造成了汇流系统的非线性；(2) 水源不同造成了汇流的非线性。

近几十年来，各国水文工作者在流域水文汇流系统的非线性校正方面做了大量的研究工作，找到了一些行之有效的途径。现行的流域水文汇流非线性研究途径，可分为以下几类[1][2]。

1.1　拟线性汇流模型

即线性汇流模型参数的非线性校正，主要有下列几种：(1) 单位线要素的非线性校正；(2) 瞬时单位线参数的非线性校正；(3) 等流时线的非线性校正。

1.2　非线性概念模型

有代表性的方法有下列几种：(1) 变动单位线；(2) 非线性汇流模型；(3) 变动等流时线。

1.3　水力学方法

用水力学方法建立坡面汇流或河道汇流的非线性微分方程，以反映坡面汇流和河道汇流非线性。

1.4 系统分析的方法

系统分析的方法有：(1) 非线性系统理论方法。最有代表性的是用 Volterra 级数来模拟降雨-径流过程的非线性，其实质就是将卷积公式作多维拓展，即

$$y(t)=\sum_{i=0}^{\infty}|f|_i h_i(\tau_1,\tau_2,\cdots,\tau_i)\times\prod_{k=0}^{i}x(t-\tau_k)\mathrm{d}\tau_k \tag{3-1}$$

(2) 多维线性系统模拟方法。由于求解非线性模型要比求解线性模型困难得多，且有时根本就求不出非线性模型的解。因此，近年来国外水文学者建议用多维线性系统来模拟非线性水文系统。这种模拟方法的主要思想是：①将非线性水文系统看作由若干组平行的线性子系统所组成，各子系统的输入变量是非线性水文系统的输入，并经一定的算法分配而得的输入分量；②这一特定的非线性系统的响应是所有线性子系统的响应之和。这种模拟方法不但简明易行，而且经济合理。本文主要是对此法作一介绍，并结合国内资料给出一个实例。

2 多维线性系统模型[2][3]

2.1 多维线性系统模拟方法的原理

前节已描述了该法的基本思想，图 3-1 是单变量多维线性系统模型的原理图。

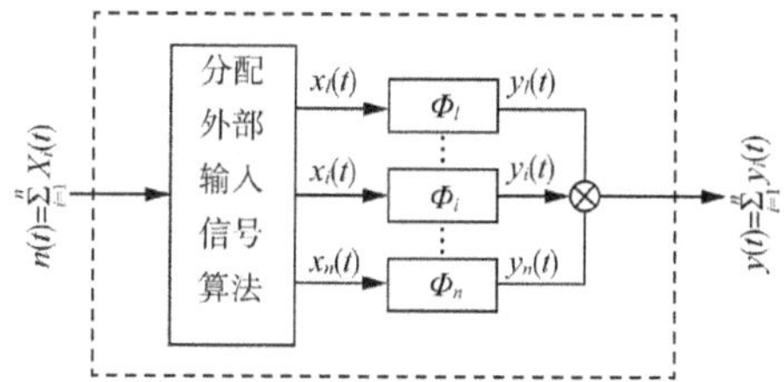

图 3-1 单变量多维线性系统模型

由图 3-1 可知，由 n 个子系统组成的多维线性系统模型的一般数学描述可写为：

$$y(t)=\sum_{i=1}^{n}\bar{\Phi}_i[x_i(t)] \tag{3-2}$$

式中：

n——分配外部输入算法的子信号个数；

$\bar{\Phi}_i$——第 i 个线性子模型的运算律。

这里

$$\sum_{i=1}^{n}x_i(t)=u(t) \tag{3-3}$$

当 $\bar{\Phi}_i$ $(i=1,2,\cdots,n)$可由脉冲响应函数表示时，则有：

$$y(t)=\sum_{i=1}^{n}\int h_i(t-\lambda)x_i(\lambda-\tau_i)\mathrm{d}\lambda \tag{3-4}$$

$$\sum_{i=1}^{n}x_i(t)=u(t) \tag{3-5}$$

对于多变量多维线性模型可类似研究，如多输入-单输出多维线性系统模型的一般数学描述为：

$$y(t)=\sum_{i=1}^{m}\sum_{j=1}^{n_i}\bar{\Phi}_{ij}[x_{ij}(t)] \tag{3-6}$$

$$\sum_{i=1}^{n_i}x_{ij}(t)=u_i(t),i=1,2,\cdots,m \tag{3-7}$$

式中：

$y(t)$ ——系统的输出；

$u_i(t)$ ——系统的第 i 个总输入信号；

m ——系统的总输入个数；

n_i ——第 i 个外部信号分配成子信号的个数；

$\bar{\Phi}_{ij}$ ——第 i、j 个线性子模型的运算律。

式(3-4)和式(3-6)分别称为单变量和多变量多维线性系统模型，它们在一定程度上可反映系统的非线性。

2.2 分配外部输入信号的算法

对多维线性系统模型，在建立其模型时，首先，我们必须确定分配外部输入信号 $u(t)$ 的算法，以求得各线性子系统的输入信号。目前，主要有两种分配算法，即(1) 按幅值分配；(2) 按时程分配。其原理分别见图 3-2 和图 3-3。

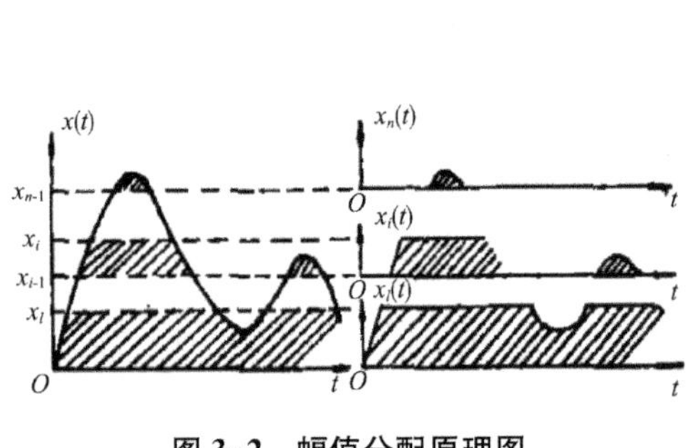

图 3-2　幅值分配原理图

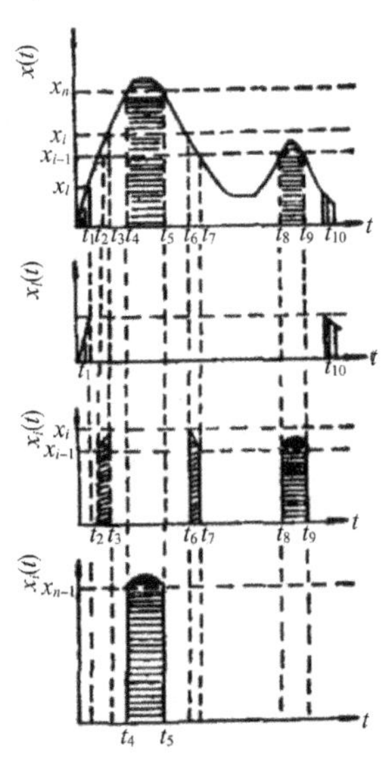

图 3-3　时程分配原理图

按幅值分配，计算公式为：

$$\begin{cases} x_1(t)=\min[x(t),X_1] \\ \quad\vdots \qquad\qquad \vdots \\ x_i(t)=\max\{0,\min[x(t)-X_{i-1}],(X_i-X_{i-1})\} \\ \quad\vdots \qquad\qquad \vdots \\ x_n(t)=\max\{x(t)-X_{n-1},0\} \end{cases} \tag{3-8}$$

其中，X_i（$i=1,2,\cdots,n$）是门限值，可通过识别得到。式(3-8)写成离散形式为：

$$\begin{cases} x_1(k)=\min[x(k),X_1] \\ \quad\vdots \qquad\qquad \vdots \\ x_i(k)=\max\{0,\min[x(k)-X_{i-1}],(X_i-X_{i-1})\} \\ \quad\vdots \qquad\qquad \vdots \\ x_n(k)=\max\{x(k)-X_{n-1},0\} \end{cases} \tag{3-9}$$

按时程分配，计算公式为：

$$\begin{cases} x_1(t)=\{1-\delta[\min(x(t),X_1)-X_1]\}\times x(t) \\ \quad\vdots \qquad\qquad \vdots \\ x_i(t)=0.5\{\{1-\delta[\min(x(t)-X_i)-X_i]\}+\{1-\delta[\max(x(t)-X_{i-1})-X_{i-1}]\}\}\times x(t) \\ \quad\vdots \qquad\qquad \vdots \\ x_n(t)=\{1-\delta[\max(x(t)-X_{n-1})-X_{n-1}]\}\times x(t) \end{cases} \tag{3-10}$$

其中，X_i（$i=1,2,\cdots,n$）是门限值，可通过识别得到。$\delta(x)$为δ函数，定义为：

$$\delta(x)=\begin{cases} 0, x\neq 0 \\ 1, x=0 \end{cases}$$

式(3-10)写成离散形式为：

$$\begin{cases} x_1(k)=\{1-\delta[\min(x(k),X_1)-X_1]\}\times x(k) \\ \quad\vdots \qquad\qquad \vdots \\ x_i(k)=0.5\{\{1-\delta[\min(x(k)-X_i)-X_i]\}+\{1-\delta[\max(x(k)-X_{i-1})-X_{i-1}]\}\}\times x(k) \\ \quad\vdots \qquad\qquad \vdots \\ x_n(k)=\{1-\delta[\max(x(k)-X_{n-1})-X_{n-1}]\}\times x(k) \end{cases} \tag{3-11}$$

在具体应用多维线性系统模型时，究竟选择哪种分配外部输入信号的算法，目前，还没有明确的标准。一般可视为引起水文系统非线性的主要影响因素及系统输入信号的特征来选，例如，当水文系统的非线性主要是由系统输入信号幅值变化高低引起时，可选择幅值分配方法；当水文系统的非线性主要是由系统输入信号在时程分布上的不均匀性引起时，可选择时程分配方法。在实际应用中，通常选择幅值分配法。

2.3 多维线性系统模型的使用条件

当用多维线性系统模型来模拟水文系统的非线性现象时，不是无条件的，实际上，这种方法只能处理那些不满足倍比性，但仍满足叠加性的非线性问题。

3 模型参数的递推最小二乘(RELS)识别[4]

当外部输入信号采用幅值分配时，所有识别线性系统参数的技术都可用来识别多维线性系统模型的参数。这里，以CARMA模型为例，给出模型参数的RELS识别公式。单输入-单输出及多输入-单输出线性水文系统的CARMA模型可分别描述为：

$$y(k)=-\sum_{j=1}^{n}a_j y(k-j)+\sum_{j=0}^{m}b_j u(k-j-\tau)+\sum_{j=1}^{n_e}d_j e(k-j) \tag{3-12}$$

$$y(k)=-\sum_{j=1}^{n}a_j y(k-j)+\sum_{i=1}^{m}\sum_{j=0}^{n_i}b_{ij}u_i(k-j-\tau_i)+\sum_{j=1}^{n_e}d_j e(k-j) \tag{3-13}$$

RELS识别公式如下，即

$$\boldsymbol{\theta}(k)=\boldsymbol{\theta}(k-1)+\boldsymbol{G}(k)\hat{\boldsymbol{v}}(k) \tag{3-14}$$

$$\boldsymbol{G}(k)=\boldsymbol{P}(k-1)\boldsymbol{Z}(k)\times[\lambda+\boldsymbol{H}(k)\boldsymbol{P}(k-1)Z(k)]^{-1} \tag{3-15}$$

$$\boldsymbol{P}(k)=\frac{1}{\lambda}[\boldsymbol{P}(k-1)-G(k)\boldsymbol{H}(k)\boldsymbol{P}(k-1)] \tag{3-16}$$

式中：

$\boldsymbol{\theta}(k)$——被识别参数所组成的参数向量；

$\boldsymbol{G}(k)$——增益向量，用来修正$\boldsymbol{\theta}(k)$；

$\boldsymbol{P}(k)$——正比于参数误差的协方差阵；

λ——遗忘因子；

$\boldsymbol{H}(k)$——由数据或经过运算后组成的数据行向量；

$\boldsymbol{Z}(k)$——由数据或经过运算后组成的数据列向量；

$\hat{\boldsymbol{v}}(k)$——输出预报误差，$\hat{\boldsymbol{v}}(k)=\boldsymbol{Y}(k)-\boldsymbol{H}(k)\boldsymbol{\theta}(k-1)$。

单输入-单输出CARMA模型为：

$$\boldsymbol{\theta}(k)=[a_1,a_2,\cdots,a_n,b_0,b_1,\cdots,b_m,d_1,d_2,\cdots,d_{n_e}]^{\mathrm{T}}$$

$$\boldsymbol{H}(k)=[-y(k-1),\cdots,y(k-n),u(k-\tau),\cdots,u(k-m-\tau),e(k-1),\cdots,e(k-n_e)]$$

$$\boldsymbol{Z}(k)=\boldsymbol{H}^{\mathrm{T}}(k)$$

多输入-单输出CARMA模型为：

若设$n_i=n$，$\tau_i=\tau$，$i=1,2,\cdots,m$，且定义

$$\boldsymbol{U}(k)=[u_1(k),u_2(k),\cdots,u_m(k)]^{\mathrm{T}}$$

$$\boldsymbol{B}_j=[b_{1j},b_{2j},\cdots,b_{mj}]^{\mathrm{T}}$$

则有：

$$\boldsymbol{\theta}(k)=[a_1,a_2,\cdots,a_n,B_0^{\mathrm{T}},B_1^{\mathrm{T}},\cdots,B_m^{\mathrm{T}},d_1,d_2,\cdots,d_{n_e}]^{\mathrm{T}}$$

$$\boldsymbol{H}(k)=[-y(k-1),\cdots,y(k-n),\boldsymbol{U}^{\mathrm{T}}(k-\tau),\cdots,U^{\mathrm{T}}(k-m-\tau),e(k-1),\cdots,e(k-n_e)]$$

$$\boldsymbol{Z}(k)=\boldsymbol{H}^{\mathrm{T}}(k)$$

4 实际应用

4.1 白沟河流域概况

本区位于海河流域大清河北支，如图 3-4 所示。东茨村以上流域面积 10 000 km^2，白沟河主要由北拒马河、琉璃河和小清河汇合而成，琉璃河漫水河站和北拒马河落宝滩站到白沟河东茨村站的区间流域面积为 1 290 km^2。落宝滩站与东茨村站相距 55 km，传播时间 20～28 h；漫水河站与东茨村站相距 50 km，传播时间 16～22 h。当永定河卢沟桥断面超过保证流量 2 500 m^3/s 时，永定河将向小清河分洪。北拒马河落宝滩站至京广铁路之间有较大滞洪区。东茨村站保证水位为 28.61 m(大沽海平面)，相应流量 3 000 m^3/s。

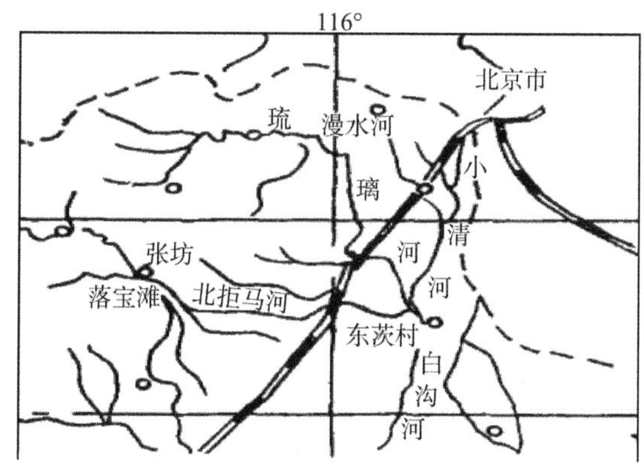

图 3-4　白沟河水系示意图

4.2 基本资料选取

白沟河雨洪资料较完整。应用时，共选取了 8 年(1954、1955、1956、1958、1959、1963、1964、1979)汛期的降雨和流量同期观测资料，其中 1954、1955、1956、1958、1959、1964 等 6 年资料作为模型参数率定之用，而 1963、1979 等年的资料则用来验证模型。

4.3 模型评定准则

Nash－Sutcliffe 效率标准能反映模型对洪水过程拟合的优劣，洪峰预报合格率能反映计算洪峰拟合的优劣，而累积量准则能衡量整个预报期内实测水量与预报水量是否平衡。因此，将三者结合起来作为模型优劣的评定准则，可望较好地反映模型对水文系统模拟的优劣。

4.4 模型检验

为比较研究，选择 CARMA（可控自回归模型）和以 CARMA 为子模型的多维线性系统模型来建立白沟河的水文系统模型，根据白沟河的水文站网情况，考虑到实际预报的需要，将东茨村以上概化为 3 个输入（落宝滩站的流量值、漫水河站的流量值及区间平均降雨量）、1 个输出（东茨村控制站的流量值）的多输入-单输出线性系统。对于多输入-单输出线性水文系统，其 CARMA 模型的一般式可表示为：

$$y(k)=-\sum_{j=1}^{n}a_j y(k-j)+\sum_{i=1}^{m}\sum_{j=0}^{n_i}b_{ij}u_i(k-j-\tau_i)+\mathrm{e}(k) \tag{3-17}$$

多变量的多维线性模型的一般数学模型可写为：

$$y(k)=\sum_{i=1}^{m}\sum_{j=1}^{n_i}\Phi[x_{ij}(k)]+\mathrm{e}(k) \tag{3-18}$$

$$\sum_{j=1}^{n_i}x_{ij}(k)=u_i(k)\ ,\ i=1,2,\cdots,m \tag{3-19}$$

当 Φ 用 CARMA 模型时，有：

$$y(k)=-\sum_{j=1}^{n}a_j y(k-j)+\sum_{i=1}^{m}\sum_{j=1}^{n_i}\sum_{l=0}^{n_{ij}}b_{ijl}x_{ij}(k-l-\tau_{ij})+\mathrm{e}(k) \tag{3-20}$$

$$\sum_{j=1}^{n_i}x_{ij}(k)=u_i(k)\ ,\ i=1,2,\cdots,m \tag{3-21}$$

式(3-17)和(3-20)中的 e(k)为输出预报误差，当 e(k)用自回归模型表示时，则式(3-17)和式(3-20)可分别改写为：

$$y(k)=-\sum_{j=1}^{n}a_j y(k-j)+\sum_{i=1}^{m}\sum_{j=0}^{n_i}b_{ij}u_i(k-j-\tau_i)+\sum_{j=1}^{n_e}d_j\mathrm{e}(k-j) \tag{3-22}$$

$$y(k)=-\sum_{j=1}^{n}a_j y(k-j)+\sum_{i=1}^{m}\sum_{j=1}^{n_i}\sum_{l=0}^{n_{ij}}b_{ijl}x_{ij}(k-l-\tau_{ij})+\sum_{j=1}^{n_e}d_j\mathrm{e}(k-j) \tag{3-23}$$

$$\sum_{j=1}^{n_i}x_{ij}(k)=u_i(k)\ ,\ i=1,2,\cdots,m \tag{3-24}$$

具体到白沟河流域，则有：

$$y(k)=-\sum_{j=1}^{n}a_j y(k-j)+\sum_{i=1}^{3}\sum_{j=0}^{n_i}b_{ij}u_i(k-j-\tau_i)+\sum_{j=1}^{n_e}d_j\mathrm{e}(k-j) \tag{3-25}$$

$$y(k)=-\sum_{j=1}^{n}a_j y(k-j)+\sum_{i=1}^{3}\sum_{j=1}^{n_i}\sum_{l=0}^{n_{ij}}b_{ijl}x_{ij}(k-l-\tau_{ij})+\sum_{j=1}^{n_e}d_j\mathrm{e}(k-j) \tag{3-26}$$

$$\sum_{j=1}^{n_i} x_{ij}(k) = u_i(k)\ ,\ i=1,2,3 \tag{3-27}$$

式(3-25)和式(3-26)都可视为多输入-单输出的 CARMA 模型,区别在于输入变量个数不同。外部输入采用幅值分配,模型参数用上节所介绍的 RELS 法识别。显示出两场洪水过程的验证成果,见图 3-5—图 3-8 和表 3-1。

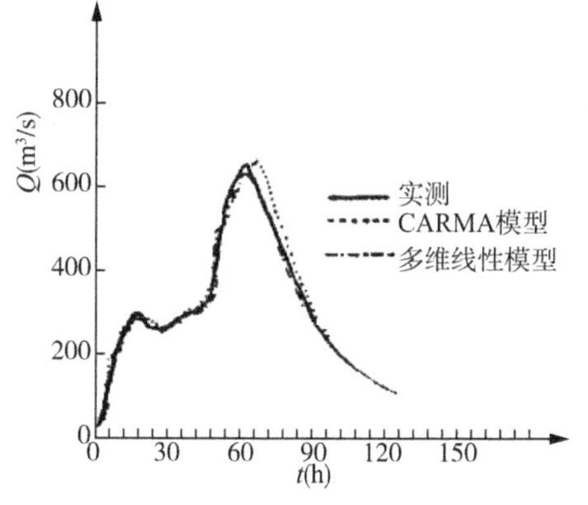

图 3-5 东茨村 790810 洪水实测与预报过程比较

图 3-6 东茨村 790810 洪水实测与预报洪量比较

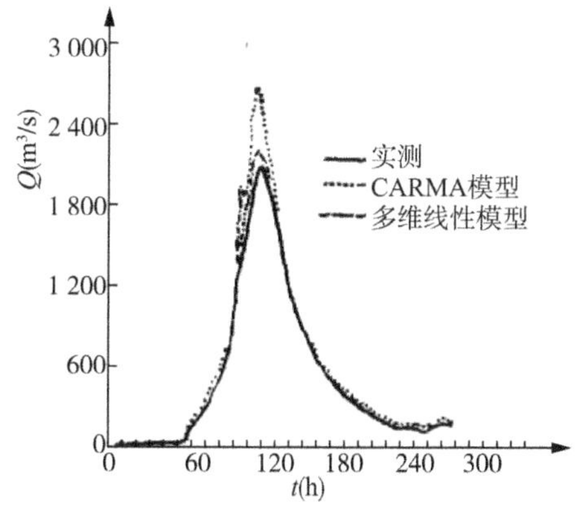

图 3-7 东茨村 830303 洪水实测与预报过程比较

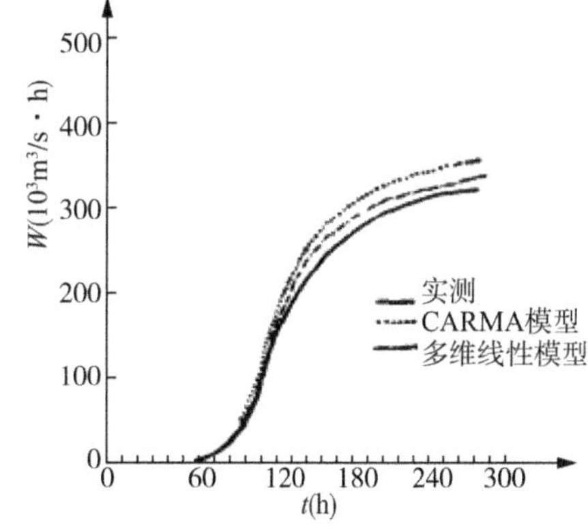

图 3-8 东茨村 680803 洪水实测与预报洪量比较

表 3-1 海河流域大清河北支北白沟河洪水预报模型预报成果比较表

模型结构	确定性系数(%)	洪峰相对误差(%)	峰时差(h)
CARMA 模型	96.81	14.17	3.0
以 CARMA 模型为子模型的多维线性系统模型	98.21	0.45	1.5

注:(1) 表中值系 1963、1979 两年计算值的均值;
(2) 计算时段取为 3 小时。

4.5 成果分析

由图 3-5—图 3-8 及表 3-1 可知，无论是从过程线拟合的情况来看，还是从三个评定指标来看，以 CARMA 模型为子模型的多维线性系统模型均较 CARMA 模型为优，且在流量过程线的低值区和高值区，多维线性系统模型预报的流量过程线与实测流量过程线拟合得较好，这表明多维线性系统模型起到了一定的非线性校正作用。

参考文献

[1] 冯焱. 论暴雨洪水非线性[J]. 海河水利，1988(3)：27-31.

[2] ZBIGNIEW W. KUNDZEWICZ，JAROSLAW J. NAPIORKOWSKI. Nonlinear Models of Dynamic Hydrology[J]. Hydrological Sciences Journal，1986，31(2)：163-185.

[3] ALFRED BECKER，ZBIGNIEW W. KUNDZEWICZ. Nonlinear Flood Routing with Multilinear Models[J]. Water Resources Research，1987，23(6)：1043-1048.

[4] 吴广玉. 系统辨识与自适应控制(上、下)[M]. 哈尔滨：哈尔滨工业大学出版社，1987.

4

历史洪水洪峰流量估算的不确定性分析

该篇论文发表于《陕西水力发电》1992 年第 1 期。清光绪三十年(1904)7 月 11—18 日,青藏高原东侧的青海东部、甘肃南部、四川西北部等地区普降大雨。雨区包括长江、黄河上游广大地区。这次降雨时间长(5—7 天),强度均匀,雨区范围广(约 33.5 万 km^2)。各河所形成的洪水峰高量大。主要河流洪峰流量约为实测最大记录的 1.09—1.53 倍。在黄河上游梯级水电站设计洪水计算中,为提高洪峰流量系列的代表性,需要考虑 1904 年历史洪水。由于黄河兰州水文站没有 1904 年实测洪峰流量,经调查洪痕估算得到兰州站 1904 年历史洪水洪峰流量为 8 500 m^3/s,但估算洪峰流量的水力参数存在不确定性,估算值也存在不确定性,因此,有必要对历史洪水的洪峰流量估算进行不确定性分析研究,以便合理确定水文站设计洪水成果。

摘　要:在水利水电工程规划和设计中,常常遇到一些具有不确定性的变量,在这种情况下,须进行不确定性分析,以检验这些变量对设计成果的影响。本文在介绍 Mellin 变换的基础上,以兰州水文站 1904 年历史洪水洪峰流量估算为例,研究了历史洪水洪峰流量估算的不确定性分析问题,分别给出了服从正态分布和 P-Ⅲ型分布时兰州水文站 1904 年历史洪水洪峰流量估算值的 90%和 95%置信区间及历史洪水洪峰流量大于某一阈值的概率。

主题词:历史洪水　洪峰流量　变换　分析

1　问题的提出

历史洪水在水位流量关系曲线计算、设计洪水计算中具有重要意义。从水力学角度来说,历史洪水洪峰流量估算主要受河道糙率、水面比降、有效过水断面面积、水力半径等变量的影响。由于客观世界变化的复杂性以及测量技术水平的限制,这些变量目前还不可能精确地进行测量或估计,存在较大的不确定性。如何分析研究这些变量的不确定性对历史洪水洪峰流量估算值的影响,在工程设计中具有实际意义,同时,也是目前工程设计人员面临的亟待解决的问题之一。

2　Mellin 变换[1][2]

2.1　定义

Mellin 变换首先由 Giffin 和 Springer 定义并加以应用。它在确定几个非负独立随机变量的函数的各阶矩方面是一个强有力的数学工具,因而在水文和水力学问题的不确定性分析中具有实用价值。Mellin 变换的定义如下:

$$M_x(s)=M[f(x)]=\int_0^{\infty}x^{s-1}f(x)\mathrm{d}x\ ,\ x<0 \tag{4-1}$$

式中:

$f(x)$ —— x 的概率密度函数;

$M_x(s)$ —— $f(x)$ 的 Mellin 变换。

由(4-1)式,$M_x(s)$ 与 x 的原点矩之间显然存在以下关系:

$$\mu'_{s-1}=E(x^{s-1})=M_x(s) \tag{4-2}$$

2.2 适用条件

Mellin 变换在应用时有一定的条件限制,主要有:

(1) 水文或水力学模型的输出变量与其输入变量之间应存在以下函数关系:

$$Y=t(x)=a_0\prod_{i=1}^{k}x^{a_i} \tag{4-3}$$

$$\boldsymbol{X}=(x_1,x_2,\cdots,x_k) \tag{4-4}$$

式中:

a_i ——常系数,$i=0,1,\cdots,k$;

$\boldsymbol{X}$——模型参数向量。

(2) 随机输入参数 $x_i(x_1,x_2,\cdots,x_k)$ 彼此独立且非负。

2.3 Mellin 变换的性质

与 Laplace 变换和 Fourier 变换一样,Mellin 变换也有卷积性质,即设随机变量 Z 是两个独立随机变量 X 和 Y 的积,X 和 Y 的概率密度函数分别为 $g(x)$ 和 $h(y)$,则 $f(z)$ 可表示为:

$$f(z)=\int_0^{\infty}g\left(\frac{z}{y}\right)h(y)\mathrm{d}y \tag{4-5}$$

由(4-1)式,则得 $f(z)$ 的 Mellin 变换为:

$$M_z(s)=M[f(z)]=M[g^*(x)h(y)]=M_x(s)\cdot M_y(s) \tag{4-6}$$

式中,$*$ ——卷积符号。

(4-6) 式即为 Mellin 变换的卷积公式。

Mellin 变换的其他一些性质见表 4-1。

表 4-1 Mellin 变换的性质

概率密度函数	随机变量	Mellin 变换
$f(x)$	x	$M_x(s)$
$f(ax)$	x	$a^{-s}M_x(s)$
$af(x)$	x	$aM_x(s)$
$x^a f(x)$	x	$M_x(a+s)$
$f(x^a)$	x	$a^{-1}M_x(s/a)$

由 Mellin 变换的定义及其基本性质，可以得出两个独立随机变量的积和商的 Mellin 变换，见表 4-2。

表 4-2 随机变量的积和商的 Mellin 变换

随机变量	概率密度函数	$M_z(s)$
$Z=X$	$f(x)$	$M_x(s)$
$Z=X^b$	$f(x)$	$M_x(bs-b+1)$
$Z=1/X$	$f(x)$	$M_x(2-s)$
$Z=XY$	$f(x)$	$M_x(s)M_y(s)$
$Z=X/Y$	$f(x)$，$g(y)$	$M_x(s)M_y(2-s)$
$Z=aX^bY^c$	$f(x)$，$g(y)$	$a^{s-1}M_x(bs-b+1)M_y(cs-c-1)$

注：1. a，b，c 为常数；2. X，Y，Z 为随机变量。

3 历史洪水洪峰流量估算的不确定性分析

由于水文和水力学模型输入参数存在不确定性，因此水文或水力学模型的输出变量一般也存在不确定性。其不确定性特征可由其分布函数和统计矩（如均值、方差等）来概括。理论上，水文或水力学问题的不确定性分析就是根据水文或水力学模型中随机输入变量的概率密度函数，来推出水文或水力学模型的输出变量的精确概率密度函数。然而，这样做不仅困难，而且由于模型的非线性，使得精确地推求输出变量的概率密度函数几乎成为不可能。在工程设计中，通常是先假定水文或水力学模型的随机输入变量各自服从某一概率分布，再通过统计理论估计出水文或水力学模型输出变量的头几阶矩，在假定输出变量服从某一概率分布的基础上，对输出变量进行不确定性分析，从而求出在工程实际中具有重要意义的一些量。

3.1 历史洪水洪峰流量估算

估算历史洪水洪峰流量的方法较多，常见的有水面线法、比降法、水位流量关系曲线法等。应根据河道实际情况、资料条件及各种计算方法的适用条件，选择适当的方法进行估算。由于调查得到的洪痕本身的不确定性以及测量所得水力参数变量也存在不确定性，因此无论采用上述哪种方法估算历史洪水洪峰流量，其估算值都存在不确定性。

从水力学原理知，调查河道断面呈单一形式时，可近似地按稳定均匀流计算，估计洪峰流量公式为：

$$Q_m = \frac{AR^{\frac{2}{3}} I^{\frac{1}{2}}}{n} \tag{4-7}$$

式中：

Q_m ——历史洪水洪峰流量，m^3/s；

A ——历史洪水位时的过水断面面积，m^2；

R ——水力半径，m；

I ——水力比降，即洪水痕迹纵比降；

n ——糙率。

本文将按(4-7)式估算兰州水文站1904年历史洪水洪峰流量。

3.2 随机输入变量分布函数选择

进行水文或水力学问题的不确定性分析，首先必须确定水文或水力学模型的随机输入变量的分布函数。理论上，确定某一随机变量分布函数需要做大量统计试验。而在水利工程设计中，由于所研究的对象是自然界，自然现象的发生，如某一场次的洪水，具有不可重复性，获得大量统计资料是困难的。因此，在工程设计中通常使用统计参数较少且易于估计的分布函数。三角分布就是这样一种分布，它只需给出随机变量的最小值、最可能值和最大值就可获得随机变量的分布函数，而无需做大量的统计试验。设 L、M 和 H 为随机变量的最小值、最可能值和最大值，则服从三角分布的随机变量的分布函数为：

$$f(x) = \begin{cases} \dfrac{(x-L)}{(M-L)(M-L)}, & 0 \leqslant x \leqslant M \\ \dfrac{M-L}{H-L} + \dfrac{(H-M)^2-(H-x)^2}{(H-M)(H-L)}, & M \leqslant x \leqslant H \end{cases} \tag{4-8}$$

3.3 不确定性分析

历史洪水洪峰流量估算属于水文和水力学问题，其不确定性分析主要是指对洪峰流量估算值的不确定性特征进行评估。评估可按上述已介绍的方法实施。本文以黄河兰州水文站1904年历史洪水洪峰流量估算为例。

在(4-7)式中，将相关程度较密切的变量放在一起，令 $X = AR^{2/3}$，$Y = I^{1/2}/n$，则有：

$$Q_m = (AR^{2/3}) \cdot (I^{1/2}/n) = XY \tag{4-9}$$

由(4-9)式可知，因 A、R、n、I 是随机变量，测量值存在不确定性，故 X、Y 也是随机变量，其计算值也存在不确定性。尽管 X、Y 之间也还存在一定的相关性，但考虑到一场历史洪水发生后，距今年代较远，调查资料有限，很难确定各随机输入变量之间的联合概率分布函数，故这里将 X、Y 近似处理为相互独立的随机变量。

由(4-9)式知，Q_m 和 X、Y 呈数乘积的关系，且 X、Y 均为非负，则满足 Mellin 变换的条件，假定 X、Y 均服从三角分布，则可以使用 Mellin 变换推求 Q_m 的头几阶矩。兰州水文站 1904 年历史洪水参数变量 X、Y 服从的分布形式及其基本资料见表 4-3。

表 4-3 兰州水文站 1904 年历史洪水基本资料表

变量	分布	最小值	最可能值	最大值
X	三角分布	6 797	7 303	8 328
Y	三角分布	1.143 0	1.162 0	1.214 0

注：表中数据系由调查资料计算而得。

基于(4-9)式，并使用表 4-2，历史洪水洪峰流量的概率密度函数的 Mellin 变换可表示为：

$$E(Q_m^{s-1}) = M_x(s)M_y(s) \tag{4-10}$$

由(4-10)式可得，历史洪水洪峰流量的头几阶原点矩为：

$$E(Q_m) = M_{Q_m}(2) = M_x(2)M_y(2) \tag{4-11}$$

$$E(Q_m^2) = M_{Q_m}(3) = M_x(3)M_y(3) \tag{4-12}$$

$$E(Q_m^3) = M_{Q_m}(4) = M_x(4)M_y(4) \tag{4-13}$$

又三角分布的 Mellin 变换式为[2]：

$$M_x(s) = \frac{2}{(H-L)s(s+1)}\left\{\frac{H(H^s - M^s)}{H-M} - \frac{L(M^s - L^s)}{M-L}\right\} \tag{4-14}$$

式中，L、M 和 H 分别为服从三角分布的随机变量的最小值、最可能值和最大值。

由(4-14)式，及(4-10)—(4-13)式和表 4-3，可算得兰州水文站 1904 年历史洪水洪峰流量的原点矩，成果列于表 4-4。

表 4-4 兰州水文站 1904 年历史洪水洪峰流量原点矩计算成果表

变量	Mellin 变换	历史洪水洪峰流量原点矩		
		μ_1	μ_2	μ_3
X	S	2	3	4
	$M_x(s)$	7 476	5.599 2E+7	4.201 222E+11
Y	S	2	3	4
	$M_y(s)$	1.173 00	1.376 15	1.614 76
$\mu_s = E(Q_m^s)$	$M_{Q_m}(s+1)$	8 769.34	7.705 34E+7	6.783E+11

由统计理论知，一旦确定了历史洪水洪峰流量的基本统计矩后，那么我们就可以进一步确定历史洪水洪峰流量服从某一分布时任一置信水平下其估算值的置信区间，以及大

于某一个给定阈值的概率等在工程设计中具有实际意义的量值。为了获得这些信息，首先必须知道历史洪水洪峰流量服从哪种统计分布形式。理论上，其分布形式可通过 Mellin 变换的逆变换求得，然而这种逆变换涉及非常复杂的积分计算，一般难以得到概率密度函数的解析形式。在工程设计中，通常是先假定某种概率分布，进而在此基础上进行不确定性分析。为比较起见，假定历史洪水洪峰流量分别服从正态分布和 P－Ⅲ型分布，表 4-5 给出了这两种分布时兰州水文站 1904 年历史洪水洪峰流量估算值的置信区间及历史洪水洪峰流量大于 8 500 m^3/s（由水力学公式直接估算而得）的概率。

表 4-5　兰州水文站 1904 年历史洪水洪峰流量 90%和 95%置信区间　　单位：m^3/s

分布型式	置信区间		$p(Q\geqslant 8\ 500)$
	90%	95%	
正态分布	(8 125,9 410)	(8 010,9 520)	0.755
P－Ⅲ型分布	(7 360,10 200)	(7 250,10 290)	0.740

4　结束语

我国历史悠久，具有较为丰富的历史洪水观测记录资料及调查资料。对历史洪水洪峰流量进行估计，并在水位流量关系曲线计算、设计洪水计算中加以应用，一直受到工程设计人员的重视。但是由于水力要素存在不确定性，如何分析各水力要素的不确定性对历史洪水洪峰流量估算值的影响，一直是悬而未决的问题。本文在介绍 Mellin 变换的基础上，以兰州水文站 1904 年历史洪水洪峰流量估算为例，研究了历史洪水洪峰流量估算的不确定性分析问题，分别给出了服从正态分布和 P－Ⅲ型分布时兰州水文站 1904 年历史洪水洪峰流量估算值的 90%和 95%的置信区间及历史洪水洪峰流量大于 8 500 m^3/s 的概率。这些成果比以往仅仅给出一个历史洪水洪峰流量估算值提供了更多的有用信息，因而在工程设计中具有一定的实用价值。

参考文献

[1] 郭大钧. 大学数学手册[M]. 济南：山东科学技术出版社，1985.

[2] YEOU-KOUNG TUNG. Mellin Transform Applied to Uncertainty Analysis in Hydrology/Hydraulics[J]. Journal of Hydraulic Engineering, 1990, 116(5): 659-674.

5

水利水电工程风险分析方法探讨

该篇论文是作者在参与分析论证黄河黑山峡河段水电开发风险分析工作的基础上进行总结而作的一篇专业技术论文，为开展黄河黑山峡河段水电开发论证提供了一定的技术支撑，具有一定的参考价值，发表于《西北水电》1992 年第 3 期，王正发是第一作者，第二作者是孙汉贤。

摘　要：原国家计委颁发的《建设项目经济评价方法与参数》中规定，“在国民经济评价和财务评价中必须进行不确定性分析，以预测项目可能承担的风险，确定项目在财务上和经济上的可行性”。本文在介绍风险分析概念的基础上，着重对水利水电工程风险分析方法、内容做了简要介绍，并结合实例较为详细地叙述如何进行水利水电工程风险分析。

关键词：风险分析　风险率　一次二阶矩　JC 法　蒙特卡洛法

1　前言

在建设项目的经济评价中，所研究的问题都是发生于未来，项目评价所采用的数据，大部分来自预测和估算，从而使经济评价不可避免地带有不确定性。为了分析不确定性因素对经济评价的影响，颁发的《建设项目经济评价方法与参数》中规定，“在国民经济评价和财务评价中必须进行不确定性分析，以预测项目可能承担的风险，确定项目在财务上和经济上的可行性”。

《建设项目经济评价方法与参数》中规定：不确定性分析包括盈亏平衡分析、敏感性分析和风险分析。盈亏平衡分析只适用于财务评价，敏感性分析和风险分析可同时用于财务评价和国民经济评价，并规定根据项目特点和实际需要进行分析。我国目前水利水电工程的不确定性分析，一般只进行敏感性分析，很少进行风险分析。但是，敏感性分析只是孤立地测算单个因素的影响，且一般只测算不利于工程经济的因素。但在实际上，各种因素有可能同时发生变化，而且都有可能产生有利或不利两个方面的影响。因此，对于水利水电工程进行风险分析比敏感性分析要全面、合理得多。

2　水利水电工程风险分析的基本概念

任何投资项目都是有一定风险的。风险分析是根据投资组成中各种可变参数的概率分布来推求项目所承担的风险大小的一种测算。因此，风险分析也可叫作风险概率分析。

风险分析的成果通常以决策指标的概率分布或发生某一事件的风险率来表示。

水利水电工程风险分析与传统经济学意义上的风险分析既有共性，又有特殊性。由于水利水电工程所研究的对象是自然、社会、经济和人文等基本子系统所组成的复杂的大系统，影响水利水电工程项目评价的因素众多，涉及的专业面广，许多问题须由水利水电工程专家来解决，因此，其风险分析单靠经济工作者是难以完成的。从风险分析工作的实践来看，风险分析工作者必须对水利水电工程有透彻的了解，才能客观地、合理地确定各种因素可能的变化幅度及其概率分布。为了保证其客观性、合理性，有必要聘请水利水电工程各有关专业的专家协助分析。

水利水电工程风险分析中的风险率被定义为：在工程的整个运行期获取某一决策指标小于（当决策目标为极大化）或大于（当决策目标为极小化）某一规定值的概率，即：

$$R = F(x < x_0) = \int_{x_{\min}}^{x_0} f(x)\mathrm{d}x \tag{5-1}$$

或

$$R = F(x > x_0) = \int_{x_0}^{x_{\max}} f(x)\mathrm{d}x \tag{5-2}$$

式中：

R ——小于或大于规定指标 x_0 的风险率；

$f(x)$ ——风险变量的概率密度函数；

$x_{\max}$ 、$x_{\min}$ ——风险变量取值的最大值和最小值。

3 风险分析的目标及常用方法

3.1 目标

就工程项目经济评价而言。风险分析主要有三个目标，即：

(1) 加深理解影响决策各个因素之间的关系，对存在的不确定性因素展开讨论，并给予明确的考虑。

(2) 提供一种结构化的、一致的不确定性因素和风险的评估方法，给出全面考虑问题的各种信息，如风险率、可靠度、风险费用等。

(3) 确定与工程有关的不确定性对推荐方案经济评价的综合影响，并且指出其有主要影响的因素，以便找出最大限度减少其影响的适当措施。

3.2 常用方法

风险分析方法是由军工生产部门在 1950 年代提出的。在 1960 年代后期，风险分析理论开始向水资源工程经济评价领域扩展，最先在美国水资源开发中得到应用。1970 年代是风险分析风险理论在水资源工程项目评价中逐步推广应用的阶段。1980 年代以来，许多国家的水利水电工程规划设计人员均注意到了工程评价中这种风险率与不确定性分析问题。我国开展此项工作始于 1980 年代初期。

最早见之于文献的有关论文，主要是防洪工程、灌溉工程风险分析及水利水电工程项目经济评价方面，编写的《建设项目经济评价方法与参数》的颁发，标志着我国水利水电工程项目经济评价风险分析已由研究探讨阶段，发展到初步应用阶段。

目前，在水利水电工程风险分析中，风险率计算常用的方法主要有以下几种。

3.2.1 近似计算方法

(1) 主观概率分析法

主观概率分析法是在缺乏资料的情况下，组织有关专业人员对各种评价因素取值的概率作出分析，并通过对若干种因素之间不同取值情况的组合分析，对整体决策指标的风险率作出定量估计。这种方法虽不够精确，但使用简便，是目前国内常用的方法之一，并已列入了某些经济计算评价的规程规范中，主要适用于整体决策指标与单项风险变量之间关系较简单的情形。

(2) 单一指标概率分析法

该法是通过一种指标的三个特征估值，即最小值、最可能值和最大值的估计，并在假定其服从某种分布时，通过上述三个特征指标对其统计参数进行估计，然后按(5-1)式和(5-2)式估计计算出决策指标的风险率。这种方法只能对单一风险变量进行分析，无法对整体决策指标作出定量的风险评价。

3.2.2 解析法(全概率法)

风险率计算的解析法是运用概率论理论，通过对各风险变量的概率分析，确定其分布线型和统计参数，并根据分布密度函数的解析特性，通过数据变换来集中考虑多个风险变量的综合影响。该法多用于解决比较简单的问题，当风险变量之间彼此并非独立时，采用解析法将变得十分复杂，甚至不可能。

3.2.3 一次二阶矩法(FOSM 法)

一次二阶矩法就是在随机变量的分布函数尚不清楚时，采用的一种只有均值和标准差作统计参数的数学模型来求解风险率的方法。其本质是对功能函数 $z=g(x_1,x_2,\cdots,x_n)$ 在失效界面上某点 Z^* 进行台劳级数展开，使之线性化，并根据一级台劳级数展开式近似计算决策指标的均值和方差，即：

$$E(Z)\approx\sum_{i=1}^{n}\left(\frac{\partial g}{\partial x_i}\right)(\bar{x}_i-x_i^*) \tag{5-3}$$

$$VAR(Z)=\delta_z^2\approx\sum_{i=1}^{n}\sum_{j=1}^{n}\left(\frac{\partial g}{\partial x_i}\right)\left(\frac{\partial g}{\partial x_j}\right)\times E[(x_i-x_i^*)(x_j-x_j^*)] \tag{5-4}$$

这一方法的关键是失效点的确定，该点可以用迭代法或约束非线性优化法确定，使用何种方法取决于所研究问题的性质和复杂程度。

当假定决策指标 Z 服从正态分布时，则决策指标获取某规定值的可靠度为：

$$P=\Phi(\beta) \tag{5-5}$$

风险率为：

$$R = 1 - P = 1 - \Phi(\beta) \tag{5-6}$$

式中：

β——可靠性指标；

Φ——正态分布函数。

β 按下式计算：

$$\beta = \frac{E(Z)}{\sigma_Z} = \frac{\sum_{i=1}^{n} \left(\frac{\partial g}{\partial x_i}\right)(\bar{x}_i - x_i^*)}{\sum_{i=1}^{n} \sum_{j=1}^{n} \left(\frac{\partial g}{\partial x_i}\right)\left(\frac{\partial g}{\partial x_j}\right) \times E[(x_i - x_i^*)(x_j - x_j^*)]} \tag{5-7}$$

一次二阶矩法概念清楚，简单实用，适应性强。缺点是只在随机变量彼此统计独立且服从正态分布时，计算精度较高。

3.2.4 JC 法

一次二阶矩法只适用于正态分布。然而，在水利水电工程中的随机变量并非都是正态分布的。为了解决这一问题，Rackwitz、Skov 和 Fiessler 等人提出了 JC 法。该法通俗易懂，计算精度能满足工程需要，故目前应用较广泛。

JC 法的基本原理是：运用当量正态化的方法，把随机变量 x_i 原来的非正态分布，以正态分布代替，再用一次二阶矩法求决策指标的风险率。等效正态分布的均值 $\mu_{x_i}^N$ 和标准差 $\sigma_{x_i}^N$ 可由下述两式计算：

$$\mu_{x_i}^N = x_i^* - \sigma_{x_i}^N \Phi^{-1}[F_{x_i}(x_i^*)] \tag{5-8}$$

$$\sigma_{x_i}^N = \frac{\varphi\{\Phi^{-1}[F_{x_i}^*(x_i^*)]\}}{f_{x_i}(x_i^*)} \tag{5-9}$$

上述两式中，$F_{x_i}(x_i)$ 和 $f_{x_i}(x_i)$ 分别为变量 x_i 的实际累积概率分布函数和概率密度函数，Φ 、φ 分别为标准正态分布下的累积概率分布函数和概率密度函数。

3.2.5 蒙特卡洛（随机模拟）法（M－C 法）

蒙特卡洛法是通过随机变量的统计试验随机模拟，求解数学、物理、工程技术问题近似解的数值方法，亦称为随机模拟法。在风险变量之间存在有比较复杂的影响机制，当不容易确切估计其分布线型和分布参数时，常用该法确定决策指标的风险率。它的主要优点是无需复杂的数学运算，便能获得满足精度要求的近似结果（均值、方差及概率分布等）。其缺点是计算工作量大。它的实施步骤一般为：

（1）分析哪些原始参数应属于随机变量，并确定出这些随机变量的概率分布。

（2）通过模拟试验随机选取各随机变量的值，并使选取的随机值符合各自的概率分布。

（3）建立决策指标的数学模型。

（4）根据模拟试验结果，计算出决策指标的一系列样本值。

（5）经过多次模拟试验，求出决策指标的概率分布及其他特征值。

（6）检验次数是否满足预定的精度要求。

4　水利水电工程风险分析的主要内容

人类对水资源的利用，广义上包括兴利（如发电、灌溉等）和除害（如防洪、抗旱等）两个方面。修建水利水电工程的根本目的，在于通过工程设施来调节水资源在时间和空间上的分布，使之符合人民生活和工农业生产等综合利用的需要。在如何处理好兴利和除害的关系过程中，首先应对工程的经济性和安全性问题进行权衡并研究对策。水利水电工程风险分析是目前解决这一问题最完善的方法之一。由于影响水利水电工程兴建与否的因素较多，因此，水利水电工程风险分析的内容，应根据该项工程的综合利用目的，来选择影响工程安全和经济两个方面的主要不确定性变量，对其进行风险分析。就水利水电工程而言，其风险分析的内容主要有：

（1）工程建设费用的不确定性。

（2）移民安置费用的不确定性。

（3）工程地质处理费用的不确定性。

（4）工程运管费用的不确定性。

（5）发电效益的不确定性。

（6）防洪效益的不确定性。

（7）灌溉效益的不确定性。

（8）航运效益的不确定性。

（9）经济参数的不确定性。

当分析、研究了单独的各类费用和效益以及影响每一种费用和效益的一系列风险率后，即可综合考虑该项工程所有不确定性因素，对该项工程的综合风险程度进行分析。工程项目综合风险分析是指研究所有不确定性因素对项目净效益的影响及其相应的概率分布。工程项目的经济净现值（ENPV）可由下式求得[1]：

$$ENPV=\sum_{t=1}^{m}\sum_{i=1}^{n}(CI_i-CO_i)(1+R)^{-t} \tag{5-10}$$

式中：

n ——不确定变量的个数；

CI_i ——第 i 个不确定变量的现金流入量；

CO_i ——第 i 个不确定变量的现金流出量；

R ——社会折现率；

m ——计算期（年）；

i——$1,2,3,\cdots,n$；

t——$1,2,3,\cdots,m$。

工程项目综合风险分析通常采用蒙特卡洛法。

5 应用举例

为了满足国民经济发展对防洪、发电、航运方面的要求，有关部门准备在某地区建设一座大型水利枢纽工程。经计算，该工程在社会折现率为10%的条件下，计算期内的经济净现值为78.21亿元(其他与之有关的数值见表5-1)。要求结合工程特点对项目的风险程度进行分析。

表5-1　某大型水利枢纽工程基本方案的有关指标成果表

项目	折现值(亿元)
工程建设投资	111.00
工程移民费用	40.46
工程运管费用	12.70
工程发电效益	179.13
工程防洪效益	54.57
工程航运效益	8.76
经济净现值	78.21

5.1 随机变量的选择

根据该工程的综合利用目的，影响该工程安全和经济两个方面的主要随机变量有工程建设投资、移民费用、工程运管费用和工程发电效益、防洪效益、航运效益，以上各随机变量均综合受工期影响。于是由(5-10)式可得该工程的经济净现值为：

$$ENPV = a\left\{\sum_{t=1}^{m}[(b_1+b_2+b_3)-(p_1+p_2+p_3)](1+R)^{-t}\right\} \tag{5-11}$$

或

$$ENPV = a[(B_1+B_2+B_3)-(P_1+P_2+P_3)] \tag{5-12}$$

式中：

a——工期对 $ENPV$ 的影响因子；

b_1、b_2、b_3——分别为工程在第 i 年的发电、防洪、航运效益；

p_1、p_2、p_3——分别为工程在第 i 年的工程建设投资、移民费用、运行管理费用；

B_1、B_2、B_3——分别为工程发电、防洪、航运效益现值；

P_1、P_2、P_3——分别为工程建设投资、移民费用、运行管理费用现值。

5.2 随机变量的概率分析

随机变量的概率分析，主要包括找出随机变量变化的原因、随机变量变化的概率估计等内容。由于在工程项目评价中的各随机变量常常缺乏足够的历史统计资料，大部分都不能用建立在大量数据基础上的客观概率分布来表达。因此，在实用上，经常使用的是建立在主观估计上的主观概率分布。

目前较为常用的主观概率分布有均匀分布、正态分布、三角分布和梯形分布，其中最常用的是三角分布。该分布的突出特点是，对所论的随机变量只需专家提供最小值、最可能值和最大值三个数值，而无需直接给出具体的概率。这样做已经考虑到风险发生的各种信息，它比采用确定性的分析方法来评价经济指标要完善、可靠得多。设 a、b、c 分别为随机变量 x 的最小值、最可能值和最大值，则随机变量 x 的三角分布概率密度函数和分布函数分别为：

$$f(x)=\begin{cases}\dfrac{2(x-a)}{(b-a)(c-a)}, & a<x<b\\ \dfrac{2(c-x)}{(b-a)(c-a)}, & b\leqslant x<c\\ 0 & \text{其他}\end{cases} \tag{5-13}$$

$$F(x)=\begin{cases}\dfrac{(x-a)^2}{(b-a)(c-a)}, & a\leqslant x<b\\ \dfrac{b-a}{c-a}+\dfrac{(c-b)^2-(c-x)^2}{(c-b)(c-a)}, & b\leqslant x<c\end{cases} \tag{5-14}$$

5.3 单一随机变量风险分析

应用主观概率分析法和单一指标概率分析法，经计算后得到该项工程各随机变量的概率分布如表 5-2[2][8]。

表 5-2 随机变量概率分布表

a	组 标	1.000	0.853	0.700	0.562				
	概 率	0.372	0.536	0.082	0.010				
	累积概率	0.372	0.908	0.990	1.000				
B_1	组 标	161.220	179.130	197.040	215.000	232.870	250.780	286.610	322.430
	概 率	0.100	0.250	0.200	0.150	0.100	0.100	0.050	0.050
	累积概率	0.100	0.350	0.550	0.700	0.800	0.900	0.950	1.000
B_2	组 标	16.371	48.020	60.790	78.700	121.580	166.170		
	概 率	0.060	0.400	0.285	0.195	0.035	0.025		
	累积概率	0.060	0.460	0.745	0.940	0.975	1.000		

续表

B_3	组　标	6.040	6.660	7.180	7.530	7.880	8.320	8.760
	概　率	0.100	0.240	0.290	0.210	0.090	0.050	0.020
	累积概率	0.100	0.340	0.630	0.840	0.930	0.980	1.000
P_1	组　标	106.750	108.980	110.090	111.970	122.200	133.310	144.420
	概　率	0.004	0.003	0.181	0.340	0.245	0.175	0.052
	累积概率	0.004	0.007	0.188	0.528	0.766	0.948	1.000
P_2	组　标	40.460	42.000	44.500	48.550	50.580	52.600	
	概　率	0.300	0.200	0.150	0.150	0.100	0.100	
	累积概率	0.300	0.500	0.650	0.800	0.900	1.000	
P_3	组　标	12.700	13.080	13.330	13.590			
	概　率	0.450	0.450	0.090	0.010			
	累积概率	0.450	0.900	0.990	1.000			

5.4　综合风险分析

当有了各随机变量的概率分布函数，就可采用蒙特卡洛法对该项工程的综合风险程度进行分析，蒙特卡洛法可按 3.2.5 节所介绍的步骤实施。经 N 次模拟计算可得出函数 $ENPV$ 的 N 个子样。当模拟次数相当多时，可由下述两式求出函数 $ENPV$ 的均值和方差：

$$\bar{Y}=\frac{1}{N}\sum_{i=1}^{N}Y_i \tag{5-15}$$

$$S_Y^2=\frac{1}{N}\sum_{i=1}^{N}(Y_i-\bar{Y})^2 \tag{5-16}$$

式中：

N——模拟计算次数，即 Y 的子样个数；

Y_i——试验所得的函数 Y 的第 i 个子样，$i=1,2,\cdots,N$。

从这 N 个子样中找出 $ENPV$ 小于零或等于零的子样个数，假设有 m 个，那么经验频率 $F=m/(N+1)$ 就是该项目的失败风险。

经 800 次模拟计算，得该工程经济净现值($ENPV$)的概率分布成果见表 5-3。依据表 5-3 即可绘出工程经济净现值($ENPV$)的概率曲线如图 5-1 所示。

表 5-3　某工程经济净现值(ENPV)随机模拟计算结果表

经济净现值区间	发生次数	区间均值(亿元)	概率	累积概率
$ENPV\leqslant 0$	5	−2.835	0.006 24	0.006 24

续表

经济净现值区间	发生次数	区间均值(亿元)	概率	累积概率
$0 < ENPV \leqslant 30$	30	21.282	0.037 45	0.043 70
$30 < ENPV \leqslant 60$	177	48.303	0.220 97	0.264 67
$60 < ENPV \leqslant 90$	255	75.265	0.318 35	0.583 02
$90 < ENPV \leqslant 120$	166	103.745	0.207 24	0.790 26
$120 < ENPV \leqslant 140$	67	128.781	0.083 65	0.873 91
$140 < ENPV \leqslant 160$	49	148.243	0.061 17	0.935 08
$160 < ENPV \leqslant 180$	16	172.574	0.019 98	0.955 06
$180 < ENPV \leqslant 200$	14	190.810	0.017 48	0.972 53
$200 < ENPV \leqslant 220$	13	208.602	0.016 23	0.988 76
$220 < ENPV \leqslant 240$	3	228.164	0.003 75	0.992 51
$240 < ENPV \leqslant 260$	4	247.748	0.004 99	0.997 50
$260 < ENPV \leqslant 280$	1	279.257	0.001 25	0.998 75
$280 < ENPV \leqslant 300$	0	0.000	0.000 00	0.998 75
$ENPV > 300$	0	0.000	0.000 00	0.998 75
数学期望值	89.556			

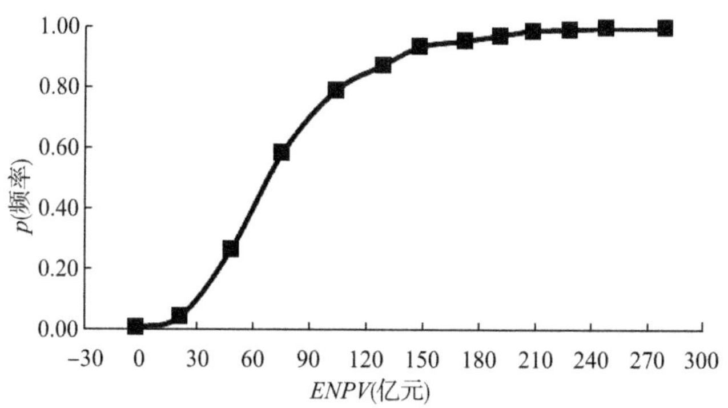

图 5-1　某水利枢纽工程经济净现值概率曲线

5.5　风险型决策分析

当确定了决策指标(ENPV)的概率分布曲线 $y \sim p$ 后，就可据此进行决策分析。由表 5-3 和图 5-1 可以看出，该工程经济净现值大于零的概率为 99.4%，经济净现值小于零的概率仅为 0.6%，可见该工程抗风险的能力是很强的。由表 5-3 还可以看出，该工程经济净现值的数学期望值为 89.556 亿元，它大于基本方案中的经济净现值 78.21 亿元，两者相差 14.5%，这意味着该工程在基本分析中对工程费用和工程效益的估算都偏于安全。

6 结语

水利水电工程风险分析日益受到许多国家水利水电工程规划设计人员的重视。目前我国关于水利水电工程项目的经济评价风险分析，已由研究阶段进展到初步应用阶段。本文对水利水电工程经济评价风险分析的方法、内容作了简要叙述。仅供有关工程设计人员参考。

参考文献

[1] 国家计划委员会. 建设项目经济评价方法与参数[M]. 北京：中国计划出版社，1987.

[2] R. E. 麦格尔. 风险分析概论[M]. 北京：石油工业出版社，1985.

[3] 罗高荣. 水电工程经济评价风险分析的概念[J]. 水能技术经济，1986(3).

[4] 罗高荣，任启秀. 水电工程经济评价风险分析方法进展[J]. 水能技术经济，1989(4).

[5] 刘砚田. 工程经济[M]. 西安：西安交通大学出版社，1988.

[6] YEN，B. C.，CHENG，S. T.，MECHING，C. S.. First-order Reliability Analysis[M]. Littleton，Colo.：Water Resources Publications，1986：1-36.

[7] 方再根. 计算机模拟和蒙特卡洛方法[M]. 北京：北京工业大学出版社，1988.

[8] 王忠法. 蒙特卡洛方法在水利工程项目风险分析中的应用[J]. 人民长江，1989(5)：5-11.

6

多年持续干旱的概率分析及重现期的确定

该篇论文是为了解决黄河上游具有多年调节能力的龙头水库——龙羊峡水库调度设计的问题而做的基础研究。1989 年 4 月作者作为国家培养的第一位毕业分配到西北勘测设计研究院规划处水文室的工程水文及水资源专业硕士研究生，参加工作后，就确定了自己的研究目标，在干好本职岗位勘测设计工作的同时，要发挥自己专业理论基础扎实的特长，根据工作中的实际需要开展理论研究，力争 30 岁之前在《水文》《水电能源科学》《水利学报》等全国一级专业技术期刊上各发表一篇专业技术论文。为此，作者在 1990 年初，根据黄河上游龙羊峡水库调度设计中的需要，选择对多年调节水库调度设计具有重要意义的多年持续枯水段(也称为多年持续干旱)的重现期确定进行研究，作者查找国内外相关研究成果资料，自主独立研究，根据概率母函数和轮次理论的基本原理，对多年持续干旱的概率分布和重现期的确定进行了研究，所采用的方法有别于常规方法，成果具有独创性，于 1992 年 10 月首次在全国水文干旱灾害学术会议上进行交流，受到与会专家的一致好评，后于 1995 年 3 月正式在《陕西水力发电》1995 年第 1 期发表。

摘　要：本文在假定某一地区的用水状况是一无限延续的贝努利试验的前提下，基于概率论及轮次理论的基本原理，研究了轮次长度为 k 年的多年持续干旱的概率分布 $R_{i,k}(n)$，并给出了其求解方程，这一分布使我们能够估计给定轮次长度多年持续干旱的平均数，以及在今后某一时间内多年持续干旱的期望历时。多年持续干旱的发生不论是对梯级水电站的调度运行，还是对城市的工农业用水都有重要影响，如何合理地确定其重现期在理论上一直是悬而未决的难题。本文依据概率论中概率母函数的基本概念，推导出了轮次长度为 k 年的多年持续干旱的重现期 T_k 的均值和方差的理论公式，并在假定其服从正态分布的条件下，给出了任一显著性水平下 T_k 的置信区间。这一理论方法用黄河中游陕县站(现三门峡站)的年径流资料进行了验证。

关键词：多年持续干旱　概率分析　重现期　置信区间

1　概述[1]

干旱和洪水是与人类生存密切相关的两类自然灾害，对于社会秩序和经济发展影响极大。人们虽然早已认识到干旱和洪水发生的危害，但是，由于洪水具有突发性，会直接影响人民的生命财产安全，因而容易引起重视。因此，洪水研究远比干旱研究深入。近年来，由于全球性的气候变化，干旱的发生趋于频繁，特别是在水资源紧缺地区，干旱严重威胁着工农业生产的发展，给人们生活带来了不可低估的困难。因此，干旱问题已为世界各国所重视，并进行了广泛的研究，取得了一些可喜的成果。尽管如此，就目前干旱水文学研究的现状来说，干旱预测理论的研究仍是迫切的。多年持续干旱的概率研究及其重现期的确定对干旱的趋势预测具有特别重要的意义。本文基于概率论有关理论及轮次理论的基本原理，研究了轮次长度为 k 年的多年持续干旱的概率分布 $R_{i,k}(n)$ 及其重现期 T_k 的计算问题。

2 定义[1][2]

从水资源系统特性来看，来水和用水是一对相互制约的矛盾统一体，它们是水资源系统中最活跃的一对因素。一个地区的来水和用水状况决定着该地区水资源系统的基本特性及其开发方式。因此，对一个地区在未来年份是否会出现干旱进行预测具有极其重要的意义。现从来水和用水的关系角度分析水资源系统的特性。

对于给定年份，某一地区的用水需求或者以概率 p 被满足，或以概率 q 被破坏，这里 $p+q=1$。如果以前年份的用水状况（即用水被满足或是不被满足）与后继年份用水状况无关，并且满足用水需求的概率历年不变，则这一连续年份的用水状况可认为是连续的贝努利试验。考虑到降水和蒸发等自然现象的无限延续性，某一地区的用水状况可认为是一无限延续的贝努利试验。

如果在连续 k 年中用水没被满足，则认为出现了一次轮次长度为 k 年的多年持续干旱。多年持续干旱可定义为一次连续 k 年用水没被满足的试验，即多年持续干旱是连续失败试验，记为 ε。在一列贝努利试验序列中，如果第 n 次试验的结果使得序列的轮次长度为 k 年的失败试验增加一个，则说一个轮次长度为 k 的失败试验在第 n 次试验出现。

设 k 是预先设定的轮次长度，n 是试验次数，定义：

$R_{i,k}(n)=p\{$在未来 n 次试验中，ε 恰好发生 i 次$\}$，$0\leqslant i\leqslant I, I=[(n+1)/(k+1)]$；

$u_n=p\{\varepsilon$ 在第 n 次试验出现$\}$；

$f_n=p\{\varepsilon$ 在第 n 次试验中第一次出现$\}$。

$R_{i,k}(n)$ 具有如下性质：

$$\sum_{i=0}^{I}R_{i,k}(n)=1$$

根据 $R_{i,k}(n)$ 可以定义下列几个变量：

$\varepsilon_{r,k}=\sum_{i=0}^{I}i\cdot R_{i,k}(n)$，轮次长度为 k 年的期望多年持续干旱次数；

$\sigma_{r,k}^2=\sum_{i=0}^{I}i^2\cdot R_{i,k}(n)-\varepsilon_{r,k}^2$，$n$ 年中轮次长度为 k 年的多年持续干旱次数的方差；

$\sum_{k=1}^{n}\varepsilon_{r,k}$，平均干旱次数；

$L(n)=\sum_{k=1}^{n}k\cdot\varepsilon_{r,k}/\sum_{k=1}^{n}\varepsilon_{r,k}$，序列中平均轮次长度的估值。

鉴于多年持续干旱可定义为一个轮次，我们可将以上这些理论结果应用于干旱趋势预测。通过计算 $R_{i,k}(n)$，可以得到在干旱趋势预测方面的特征值；未来 n 年中的平均多年持续干旱次数和未来 n 年中一次多年持续干旱的期望历时。

3 $R_{i,k}(n)$的理论推导

3.1 离散随机变量的概率母函数[3][4]

若 x 是仅取非负整数值的离散随机变量，则 x 的概率母函数为：

$$G(z)=E(z^x)=\sum_{i=0}^{\infty}p(x_i)z^i \tag{6-1}$$

概率母函数有下列性质：

(1) $G(1)=E(1)=1$

(2) $|G(z)|\leqslant 1$

(3) 设 $G_x(z)$ 为随机变量 x 的概率母函数，a、b 为常数，则随机变量 $y=ax+b$ 的概率母函数为：

$$G_y(z)=z^b G_{ax}(z) \tag{6-2}$$

(4) 设随机变量 y 为相互独立的离散随机变量 $x_i(i=1,2,\cdots,n)$之和，x_i 的概率母函数为$G_i(z)$，则 y 的概率母函数$G_y(z)$可表示为：

$$G_y(z)=\prod_{i=1}^{n}G_i(z) \tag{6-3}$$

若在 $z=1$ 处 $G(z)$有一阶和二阶导数，则有：

$$E(x)=G'(1) \tag{6-4}$$

$$\sigma^2(x)=G''(1)+G'(1)-[G'(1)]^2 \tag{6-5}$$

由(6-4)式和(6-5)式知，利用概率母函数来计算离散随机变量的数学期望和方差要简便得多。

3.2 $R_{i,k}(n)$的推求

3.2.1 $R_{0,k}(n)$的计算[1]

推求 $R_{i,k}(n)$ 的第一步是推求 $R_{0,k}(n)$ 。$R_{0,k}(n)$ 从概念上理解就是在 n 年中不发生轮次长度为 k 年的多年持续干旱的概率。很明显：

$$R_{0,k}(n)=1, n<k \tag{6-6}$$

$$R_{0,k}(n)=1-q^k, n=k \tag{6-7}$$

对于 $k\leqslant n<\infty$时，有：

$$\begin{aligned}R_{0,k}(n)&=pR_{0,k}(n-1)+qpR_{0,k}(n-2)+q^2pR_{0,k}(n-3)+\cdots+q^{k-1}pR_{0,k}(n-k)\\&\quad+q^{k+1}pR_{0,k}(n-k-1)+\cdots+q^{n-1}pR_{0,k}(0)\\&=\sum_{i=0}^{k-1}pq^iR_{0,k}(n-i-1)+\sum_{i=k+1}^{n-1}pq^iR_{0,k}(n-i-1)\end{aligned} \tag{6-8}$$

根据文献[1],这一方程可用生成函数法求解,得:

$$
\begin{cases}
R_{0,k}(n)=1, & n<k \\
R_{0,k}(n)=1-q^n, & n=k \\
R_{0,k}(n)=q^n D(n-k)+\sum\limits_{h=k}^{\min(n,2k-1)} q^{h-k}(1-q^{2k-h})D(n-h) & \\
\quad +\sum\limits_{h=\min(n,k+2)}^{\min(2k+1,n)} q^{k+1}(1-q^{h-k-1})D(n-1) & \\
\quad -q\Big\{\sum\limits_{h=k}^{\min(n-1,2k-1)} q^{h-k}(1-q^{2k-h})D(n-h-1) & n>k \\
\quad +\sum\limits_{h=\min(n,k+2)}^{\min(2k+1,n-1)} q^{k+1}(1-q^{n-k-1})D(n-h-1) & \\
\quad +\sum\limits_{h=\min(n,2k+2)}^{n-1} q^{h-k}[1-q^{n-(h-k)}]D(n-h-1)\Big\}, &
\end{cases}
\tag{6-9}
$$

式中:

$$D(x)=\sum_{m=0}^{\left[\frac{x}{k}\right]}\sum_{h=0}^{\left[\frac{x}{k}\right]-m} C_{x-mk-m+h}^{m}C_m^h\times(-1)^{m+(m-h)(k+1)}p^m q^{m(k+1)-h}I,(x-mk-m+h\geqslant m)$$

3.2.2 $R_{i,k}(n)(1\leqslant i\leqslant I)$的计算[2][5]

为了推求$R_{i,k}(n)$,可以考虑无限延续的贝努利试验可能结果为$E_j(j=1,2,\cdots)$的一列重复试验,并定义一个循环事件如下:

(a) 为使ε在序列($E_{j1},E_{j2},\cdots,E_{jn+m}$)的第$n$个与第$n+m$个位置出现,其充分必要条件是$\varepsilon$在序列($E_{j1},E_{j2},\cdots,E_{jn}$)和($E_{jn+1},E_{jn+2},\cdots,E_{jn+m}$)的最后出现。

(b) 在(a)的情况下,有

$$P\{E_{j1},\cdots,E_{jn+m}\}=P\{E_{j1},\cdots,E_{jn}\}\cdot P\{E_{jn+1},\cdots,E_{jn+m}\} \tag{6-10}$$

又显然对于每个循环事件都可以定义$\{u_n\}$和$\{f_n\}$两个数列。为方便起见,令$f_0=0$, $u_0=1$,并引进概率母函数:

$$F(z)=\sum_{i=1}^{\infty}f_i z^i \tag{6-11}$$

$$U(z)=\sum_{i=0}^{\infty}u_i z^i \tag{6-12}$$

根据循环事件的定义,ε在第i次试验出现且在第n次试验第二次出现这一事件的概率等于$f_i f_{n-i}$,所以ε在第n次试验第二次出现的概率可由下式表示:

$$R_{2,k}(n)=f_1R_{1,k}(n-1)+f_2R_{1,k}(n-2)+\cdots+f_{n-1}R_{1,k}(1) \tag{6-13}$$

更一般地,如果$R_{i,k}(n)$是ε在第n次试验中第i次出现的概率,则有:

$$R_{i,k}(n)=f_1R_{i-1,k}(n-1)+f_2R_{i-1,k}(n-2)+\cdots+f_{n-1}R_{i-1,k}(1) \tag{6-14}$$

故有方程组：

$$\begin{cases}R_{1,k}(n)=f_1R_{0,k}(n-1)+f_2R_{0,k}(n-2)+\cdots+f_{n-1}R_{0,k}(1)\\R_{2,k}(n)=f_1R_{1,k}(n-1)+f_2R_{1,k}(n-2)+\cdots+f_{n-1}R_{1,k}(1)\\\vdots\qquad\qquad\vdots\qquad\qquad\qquad\vdots\qquad\qquad\qquad\vdots\\R_{I,k}(n)=f_1R_{I-1,k}(n-1)+f_2R_{I-1,k}(n-2)+\cdots+f_{n-1}R_{I-1,k}(1)\end{cases} \tag{6-15}$$

3.2.3 数列$\{f_n\}$的推求

根据定义，ε 在第 i 次试验中第一次出现而且又在其后的第 n 次试验出现的概率为 f_iu_{n-i} ，ε 在第 n 次试验中第一次出现的概率为 $f_n=f_nu_0$；由于这些情形是互不相容的，故有：

$$u_n=f_1u_{n-1}+f_2u_{n-2}+\cdots+f_nu_0,n\geqslant1 \tag{6-16}$$

由(6-16)式可得 $\{u_n\}$ 和$\{f_n\}$ 的母函数之间存在如下关系：

$$U(z)=\frac{1}{1-F(z)} \tag{6-17}$$

由贝努利试验的特点及 u_n 的定义知，第 n、$n-1$、$n-2$、…、$n-k+1$ 次试验（共 k 次）都出现失败的概率显然为 q^k 。在这种情况下，ε 在这 k 次试验之一中出现；ε 在第 $n-i$ 次试验中出现（$i=0,1,2,\cdots,k-1$）而在其后的 i 次试验中都出现失败的概率为 $u_{n-k}q^k$ 。由于这 k 种可能结果是互不相容的，故有如下的递推关系：

$$u_n+u_{n-1}q+\cdots+u_{n-k+1}q^{k-i}=q^k \tag{6-18}$$

这个方程当 $n\geqslant k$ 时成立，显然：

$$u_1=u_2=\cdots=u_{k-1}=0,u_0=1 \tag{6-19}$$

至此，由(6-18)式和(6-19)式可求得数列 $\{u_n\}$ 的 n 个值，再将 $\{u_n\}$ 的 n 个值代入(6-17)式得到关于 $\{f_n\}$ 的 n 阶线性方程组：

$$\begin{cases}f_1u_0=u_1\\f_1u_1+f_2u_0=u_2\\\vdots\qquad\vdots\quad\vdots\\f_1u_{n-1}+f_2u_{n-2}+\cdots+f_nu_0=u_n\end{cases} \tag{6-20}$$

解此方程组可得到数列$\{f_n\}$的 n 个值。

4 T_k 的均值和方差的理论推导

4.1 T_k 的定义

根据 f_n 的定义，由于事件 ε 在第 n 次试验中第一次出现是互不相容的，故有：

$$f=\sum_{i=1}^{\infty} f_i \leqslant 1 \tag{6-21}$$

显然，$1-f$ 可以解释为在无限延续的贝努利试验序列中 ε 不出现的概率。如果 $f=1$，则可以引入具有以下分布的随机变量 T，即

$$P\{T=i\}=f_i \tag{6-22}$$

当 $f<1$ 时，使用(6-22)式中的记号，此时 T 是一个非真正的随机变量，它以概率 $1-f$ 不取任何数值。根据离散随机变量的概率母函数的定义，随机变量 T 的概率母函数为：

$$F(z)=\sum_{i=0}^{\infty} f_i z^i \tag{6-23}$$

为了推导 T_k 的均值和方差的理论公式，首先从统计学意义上定义 T_k：如果存在整数 $\lambda>1$ 使得循环事件仅能在第 λ、2λ、3λ、…次出现(即当 n 不能被 λ 整除时 $u_n=0$)，称 ε 为周期的，具有上述性质的 λ 中的最大值称为 ε 的周期，记为 T_k 。

由上述定义知，在无限序列 E_{j1}、E_{j2}、…的样本空间中 ε 的第 $k-1$ 次与第 k 次之间的试验数是一个确定的随机变量，它具有 T_k 的概率分布。换句话说，变量 T_k 实际上代表 ε 接连两次出现之间的等待时间。从水文学意义上来说，T_k 即是轮次长度为 k 年的多年持续干旱的重现期。

4.2 T_k 的均值和方差的理论公式推导

T_k 的概率母函数具有如下形式：

$$F(z)=\sum_{i=0}^{\infty} f_i z^i$$

根据概率母函数的性质，若能给出 $F(z)$ 的解析式，则可按(6-4)式和(6-5)式计算 T_k 的均值和方差。

根据(6-18)式，有

$$u_n+u_{n-1}q+\cdots+u_{n-k+1}q^{k-i}=q^k$$

用 z^n 乘上式并对 $n=k$、$k+1$、$k+2$、…求和，由(6-19)式可得：左边的和为

$$[U(z)-1](1+qz+q^2z^2+\cdots+q^{k-1}z^{k-1}) \tag{6-24}$$

而右边的和则为 $q^k(z^k+z^{k+1}+\cdots)$，求出这两个几何级数的和，可以得到：

$$[U(z)-1]\frac{1-(qz)^k}{1-qz}=\frac{(qz)^k}{1-z} \tag{6-25}$$

或

$$U(z)=\frac{1-z+pq^kz^{k+1}}{(1-z)(1-q^kz^k)} \tag{6-26}$$

利用方程(6-17)式，得到 T_k 的概率母函数为：

$$F(z)=\frac{q^k z^k(1-qz)}{1-z+pq^k z^{k+1}}=\frac{q^k z^k}{1-pz(1+qz+\cdots+q^{k-1}z^{k-1})} \tag{6-27}$$

于是，由(6-4)式和(6-5)式得到：

$$\mu_{T_k}=\frac{1-q^k}{pq^k} \tag{6-28}$$

$$\sigma_{T_k}^2=\frac{1}{(pq^k)^2}-\frac{2k}{pq^k}-\frac{q}{p^2} \tag{6-29}$$

若假定 $T_k \sim N(\mu_{T_k}, \sigma_{T_k}^2)$，则任一显著水平$(1-\alpha)$下 T_k 的置信区间为：

$$\mu_{T_k}-\frac{\sigma_{T_k}}{\sqrt{n}}z_{\alpha/2}<T_k<\mu_{T_k}+\frac{\sigma_{T_k}}{\sqrt{n}}z_{\alpha/2} \tag{6-30}$$

5 实际应用

对给定的q、k 和n，$R_{i,k}(n)$的计算可以给出轮次长度为k 年的多年持续干旱的精确概率，据此，可对某一地区的来水或需水状况进行较为准确的概率描述，为水资源管理决策机构提供必要的信息资料。这里用黄河中游陕县站的年径流资料进行了验证。

黄河陕县站是黄河中上游最早设立的水文站之一，且其年径流变化情况与上游各站(如兰州站等)具有较好的同步性(见文献[6]、[7])，因此，对其多年持续枯水情况进行概率分析并确定相应的重现期将对黄河上游已建梯级水电站的调度运行具有重要的意义。黄河陕县站有1920—1980年共61年的逐年年径流资料，见表6-1。

表6-1 黄河陕县水文站1920—1980年平均流量表 单位：m^3/s

序号	年份	年平均流量	序号	年份	年平均流量	序号	年份	年平均流量
1	1920	1 620	21	1940	2 050	41	1960	1 400
2	1921	1 660	22	1941	1 170	42	1961	2 040
3	1922	1 240	23	1942	1 300	43	1962	1 550
4	1923	1 340	24	1943	1 960	44	1963	1 840
5	1924	970	25	1944	1 510	45	1964	2 540
6	1925	1 360	26	1945	1 720	46	1965	1 420
7	1926	999	27	1946	1 980	47	1966	1 770
8	1927	1 280	28	1947	1 560	48	1967	2 460
9	1928	764	29	1948	1 520	49	1968	2 060
10	1929	1 100	30	1949	2 140	50	1969	1 400
11	1930	1 160	31	1950	1 620	51	1970	1 580
12	1931	1 070	32	1951	1 690	52	1971	1 430

续表

序号	年份	年平均流量	序号	年份	年平均流量	序号	年份	年平均流量
13	1932	1 020	33	1952	1 550	53	1972	1 330
14	1933	1 720	34	1953	1 430	54	1973	1 470
15	1934	1 530	35	1954	1 810	55	1974	1 280
16	1935	1 960	36	1955	1 920	56	1975	2 000
17	1936	1 440	37	1956	1 550	57	1976	2 050
18	1937	2 240	38	1957	1 360	58	1977	1 520
19	1938	1 960	39	1958	2 090	59	1978	1 740
20	1939	1 360	40	1959	1 740	60	1979	1 640
						61	1980	1 390
						多年平均		1 600

根据黄河中上游的水文特性，将陕县站发生干旱(或枯水)的年份定义为年平均流量低于1920—1980年61年年径流量均值的年份。使用这一定义，对该方法进行了验证。

为了计算期望多年持续干旱次数，我们必须：(1) 估计 q 值；(2) 确定 n、k 值；(3) 计算 $R_{i,k}(n)$；(4) 计算每个 k 值的期望多年持续干旱次数。

陕县站任一年份发生干旱的概率 q 值可按叶夫杰维奇(1967年)建议的方法确定，即年径流量低于多年平均值的年份除以总年数。陕县站来水不足的概率 q 值为0.557 4。

5.1 陕县站多年持续干旱的概率分析

取 $k=2\sim11$，计算 $R_{i,k}(n)$，$n=61$ 年。$R_{i,k}(n)$ 的计算成果见表6-2。根据这些概率，可求得不同 k 值多年持续干旱的期望次数，见表6-3。表6-3给出了不同轮次长度(2至11年)多年持续干旱的期望频数与观察频数的比较情况。图6-1—图6-10给出了不同的轮次长度时 $R_{i,k}(n)$ 随 i 的变化规律。

表6-2 黄河陕县水文站1920—1980年多年持续干旱概率分析 $R_{i,k}(n)$ 成果表

i	持续干旱年数 k									
	2	3	4	5	6	7	8	9	10	11
0	2.05E-05	3.36E-03	5.13E-02	2.32E-01	4.50E-01	6.46E-01	7.90E-01	8.81E-01	9.33E-01	9.63E-01
1	7.56E-05	1.62E-02	1.79E-01	3.54E-01	3.58E-01	2.69E-01	1.64E-01	9.51E-02	5.29E-02	2.88E-02
2	2.72E-04	4.98E-02	2.48E-01	2.53E-01	1.24E-01	4.10E-02	1.26E-02	3.59E-03	9.75E-04	2.57E-04
3	9.17E-04	1.25E-01	2.27E-01	9.22E-02	2.01E-02	3.20E-03	4.46E-04	5.56E-05	6.41E-06	6.73E-07
4	2.80E-03	1.68E-01	1.62E-01	2.28E-02	2.04E-03	1.33E-04	7.05E-06	3.11E-07	1.08E-08	2.48E-10
5	7.54E-03	1.90E-01	5.58E-02	3.62E-03	1.19E-04	2.64E-06	4.05E-08	3.56E-10	6.51E-13	

续表

i	持续干旱年数 k									
	2	3	4	5	6	7	8	9	10	11
6	1.76E－02	1.66E－01	1.68E－02	3.70E－04	3.77E－06	2.06E－08	4.13E－11			
7	3.55E－02	1.26E－01	3.62E－03	2.34E－05	5.58E－08	3.39E－11				
8	6.16E－02	5.67E－02	5.52E－04	8.55E－07	2.67E－10					
9	1.02E－01	2.40E－02	5.81E－05	1.54E－08						
10	1.29E－01	7.92E－03	4.04E－06	9.72E－11						
11	1.53E－01	2.05E－03	1.71E－07							
12	1.39E－01	4.10E－04	3.80E－09							
13	1.18E－01	6.20E－05								
14	7.86E－02	6.35E－06								
15	4.94E－02	5.29E－07								
16	2.67E－02									
17	1.25E－02									
18	4.96E－03									
19	1.68E－03									
20	4.77E－04									
Σ	0.942	0.936	0.945	0.958	0.955	0.959	0.967	0.979	0.987	0.992

表 6-3　不同轮次长度观测多年持续干旱次数与期望多年持续干旱次数比较表

轮次长度(年)	观测多年持续干旱次数	期望多年持续干旱次数
2	12	10.61
3	5	4.77
4	3	2.42
5	3	1.25
6	2	0.68
7	1	0.36
8	1	0.19
9	1	0.10
10	1	0.06
11	1	0.03

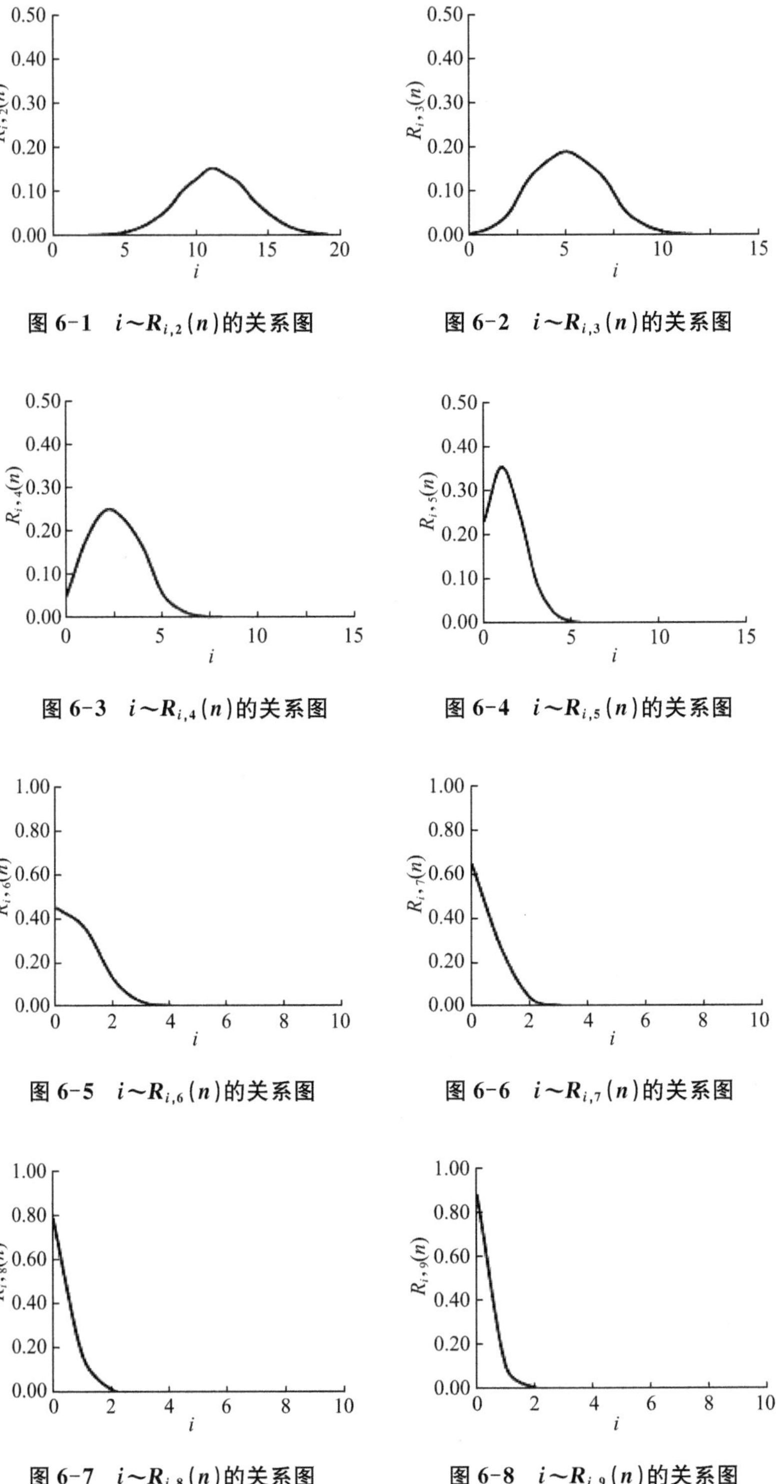

图 6-1　$i \sim R_{i,2}(n)$的关系图

图 6-2　$i \sim R_{i,3}(n)$的关系图

图 6-3　$i \sim R_{i,4}(n)$的关系图

图 6-4　$i \sim R_{i,5}(n)$的关系图

图 6-5　$i \sim R_{i,6}(n)$的关系图

图 6-6　$i \sim R_{i,7}(n)$的关系图

图 6-7　$i \sim R_{i,8}(n)$的关系图

图 6-8　$i \sim R_{i,9}(n)$的关系图

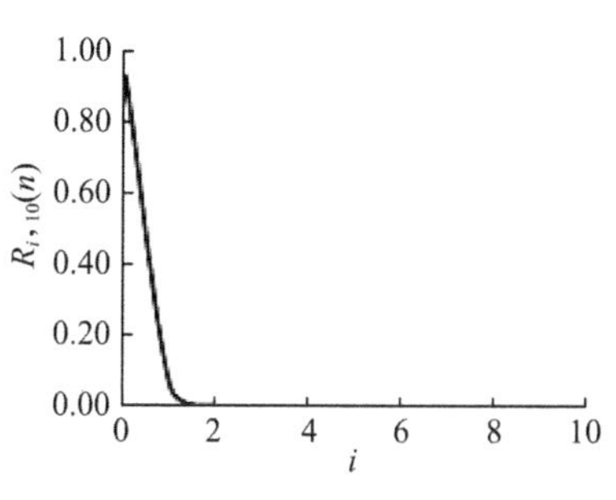

图 6-9　$i \sim R_{i,10}(n)$的关系图

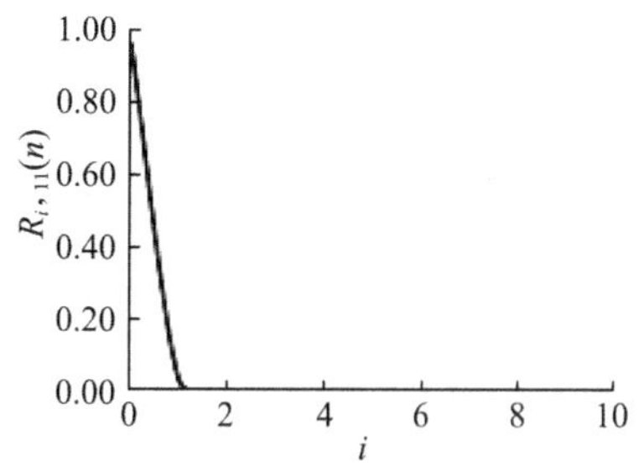

图 6-10　$i \sim R_{i,11}(n)$的关系图

由表 6-2 知，$k=2$，$i=11$ 时，$R_{11,k}(n)$ 最大，这说明在 61 年中发生轮次长度为 2 年的多年持续干旱最可能次数是 11 次，由表 6-3 知，陕县站实际发生了 12 次；$k=3$ 时，$R_{5,k}(n)$ 最大，这说明在 61 年中发生轮次长度为 3 年的多年持续干旱最可能次数是 5 次，由表 6-3 知，陕县站实际发生了 5 次，比较表 6-2 和表 6-3，表 6-2 较为准确地描述了陕县站来水丰、枯变化的概率特性。由表 6-3 可求得每次多年持续干旱的期望历时为 3 年。这与黄河中上游年径流具有 3 年小周期变化规律是一致的[8][9]。

5.2　陕县站多年持续干旱重现期的确定

按式(6-28)、(6-29)和(6-30)，可得陕县站不同轮次长度多年持续干旱的重现期 T_k 的均值、方差和 95%的置信区间，计算成果见表 6-4。

表 6-4　陕县水文站多年持续干旱重现期计算成果　　单位:年

轮次长度	重现期均值	重现期方差	95%置信水平重现期估计区间
2	5.013	3.70	(4.09、5.94)
3	10.790	8.72	(8.60、13.00)
4	21.150	18.29	(16.60、25.70)
5	39.730	36.03	(30.70、48.80)
6	73.070	68.51	(55.90、91.40)
7	132.890	127.40	(100.90、164.90)
8	240.200	233.81	(181.30、298.90)
9	432.740	425.39	(326.00、538.80)
10	778.140	769.83	(585.00、971.30)
11	1 397.820	1 388.53	(1 049.40、1 746.00)

陕县站历史上 1922—1932 年曾发生了轮次长度为 11 年的持续干旱。文献[6]经分析论证，认为黄河上游与中游多年持续干旱现象具有同步性，并分析计算得到 11 年持续干旱的重现期约为 1 000 年。由表 6-4 知，本文按式(6-30)计算得到陕县站 11 年持续干旱的重现期的 95%置信区间为(1 049.40、1 746.00)，与文献[6]中成果基本一致。

6 结束语

通过对多年持续干旱的概率分布 $R_{i,k}(n)$ 及其重现期确定的研究，有以下结论：

(1) 研究轮次长度为 k 年的多年持续干旱的概率分布 $R_{i,k}(n)$ 及其重现期的确定，在干旱趋势预测及抗旱决策方面具有一定的理论价值和实用价值。

(2) 根据 $R_{i,k}(n)$ 及 T_k 值，可以对多年持续干旱进行较为准确的概率分析和趋势预测。

(3) 多年持续干旱的概率分析及其重现期的确定是多年调节水库使用长系列操作中如何使用枯水段资料的关键，在多年调节水库调度设计中具有一定的理论价值和实用价值。

(4) 本文方法在黄河陕县站多年持续干旱趋势预测中显示了较高精度，因而具有一定的推广应用价值。

参考文献

[1] LEMUEL A. MOYE, ASHA S. KAPADIA, IRNIA M. CECH, et al. The Theory of runs with Applications to Drought Prediction[J]. Journal of Hydrology, 1988, 103:127-137.

[2] W. 费勒. 概率论及其应用[M]. 刘文，译. 北京：科学出版社，1979.

[3] 朱永生. 实验物理中的概率和统计[M]. 北京：科学出版社，1991.

[4] G. P. WADSWORTH, J. G. BRYAN. 应用概率[M]. 林少宫，马继芳，等译. 北京：高等教育出版社，1982.

[5] 郭大钧. 大学数学手册[M]. 济南：山东科学技术出版社，1985.

[6] 王维第，孙汉贤，施嘉斌. 黄河上游连续枯水段分析与设计检验[J]. 水科学进展，1991(4):251—257.

[7] 史辅成，王国安，高治定，等. 黄河 1922—1933 年连续 11 年枯水段的分析研究[J]. 水科学进展，1991(4):258—263.

[8] 陈守煜，杨定贵. 多年径流过程描述的周期模糊聚类分析[J]. 大连工学院学报，1986(2):65-70.

[9] 刘文彬. 论黄河龙羊峡多年调节水库的库容组成及其在实际运行中采用加大年库容运行的可行性[M]//中国水利发电工程学会. 1983 年全国水电中青年科技干部报告会论文选集. 北京：水利电力出版社，1985.

7

多年持续洪灾的概率分析及重现期的确定

该篇论文发表于《水电能源科学》1994 年第 1 期。长江中下游发生过多年持续洪水灾害，对其概率分布及重现期估算进行研究，研究成果对长江中下游流域防洪具有一定的实际意义。

摘　要：在假定某一地区的来水状况是一无限延续的贝努利试验的前提下，基于概率论的有关理论及轮次理论的基本原理，研究了轮次长度为 k 年的多年持续洪灾的概率分布 $R_{i,k}(n)$，给出了其求解方程。同时，根据概率论中概率母函数的基本概念，推导出了轮次长度为 k 年的多年持续洪灾的重现期 T_k 的均值和方差的理论公式；并在假定 T_k 服从正态分布的条件下，给出了任一显著性水平下 T_k 的置信区间。并用于对长江宜昌站的洪峰流量资料进行验证。

关键词：洪灾；轮次；概率母函数；重现期；置信区间

1　引言

洪水灾害的发生是自然因素和社会、经济等非自然因素综合作用的结果。为了有效地减轻、缓解和部分地控制洪水对人类及其资源的危害，进行洪灾预测理论的研究仍是迫切的。多年持续洪灾的发生较单一洪灾具有更大的危害性，因此，多年持续洪灾的概率研究及其重现期的确定对洪灾的趋势预测具有重要的意义。本文基于概率论的有关理论及轮次理论的基本原理，研究了轮次长度为 k 年的多年持续洪灾的概率分布 $R_{i,k}(n)$ 及其重现期 T_k 的计算。

2　定义

在连续 k 年中某一地区都出现了超标洪水，则认为出现了一次轮次长度为 k 年的多年持续洪灾。多年持续洪灾可以定义为一次连续 k 年出现超标洪水的试验，即多年持续洪灾是连续成功试验，记为 ε。在一列贝努利试验序列中，如果第 n 次试验结果使得序列的轮次长度为 k 年的成功连贯试验增加一个，则说一轮次长度为 k 年的成功连贯试验在第 n 次试验出现。设 k 是轮次长度，n 是试验次数，定义变量：

$R_{i,k}(n)=p\{$在未来 n 次试验中，ε 恰好发生 i 次$\}$，$0\leqslant i\leqslant I$，$I=[(n+1)/(k+1)]$；

$u_n=p\{\varepsilon$ 在第 n 次试验出现$\}$；

$f_n=p\{\varepsilon$ 在第 n 次试验中第一次出现$\}$。

$R_{i,k}(n)$ 具有如下性质：

$$\sum_{i=0}^{I} R_{i,k}(n) = 1$$

根据 $R_{i,k}(n)$ 可以定义下列几个变量：

$\varepsilon_{r,k} = \sum_{i=0}^{I} i \cdot R_{i,k}(n)$，轮次长度为 k 年的多年持续洪灾期望次数；

$\sigma_{r,k}^2 = \sum_{i=0}^{I} i^2 \cdot R_{i,k}(n) - \varepsilon_{r,k}^2$，$n$ 年中轮次长度为 k 年的多年持续洪灾次数的方差；

$\sum_{k=1}^{n} \varepsilon_{r,k}$，平均洪灾次数；

$L(n) = \sum_{k=1}^{n} k \cdot \varepsilon_{r,k} / \sum_{k=1}^{n} \varepsilon_{r,k}$，序列中平均轮次长度的估值。

鉴于多年持续洪灾可定义为一个轮次，我们可将以上这些理论结果应用于洪灾趋势预测。通过计算 $R_{i,k}(n)$，可以得到在洪灾趋势预测方面的特征值；未来 n 年中的平均多年持续洪灾次数和未来 n 年中一次多年持续洪灾的期望历时。

3 $R_{i,k}(n)$的理论推导

3.1 离散随机变量的概率母函数[3][4]

若 x 是仅取非负整数值的离散随机变量，则 x 的概率母函数为：

$$G(z) = E(z^x) = \sum_{i=0}^{\infty} p(x_i) z^i \tag{7-1}$$

它有下列性质：

a. $G(1) = E(1) = 1$

b. $|G(z)| \leqslant 1$

c. 设 $G_x(z)$ 为随机变量 x 的概率母函数，a、b 为常数，则随机变量 $y = ax + b$ 的概率母函数为：

$$G_y(z) = z^b G_{ax}(z) \tag{7-2}$$

d. 设随机变量 y 为相互独立的离散随机变量 x_j，$j = 1、2、\cdots、m$ 之和，x_j 的概率母函数为 $G_j(z)$，则 y 的概率母函数 $G_y(z)$ 可表示为：

$$G_y(z) = \prod_{j=1}^{n} G_j(z) \tag{7-3}$$

若在 $z=1$ 处 $G(z)$ 有一阶和二阶导数，则有：

$$E(x) = G'(1) \tag{7-4}$$

$$\sigma^2(x) = G''(1) + G'(1) - [G'(1)]^2 \tag{7-5}$$

由(7-4)式和(7-5)式知，利用概率母函数来计算离散随机变量的数学期望和方差要简便得多。

3.2 $R_{i,k}(n)$的推求

3.2.1 $R_{0,k}(n)$的计算[2]

根据文[2]，得：

$$\begin{cases} R_{0,k}(n)=1, & n<k \\ R_{0,k}(n)=1-p^k, & n=k \\ R_{0,k}(n)=p^n D(n-k)+\sum\limits_{h=k}^{\min(n,2k-1)} p^{h-k}(1-p^{2k-h})D(n-h) & \\ \quad +\sum\limits_{h=\min(n,k+2)}^{\min(2k+1,n)} p^{k+1}(1-p^{h-k-1})D(n-1) & \\ \quad -p\Big\{\sum\limits_{h=k}^{\min(n-1,2k-1)} p^{h-k}(1-p^{2k-h})D(n-h-1) & n>k \\ \quad +\sum\limits_{h=\min(n,k+2)}^{\min(2k+1,n-1)} p^{k+1}(1-p^{n-k-1})D(n-h-1) & \\ \quad +\sum\limits_{h=\min(n,2k+2)}^{n-1} p^{h-k}[1-p^{n-(h-k)}]D(n-h-1)\Big\}, & \end{cases} \tag{7-6}$$

式中：

$$D(x)=\sum_{m=0}^{\left[\frac{x}{k}\right]}\sum_{h=0}^{\left[\frac{x}{k}\right]-m} C_{x-mk-m+h}^{m} C_m^h \times(-1)^{m+(m-h)(k+1)} q^m p^{m(k+1)-h} I,(x-mk-m+h\geqslant m)$$

3.2.2 $R_{i,k}(n)(1\leqslant i\leqslant I)$的计算[2][5]

为了推求$R_{i,k}(n)$，可以考虑无限延续的贝努利试验可能结果为$E_j(j=1,2,\cdots)$的一列重复试验，并定义一个循环事件如下：

a. 为使ε在序列($E_{j1},E_{j2},\cdots,E_{jn+m}$)的第$n$个与第$n+m$个位置出现，其充分必要条件是ε在序列($E_{j1},E_{j2},\cdots,E_{jn}$)和($E_{jn+1},E_{jn+2},\cdots,E_{jn+m}$)的最后出现。

b. 在a的情况下，有

$$P\{E_{j1},\cdots,E_{jn+m}\}=P\{E_{j1},\cdots,E_{jn}\}\cdot P\{E_{jn+1},\cdots,E_{jn+m}\} \tag{7-7}$$

又显然对于每个循环事件都可以定义$\{u_n\}$和$\{f_n\}$两个数列。为方便起见，令$f_0=0$，$u_0=1$，并引进概率母函数：

$$F(z)=\sum_{j=1}^{\infty} f_j z^j \tag{7-8}$$

$$U(z)=\sum_{j=0}^{\infty}u_j z^j \tag{7-9}$$

根据循环事件的定义，ε 在第 i 次试验出现且在第 n 次试验第二次出现这一事件的概率等于 $f_i f_{n-i}$，所以在第 n 次试验第二次出现的概率可由下式表示：

$$R_{2,k}(n)=f_1 R_{1,k}(n-1)+f_2 R_{1,k}(n-2)+\cdots+f_{n-1}R_{1,k}(1) \tag{7-10}$$

更一般地，如果 $R_{i,k}(n)$ 是 ε 在第 n 次试验中第 i 次出现的概率，则有：

$$R_{i,k}(n)=f_1 R_{i-1,k}(n-1)+f_2 R_{i-1,k}(n-2)+\cdots+f_{n-1}R_{i-1,k}(1) \tag{7-11}$$

故有方程组：

$$\begin{cases}R_{1,k}(n)=f_1 R_{0,k}(n-1)+f_2 R_{0,k}(n-2)+\cdots+f_{n-1}R_{0,k}(1)\\ R_{2,k}(n)=f_1 R_{1,k}(n-1)+f_2 R_{1,k}(n-2)+\cdots+f_{n-1}R_{1,k}(1)\\ \vdots \qquad \vdots \qquad \vdots \qquad \vdots\\ R_{I,k}(n)=f_1 R_{I-1,k}(n-1)+f_2 R_{I-1,k}(n-2)+\cdots+f_{n-1}R_{I-1,k}(1)\end{cases} \tag{7-12}$$

3.2.3 数列$\{f_n\}$的推求

根据 u_n、f_n 定义，由文献[4]可知，$\{u_n\}$和$\{f_n\}$的母函数之间存在如下关系：

$$U(z)=\frac{1}{1-F(z)} \tag{7-13}$$

由(7-13)式，可得到如下递推公式：

$$\begin{cases}f_1u_0=u_1\\ f_1u_1+f_2u_0=u_2\\ \vdots \qquad \vdots \quad \vdots\\ f_1u_{n-1}+f_2u_{n-2}+\cdots+f_nu_0=u_n\end{cases} \tag{7-14}$$

解此方程组可得到数列$\{f_n\}$的 n 个值。

4 T_k 的均值和方差的理论推导

4.1 T_k 的定义

根据 f_n 的定义，由于事件 ε 在第 n 次试验中第一次出现是互不相容的，故有：

$$f=\sum_{j=1}^{\infty}f_j\leqslant 1 \tag{7-15}$$

显然，$1-f$ 可以解释为在无限延续的贝努利试验序列中 ε 不出现的概率。如果 $f=1$，则可以引入具有以下分布的随机变量 T，即

$$p\{T=j\}=f_j \tag{7-16}$$

当 $f<1$ 时，使用(7-16)式中的记号，此时 T 是一个非真正的随机变量，它以概率 $1-f$ 不取任何数值。根据离散随机变量的概率母函数的定义，随机变量 T 的概率母函数为：

$$F(z)=\sum_{j=0}^{\infty} f_j z^j \tag{7-17}$$

为了推导 T_k 的均值和方差的理论公式，首先从统计学意义上定义 T_k：如果存在整数 $\lambda>1$ 使得循环事件仅能在第 λ、2λ、3λ、…次出现(即当 n 不能被 λ 整除时 $u_n=0$)，则称 ε 为周期的，具有上述性质的 λ 中的最大值称为 ε 的周期，记为 T_k。

由上述定义知，在无限序列 E_{j1}、E_{j2}、…的样本空间中 ε 的第 $k-1$ 次与第 k 次之间的试验数是一个确定的随机变量，它具有 T_k 的概率分布。换句话说，变量 T_k 实际上代表 ε 接连两次出现之间的等待时间。从水文学意义上来说，T_k 即是轮次长度为 k 年的多年持续水文灾害的重现期。

4.2 T_k 的均值和方差的理论公式推导

T_k 的概率母函数具有如下形式：

$$F(z)=\sum_{j=0}^{\infty} f_j z^j$$

根据概率母函数的性质，若能给出 $F(z)$ 的解析式，则可按(7-2) 式和(7-3)式计算 T_k 的均值和方差。

根据文献[4]得到 T_k 的概率母函数的解析形式为：

$$F(z)=\frac{p^k z^k(1-pz)}{1-z+qp^k z^{k+1}}=\frac{p^k z^k}{1-qz(1+pz+\cdots+p^{k-1}z^{k-1})} \tag{7-18}$$

于是，由(7-4)式和(7-5)式得到：

$$\mu_{T_k}=\frac{1-p^k}{qp^k} \tag{7-19}$$

$$\sigma_{T_k}^2=\frac{1}{(qp^k)^2}-\frac{2k}{qp^k}-\frac{p}{q^2} \tag{7-20}$$

若假定 $T_k \sim N(\mu_{T_k},\sigma_{T_k}^2)$，则任一显著水平$(1-\alpha)$下 T_k 的置信区间为：

$$\mu_{T_k}-\frac{\sigma_{T_k}}{\sqrt{n}}z_{\alpha/2}<T_k<\mu_{T_k}+\frac{\sigma_{T_k}}{\sqrt{n}}z_{\alpha/2} \tag{7-21}$$

5 实际应用

对给定的 p、k 和 n，$R_{i,k}(n)$ 的推求可以给出轮次长度为 k 年的多年持续洪灾的精确概率，据此，可对某一地区或河流或河段的来水状况进行较为准确的概率描述，为防洪决策机构提供必要的信息资料。本文用这些对长江宜昌站的洪峰流量资料进行了验证。

造成荆江、洞庭湖区灾害的原因主要是长江宜昌站以上来水径流量和洪峰流量过大，荆江河段泄洪能力不够。根据现有接近10年一遇的防洪标准，当沙市水位为45.0 m，城陵矶水位为34.4 m，在考虑四口分流(调弦口已堵塞)的条件下，荆江和城陵矶以下长江干流的安全泄量也只有60 000 m^3/s。因此，当洪峰流量超过60 000 m^3/s的安全泄量时，就有可能发生洪水灾害。考虑到洞庭湖区四水的来水量，当宜昌站以上来水的洪峰流量超过55 000 m^3/s($>\bar{Q}_m=52\ 000\ m^3/s$)时，长江荆江河段就有可能发生洪水灾害。因此，对长江宜昌站洪峰流量大于55 000 m^3/s的多年持续洪灾进行概率分析并确定其相应的重现期，在荆江河段洪灾的趋势预测中具有重要的实用价值。长江宜昌站有1877—1985年共109年的历年最大洪峰流量资料。

根据以上分析，宜昌站的最大洪峰流量大于55 000 m^3/s时荆江河段可能出现洪灾，使用这一定义对本文方法进行了验证。

为了计算多年持续洪灾期望次数，我们必须：a)估计 p 值；b)确定 n、k；c)计算 $R_{i,k}(n)$；d)计算每个 k 值的多年持续洪灾期望次数。

宜昌站洪峰流量大于55 000 m^3/s的概率 p 可按叶夫杰维奇建议的方法确定，即洪峰流量大于55 000 m^3/s的年份除以总年数。宜昌站洪峰流量大于55 000 m^3/s的概率 p 为0.385 32。

5.1 宜昌站多年持续洪灾的概率分析

取 $k=2\sim6$，计算 $R_{i,k}(n)$，$n=109$年。$R_{i,k}(n)$的计算成果见表7-1。根据这些概率，可求得不同 k 值多年持续洪灾的期望次数，见表7-2。表7-2给出了不同轮次长度(2～6年)多年持续洪灾的期望频数与观察频数的比较情况。图7-1—图7-5给出了不同轮次长度时 $R_{i,k}(n)$ 随 i 的变化规律。

表7-1　多年持续洪灾 $R_{i,k}(n)$ 计算成果表

i	k				
	2	3	4	5	6
0	6.74×10^{-6}	1.47×10^{-2}	0.226 6	0.567 3	0.808 0
1	5.23×10^{-5}	6.33×10^{-2}	0.333 6	0.323 2	0.164 0
2	2.95×10^{-4}	0.167 1	0.252 8	7.98×10^{-2}	1.52×10^{-2}
3	1.25×10^{-3}	0.191 7	0.116 0	1.25×10^{-2}	8.21×10^{-4}
4	4.10×10^{-3}	0.193 2	3.55×10^{-2}	1.33×10^{-3}	2.98×10^{-5}
5	1.08×10^{-2}	0.169 1	8.48×10^{-3}	1.03×10^{-4}	7.58×10^{-7}
6	2.36×10^{-2}	9.16×10^{-2}	1.57×10^{-3}	5.95×10^{-6}	1.39×10^{-8}
7	4.35×10^{-2}	4.60×10^{-2}	2.30×10^{-4}	2.63×10^{-7}	1.84×10^{-10}
8	6.88×10^{-2}	1.92×10^{-2}	2.72×10^{-5}	8.99×10^{-9}	1.78×10^{-12}
9	9.44×10^{-2}	6.75×10^{-3}	2.61×10^{-6}	2.37×10^{-10}	1.23×10^{-14}
10	0.134 0	2.00×10^{-3}	2.06×10^{-7}	4.84×10^{-12}	6.00×10^{-17}
11	0.151 0	5.19×10^{-4}	1.33×10^{-8}	7.54×10^{-14}	1.98×10^{-19}

续表

i	k				
	2	3	4	5	6
12	0.135 0	1.15×10^{-4}	7.04×10^{-10}	8.87×10^{-16}	4.20×10^{-22}
13	9.81×10^{-2}	2.20×10^{-5}	3.06×10^{-11}	7.71×10^{-18}	5.25×10^{-25}
14	7.53×10^{-2}	3.67×10^{-6}	3.08×10^{-14}	4.79×10^{-20}	3.31×10^{-28}
15	5.32×10^{-2}	5.30×10^{-7}	7.06×10^{-16}	2.04×10^{-22}	8.23×10^{-32}
16	3.28×10^{-2}	6.67×10^{-8}	1.26×10^{-17}	5.55×10^{-25}	
17	1.88×10^{-2}	7.28×10^{-9}	1.74×10^{-19}	8.75×10^{-28}	
18	9.78×10^{-3}	6.90×10^{-10}	1.79×10^{-21}		
19	4.66×10^{-3}	5.65×10^{-11}	1.33×10^{-23}		
20	2.03×10^{-3}	3.98×10^{-12}	6.77×10^{-26}		
21	8.01×10^{-4}	2.41×10^{-13}	2.71×10^{-28}		
22	2.96×10^{-4}	1.24×10^{-14}			
23	9.94×10^{-5}	5.39×10^{-16}			
24	3.06×10^{-5}	1.96×10^{-17}			
25	8.64×10^{-6}	5.89×10^{-19}			
26	2.24×10^{-6}	1.44×10^{-20}			
27	5.31×10^{-7}	2.79×10^{-22}			
28	1.15×10^{-7}				
29	2.30×10^{-8}				
30	4.20×10^{-9}				
31	7.00×10^{-10}				
32	1.06×10^{-10}				
33	1.46×10^{-11}				
34	1.82×10^{-12}				
35	2.05×10^{-13}				
36	2.09×10^{-14}				
Σ	0.962	0.965	0.975	0.984	0.988

表 7-2　不同轮次长度观测多年持续洪灾次数与期望多年持续洪灾次数比较表

轮次长度(年)	观测多年持续洪灾次数	期望多年持续洪灾次数	备注
2	11	10.83	$n=109$ 年 $p=0.385\ 32$
3	4	3.66	
4	2	1.37	
5	1	0.53	
6	0	0.20	

由表 7-1 知，$k=2$ 时，$R_{11,k}(n)$ 最大，这说明在 109 年中发生轮次长度为 2 年的多年持续洪灾的最可能次数是 11 次，由表 7-2 知，宜昌站实际发生了 11 次；$k=3$ 时，$R_{4,k}(n)$ 最大，这说明在 109 年中发生轮次长度为 3 年的多年持续洪灾最可能次数是 4 次，由表 7-2 知，宜昌站实际发生了 4 次；比较表 7-1 和表 7-2 可知，表 7-1 较为准确地描述了宜昌站多年持续洪灾（$Q_m>55\ 000\ m^3/s$）的概率特性。

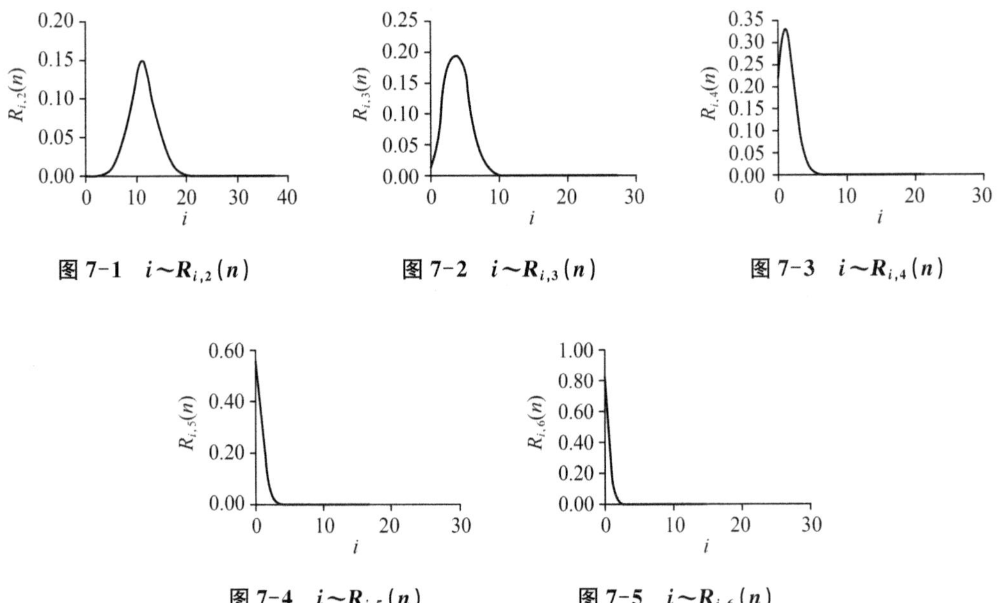

图 7-1　$i \sim R_{i,2}(n)$

图 7-2　$i \sim R_{i,3}(n)$

图 7-3　$i \sim R_{i,4}(n)$

图 7-4　$i \sim R_{i,5}(n)$

图 7-5　$i \sim R_{i,6}(n)$

根据表 7-2，按下式可求得，宜昌站 1 次多年持续洪灾的历时为 2.53 年。

$$L(n)=\sum_{k=2}^{6} k \cdot \varepsilon_k \Big/ \sum_{k=2}^{6} \varepsilon_k$$

5.2　宜昌站多年持续洪灾重现期 T_k 的确定

根据式（7-19）、（7-20）、（7-21），可求得宜昌站多年持续洪灾的重现期 T_k 的均值和方差，以及 95%的正态置信区间，其成果见表 7-3。

表 7-3　宜昌站多年持续洪灾重现期计算成果表　　单位：年

轮次长度	均值	方差	95%置信区间
1	2.60	2.03	(2.22,2.98)
2	9.33	8.02	(7.82,10.84)
3	26.81	24.70	(22.17,31.45)
4	72.18	69.15	(59.19,85.16)
5	109.91	185.95	(155.00,224.82)
6	495.45	490.53	(403.40,582.60)

由表 7-3 知，轮次长度为 1 年的多年持续洪灾约 2.6 年就发生一次，这与文献[5]中根据 451 年(1499 年—1949 年)的资料统计荆江河段平均 2.5 年就发生一次洪灾的结论是一致的。

6 结束语

通过对多年持续洪水灾害的概率分布 $R_{i,k}(n)$ 及其重现期的确定的研究，有以下几点结论：

(1) 研究轮次长度为 k 年的多年持续洪灾的概率分布 $R_{i,k}(n)$ 及其重现期的确定，在水旱灾害趋势预测及防灾决策方面具有一定的理论价值和实用价值。

(2) 根据 $R_{i,k}(n)$ 及 T_k ，可以对多年持续洪灾进行较为准确的概率描述和趋势预测。

(3) 这一方法在长江荆江河段多年持续洪灾预测中显示了相当高的精度，因而具有一定的推广应用价值。

参考文献

[1] 朱元甡. 防洪减灾的研究动态[J]. 河海科技进展，1992，12(1)：11-27.

[2] LEMUEL A. MOYE，ASHA S. KAPADIA，IRNIA M. CECH，et al. The Theory of Runs with Applications to Drought Prediction[J]. Journal of Hydrology，1988，103：127-137.

[3] G. P. WADSWORTH，J. G. BRYAN. 应用概率[M]. 林少宫，马继芳，等译. 北京：高等教育出版社，1982.

[4] W. 费勒. 概率论及其应用(上、下)[M]. 刘文，译. 北京：科学出版社，1979.

[5] 王明甫. 荆江与洞庭湖关系及防洪对策[J]. 武汉水利电力学院学报，1992(2)：1-8.

8

用C语言开发循环下拉式菜单探讨

该篇论文是作者主持西北勘测设计研究院水电站规划专业设计计算机辅助系统(简记为GHCAD)开发工作,为解决软件菜单设计问题而研究的内容总结,发表于《西北水电》1994年第1期。

引言

在实用程序设计中,菜单技术是经常使用的。良好的菜单设计能使所编制的程序更加专业化,更具有一个真正好的商品软件的品质。从软件设计角度来说,菜单设计实际上是用户接口(或用户界面)的设计。它影响着用户对该款软件的评价。因此,菜单设计技术日益受到广大软件编制者的重视。循环下拉式菜单是最常用的菜单之一。本文结合水电站规划专业设计CAD(简称GHCAD)菜单系统的设计,初步探讨了用C语言开发循环下拉式菜单的设计问题。

1　汉字字符的屏幕显示

由于目前常用的C语言(如Microsoft C 6.0和Turbo C 2.0)都没有汉化,而菜单内容一般都要求用汉字显示。因此需要开发另外的屏幕显示汉字的子程序。在汉字系统中,由于多采用图形方式显示汉字,其存储采用了多个位平面共用一个地址的储像素的技术,所以C语言中许多直接读取缓冲区的正文输出函数不能显示和存取汉字。但汉字系统在显示时,都对DOS显示管理模块INT 10H做了修改,使其具备了汉字处理能力,而C语言提供了INT 86()函数又给直接调用系统终端INT 10H提供了实现的手段。

在屏幕上,当前光标位置显示字符,主要由ROM－BIOS INT 10H的9号、10号、14号功能模块来显示,基于此,可编制在当前光标处显示具有一定属性的汉字字符串的子程序。

2　常用的几种菜单及其选择

在程序设计中经常使用的菜单主要有三种,即标准菜单、弹出菜单(Pop－up)和下拉式菜单(Pull－down)。

当使用标准菜单时，往往是首先清除屏幕或滚动屏幕，然后再把菜单显示到屏幕上。当用户选择菜单中的某一项以后，屏幕再次被清除或滚动。然后或者是出现下一个菜单，或者按用户的选择继续运行下去。

当 Pop - up 或 Pull - down 菜单被激活时，它不是去清除屏幕而是改写当前屏幕上的内容。在用户进行了选择以后，屏幕上被改写的部分又恢复到它原来的内容。用户进行选择的办法除打入选择项的号码或选择项的第一个字母以外，还可以使用光标移动键来加亮用户所需的选择项，然后再打入回车键。

标准菜单与 Pop - up 或 Pull - down 菜单之间的关键性的差别在于"激活"。标准菜单会清除屏幕上所有原来的内容，给用户的感觉似乎是停止了原来程序的运行，而激活一个 Pop - up 或 Pull - down 菜单看起来只是暂时挂起原来的程序。

Pop - up 菜单和 Pull - down 菜单之间的差别则很简单。屏幕上任何时候只能出现一个 Pop - up 菜单。当菜单只有一级深度时，就应使用 Pop - up 菜单。而 Pull - down 菜单则不同，屏幕上可以同时有好几个 Pull - down 菜单，当菜单的深度超过一级时，就应使用 Pull - down 菜单。

从编程的技术难度来说，Pull - down 菜单设计最难。

3 循环下拉式菜单设计

循环下拉式菜单本质上是指具有一个横向亮条菜单及多级下拉式菜单的菜单系统，它根据不同的功能要求设计相应的下拉式菜单，从而使整个程序具有良好的用户界面并能方便地完成各项功能。现从以下几个方面讨论用 C 语言开发循环下拉式菜单的设计问题。

3.1 菜单的框架结构

建立一个下拉式的多级菜单的中心问题是如何建立一个菜单框架。从本质上讲，Pull - down 菜单子程序要求在使用这个菜单的程序的整个运行过程中，每个菜单都有它自己的一个参考框架。在这个参考框架内保存每个菜单所特有的一些信息。应用程序根据每个菜单框架号码来使用菜单，框架中的信息框架是由各个菜单支持函数填入的。

很显然，建立这样的一个菜单框架的最好办法就是使用 C 语言的结构体，如下所示：

```
struct menu _frame{
int startx,endx,starty,endy;/*菜单位置坐标*/
unsigned char * p;/*指向屏幕信息的指针*/
char * * menu;/*指向菜单句柄的指针*/
char *keys;/*指向热键的指针*/
int border;/*菜单有无边框标识*/
int count;/*菜单项数*/
int active;/* 菜单激活标识*/
```

这里，定义 MAX_FRAME 为一个变量，它决定下拉式菜单的总数。

3.2 建立菜单框架

3.2.1 菜单结构体的赋值

为了建立一个菜单框架，首先要给每个菜单结构体赋值。对于一个大的软件系统，下拉式菜单总数 MAX_FRAME 较大(如≥50)，若在主程序中直接给每个菜单结构体赋值，往往使主程序过分冗长，这时就要求使用数据文件。一般要求建立两个数据文件，即 menu_text. dat 和 menuxy. dat。其中，menu_ text. dat 存放每个菜单的项数和内容，menuxy. dat 相应存放每个菜单的左上角的坐标和热键标识符。

3.2.2 建立一个菜单框架

在使用一个菜单以前，必须先为它建立一个框架。函数 make_menu(int num，char * menu，chat *keys，int count，int x，int y，int border)就是建立一个菜单框架的。其源程序见文献[1]P34—P36。

3.3 主菜单函数及下拉式菜单函数

3.3.1 主菜单函数

在进行大型软件开发时，首先应进行系统分析，专业确定其主菜单内容，然后可以用直接写字串函数来显示主菜单，如水电站规划专业设计 CAD 系统的主菜单函数为：

```
void Menu(void){
String(3,1,"工程数据库",ox1f);
String(14,1,"水文设计",ox1f);
String(23,1,"水能设计",ox1f);
String(32,1,"泥沙设计",ox1f);
String(41,1,"小水电设计",ox1f);
String(52,1,"水库环评",ox1f);
String(61,1,"图表输出",ox1f);
String(70,1,"文件编写",ox1f);}
```

其中，String(int x，int y，char *s，int attribute)在(x,y)处显示汉字串函数。

3.3.2 下拉式菜单函数

下拉式菜单函数 Pull - down(int num)的主功能是显示一个下拉式菜单并接受一个选择项，源程序见文献[1]P36。

3.4 彩色汉字屏幕的保存与恢复

如前所述，当 Pull - down 菜单被激活时，它改写当前屏幕上的内容，当用户进行了选择后，屏幕上被改写的部分又必须恢复到它的原来内容。因此，彩色汉字屏幕的保存与恢复在 Pull - down 菜单设计中是相当重要的。在文本方式下，C 语言尽管提供了大量的屏幕管理库函数，尤其是保存屏幕的信息 gettext()和恢复屏幕信息 puttext()函数，但是，由于汉字显示和输出的特殊性，用以上两个函数保存、恢复屏幕时，一旦给定窗口中有汉字，恢复出来时，原来的汉字屏幕便乱了，于是，必须开发另外的函数来完成此项功能。

BIOS 中断 INT 10H 是显示器输入输出中断，借助此中断，可控制屏幕上的文本和图形。INT 10H 的功能调用 02H 是置光标位置，08H 是读屏幕字符和属性，09H 是写字符和属性，用 C 语言将这三者结合起来，即可实现彩色汉字屏幕的保存与恢复。

3.5 主菜单和下拉式菜单的控制

主菜单和下拉式菜单的控制本质上就是接受用户的选择，从而完成某项特定的工作。主菜单和下拉式菜单的控制可统称为菜单管理，其工作模式可分为初级和高级两种。初级模式是指主菜单和下拉式菜单分别由各自的管理模块来管理，编程较容易，而高级模式是指主菜单模块和下拉式菜单统一由一个管理模块来管理，编程较难。我们开发的水电站规划专业设计 CAD 系统的菜单管理采用的是初级模式。

4 循环下拉式菜单中的子程序调用

在菜单程序中，一般都是通过菜单的选择来执行相关的功能模块。在用 C 语言开发的循环下拉式菜单中，如何实现子程序的调用呢？通常有两种方法，即混合编程技术和 C 语言的调用子进程的命令 spawn。

C 语言中尽管有与高级语言（如 BASIC、FORTRAN、PASCAL 等）及汇编语言的混合接口，但若采用混合编程技术对一个大型软件来说占用内存很大，且不太适合于子程序由多种高级语言（如 GW-BASIC、Quick BASIC、FORTRAN、PASCAL、DBASE Ⅱ等）编制的软件系统，因此，我们在水电站规划专业 CAD 系统中采用了 C 语言中调用子进程的函数 spawn。现谈谈在水电站规划专业 CAD 系统中利用 spawn 函数调用子进程的具体实现。由于在大型软件系统中，一般需要调用的子程序很多，为方便地利用 spawn 函数调用子进程，建议首先建立如下的结构体：

```
struct fun{
int(*fun)();};
```

在主程序中给结构体赋值。循环下拉式菜单的子程序调用都是在最低一级菜单实现，且有多项选择。以 GHCAD 系统为例，它有三级菜单，需调用的子程序共计有近 50 个。现以 GHCAD 中水文设计一项为例说明如何调用子程序。水文设计二级菜单有六项，即相关分析、频率分析计算、调洪演算、水位流量关系计算、径流及洪水过程和水文预报。其中，频率分析计算的第三级菜单（菜单号为 9）有两项，即参数估计（estp3. exe）和频率适线（fitcur. exe）。

首先，将频率分析计算（PLFX）定义为 struct fun 变量：

struct fun PLFX[2]={estp3，fitcur}；然后，建立以 spawn 函数调用子进程的函数 estp3 和 fitcur：

```
Int estp3(void){
spawn(P_WAIT,"estp3.exe",NULL);return(1);
Int fitcur(void)
{spawn(P_ WAIT,"fitcur.exe", NULL); return(1);}
```

在函数 estp3(void)和 fitcur(void)中,P_WAIT 表示为子进程开辟新的空间,NULL 表示子进程和父进程之间没有参数传递。

当已有 int estp3(void)和 fitcur(void)函数后,即可在 GHCAD 系统的循环菜单控制管理模块中实现子程序的调用,即

```
{
……
……
……
selection=pulldown(9);
PLFX[selection].fun();
……
……
……
}
```

当用户选择参数估计时,pulldown(9)返回 1,PLFX[selection].fun()调用函数 estp3(void);当用户选择频率适线时,pulldown(9)返回 2,PLFX[selection].fun()调用函数 fitcur(void)。这样,就实现了在循环下拉式菜单中的子程序调用。

参考文献

[1] 尹彦芝. C语言常用算法与子程序[M]. 北京:清华大学出版社,1991.

9

多年持续水灾害的概率分析及重现期的确定

该篇论文在1994年全国水利学会青年学术讨论会上交流，发表于《水利学报》1995年增刊。

摘　要：在假定某一地区的来水状况是一无限延续的贝努利试验的前提下，利用概率论及轮次理论的基本原理，本文研究了轮次长度为 k 年的多年持续水文灾害的概率分布 $R_{i,k}(n)$，并给出了求解方程。同时，推导出轮次长度为 k 年的多年持续水文灾害的重现期 T_k 的均值和方差的理论公式，并在假定 T_k 服从正态分布的条件下，给出了任一显著性水平下 T_k 的置信区间，这一理论方法用长江宜昌站的洪峰流量资料进行了验证。

关键词：水文灾害；轮次；概率母函数；重现期；置信区间

1　引言

近年来，由于全球性的气候变化，水文灾害（主要指洪灾和干旱）趋于频繁，给人民的生命财产造成了极大的危害。水文灾害的发生是自然因素和社会、经济等非自然因素综合作用的结果。为了有效地减轻、缓解和部分地控制水文灾害对人类及其资源的危害，目前所进行的水文灾害预测理论的研究是迫切的。多年持续水文灾害的发生较单一年水文灾害具有更大的危害性，因此，多年持续水文灾害的概率研究及其重现期的确定对水文灾害的趋势预测具有重要的意义。本文基于概率论的有关理论及轮次理论的基本原理，研究了轮次长度为 k 年的多年持续水文灾害的概率分布 $R_{i,k}(n)$ 及其重现期 T_k 的计算问题。

2　定义[1]

水文灾害是指超过某一阈值的暴雨、洪水事件或低于某一阈值的干旱事件。对于给定年份，某一地区或以概率 p 发生某种水文灾害，或以概率 q 不发生某种水文灾害，这里 $p+q=1$。如果以前年份的来水状况与后继年份的来水状况无关，并且满足 p 历年不变，则这一连续年份的来水状况可以认为是连续的贝努利试验。由于影响水文的自然因素和非自然因素基本上都是无限的，因此，某一地区的来水状况可以认为是延续的贝努利试验。

如果在连续 k 年中同一地区都出现了某种水文灾害，则认为出现了一次轮次长度为

k 年的多年持续水文灾害。多年持续水文灾害可定义为一次连续 k 年出现超过或低于某一阈值的灾害事件的试验,即多年持续水文灾害是连续成功试验,记为 ε。在一列贝努利试验序列中,如果第 n 次试验的结果使得序列的轮次长度为 k 年的成功连贯试验增加一个,则说一个轮次长度为 k 年的成功连贯试验在第 n 次试验出现。

设 k 是预先设定的轮次长度,n 是试验次数,定义:

$R_{i,k}(n)=p\{$在未来 n 次试验中,ε 恰好发生 i 次$\}$,$0\leqslant i\leqslant I$,$I=[(n+1)/(k+1)]$;

$u_n=p\{\varepsilon$ 在第 n 次试验出现$\}$;

$f_n=p\{\varepsilon$ 在第 n 次试验中第一次出现$\}$。

$R_{i,k}(n)$ 具有如下性质:

$$\sum_{i=0}^{I}R_{i,k}(n)=1$$

根据 $R_{i,k}(n)$ 可以定义下列几个变量:

$\varepsilon_{r,k}=\sum_{i=0}^{I}i\cdot R_{i,k}(n)$,轮次长度为 k 年的期望多年持续水文灾害次数;

$\sigma_{r,k}^2=\sum_{i=0}^{I}i^2\cdot R_{i,k}(n)-\varepsilon_{r,k}^2$,$n$ 年中轮次长度为 k 年的多年持续水文灾害次数的方差;

$\sum_{k=1}^{n}\varepsilon_{r,k}$,平均水文灾害次数;

$L(n)=\sum_{k=1}^{n}k\cdot\varepsilon_{r,k}/\sum_{k=1}^{n}\varepsilon_{r,k}$,序列中平均轮次长度的估值。

鉴于多年持续水文灾害可定义为一个轮次,我们可将以上这些理论结果应用于水文灾害趋势预测。通过计算 $R_{i,k}(n)$,可以得到在水文灾害趋势预测方面的特征值:(a)未来 n 年中的平均多年持续水文灾害次数;(b)未来 n 年中一次多年持续水文灾害的期望历时。

3 $R_{i,k}(n)$的理论推导

3.1 离散随机变量的概率母函数[2][3]

若 x 是仅取非负整数值的离散随机变量,则 x 的概率母函数为:

$$G(z)=E(z^x)=\sum_{i=0}^{\infty}P(x_i)z^i \tag{9-1}$$

若在 $z=1$ 处 $G(z)$有一阶和二阶导数,则有:

$$E(x)=G'(1) \tag{9-2}$$

$$\sigma^2(x)=G''(1)+G'(1)-[G'(1)]^2 \tag{9-3}$$

由(9-2)式和(9-3)式知,利用概率母函数来计算离散随机变量的数学期望和方差要简便得多。

3.2 $R_{i,k}(n)$ 的推求

1. $R_{0,k}(n)$ 的计算[1]

推求 $R_{i,k}(n)$ 的第一步是推求 $R_{0,k}(n)$。$R_{0,k}(n)$ 从概念上理解就是在 n 年中不发生轮次长度为 k 年的多年持续水文灾害的概率。很明显：

$$R_{0,k}(n)=1, n<k \tag{9-4}$$

$$R_{0,k}(n)=1-p^{k}, n=k \tag{9-5}$$

$$\begin{aligned}R_{0,k}(n)=&p^{n}D(n-k)+\sum_{h=k}^{\min(n,2k-1)}p^{h-k}(1-p^{2k-h})D(n-h)\\&+\sum_{h=\min(n,k+2)}^{\min(2k+1,n)}p^{k+1}(1-p^{h-k-1})D(n-1)\\&+\sum_{h=\min(n,k+2)}^{\min(2k+1,n)}p^{k+1}(1-p^{h-k-1})D(n-1)\\&+\sum_{h=\min(n,k+2)}^{\min(2k+1,n)}p^{k+1}(1-p^{h-k-1})D(n-1)\qquad n>k\\&-p\Big\{\sum_{h=k}^{\min(n-1,2k-1)}p^{h-k}(1-p^{2k-h})D(n-h-1)\\&+\sum_{h=\min(n,k+2)}^{\min(2k+1,n-1)}p^{k+1}(1-p^{n-k-1})D(n-h-1)\\&+\sum_{h=\min(n,2k+2)}^{n-1}p^{h-k}[1-p^{n-(h-k)}]D(n-h-1)\Big\},\end{aligned} \tag{9-6}$$

式中：

$$D(x)=\sum_{m=0}^{\left[\frac{x}{k}\right]}\sum_{h=0}^{\left[\frac{x}{k}\right]-m}C_{x-mk-m+h}^{m}C_{m}^{h}\times(-1)^{m+(m-h)(k+1)}q^{m}p^{m(k+1)-h}I\ ,(x-mk-m+h\geqslant m)$$

2. $R_{i,k}(n)$ $(1\leqslant i\leqslant I)$ 的计算[3]

为了推求 $R_{i,k}(n)$，可以考虑无限延续的贝努利试验可能结果为 E_j $(j=1,2,\cdots)$ 的一列重复试验，并定义一个循环事件如下：

(1) 为使 ε 在序列 $(E_{j1},E_{j2},\cdots,E_{jn+m})$ 的第 n 个与第 $n+m$ 个位置出现，其充分必要条件是 ε 在序列 $(E_{j1},E_{j2},\cdots,E_{jn})$ 和 $(E_{jn+1},E_{jn+2},\cdots,E_{jn+m})$ 的最后出现。

(2) 在(1)的情况下，有

$$p\{E_{j1},\cdots,E_{jn+m}\}=p\{E_{j1},\cdots,E_{jn}\}\cdot p\{E_{jn+1},\cdots,E_{jn+m}\}$$

又显然对于每个循环事件都可以定义 $\{u_n\}$ 和 $\{f_n\}$ 两个数列。为方便起见，令 $f_0=0$，$u_0=1$，并引进概率母函数：

$$F(z)=\sum_{i=1}^{\infty}f_{i}z^{i} \tag{9-7}$$

$$U(z)=\sum_{i=0}^{\infty}u_i z^i \tag{9-8}$$

根据循环事件的定义,ε 在第 i 次试验出现且在第 n 次试验第二次出现这一事件的概率等于 $f_i f_{n-i}$,所以在第 n 次试验第二次出现的概率可由下式表示:

$$R_{2,k}(n)=f_1R_{1,k}(n-1)+f_2R_{1,k}(n-2)+\cdots+f_{n-1}R_{1,k}(1) \tag{9-9}$$

更一般地,如果 $R_{i,k}(n)$ 是 ε 在第 n 次试验中第 i 次出现的概率,则有:

$$R_{i,k}(n)=f_1R_{i-1,k}(n-1)+f_2R_{i-1,k}(n-2)+\cdots+f_{n-1}R_{i-1,k}(1) \tag{9-10}$$

故有方程组:

$$\begin{cases}R_{1,k}(n)=f_1R_{0,k}(n-1)+f_2R_{0,k}(n-2)+\cdots+f_{n-1}R_{0,k}(1)\\ R_{2,k}(n)=f_1R_{1,k}(n-1)+f_2R_{1,k}(n-2)+\cdots+f_{n-1}R_{1,k}(1)\\ \vdots \qquad\qquad \vdots \qquad\qquad\qquad \vdots \qquad\qquad\qquad \vdots\\ R_{I,k}(n)=f_1R_{I-1,k}(n-1)+f_2R_{I-1,k}(n-2)+\cdots+f_{n-1}R_{I-1,k}(1)\end{cases} \tag{9-11}$$

3. 数列$\{f_n\}$的推求

根据 u_n 、f_n 定义,由文献[3]可知,$\{u_n\}$和$\{f_n\}$的母函数之间存在如下关系:

$$U(z)=\frac{1}{1-F(z)} \tag{9-12}$$

由(9-12)式,可得到如下递推公式:

$$\begin{cases}f_1u_0=u_1\\ f_1u_1+f_2u_0=u_2\\ \vdots \qquad \vdots \quad \vdots\\ f_1u_{n-1}+f_2u_{n-2}+\cdots+f_nu_0=u_n\end{cases} \tag{9-13}$$

解此方程组可得到数列$\{f_n\}$的 n 个值。

4 T_k 的均值和方差的理论推导

4.1 T_k 的定义

根据 f_n 的定义,由于事件 ε 在第 n 次试验中第一次出现是互不相容的,故有:

$$f=\sum_{i=1}^{\infty}f_i\leqslant 1 \tag{9-14}$$

显然,$1-f$ 可以解释为在无限延续的贝努利试验序列中 ε 不出现的概率。如果 $f=1$,则可以引入具有以下分布的随机变量 T,即

$$p\{T=i\}=f_i \tag{9-15}$$

当 $f<1$ 时，使用(9-15)式中的记号，此时 T 是一个非真正的随机变量，它以概率 $1-f$ 不取任何数值。根据离散随机变量的概率母函数的定义，随机变量 T 的概率母函数为：

$$F(z)=\sum_{i=0}^{\infty} f_i z^i \tag{9-16}$$

为了推导 T_k 的均值和方差的理论公式，首先从统计学意义上定义 T_k：如果存在整数 $\lambda>1$ 使得循环事件仅能在第 λ、2λ、3λ、…次出现(即当 n 不能被 λ 整除时 $u_n=0$)，称 ε 为周期的，具有上述性质的 λ 中的最大值称为 ε 的周期，记为 T_k。

由上述定义知，在无限序列 E_{j1}，E_{j2}，…的样本空间中 ε 的第 $k-1$ 次与第 k 次之间的试验数是一个确定的随机变量，它具有 T_k 的概率分布。换句话说，变量 T_k 实际上代表 ε 接连两次出现之间的等待时间。从水文学意义上来说，T_k 即是轮次长度为 k 年的多年持续水文灾害的重现期。

4.2 T_k 的均值和方差的理论公式推导

T_k 的概率母函数具有如下形式：

$$F(z)=\sum_{i=0}^{\infty} f_i z^i$$

根据概率母函数的性质，若能给出 $F(z)$ 的解析式，则可按(9-2)式和(9-3)式计算 T_k 的均值和方差。

根据文献[3]中的有关推导，得到 T_k 的概率母函数为：

$$F(z)=\frac{p^k z^k(1-pz)}{1-z+qp^k z^{k+1}}=\frac{p^k z^k}{1-qz(1+pz+\cdots+p^{k-1}z^{k-1})} \tag{9-17}$$

于是，由(9-2)式和(9-3)式得到：

$$\mu_{T_k}=\frac{1-p^k}{qp^k} \tag{9-18}$$

$$\sigma_{T_k}^2=\frac{1}{(qp^k)^2}-\frac{2k}{qp^k}-\frac{p}{q^2} \tag{9-19}$$

若假定 $T_k \sim N(\mu_{T_k},\sigma_{T_k}^2)$，则任一显著水平$(1-\alpha)$下 T_k 的置信区间为：

$$\mu_{T_k}-\frac{\sigma_{T_k}}{\sqrt{n}}z_{\alpha/2}<T_k<\mu_{T_k}+\frac{\sigma_{T_k}}{\sqrt{n}}z_{\alpha/2} \tag{9-20}$$

5 实际应用[4]

本文以洪灾为例。对给定的 p、k 和 n，$R_{i,k}(n)$ 的推求可以给出轮次长度为 k 年的多年持续洪灾的精确概率，据此，可对某一地区或河流或河段的来水状况进行较为准确的概率描述。这里用长江宜昌站的洪峰流量资料进行了验证。

长江宜昌站以上来水径流量和洪峰流量过大，荆江河段泄洪能力不够就会引起洪灾。根据现有接近 10 年一遇的防洪标准，当沙市水位为 45.0 m，城陵矶水位为 34.4 m，在考虑四口分流(调弦口已堵塞)的条件下，荆江和城陵矶以下长江干流的安全泄量也只有 60 000 m^3/s。因此，当洪峰流量超过 60 000 m^3/s 的安全泄量时，就有可能发生洪水灾害。考虑到洞庭湖区四水的来水量，当宜昌站以上来水的洪峰流量超过 55 000 m^3/s ($>\bar{Q}_m=52\ 000\ m^3/s$)时，长江荆江河段就有可能发生洪水灾害。因此，对长江宜昌站洪峰流量大于 55 000 m^3/s 的多年持续洪灾进行概率分析并确定其相应的重现期，在荆江河段洪灾的趋势预测中具有重要的实用价值。长江宜昌站有 1877—1985 年共 109 年的历年最大洪峰流量资料。

根据以上分析，宜昌站的最大洪峰流量大于 55 000 m^3/s 时荆江河段可能出现洪灾，使用这一定义，对该方法进行了验证。

为了计算期望多年持续洪灾次数，我们必须:(1)估计 p 值;(2) 确定 n、k;(3)计算 $R_{i,k}(n)$;(4)计算每个 k 值的期望多年持续洪灾次数。

宜昌站洪峰流量大于 55 000 m^3/s 的概率 p 可按叶夫杰维奇(1967 年)建议的方法确定，即洪峰流量大于 55 000 m^3/s 的年份除以总年数。宜昌站洪峰流量大于 55 000 m^3/s 的概率 p 为 0.385 32。

5.1 宜昌站多年持续洪灾的概率分析

取 $k=2\sim6$，计算 $R_{i,k}(n)$ ，$n=109$ 年。$R_{i,k}(n)$ 的计算成果见表 9-1。根据这些概率，可求得不同 k 值多年持续洪灾的期望次数，见表 9-2。表 9-2 给出了不同轮次长度(2～6 年)多年持续洪灾的期望频数与观察频数的比较情况。图 9-1—图 9-5 给出了不同轮次长度时 $R_{i,k}(n)$ 随 i 的变化规律。

表 9-1 多年持续洪灾 $R_{i,k}(n)$ 计算成果表

i	k				
	2	3	4	5	6
0	1.41×10^{-6}	1.29×10^{-2}	0.214 4	0.566 9	0.808 0
1	2.22×10^{-5}	6.11×10^{-2}	0.344 7	0.328 6	0.174 0
2	1.72×10^{-4}	0.139 1	0.261 6	8.82×10^{-2}	1.70×10^{-2}
3	8.61×10^{-4}	0.202 6	0.124 6	1.45×10^{-2}	9.99×10^{-4}
4	3.16×10^{-3}	0.212 1	4.18×10^{-2}	1.65×10^{-3}	3.93×10^{-5}
5	9.07×10^{-3}	0.169 9	1.05×10^{-2}	1.37×10^{-4}	1.09×10^{-6}
6	0.021 1	0.108 4	2.04×10^{-3}	8.52×10^{-6}	2.21×10^{-8}
7	4.10×10^{-2}	5.65×10^{-2}	3.17×10^{-4}	4.09×10^{-7}	3.30×10^{-10}

续表

i	k				
	2	3	4	5	6
8	6.97×10^{-2}	2.45×10^{-2}	3.98×10^{-5}	1.52×10^{-8}	3.65×10^{-12}
9	9.71×10^{-2}	8.90×10^{-3}	4.08×10^{-6}	4.47×10^{-10}	2.97×10^{-14}
10	0.121 8	2.81×10^{-3}	3.44×10^{-7}	1.02×10^{-11}	1.75×10^{-16}
11	0.134 7	7.55×10^{-4}	2.40×10^{-8}	1.82×10^{-13}	7.28×10^{-19}
12	0.132 6	1.75×10^{-4}	1.38×10^{-9}	2.49×10^{-15}	2.06×10^{-21}
13	0.116 9	3.53×10^{-5}	6.58×10^{-11}	2.58×10^{-17}	3.74×10^{-24}
14	9.27×10^{-2}	6.20×10^{-6}	2.58×10^{-12}	1.98×10^{-19}	3.97×10^{-27}
15	6.65×10^{-2}	9.48×10^{-7}	8.25×10^{-14}	1.09×10^{-21}	2.14×10^{-30}
16	4.32×10^{-2}	1.27×10^{-7}	2.14×10^{-15}	4.10×10^{-24}	
17	2.56×10^{-2}	1.47×10^{-8}	4.44×10^{-17}	9.80×10^{-27}	
18	1.38×10^{-2}	1.49×10^{-9}	7.25×10^{-19}	1.37×10^{-29}	
19	6.80×10^{-3}	1.32×10^{-10}	9.14×10^{-21}		
20	3.07×10^{-3}	1.01×10^{-11}	8.61×10^{-23}		
21	1.27×10^{-3}	6.63×10^{-13}	5.85×10^{-25}		
22	4.82×10^{-4}	3.76×10^{-14}	2.71×10^{-27}		
23	1.68×10^{-4}	1.81×10^{-15}			
24	5.38×10^{-5}	7.40×10^{-17}			
25	1.58×10^{-5}	2.53×10^{-18}			
26	4.28×10^{-6}	7.13×10^{-20}			
27	1.06×10^{-6}	1.64×10^{-21}			
28	2.42×10^{-7}				
29	5.05×10^{-8}				
30	9.67×10^{-9}				
31	1.69×10^{-9}				
32	2.71×10^{-10}				
33	3.95×10^{-11}				
34	5.24×10^{-12}				
35	6.31×10^{-13}				
36	6.88×10^{-14}				
Σ	1.00	1.00	1.00	1.00	1.00

表 9-2 不同轮次长度观测多年持续洪灾次数与期望多年持续洪灾次数比较表

轮次长度(年)	观测多年持续洪灾次数	期望多年持续洪灾次数	备注
2	11	11.60	$n=109$ 年 $p=0.38532$
3	4	4.01	
4	1	1.48	
5	1	0.56	
6	0	0.21	

由表 9-1 知，$k=2$ 时，$R_{11,k}(n)$ 最大，这说明在 109 年中发生轮次长度为 2 年的多年持续洪灾的最可能次数是 11 次，由表 9-2 知，宜昌站实际发生了 11 次；$k=3$ 时，$R_{4,k}(n)$ 最大，这说明在 109 年中发生轮次长度为 3 年的多年持续洪灾最可能次数是 4 次，由表 9-2 知，宜昌站实际发生了 4 次；比较表 9-1 和表 9-2 可知，表 9-1 较为准确地描述了宜昌站多年持续洪灾（$Q_m>55\ 000\ m^3/s$）的概率特性。

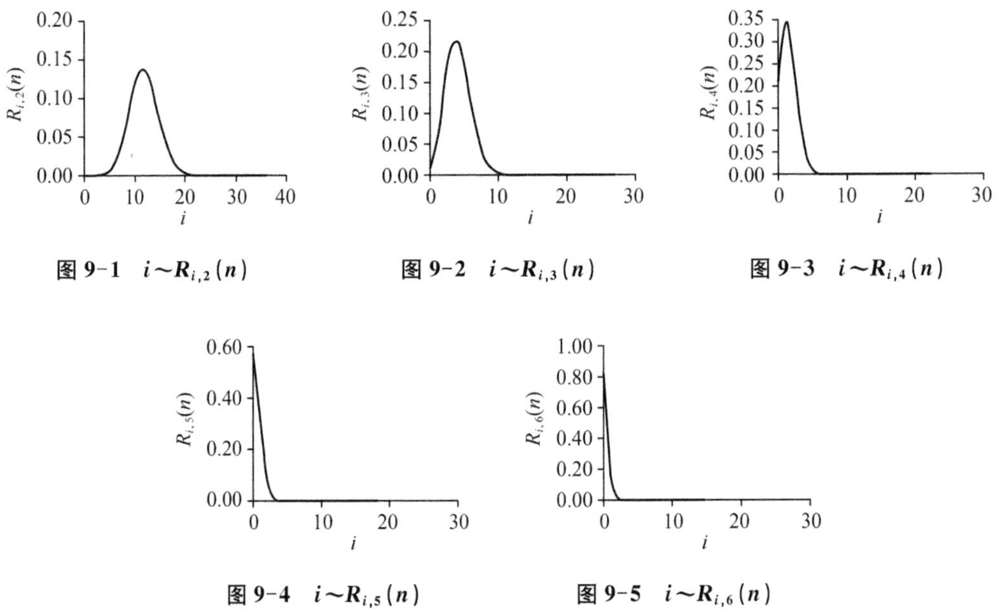

图 9-1 $i \sim R_{i,2}(n)$

图 9-2 $i \sim R_{i,3}(n)$

图 9-3 $i \sim R_{i,4}(n)$

图 9-4 $i \sim R_{i,5}(n)$

图 9-5 $i \sim R_{i,6}(n)$

根据表 9-2，按下式可求得，宜昌站 1 次多年持续洪灾的历时为 2.53 年。

$$L(n)=\sum_{k=2}^{6} k \cdot \varepsilon_k \Big/ \sum_{k=2}^{6} \varepsilon_k$$

5.2 宜昌站多年持续洪灾重现期 T_k 的确定

根据式(9-18)、(9-19)、(9-20)，可求得宜昌站多年持续洪灾的重现期 T_k 的均值和方差，以及 95%的正态置信区间，其成果见表 9-3。

表 9-3　宜昌站多年持续洪灾重现期计算成果表　　单位：年

轮次长度	均值	方差	95%置信区间
1	2.60	2.03	(2.22,2.98)
2	9.33	8.02	(7.82,10.84)
3	26.81	24.70	(22.17,31.45)
4	72.18	69.15	(59.19,85.16)
5	109.91	185.95	(155.00,224.82)
6	495.45	490.53	(403.40,582.60)

由表 9-3 知，轮次长度为 1 年的多年持续洪灾约 2.6 年就发生一次，这与文献[4]中根据 451 年(1499 年—1949 年)的资料统计荆江河段平均 2.5 年就发生一次洪灾的结论是一致的。

6　结束语

通过对多年持续水文灾害的概率分布 $R_{i,k}(n)$ 及其重现期的确定的研究，有以下几点结论：

(1) 研究轮次长度为 k 年的多年持续水文灾害的概率分布 $R_{i,k}(n)$ 及其重现期的确定，在水旱灾害趋势预测及防灾决策方面具有一定的理论价值和实用价值。

(2) 根据 $R_{i,k}(n)$ 及 T_k，可以对多年持续水文灾害进行较为准确的概率描述和趋势预测。

(3) 这一方法在长江荆江河段多年持续洪灾预测中显示了相当高的精度，因而具有一定的推广应用价值。

参考文献

[1] LEMUEL A. MOYE, ASHA S. KAPADIA, IRNIA M. CECH, et al. The Theory of Runs with Applications to Drought Prediction[J]. Journal of Hydrology, 1988, 103:127-137.

[2] G. P. WADSWORTH, J. G. BRYAN. 应用概率[M]. 林少宫，马继芳，等译. 北京：高等教育出版社，1982.

[3] W. 费勒. 概率论及其应用(上、下)[M]. 刘文，译. 北京：科学出版社，1979.

[4] 王明甫. 荆江与洞庭湖关系及防洪对策[J]. 武汉水利电力学院学报，1992(2)：1-8.

10

黄河中上游水文周期分析

该篇论文是进行黄河上游水文站长系列径流系列还原计算和插补延长研究工作的总结成果之一，发表于《西北水电》1998 年第 2 期。当时论文发表时，文中有一些印刷错误，本次作了更正。

摘　要：在将黄河陕县水文站历史年径流定性资料数值化的基础上，应用极大熵谱法和周期图检验法对黄河陕县站年径流序列进行了分析、研究，发现黄河中上游水文周期具有 3 年的短周期、20 年左右的中周期和 60 年左右的长周期的变化规律。

关键词：极大熵谱　最终预报误差　周期统计量

1　前言

陕县水文站是黄河中上游最早设立的水文站之一，且其年径流变化情况与上游各站(如兰州站等)具有同步性，因此，研究其年径流的多年变化规律，将对黄河上游已建各梯级水电站的调度运行具有重要意义。以往对黄河中上游所进行的水文周期分析多以定性分析为主，本文在将陕县站历史年径流定性资料数值化的基础上，应用极大熵谱法对陕县站年径流序列进行了定量分析、研究，无疑对进一步揭示黄河中上游水文周期的变化规律具有一定的积极意义。

2　极大熵谱法的原理

2.1　原理

随机序列主周期的确定，传统方法主要有 R. B. Blackman-J. W. Tukey(1959) 的功率谱方法和周期图方法。它们都存在一些明显的缺陷，如自相关函数的截止阶数及窗函数的选择对谱估计的影响等。为了克服常规估计的不足，国内外提出了一些新的谱估计方法，其中应用最广泛的是极大熵谱法。极大熵谱法是 J. P 伯格于 1967 年提出来的，其实质是在已知(k_0+1)个自相关函数的约束条件下，使序列功率谱的不确定程度——熵函数达到最大值时，对应的功率谱(简称 MEM)，数学式可表示为：

目标函数：

$$\mathrm{Max}H=\int_{-\frac{1}{2}}^{\frac{1}{2}}\ln\hat{S}_x(f)\mathrm{d}f \tag{10-1}$$

约束条件：

$$\int_{-\frac{1}{2}}^{\frac{1}{2}} \ln\hat{S}_x(f)e^{j2c_r f}df = R(r),\ -M \leqslant r \leqslant M \tag{10-2}$$

其中 $\hat{S}_x(f)$ 是序列 $x(t)$ 的谱估计，$R(r)$ 是序列 $x(t)$ 的 r 阶自相关函数。

2.2 极大熵的计算

设连续型随机变量 x 的概率密度为 $p(x)$，由信息论可知，其熵可写为：

$$H = -\int_{-\infty}^{\infty} p(x)\ln p(x)dx = -E[\ln p(x)] \tag{10-3}$$

若 $x \sim N(0, e_x^2)$，即 $p(x) = \frac{1}{\sigma\sqrt{2\pi}}e^{-\frac{(x-\mu)^2}{2\sigma^2}}$，则有

$$H = E\left[\frac{x^2}{2e_x^2} + \ln(\sqrt{2}\pi\sigma_x)\right] \tag{10-4}$$

由式(10-4)知，熵值越大，e_x^2 也越大；而方差 e_x^2 又与功率谱相联系，因而，熵又可表示为：

$$H = -\int_{-\infty}^{\infty} \ln S(f)e^{ifr}df \tag{10-5}$$

可见，熵值极大时输出功率也最大，因此，功率谱就称为最大熵谱，以 $SE(f)$ 表示。d(r) 为自相关系数，由维纳-辛钦公式得：

$$d(r) = \int_{-\infty}^{\infty} S(f)e^{ifr}df \tag{10-6}$$

或

$$\int_{-\infty}^{\infty}\left[S(fe^{ifr} - \frac{d(r)}{\Delta f})\right]df = 0 \tag{10-7}$$

用拉格朗日法求极值，联解(10-5)、(10-6)两式，则得计算极大熵复数形式：

$$SE(f) = \frac{P(k_0)}{\left|1 - \sum_{k=1}^{k_0} B(k, k_0)e^{-ifk}\right|^2} \tag{10-8}$$

式中 $B(k, k_0)$ 为过滤系数；k_0 为截止阶数；$P(k_0)$ 为预报误差的方差估计。计算时采用离散形式。

2.3 极大熵谱的伯格算法

极大熵谱估计的算法，主要是指过滤系数 $B(k, k_0)$ 的算法。伯格采用的算法是从一阶模型开始逐步增加阶数的递推算法，每步递推都能保证相应的自相关序列是非负定的，而且得到的模型也是平稳的。伯格算法的过滤系数 $B(k, k_0)$ 的计算公式如下：

$$B(k,k_0)=B(k,k_0-1)-B(k_0,k_0)\times B(k_0-1,k_0-1) \tag{10-9}$$

$$B(k_0,k_0)=\frac{2\sum_{t=1}^{N-k_0}D(t,k_0)DD(t,k_0)}{\sum_{t=1}^{N-k_0}[D(t,k_0)+DD(t,k_0)]^2} \tag{10-10}$$

其中：

$$D(t,k_0)=D(t,k_0-1)-B(k_0-1,k_0-1)D(t,k_0-1) \tag{10-11}$$

$$DD(t,k_0)=DD(t+1,k_0-1)-B(k_0-1,k_0-1)D(t+1,k_0-1) \tag{10-12}$$

$$D(t,1)=x(t)\ ,\ DD(t,1)=x(t+1)\ ,\ t=1,2,\cdots,N-1$$

k_0 阶的预报方差 $P(k_0)$ 为：

$$P(k_0)=P(k_0-1)[1-B(k_0,k_0)^2] \tag{10-13}$$

最佳截止阶数 k_0 使用 Akaike 的"最终预报误差"(FPE)来确定，即

$$FPE(k)=P(k)\frac{N+k}{N-k}\ ,\ k=1,2,\cdots,N-1 \tag{10-14}$$

综上所述，对于序列 $\{x(t),t=1,2,\cdots,N\}$，用(10-11)、(10-12)式计算试验阶数为 k 的 $D(t,k)$、$DD(t,k)$，代入(10-10)式和(10-13)式求出单参数 $B(k,k)$ 和方差 $P(k)$，用(10-14)式计算 $FPE(k)$，使 $FPE(k)$ 最小的 k 是最佳截止阶数 k_0，然后用(10-9)式计算过滤系数 $B(k,k_0)$，再代入(10-8)式便得出极大熵的值了，据此，可对序列 $x(t)$ 进行周期分析。

3 周期分析及检验方法

根据极大熵谱图，找出具有极大熵谱处对应的周期分量，这些即为序列中的隐含周期分量。但还不能立即断定哪些是序列 $\{x(t)\}$ 的主周期分量。为此，需用统计检验方法来确定序列 $\{x(t)\}$ 的主周期分量。

周期检验通常采用 Fisher 统计检验——周期图检验法。当初步确定了序列 $\{x(t)\}$ 具有 m 个隐含周期分量后，则离散时间序列 $\{x(t),t=1,2,\cdots,N\}$ 可近似表示为：

$$x(t)=\sum_{i=1}^{m}G\cos(2\mathrm{e}f_i t+h_i)+X(t) \tag{10-15}$$

上式亦可写成

$$x(t)=\sum_{i=1}^{m}(a_i\cos 2\mathrm{e}f_i t+b_i\sin 2\mathrm{e}f_i t)+X(t) \tag{10-16}$$

其中，

$$a_i = G\cosh_i\ ;\ b_i = G\sinh_i$$

a_i、b_i 的估计公式为：

$$\hat{a}_i = \frac{2}{N}\sum_{t=1}^{N} x(t)\cos 2ef_i t$$

$$\hat{b}_i = \frac{2}{N}\sum_{t=1}^{N} x(t)\sin 2ef_i t$$

有了特定频率下 $\hat{a}_i$、$\hat{b}_i$ 的估计算式，可引出周期图的定义。N 个观察序列 $\{x(t), t=1,2,\cdots,N\}$ 的周期图纵标值为：

$$\begin{cases} I_N(f) = \dfrac{1}{2}\left|\sum_{t=1}^{N} x(t)e^{-j2eft}\right|^2 \\ -\dfrac{1}{2} \leqslant f \leqslant \dfrac{1}{2} \end{cases} \tag{10-17}$$

也可写成

$$\begin{cases} I_N(f) = [A(f)]^2 + [B(f)]^2 \\ -\dfrac{1}{2} \leqslant f \leqslant \dfrac{1}{2} \end{cases} \tag{10-18}$$

$$A(f) = \frac{2}{N}\sum_{t=1}^{N} x(t)\cos 2ef_i t \tag{10-19}$$

$$B(f) = \frac{2}{N}\sum_{t=1}^{N} x(t)\sin 2ef_i t \tag{10-20}$$

实际计算中 $I_N(f)$ 的频率取值是离散的——0,1/N,2/N,…,故记

$$I_p = I_N(f_p), f_p = \frac{p}{N}, p = 0,1,2,\cdots,[\frac{N}{2}] \tag{10-21}$$

$$I_p = [A(f_p)]^2 + [B(f_p)]^2 = \frac{N}{2}[\hat{a}_i^2 + \hat{b}_i^2] \tag{10-22}$$

根据 I_p 值，按标准频率 $f_p = \dfrac{p}{N}(p=0,1,2,\cdots,\left[\dfrac{N}{2}\right])$ 画出周期图，然后先检验其最大峰值。检验所用的统计量(Fisher 统计量)为

$$g = \max(I_p)/\sum_{p=1}^{[N/2]} I_p \tag{10-23}$$

对式(10-15)所取的零假设为

$$H_0: c_i = 0, \text{所有 } i$$

Fisher 证明了在 H_0 假设下 g 的分布为：

$$p(g>z)=n(1-z)^{n-1}-\frac{n(n-1)}{2}(1-2z)^{n-1}+\cdots+(-1)^{a}\frac{n!}{a!\ (n-a)!}(1-az)^{n-1} \tag{10-24}$$

其中 $n=\left[\frac{N}{2}\right]$，$a$ 为小于 $1/z$ 的最大整数。根据选择的显著性水平 T，由 $p(g>z^{T})=T$ 查调和分析中显著性检验 Fisher 检验表，定出 z^{T}，若计算的 g 超过 z^{T}，则 $\max(I_p)$ 在 $100T\%$水平上是显著的，从而拒绝 H_0，即 $\{x(t)\}$ 含有周期分量。Fisher 检验只涉及最大的周期图峰值，Whittle 提出将检验推广到第二大峰值。设 I'_p 是经检验为显著的最大峰值，则第二大峰值 I''_p 检验的统计量取为：

$$g'=\frac{I''_p}{\sum_{p=1}^{\left[\frac{N}{2}\right]}I_p-I'_p} \tag{10-25}$$

g' 的分布和式(10-24)类似，但以$(n-1)$代替 n。如果检验表明 I''_p 是显著的，则继续对第三大峰值作检验，依此类推可得 k 个显著的峰值，从而确定出离散随机变量序列 $\{x(t)\}$ 具有 k 个主周期。

4 黄河中上游水文周期分析

采用了陕县站 1920 年—1980 年共 61 年的实测水文资料及 1736 年至 1919 年共 184 年的历史调查定性资料，本文在将历史定性资料数值化的基础上，构成了一样本容量为 $N=245$ 年的陕县站年径流混合时间序列(184 年历史调查资料+61 年实测资料)，据此，进行极大熵谱的周期分析。

4.1 陕县站历史定性资料整编

陕县站 1736 年至 1919 年共 184 年间的历史调查定性资料是按“丰”、“偏丰”、“平水”、“偏枯”和“枯”五级标准划分的，现按下列方法对其进行数值化：

(1) 计算公式

距平值$\times\bar{Q}_{多年}$，距平值$=\frac{Q_i}{\bar{Q}_{多年}}\times100\%$。

(2) 相应距平值取法

“丰”——相应距平值取 1920 年—1980 年丰水年距平值的均值；“偏丰”——相应距平值取 120%；“平水”——相应距平值取 100%；“偏枯”——相应距平值取 80%；“枯”——相应距平值取 1920 年—1980 年枯水年距平值的均值。

(3) 缺调查资料年份

以兰州站降雨调查资料为准，按陕县站丰、枯等级比兰州站高一级的原则，来判定陕县站年径流丰、枯等级。

(4) 指数平滑

用指数平滑法对按以上方法获得的时间序列进行处理，最终得一平滑时间序列。指数平滑公式为

$$S^{(1)}(t)=T_x(t)+(1-t)S^{(1)}(t-1), t=1,2,\cdots,N$$

陕县站历史调查定性资料数值化后所得的年径流时间序列见图 10-1 和图 10-2，年径流混合时间序列见图 10-3。

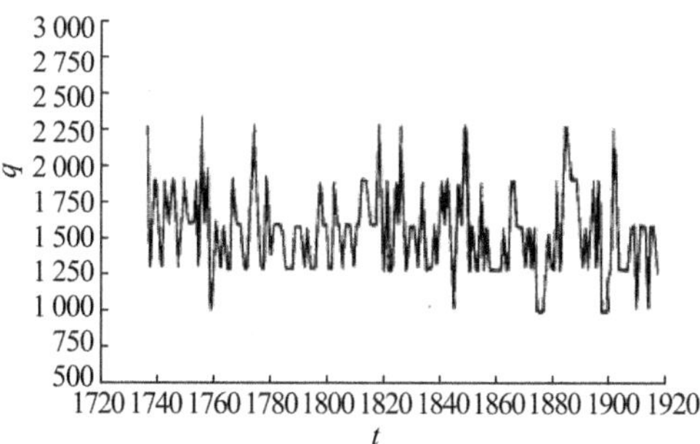

图 10-1　陕县站 1736—1919 年径流时间序列

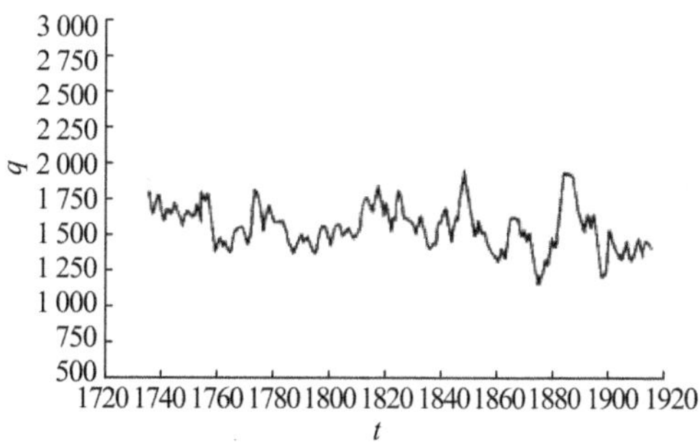

图 10-2　陕县站 1736—1919 年径流时间序列(经指数平滑)

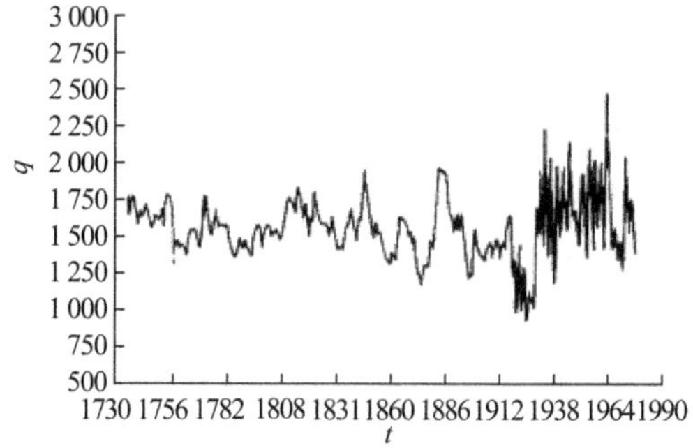

图 10-3　陕县站 1736—1980 年混合年径流时间序列

4.2 陕县站年径流极大熵谱分析

先对流量资料进行标准化处理，即：

$$QQ(t)=\frac{Q(t)-\bar{Q}}{e}$$

其中：

$$\bar{Q}=\frac{1}{N}\sum_{i=1}^{N}Q(i)$$

$$e=\sqrt{\sum_{i=1}^{N}[Q(i)-\bar{Q}]^2/N}$$

取最大试验阶数 $J=50$，将资料输入程序得到不同 k 值的 $FPE(k)$，见表 10-1 和图 10-4。

表 10-1　$FPE(k)$ 与 k 的关系

k	$P(k)$	$FPE(k)$	k	$P(k)$	$FPE(k)$	k	$P(k)$	$FPE(k)$
1	0.790	0.796	18	0.603	0.699	35	0.497	0.662
2	0.757	0.770	19	0.597	0.700	36	0.492	0.662
3	0.683	0.700	20	0.595	0.701	37	0.492	0.667
4	0.660	0.682	21	0.586	0.700	38	0.486	0.664
5	0.660	0.687	22	0.581	0.696	39	0.482	0.665
6	0.659	0.692	23	0.581	0.702	40	0.482	0.670
7	0.647	0.685	24	0.577	0.703	41	0.482	0.675
8	0.643	0.686	25	0.571	0.701	42	0.481	0.680
9	0.640	0.689	26	0.570	0.706	43	0.479	0.683
10	0.637	0.691	27	0.567	0.708	44	0.478	0.688
11	0.626	0.685	28	0.557	0.701	45	0.478	0.694
12	0.609	0.672	29	0.547	0.695	46	0.478	0.699
13	0.609	0.677	30	0.540	0.691	47	0.478	0.705
14	0.609	0.683	31	0.535	0.690	48	0.478	0.711
15	0.608	0.688	32	0.503	0.655	49	0.478	0.717
16	0.607	0.692	33	0.502	0.658	50	0.478	0.720
17	0.603	0.693	34	0.501	0.662			

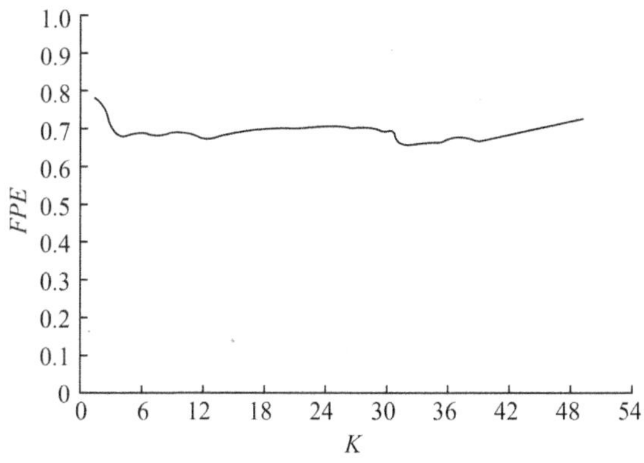

图 10-4 最佳截止阶数确定

可见，当 $k=32$ 时，$FPE(k)$ 最小，从而确定截止阶数 $k_0=32$，相应的过滤系数见表 10-2，取初始频率 $F_0=0.0$，频率间隔 $\Delta F=0.016$，得极大熵谱及周期见表 10-3。

表 10-2 $B(k,32)$ 的数值表

k	$B(k,32)$	k	$B(k,32)$	k	$B(k,32)$	k	$B(k,32)$
1	0.367	9	0.038	17	0.146	25	−0.125
2	0.175	10	0.017	18	0.019	26	−0.079
3	0.337	11	−0.187	19	−0.074	27	−0.138
4	−0.129	12	0.072	20	−0.110	28	0.090
5	−0.089	13	−0.010	21	0.076	29	0.263
6	0.043	14	0.004	22	−0.042	30	−0.031
7	−0.166	15	0.006	23	0.008	31	−0.004
8	0.140	16	0.006	24	0.183	32	−0.242

表 10-3 陕县站年径流的最大熵谱表

F	SE	T	F	SE	T	F	SE	T
0.000	2.492	∞	0.172	0.987	5.80	0.344	1.156	2.90
0.016	7.389	64.00	0.188	0.104	5.30	0.359	0.302	2.80
0.031	1.732	32.00	0.203	0.312	4.90	0.375	0.880	2.70
0.047	3.622	21.30	0.219	0.212	4.60	0.391	0.471	2.60
0.063	2.377	16.00	0.234	0.862	4.30	0.406	0.191	2.50
0.078	0.700	12.80	0.250	0.220	4.00	0.422	0.605	2.40
0.094	0.512	10.70	0.266	0.242	3.80	0.438	0.040	2.30
0.109	0.556	9.10	0.281	0.146	3.60	0.453	0.385	2.20

续表

F	SE	T	F	SE	T	F	SE	T
0.125	0.787	8.00	0.297	0.304	3.40	0.469	0.110	2.10
0.141	0.181	7.10	0.313	0.293	3.20			
0.156	0.108	6.40	0.328	1.132	3.10			

图 10-5 给出了陕县站年径流的极大熵谱的谱图(实线),该谱图呈多峰型。

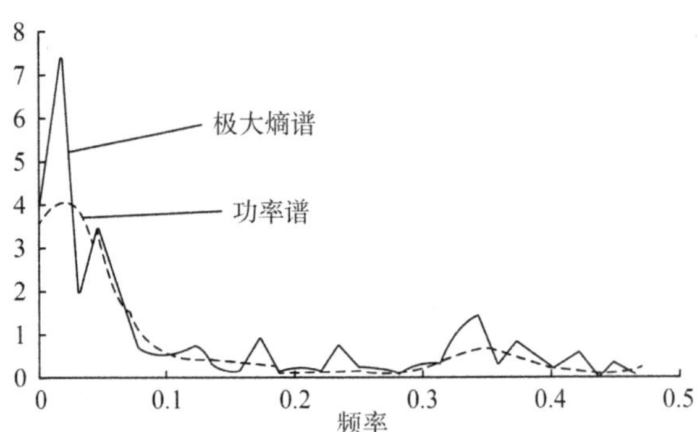

图 10-5　陕县站年径流量极大熵谱与功率谱

4.3　陕县站年径流周期分析及检验

由表 10-3 和图 10-5 知,在周期 2.9、5.8、8.0、21.3 和 64.0 年等处极大熵谱有极大值,初步说明陕县站年径流量存在着 2.9 年、5.8 年、8.0 年、21.3 年和 64.0 年这几个周期分量。为最终确定哪些周期分量是真正的主周期,利用周期图检验法依次对以上几个周期分量进行了显著性检验,发现在 1%的显著性水平下,2.9 年、21.3 年和 64.0 年三个周期分量处的极大熵谱是统计显著的,因此,陕县站年径流量具有 3 年的短周期、20 年左右的中周期和 60 年左右的长周期。

参考文献

[1] G. PADMANABHAN, RAMACHANDRA RAO. Maximum Entropy Spectral Analysis of Hydrologic Data[J]. Water Resources Research,1988,24(9):1519-1533.

[2] 杨位钦,顾岚. 时间序列分析与动态数据建模[M]. 北京:北京工业大学出版社,1986.

[3] 陈玉祥,张汉亚. 预测技术与应用[M]. 北京:机械工业出版社,1985.

[4] 白肇烨,徐国昌,等. 中国西北天气[M]. 北京:气象出版社,1988.

11

水文事件的频率、重现期和风险率之间的关系

该篇论文发表于《西北水电》2000 年第 1 期。水文事件的频率、重现期和风险率计算公式之间存在理论关系，大多水文工程师只知道其间的转换公式，但不知道如何推导，我国高等院校所编的水文学教材中也很少介绍，作者利用概率论中概率母函数的定义和基本特性，对设计频率和重现期之间关系的公式进行了理论推导，以帮助水文工程师深入了解水文设计频率与重现期的概念。

摘　要：论述了工程水文中频率和重现期概念的含义，利用概率论中概率母函数的定义和基本特性，给出了设计频率和重现期之间关系公式的理论推导。

关键词：水文极值事件　概率　频率　重现期　概率分布　贝努利事件　概率母函数

1　引言

在工程水文学中，对水文极值事件(此处特指洪水或枯水)常以某一频率或重现期来表示其稀遇程度。在水利水电工程设计中，可根据工程规模，依据有关设计规范，选定某一频率或重现期作为工程的设计频率或重现期，其取值大小对工程具有重要意义。设计频率和重现期是工程水文学中两个基本概念，两者之间存在确定的理论关系。

工程水文学中大多主要叙述频率和重现期概念的含义，给出其间的转换公式，但一般较少给出两者之间转换公式的理论推导。本文在进一步论述频率和重现期概念的基础上，根据概率论有关知识，介绍了设计频率和重现期之间转换公式的理论推导，旨在深入理解设计频率和重现期概念的含义。

2　基本概念

自然界中的水文现象由于受地球上水的时空分布及运动规律、地圈、大气圈和生物圈等变化的影响，在发生、发展和演变过程中既包含着确定性的一面，又具有非确定性——随机性与模糊性的另一面。由此，形成了工程水文学中的几种研究方法：数学物理方法、经验相关方法、频率分析方法和模糊集分析方法。数学物理方法理论严密，但由于流域自然条件复杂，实测资料稀少与计算手段限制，严格的数学物理方法在工程水文中尚应用不多，通常要做很大的简化(如推理公式等)；经验相关方法，根据观测的水文现象的原因与

结果，用相关统计的方法求出因果变量之间的定量关系（如经验单位线），供实际应用，这种方法简易、直观、有效，工程水文中用得较多，但缺乏机理分析；频率分析方法，水文现象虽然具有随机性的特性，但经过长期观测，也会发现其具有规律性的一面，因此，通过观测，寻求水文现象的统计规律，对水文特征值作出频率分析（如设计洪水计算），以满足水利水电工程设计标准的要求，是工程水文学中最常用的方法；模糊集分析方法，近年来，在理论上虽有较大进展，但尚在发展完善过程中，属于水文学的另一分支学科，在工程水文学中目前仍很少应用。

大型水利水电工程设计的标准常以百年或千年一遇为设计标准，设计要求提供稀遇的设计特征值，而水文观测资料系列往往仅有几十年，用普通方法一般很难做到。用频率分析方法在确定了理论频率曲线后可以外延，推求稀遇的设计特征值，再采用其他的方法（如考虑历史洪水、最大可能洪水等）相互印证，较好地解决了稀遇的设计特征值推求问题。

频率分析方法涉及的第一个基本概念就是频率。频率分析方法广义上讲应属随机分析方法，即用概率论研究水文现象的统计规律的方法。概率一词是与随机事件相关联的，某随机事件的概率是指在一定的条件下该随机事件发生的可能程度的大小。古典概率的计算需要把随机事件所有可能出现的情况罗列出来，然而在实际问题中，要判断哪些情况是等可能的，非常困难，甚或类似水文现象这类自然现象在实际中不可能等概率发生。由此，又产生了频率的概念，即若某一事件 A 不可能归结为古典概率事件，只能通过随机试验来估计概率，当总共试验 n 次，事件 A 出现 m 次，则依据这个试验的结果得事件 A 的频率为 m/n。当随机试验的次数不大时，事件的频率有明显的随机性，当随着试验次数逐渐增加到充分大时，事件的频率就大大地失去了它的随机性而明显地呈现出逐步稳定的趋势，即频率具有稳定性。频率的稳定性揭示了在随机现象中的规律性，对工程设计具有实际意义。

在工程水文中，应用样本资料（观测所得，即统计试验）进行估计而得的频率称为经验频率。经验频率的计算公式在工程水文中有多种，目前我国的设计洪水计算规范中规定使用数学期望公式：

$$p_m=\frac{m}{n+1}\times 100\% \tag{11-1}$$

式中：

p_m ——经验频率；

n ——样本资料的项数；

m ——顺序中的项数。

频率这个术语具有抽象的数学意义，不易为非专业人员所理解，为了使其有较通俗的概念，易于理解，频率往往和重现期联系起来。所谓重现期是指在许多次统计试验里，某一随机事件重复出现的时间间隔的平均数，即平均的重现间隔期。频率和重现期的理论关系在工程水文中有两种表示法：

（1）当研究暴雨或洪水问题时，一般 $p \leqslant 50\%$，采用

$$T=\frac{1}{p} \tag{11-2}$$

式中：

T ——重现期，以年计；

p ——频率，以小数或百分数计。

（2）当研究枯水问题时，一般 $p \geqslant 50\%$，采用

$$T=\frac{1}{1-p} \tag{11-3}$$

必须指出的是，由于自然界中的水文现象一般并无固定的周期性，所谓百年一遇的暴雨或洪水是指大于或等于这样的暴雨或洪水在长期时间内平均 100 年可能发生一次，而不能认为隔 100 年必然发生一次。这反过来又说明了用数学期望公式计算经验频率的相对合理性。

3 水文极值事件的频率与重现期之间理论关系推导

水文极值事件此处特指水文站流量过程中的年最大值事件（年最大洪峰流量系列）或年最小值事件（年最枯流量系列）。本文以年最大值事件为例，推导频率与重现期之间的关系公式。

设 x_p 为某一水文站指定频率 p 相应的年最大洪峰流量取值。根据工程水文有关的定义，有：

$$p(x \geqslant x_p)=p \tag{11-4}$$

根据公式（11-4），对于给定年份，某一水文站的年最大洪峰流量要么以频率 p 大于或等于 x_p，要么以 $q=1-p$ 小于 x_p。通常，水文站以前年份的年最大洪峰流量与后续年份的年最大洪峰流量的出现状况无关，则水文站的年最大洪峰流量事件可以认为是连续的贝努利试验。考虑到降水和蒸发等自然现象的无限延续性，因此，某一水文站的年最大洪峰流量事件可以认为是一无限延续的贝努利试验。

为便于公式推导，定义（0－1）型变量 Z_i 如下：

$$\begin{cases} Z_i=1, x \geqslant x_p \\ Z_i=0, x < x_p \end{cases}$$

这里，$i=1,2,\cdots,n$，表示水文站年最大洪峰流量系列的序号。

定义随机变量

$$Y=\sum_{i=1}^{n} Z_i \tag{11-5}$$

表示在 n 年中水文站的年最大洪峰流量出现大于或等于 x_p 的次数。由于水文站的年最大洪峰流量事件可以认为是无限延续的贝努利试验，在统计独立和平稳分布的假定

条件下，Y 服从二项分布。根据二项分布的定义，Y 的分布函数为：

$$p(Y=k)=C_n^k p^k(1-p)^{n-k}, k=0,1,2,\cdots,n \tag{11-6}$$

$$E(Y)=np \tag{11-7}$$

$$p(Y\geqslant 1)=1-(1-p)^n \tag{11-8}$$

为推导相邻事件 $x\geqslant x_p$ 出现的平均间隔期（即重现期），再定义 ε 为年最大洪峰流量 $x\geqslant x_p$ 事件交互出现的间隔时间，ε 通常至少大于或等于 1。由于事件 $x\geqslant x_p$ 是随机事件（贝努利试验），因此，ε 也是一随机变量。根据重现期的定义，当 $\varepsilon=k(k=1,2,3,\cdots)$ 时，则有连续 $k-1$ 次年最大洪峰流量 $x<x_p$ 事件发生，而紧邻的年最大洪峰流量事件的 x 必定大于或等于 x_p，因此，ε 服从以下概率分布：

$$p(\varepsilon=k)=(1-p)^{k-1}p, k=1,2,\cdots \tag{11-9}$$

又根据离散随机变量概率母函数的定义，随机变量 ε 的概率母函数为：

$$G(z)=\sum_{k=1}^{\infty}p(\varepsilon=k)z^k=\sum_{k=1}^{\infty}(1-p)^{k-1}pz^k=p\sum_{k=1}^{\infty}q^{k-1}z^k \tag{11-10}$$

因，$|q|\leqslant 1,|z|\leqslant 1,|qz|\leqslant 1$，则有：

$$G(z)=pz(1+qz+q^2z^2+\cdots) \tag{11-11}$$

概率母函数 $G(z)$ 的一阶导数为：

$$G'(z)=\frac{p(1-qz)-pz(-q)}{(1-qz)^2}=\frac{pz}{(1-qz)^2} \tag{11-12}$$

根据概率母函数的基本特性，有：

$$E(\varepsilon=k)=G'(1)=\frac{p}{(1-q\times 1)^2}=\frac{p}{p^2}=\frac{1}{p} \tag{11-13}$$

根据(11-13)式及重现期的定义，指定频率 p 的年最大洪峰流量 x_p 的重现期 T 为 $E(\varepsilon)$，即：

$$T=\frac{1}{p} \tag{11-14}$$

(11-14)式即为水文年最大极值事件的设计频率与重现期的转换公式。

对于水文年最小极值事件，定义：

$$p(x\leqslant x_p)=q \tag{11-15}$$

同理可证得，其设计频率与重现期之间的转换公式为：

$$T=\frac{1}{q}=\frac{1}{1-p} \tag{11-16}$$

4 几点讨论

4.1 历史洪水的考证期、频率和重现期的关系

在水利水电工程设计洪水计算中经常涉及历史洪水及其经验频率的计算问题。需要说明的是历史洪水的考证期与其重现期不是同一概念，不能混淆。历史洪水的考证期是指调查考证的时间长度，而历史洪水的重现期与其在考证期内的排位有关。例如，某一水文站除有50年实测年最大洪峰流量系列资料外，尚调查到有两个历史洪水，分别排第一位和第二位，考证期为150年，则第一个历史洪水的经验频率为1/(150+1)，相应的重现期为150+1=151年；第二个历史洪水的经验频率为2/(150+1)，相应的重现期为(150+1)/2=75.5年。

4.2 水利水电工程的设计风险率与设计频率或重现期之间的关系

由式(11-8)知，当某水利水电工程以频率 p 为设计标准时，则该工程在使用寿命期 n 年中至少出现一次 $x \geqslant x_p$ 事件的概率，即设计所承担的失事风险率为：

$$R=1-(1-p)^n=1-\left(1-\frac{1}{T}\right)^n \tag{11-17}$$

例如，某水利水电工程以百年一遇($p=1\%$)为设计标准，假定使用期 $n=60$ 年，则该工程所承担的设计风险率应为：

$$R=1-(1-1\%)^{60}=1-\left(1-\frac{1}{100}\right)^{60}=0.452\,8$$

而非为0.01。

5 结束语

本文在论述工程水文中频率和重现期概念的基础上，将水文极值事件假定为无限延续的贝努利试验，根据概率论中概率母函数的定义和基本特性，给出了设计频率和重现期之间关系公式的理论推导，并讨论了历史洪水考证期与其重现期含义的区别，以及水利水电工程的设计频率、重现期与其设计风险率之间的关系，这有助于深入理解设计频率和重现期两概念的基本含义。

参考文献

[1] 国家自然科学基金委员会. 水利科学[M]. 北京：科学出版社，1994.
[2] 成都科技大学等三校合编. 工程水文及水利计算[M]. 北京：水利出版社，1981.
[3] 虞锦江，梁年生，金琼，等. 水电能源学[M]. 武汉：华中工学院出版社，1987.

[4] 英国土木工程师学会.洪水和水库安全:工程指南[M].丁照,译.北京:水利水电出版社,1984.

[5] 王正发.多年持续洪灾的概率分析及其重现期的确定[J].西北水电,1993(4):8-13.

[6] HUGO A. LOAICIGA, MIGUEL A.. Recurrence Interval of Geophysical Events[J]. Journal of Water Resources Planning and Management,1991,117(3).

[7] 浙江大学数学系高等数学教研组.概率论与数理统计[M].北京:高等教育出版社,1979.

[8] 郭大钧.大学数学手册[M].济南:山东科学技术出版社,1985.

12

灰色系统模型GM(1,1)进行水文灾变预测问题的讨论

该篇论文发表于《西北水电》2000年第2期。我国系统控制论专家华中科技大学邓聚龙教授于二十世纪八十年代初提出了灰色系统理论及方法，广泛应用于工业、农业、环境、经济、社会、管理、军事、地震、交通、石油等领域，取得了突出的成效。灰色系统预测理论是否适用于水文灾变预测值得研究，作者做了有益的尝试，给出了近期不宜用灰色系统模型进行水文灾变预测的结论。

摘　要：在简述灰色系统预测基本原理的基础上，用灰色系统模型GM(1,1)进行水文灾变预测，并用实例进行检验，结果表明预测精度是令人怀疑的，近期不宜用灰色系统模型进行水文灾变预测。

关键词：灰色系统　模型　灾变　预测　误差

1　水文系统的灰色特征

灰色系统理论认为：部分信息已知，部分信息未知的系统叫“灰色系统”。水文系统就其本身而言具有灰色系统的一些基本特征，即水文系统中长期观测到的水文资料只是水文系统中极少的一部分，如有限年代的雨量、流量记录等；更有未知信息部分，如未来年代的雨量大小、流量丰枯，洪水、干旱的出现时刻以及水环境的前景变化等；因此，水文系统是一灰色系统，可用灰色系统理论对其进行分析、研究。

2　灰色系统预测的基本原理

2.1　灰色预测及其分类

以灰色系统理论的GM(1,1)模型为基础的预测，叫灰色预测。它可以分为以下7类：

(1) 数列预测：对某一事物发展变化趋势的预测。

(2) 灾变预测：即灾变出现时间的预测，灾变有多种，如洪水、干旱、涝等灾害。

(3) 季节灾变预测：指对灾害出现在一年内的某个特定时区的预测。

(4) 拓扑预测：也叫波形预测、整体预测，是用GM(1,1)模型来预测未来发展变化的整个波形。

(5) 系统预测：指对系统的综合研究所进行的综合预测。

(6) 包络GM(1,1)灰色区间预测：参考数列分布趋势构造一个以上、下包络线为边界

的灰色预测带，建立上、下 2 个包络模型。

(7) 激励-阻尼预测：将激励、阻尼因数以量化形式反映在 GM(1,1)模型中的预测，叫激励-阻尼预测。

本文主要讨论 GM(1,1)模型用于水文灾变预测的问题。

2.2 GM(1,1)模型

GM(1,1)模型是适合于预测用的 1 个变量的一阶灰微分方程模型，它是利用生成后的数列进行建模的，预测时再通过反生成以恢复事物的原貌。

假定给定时间数据序列 $\{x^{(0)}(k),k=1,2,\cdots,n\}$，作相应的一阶累加序列 $\{x^{(1)}(k),k=1,2,\cdots,n\}$，则序列 $\{x^{(1)}(k),k=1,2,\cdots,n\}$ 的 GM(1,1)模型的白化微分方程为：

$$\frac{\mathrm{d}x^{(1)}(t)}{\mathrm{d}t}+ax^{(1)}(t)=u \tag{12-1}$$

经过拉普拉斯变换和逆变换，可得到：

$$x^{(1)}(k+1)=\left[x^{(0)}(1)-\frac{u}{a}\right]\mathrm{e}^{(-k)}+\frac{u}{a} \tag{12-2}$$

参数列 A 为：

$$\boldsymbol{A}=\begin{bmatrix}a\\u\end{bmatrix}$$

利用最小二乘法进行参数辨识，参数向量 A 的估计公式为：

$$\hat{\boldsymbol{A}}=(B^{\mathrm{T}}B)^{-1}B^{\mathrm{T}}Y_N \tag{12-3}$$

其中：

$$\boldsymbol{B}=\begin{bmatrix}-\frac{1}{2}(x^{(1)}(1)+x^{(1)}(2)) & 1\\ -\frac{1}{2}(x^{(1)}(2)+x^{(1)}(3)) & 1\\ \vdots & \\ -\frac{1}{2}(x^{(1)}(n-1)+x^{(1)}(n)) & 1\end{bmatrix},\boldsymbol{Y_N}=\begin{bmatrix}x^{(0)}(2)\\x^{(0)}(3)\\\vdots\\x^{(0)}(n)\end{bmatrix}$$

式(12-3)即为 GM(1,1)模型的一般数学表达式。

2.3 GM(1,1)模型预测

GM(1,1)模型理论上本身就是长期预测模型，用这种模型预测时，尚需考虑以下 2 点：

(1) GM(1,1)模型得到的是一次累加量 $x^{(1)}(k)$，为了得到 $k\in$

$\{n+1,n+2,\cdots\}$ 的预测值,必须将预测值还原为 $x^{(0)}(k)$,$k\in\{n+1,n+2,\cdots\}$ 。

还原公式为:

$$\hat{x}^{(0)}(i)=\hat{x}^{(1)}(i)-\hat{x}^{(1)}(i-1) \tag{12-4}$$

(2) 预测序列与原序列的关联度过小时,应采取措施,提高精度。灰色系统预测中提高预测精度的一种基本思想是“残差辨识”。

3 GM(1,1)模型在水文灾变预测中的应用

灰色系统预测理论在社会、经济、农业、气象、生态、生物、水利等领域已获得了较为广泛的应用,取得了很好的效果。近年来,一些水文工作者又将灰色系统预测理论用于水文灾变预测,如洪水、干旱等的预测,但对用灰色系统预测理论进行水文灾变预测的可信程度没有作出评定,对灰色系统预测理论是否适合水文灾变预测也没有作出回答,这些都是目前值得探讨的问题。本文利用黄河陕县站年平均流量资料进行黄河中、上游枯水年份的预测,并对成果进行分析。

黄河陕县站是黄河中、上游最早设立的水文站之一,且其年径流变化情况与上游各站(如兰州站)具有较好的同步性,因此,预测其年径流丰、枯变化情况将对黄河上游已建各水电站的调度运行具有十分重要的意义。

黄河陕县站有 1920—1980 年共 61 年的逐年年平均流量资料,现分别取样本长度 $N=5,8,22,33,43,53,61$ 预测其相应年份以后出现枯水年的趋势。

表 12-1 黄河陕县站历年年平均流量表 单位:m^3/s

序号	年份	年平均	序号	年份	年平均	序号	年份	年平均
1	1920	1 619	22	1941	1 168	43	1962	1 553
2	1921	1 660	23	1942	1 304	44	1963	1 853
3	1922	1 236	24	1943	1 963	45	1964	2 544
4	1923	1 335	25	1944	1 512	46	1965	1 416
5	1924	970	26	1945	1 716	47	1966	1 767
6	1925	1 363	27	1946	1 984	48	1967	2 456
7	1926	999	28	1947	1 560	49	1968	2 060
8	1927	1 280	29	1948	1 524	50	1969	1 404
9	1928	764	30	1949	2 142	51	1970	1 576
10	1929	1 100	31	1950	1 624	52	1971	1 432
11	1930	1 155	32	1951	1 689	53	1972	1 326
12	1931	1 066	33	1952	1 547	54	1973	1 466
13	1932	1 018	34	1953	1 427	55	1974	1 281

续表

序号	年份	年平均	序号	年份	年平均	序号	年份	年平均
14	1933	1 717	35	1954	1 808	56	1975	2 001
15	1934	1 528	36	1955	1 920	57	1976	2 047
16	1935	1 963	37	1956	1 549	58	1977	1 522
17	1936	1 444	38	1957	1 359	59	1978	1 741
18	1937	2 237	39	1958	2 094	60	1979	1 641
19	1938	1 959	40	1959	1 737	61	1980	1 387
20	1939	1 359	41	1960	1 401	多年平均		1 596
21	1940	2 047	42	1961	2 036			

以年平均流量为建立预测模型的标本，陕县站61年的年平均流量资料列于表12-1。拟定凡年平均流量小于多年平均流量的年份为枯水年，即异常值出现的年份为1922、1923、1924、1925、1926、1927、1928、1929、1930、1931、1932、1934、1936、1939、1941、1942、1944、1947、1948、1952、1953、1956、1957、1960、1962、1965、1969、1970、1971、1972、1973、1974、1977、1980，其相应的年平均流量依次为：1 236、1 335、970、1 363、999、1 280、764、1 100、1 155、1 066、1 018、1 528、1 444、1 359、1 168、1 304、1 512、1 560、1 524、1 547、1 427、1 549、1 359、1 401、1 553、1 416、1 404、1 576、1 432、1 326、1 466、1 281、1 522、1 387，可记为：

$$\zeta(\{x^{(0)}\})=\{1\,236,1\,335,970,1\,363,999,1\,280,764,1\,100,1\,155,1\,066,1\,018,1\,528,1\,444,1\,359,1\,168,1\,304,1\,512,1\,560,1\,524,1\,547,1\,427,1\,549,1\,359,1\,401,1\,553,1\,416,1\,404,1\,576,1\,432,1\,326,1\,466,1\,281,1\,522,1\,387\}=\{x^{(0)}(3),x^{(0)}(4),x^{(0)}(5),x^{(0)}(6),x^{(0)}(7),x^{(0)}(8),x^{(0)}(9),x^{(0)}(10),x^{(0)}(11),x^{(0)}(12),x^{(0)}(13),x^{(0)}(15),x^{(0)}(17),x^{(0)}(20),x^{(0)}(22),x^{(0)}(23),x^{(0)}(25),x^{(0)}(28),x^{(0)}(29),x^{(0)}(33),x^{(0)}(34),x^{(0)}(37),x^{(0)}(38),x^{(0)}(41),x^{(0)}(43),x^{(0)}(46),x^{(0)}(50),x^{(0)}(51),x^{(0)}(52),x^{(0)}(53),x^{(0)}(54),x^{(0)}(55),x^{(0)}(58),x^{(0)}(61)\}$$

$$=\{x^{(0)}(1'),x^{(0)}(2'),\cdots,x^{(0)}(34')\}=x\zeta^{(0)}$$

作灾变序号映射 P：

$$P\{x_\zeta^{(0)}\}=\{\tilde{\omega}\}$$

$$P\{x_\zeta^{(0)}\}=\{\tilde{\omega}(1'),\tilde{\omega}(2'),\cdots,\tilde{\omega}(34')\}=\tilde{\omega}$$

若以原序号作为集合元素，则有：

$$\tilde{\omega}=\{3,4,5,6,7,8,9,10,11,12,13,15,17,20,22,23,25,28,29,33,34,37,38,41,43,46,50,51,52,53,54,55,58,61\}$$

现分别取样本长度 $N=5,8,22,33,43,53,61$，则相应的 ω 向量为：

$$\boldsymbol{\omega}_1=\{3,4,5\}$$

$$\boldsymbol{\omega}_2=\{3,4,5,6,7,8\}$$

$$\boldsymbol{\omega}_3=\{3,4,5,6,7,8,9,10,11,12,13,15,17,20,22\}$$

$$\boldsymbol{\omega}_4=\{3,4,5,6,7,8,9,10,11,12,13,15,17,20,22,23,25,28,29,33\}$$

$\boldsymbol{\omega}_5=\{3,4,5,6,7,8,9,10,11,12,13,15,17,20,22,23,25,28,29,33,34,37,38,41,43\}$

$\boldsymbol{\omega}_6=\{3,4,5,6,7,8,9,10,11,12,13,15,17,20,22,23,25,28,29,33,34,37,38,41,43,46,50,51,52,53\}$

$\boldsymbol{\omega}_7=\omega$

利用以上 7 个 ω 序列，建立 GM(1,1)模型，模型参数用最小二乘法进行辨识，得到相应样本长度的黄河陕县站枯水年份 GM(1,1)预测模型分别为：

$$N=5,\hat{x}^{(1)}(k+1)=16.000\,02\mathrm{e}^{0.222\,222k}-13.000\,002 \tag{12-5}$$

$$N=8,\hat{x}^{(1)}(k+1)=23.349\,990\mathrm{e}^{0.165\,062k}-20.349\,990 \tag{12-6}$$

$$N=22,\hat{x}^{(1)}(k+1)=37.738\,594\mathrm{e}^{0.118\,054k}-34.738\,594 \tag{12-7}$$

$$N=33,\hat{x}^{(1)}(k+1)=51.390\,38\mathrm{e}^{0.102\,03k}-48.390\,38 \tag{12-8}$$

$$N=43,\hat{x}^{(1)}(k+1)=77.083\,23\mathrm{e}^{0.085\,515k}-74.083\,23 \tag{12-9}$$

$$N=53,\hat{x}^{(1)}(k+1)=113.204\,1\mathrm{e}^{0.072\,55k}-110.204\,18 \tag{12-10}$$

$$N=61,\hat{x}^{(1)}(k+1)=11.446\,50\mathrm{e}^{0.061\,848k}-158.446\,500 \tag{12-11}$$

为评定模型的原点预测精度，定义模型预报误差为：

$$q=\frac{|\hat{x}^{(0)}(k+1)-x^{(0)}(k+1)|}{x^{(0)}(k+1)}\times 100\% \tag{12-12}$$

则预报精度为 $1-q$。

利用上述建立的不同样本长度的黄河陕县站枯水年份 GM(1,1)模型，进行陕县站枯水年份自检预测，成果如表 12-2 所示。

表 12-2　陕县站枯水年份自检预测成果表

模型	样本长度	平均误差(%)	平均精度(%)
Model 1	5	0.337	99.633
Model 2	8	2.746	97.253
Model 3	22	4.045	95.955
Model 4	33	7.347	92.653
Model 5	43	14.381	85.619
Model 6	53	20.589	79.411
Model 7	61	27.262	72.738

由表 12-2 知，随着资料系列的增长，相应模型预测的平均精度有减小的趋势。

4　成果分析

为评定模型的可靠性，规定预测的平均精度达到 95%的模型为合格。在已建的陕县站7个枯水年GM(1,1)预测模型中,只有N为5、8、22计3个GM(1,1)模型合格,可用作陕县站枯水年份的预测。用合格模型向前预测,直至序号大于61为止,并将预测成果与实际情况进行对比,计算其预测合格率,成果见表12-3。

表12-3 预测合格率计算表

模 型	报对次数	报错次数	总次数	合格率
Model 1	7	3	10	70.00%
Model 2	5	7	12	41.67%
Model 3	3	5	8	37.50%
备 注	合格率=报对次数/总次数×100%			

由表12-3可以看出,3个模型的预测合格率都很低,这说明用灰色系统预测模型GM(1,1)进行水文灾变预测的准确性有待改进。

再对灰色系统预测是否适合水文灾变预测作一简要讨论。从上述陕县站3个枯水年预测模型的预测结果来看,用灰色预测模型GM(1,1)进行水文灾变预测存在下述几个问题:

(1) 存在漏报的问题。例如,陕县站1925—1980年枯水年份共出现31次,用Model 1进行陕县站枯水年份的预测,在1925—1980年仅预测到10年有可能出现枯水年,漏报的次数竟高达21次之多。

(2) 水文灾变现象是随机出现的,且有连续、周期性地出现的可能性,但灰色预测模型GM(1,1)是一指数型的方程模型,不能反映这一特性。

(3) 水文灾变现象具有"非此即彼"的特点,对预报精度要求很高。若模型的预测精度不够高,则其预测结果是毫无意义的。例如,若容许GM(1,1)模型有5%的预测误差,则随着预测序号的增大,其预测结果的不可靠性也随之增大。决策部门若据此不可靠的预测结果进行决策,就有可能出现本来应作出抗旱的决策,实际却作出要防洪的决策,或者相反,这样将给国家造成人、财、物的浪费。

综上分析,用灰色系统预测理论模型GM(1,1)进行水文灾变预测尚有不成熟的地方,有必要做进一步的分析、研究工作,近期不宜盲目用其进行水文灾变的应用预测。

参考文献

[1] 邓聚龙. 灰色系统(社会·经济)[M]. 北京:国防工业出版社,1985.
[2] 邓聚龙. 灰色预测与决策[M]. 武汉:华中理工大学出版社,1988.
[3] 邓聚龙. 灰色系统理论教程[M]. 武汉:华中理工大学出版社,1990.

13

THE CONTRAST RESEARCH OF CALCULATING FORMULA OF NON-OCCURRENCE PROBABILITY $R_{0,k}(n)$ OF MULTIYEAR PERSISTENT WATER DISASTER

作者早在1992年就基于概率论中的概率母函数和轮次理论的基本原理，研究了多年持续干旱的概率分布$R_{i,k}(n)$，并在《多年持续干旱的概率分析及重现期的确定》一文中给出了计算$R_{i,k}(n)$的递推公式。而多年持续干旱不发生的概率$R_{0,k}(n)$是利用递推公式计算$R_{i,k}(n)$的基础。当时，作者没有在《多年持续干旱的概率分析及重现期的确定》中给出$R_{0,k}(n)$的详细推导，仅仅给出了美国水文学者Lemuel A. Moye所给的烦琐公式，难以编程求解。作者自1992年把自己推导的$R_{0,k}(n)$公式保密了10年没有公开，直到2001年第二十九届国际水利学大会首次在中国召开，才投递到大会组委会，并被录用。

该篇论文被北京2001年第二十九届国际水利学大会录用，收录于大会论文集Theme - C卷。作者在大会上进行了交流。

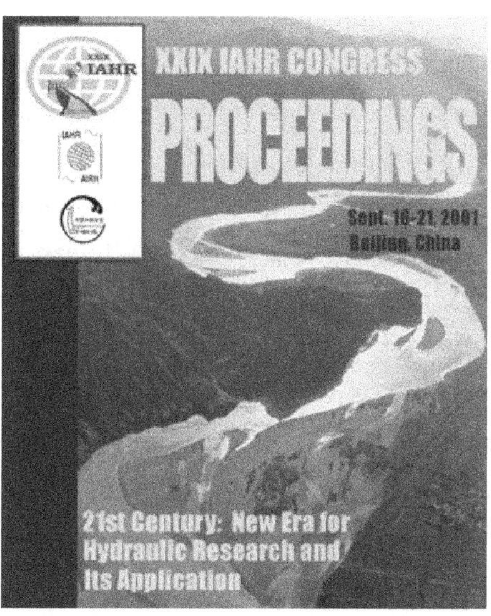

XXIX IAHR CONGRESS, Sept. 16-21, 2001, Beijing, China.
Hosted by China Institute of Water Resources and Hydropower Research
Contact: iahr2001@iwhr.com
Published by Tsinghua University Press

Abstract: The calculation of the probability $R_{0,k}(n)$ that a multiyear water disaster of runs of length k will not occur in future n years is the base in the probabilitig research of a multiyear persistent water disaster. According to probability theory, an exact formula and an approximate formula of the calculation of $R_{0,k}(n)$ are given in this paper. The formulas are contrastly examined by using data. The results of the examination state clearly that the formulas are more concise than the formula given by Lemuel A. Moye et al in 1988.

Keywords: Water disaster; Runs; Probability

1 INTRODUCTION

In recent years, as the natural environment has been badly destroyed by unusual changes of global climate and human activities, water disasters have occurred more frequently, which have resulted in great losses of life and property, and the sustainable development of society and economy has been blocked. The occurrence of a water disaster is the results of synthetical effects of natural factors and non-natural factors(such as society and economy etc.). In order to mitigate and partly control the harm that a water disaster does to human and its resources, it is very urgent to study the theory of a water disaster's prediction. The occurrence of a multiyear persistent water disaster has more harm than the occurrence of a single-year water disaster. Therefore, the research of probability, that a multiyear persistent water disaster will occur in future n years, has practical meanings in the trend prediction of a water disaster.

Because of the limit of calculating theories and methods, at present, it is difficult to directly calculate or estimate the probability that a multiyear water disaster will occur in future n years. Usually, the probability $R_{0,k}(n)$ that a multiyear water disaster of runs of length k will not occur in future n years is first calculated, and then, recusion formulas is used to calculate the probability $R_{i,k}(n)$ that there are exactly i times a multiyear persistent water disaster of runs of length k in future n years. The calculation of $R_{0,k}(n)$ is the base in the probability research of a multiyear persistent water disaster. A calculating formula of $R_{0,k}(n)$ was given by Lemuel A. Moye et al in 1988, but this formula is so complicated that it is difficult to understand and is not easy to be used in practical calculation. According to the probability theory, an exact formula and an approximate formula of the calculation of $R_{0,k}(n)$ are given in this paper. The formulas are contrastly examined by using data. The results of the examination state clearly that the formulas are more concise than the formula given by Lemuel A. Moye et al, and it is easy to calculate by programming design.

2 DEFINITIONS

Water disaster is here defined as an event that an index's value which indicates water quantity or quality exceeds some threshold, or is less than some threshold, such as flood and drought events. In any given year, the occurrence of some water disaster in a given region (or watershed or river) takes place with the probability p, or doesn't take place with the probability q, where $p+q=1$. If knowledge of a previous year's water state in a given region does not aid in determining a succeeding year's water state, and the probability p (that a single-year water disaster occurs) remains unchanged across years, this sequence of years of water state may be considered as a sequence of Bernoulli trials. As the natural factors and non-natural factors that affect water disaster are basically infinite, the state of water in a given region may be considered as an infinite sequence of Bernoulli trials. If in k consecutive years, a water disaster occurs in the same region, then it is observed that a multiyear persistent water disaster of runs of length k has occurred. A multiyear persistent water disaster may be defined as being a run of consecutive years in which a disaster event occurs, i. e., a multiyear persistent water disaster is a consecutive success trial, which is marked as ε. In a sequence of Bernoulli trials, if the number of times of a consecutive success trials of runs of length k in sequences adds one in the results of nth trial, it is said that a consecutive success trials of runs of length k has occurred in nth trial.

If k is the prespecified run length of interest and n is the number of trials, then some variable quantities are defined as follows:

$R_{i,k}(n)$ = Probability that there are exactly i times ε in the next sequence of n trials.

$0\leqslant i\leqslant I$, where $I=[(n+1)/(k+1)]$, [ ] denoting the greatest integer function.

u_n = Probability that ε occurs in the nth trial.

f_n = Probability that ε first occurs in the nth trial.

$g(n)$ = Probability that the number of times of occurrence of ε is at least bigger than one in n trials.

$$\sum_{i=0}^{I} R_{i,k}(n)=1 \tag{13-1}$$

Thus:

Using this information, Some variables are then defined as follows:

$\sigma_k^2=\sum_{i=0}^{I} i^2 R_{i,k}(n)-\varepsilon_k^2$, variance of the number of runs of length k in n trials.

$\varepsilon_k=\sum_{i=0}^{I} iR_{i,k}(n)$, the expected number of runs of length k.

$Num=\sum_{k=1}^{n}\varepsilon_k$, the expected number of water disaster.

$L_{k_d}(n)=\dfrac{\sum_{k=k_d}^{n} k\varepsilon_k}{\sum_{k=k_d}^{n}\varepsilon_k}$, the expected water disaster's length in next n years.

3 THE CALCULATING FORMULAS OF $R_{0,k}(n)$

$R_{0,k}(n)$ is the probability that a multiyear water disaster of runs of length k will not occur in future n years. The results of the calculation of $R_{0,k}(n)$ is the base that $R_{i,k}(n)$ is further calculated by recursion formulas. A calculating formula of $R_{0,k}(n)$ was given by Lemuel A. Moye in 1988, which is concretely expressed as follows:

$$R_{0,k}(n)=1, \qquad n<k \tag{13-2}$$

$$R_{0,k}(n)=1-p^k, \qquad n=k \tag{13-3}$$

$$\begin{aligned} R_{0,k}(n)=&p^nD(n-k)+\sum_{h=k}^{\min(n,2k-1)} p^{h-k}(1-p^{2k-h})D(n-h)\\ &+\sum_{h=\min(n,k+2)}^{\min(2k+1,n)} p^{k+1}(1-p^{h-k-1})D(n-1)\\ &-p\Big\{\sum_{h=k}^{\min(n-1,2k-1)} p^{h-k}(1-p^{2k-h})D(n-h-1) \qquad n>k\\ &+\sum_{h=\min(n,k+2)}^{\min(2k+1,n-1)} p^{k+1}(1-p^{n-k-1})D(n-h-1)\\ &+\sum_{h=\min(n,2k+2)}^{n-1} p^{h-k}[1-p^{n-(h-k)}]D(n-h-1)\Big\}, \end{aligned} \tag{13-4}$$

Where:

$$D(x)=\sum_{m=0}^{\left[\frac{x}{k}\right]}\sum_{h=0}^{\left[\frac{x}{k}\right]-m} C_{x-mk-m+h}^{m}C_{m}^{h}\times(-1)^{m+(m-h)(k+1)}q^mp^{m(k+1)-h}I,(x-mk-m+h\geqslant m)$$

According to equations(13-2)—(13-4), when n is bigger than k, the formula of calculating $R_{0,k}(n)$ is so complicated that it is difficult to understand, and it is difficult to further calculate $R_{i,k}(n)$.

According to probability theory, as far as a consecutive event ε of runs of length k is concerned, a ε event may be obtained in n years by two kinds of mutually exclusive methods: or a ε event has occurred in nth year, or such a ε event will occur in nth year. Then, the probability $g(n)$ that the number of times of occurrence of ε is at least bigger than one in n years obeys to the following recursion equation:

$$g(n+1)=g(n)+p^kq[1-g(n-k)] \tag{13-5}$$

Boundary conditions:

$$g(n)=0, \qquad n<k \tag{13-6}$$

$$g(k)=p^k,\qquad n=k \tag{13-7}$$

According to equations(13-5)—(13-7), the probability $R_{0,k}(n)$ that a multiyear water disaster of runs of length k will not occur in future n years is $1-g(n)$, these are

$$R_{0,k}(n)=1,\qquad n<k \tag{13-8}$$

$$R_{0,k}(n)=1-p^k,\qquad n=k \tag{13-9}$$

$$R_{0,k}(n)=1-g(n),\qquad n>k \tag{13-10}$$

The equations(13-8)—(13-10) are the accurate equations of calculating $R_{0,k}(n)$ which are given in this paper.

In practice, when n is smaller than k and n is equal to k, $R_{0,k}(n)$ may be directly calculated by equation(13-8)or(13-9). When n is bigger than k, firstly, $g(n)$ is recursively calculated by equation(13-5), and then $R_{0,k}(n)$ may be calculated by equation(13-10). Comparing equation(13-10) with equation(13-4), it is known that the equation(13-10) is more concise than the equation(13-4), and it is easy to calculate by programming design.

For comparative research, an approximate formula of the calculation of $R_{0,k}(n)$ is here given. By the definition of $R_{0,k}(n)$, a temporary variable x is given below:

$$x=1+qp^k+(k+1)(qp^k)^2+\cdots \tag{13-11}$$

According to [2], the approximate formula of the calculation of $R_{0,k}(n)$ is then expressed as follows:

$$R_{0,k}(n)=\frac{1-px}{(k+1-kx)q}\times\frac{1}{x^{n+1}} \tag{13-12}$$

After $R_{0,k}(n)$ is calculated, $R_{i,k}(n)$ is calculated by the recursion equations of calculation $R_{0,k}(n)$ which were derived in [4]. The calculating equations of $R_{i,k}(n)$ are given as follows:

$$\begin{cases}R_{1,k}(n)=f_1R_{0,k}(n-1)+f_2R_{0,k}(n-2)+\cdots+f_{n-1}R_{0,k}(1)\\ R_{2,k}(n)=f_1R_{1,k}(n-1)+f_2R_{1,k}(n-2)+\cdots+f_{n-1}R_{1,k}(1)\\ \vdots\qquad\qquad\vdots\qquad\qquad\qquad\vdots\qquad\qquad\qquad\vdots\\ R_{I,k}(n)=f_1R_{I-1,k}(n-1)+f_2R_{I-1,k}(n-2)+\cdots+f_{n-1}R_{I-1,k}(1)\end{cases} \tag{13-13}$$

The coefficients $f_i(i=1,2,\cdots,n)$ in equation(13-13) may be calculated by the following recursion equations:

$$\begin{cases}f_1u_0=u_1\\ f_1u_1+f_2u_0=u_2\\ \vdots\qquad\vdots\quad\vdots\\ f_1u_{n-1}+f_2u_{n-2}+\cdots+f_nu_0=u_n\end{cases} \tag{13-14}$$

The recursion equations of calculating $u_n(n \geqslant k)$ in equation(13-14) is:

$$u_n + u_{n-1}p + \cdots + u_{n-k+1}p^{k-i} = p^k \tag{13-15}$$

When n is smaller than k, obviously,

$$u_1 = u_2 = \cdots = u_{k-1} = 0, u_0 = 1 \tag{13-16}$$

Based on the calculated results of $R_{i,k}(n)$, ε_k、Num and $L(n)$ may be calculated. The three property values may be used for trend prediction of a water disaster.

4 FORMULA VERIFICATION

4.1 BASIC VERIFICATION

Given the estimated probability p which a water disaster occurs in a region in single year, the $R_{0,k}(n)$ of a multiyear water disaster of runs of length $k=2$ is calculated in n $(=2,3,\cdots,5)$, the calculated results are illustrated as table 13-1.

Table 13-1 Comparison of the calculation results of $R_{0,k}(n)$

Year	Formula by Lemuel A. Moye	Accurate formula in this paper	Approximate formula in this paper	Error
2	0.750 00	0.750 00	0.784 12	0.034 12
3	0.625 00	0.625 00	0.669 12	0.044 12
4	0.500 00	0.500 00	0.570 98	0.070 98
5	0.406 25	0.406 25	0.487 24	0.080 99

From table 13-1, it is seen that the calculated values of $R_{0,k}(n)$ by Lemuel A. Moye's formula and the accurate formula in this paper are all exact. The error among the exact value and approximate value of $R_{0,k}(n)$ is small, usually, $R_{0,k}(n)$ may be directly estimated by approximate formula.

4.2 EXAMPLE VERIFICATION

The calculation of $R_{i,k}(n)$ allows, for a given p, k and n the computation of the exact probabilities of occurrence of a multiyear persistent water disaster of runs of length k. The property values such as ε_k、Num and $L(n)$ to be calculated by the computation of $R_{i,k}(n)$ may be used for the trend prediction of a water disaster. For comparative research, these computations were tested using the Southern region in Texas precipitation records.

Rainfall data were obtained from the climatological records for the Southern region of Texas in the USA(see [1]). 93 years data(1892—1984) are available. According to the hydrologic properties of Texas, the Texas Almanac defined a drought as a period when annual precipitation was less than 75% of the thirty-years normal(1931—1960). Using this definition, the application of the rational formulas was tested.

In order to verify if the calculation results of the rational formulas are in accord with reality, at first, we must: (1) estimate p; (2) determine n, k; (3) compute $R_{i,k}(n)$; (4) compute the expected number of runs for each value of k.

For different values of $k=2$ to 5, $R_{i,k}(n)$ was computed. From these probabilities, the expected number of runs of length k were computed using a computer program written with the Microsoft Visual Basic 5.0 and are reported in table 13-2.

From table 13-2, it is known that the expected droughts comform to reality. The computation of the rational formulas may be used for the trend prediction of a multiyear persistent water disaster.

Table 13-2 Comparison of observed and expected droughts of various lengths

Length of drought (yr)	Observed droughts	Expected droughts (results in [1])	Expected droughts (results in this paper)
2	2	1.34	1.58
3	0	0.18	0.22
4	0	0.03	0.03
5	0	0.00	0.00

5 CONCLUSIONS

The calculation of the probability $R_{0,k}(n)$ that a multiyear water disaster of runs of length k will not occur in future n years is the base in the probability research of a multiyear persistent water disaster. The calculating formula of $R_{0,k}(n)$ given by Lemuel A. Moye et al in 1988 is so complicated that it is difficult to understand and is not easy to be used in the practical calculation. The exact formula and approximate formula of the calculation of $R_{0,k}(n)$ are given in this paper by probability theory are more concise than the formula given by Lemuel A. Moye et al, and it is easy to be computed by programming design. The results of verification state clearly that the computation of the rational formulas may be used for the trend prediction of a water disaster.

REFERENCES

[1] LEMUEL A. MOYE, ASHA S. KAPADIA, IRINA M. CECH, et al. The Theory of Runs with Applications to Drought Prediction[J]. Journal of Hydrology, 1988, 103: 127-137.

[2] WILLIAM FELLER. An Introduction to Probability Theory and Its Applica-

tions[M]. New York:Wiley,1957.

[3] G. P. WADSWORTH, J. G. BRYAN. Applications of Probability and Random Variables[M]. New York:McGraw - Hill,1974.

[4] WANG ZHENGFA. The Probability Analysis of a Multiyear Persistent Flood Disaster and the Determination of Its Recurrence Duration[J]. Water Resources and Power,1994(1):13-20.

14

多年持续性水灾害事件不发生概率$R_{0,k}(n)$计算公式的比较研究

该篇论文是作者参加2001年第二十九届国际水利学大会时投递并被大会论文集 Theme - C 卷收录的《THE CONTRAST RESEARCH OF CALCULATING FORMULA OF NON - OCCURRENCE PROBABILITY $R_{0,k}(n)$ OF MULTIYEAR PERSISTENT WATER DISASTER》一文的中文稿，发表于《西北水电》2002年第4期。

作者早在1992年就基于概率论中的概率母函数和轮次理论的基本原理，研究了多年持续干旱的概率分布$R_{i,k}(n)$，并在《多年持续干旱的概率分析及重现期的确定》一文中给出了计算$R_{i,k}(n)$的递推公式，而多年持续干旱不发生的概率$R_{0,k}(n)$是利用递推公式计算$R_{i,k}(n)$的基础。当时，作者没有在《多年持续干旱的概率分析及重现期的确定》中给出$R_{0,k}(n)$的详细推导，仅仅给出了美国水文学者 Lemuel A. Moye 所给的烦琐公式，难以编程求解，为的是技术保密。作者自1992年把自己推导的$R_{0,k}(n)$公式保密了10年没有公开，直到2001年第二十九届国际水利学大会首次在中国召开，才把自己推导的有关$R_{0,k}(n)$公式整理成论文投递到大会组委会，并被录用，在大会论坛上进行了交流。

作者分别于1995年3月和2002年12月发表了《多年持续干旱的概率分析及重现期的确定》和《多年持续性水灾害事件不发生概率$R_{0,k}(n)$计算公式的比较研究》，基本上解决了多年持续性水灾害的概率分布和重现期估算问题。此后，西北农林科技大学宋松柏教授基于 Lemuel A. Moye 提出的轮次理论和作者提出的计算$R_{0,k}(n)$、$R_{i,k}(n)$的理论公式申请了国家自然科学基金项目(50579065)和西北农林科技大学青年学术骨干支持计划项目(04ZR014)，对渭河流域上游天水段主要河流多年持续干旱的概率特性进行研究，验证了作者推导的公式，取得了很好的应用效果。

摘　要：多年持续性水灾害事件在未来n年中不发生的概率$R_{0,k}(n)$的计算在多年持续性水灾害的概率研究中是基础，文中根据概率论的有关知识，给出了$R_{0,k}(n)$计算的近似公式和精确公式，并利用资料对公式进行了对比计算检验，结果表明本文所给的公式较 Lemuel A. Moye 所给的公式简明，易于编程计算。

关键词：水灾害　轮次　概率

1　引言

近年来，由于气候变化异常及人类活动对自然环境破坏程度加剧，水灾害(主要指洪灾和干旱)发生趋于频繁，给人民的生命财产和社会经济持续发展造成了极大的危害。水灾害的发生是自然因素和社会、经济等非自然因素综合作用的结果。为了有效地减轻、缓

解和部分地控制水灾害对人类及其资源的危害，进行水灾害预测理论的研究则是迫切的。多年持续性水灾害的发生较单一年水灾害的发生具有更大的危害性。因此，在未来 n 年中，多年持续性水灾害出现的概率研究对水灾害的趋势预测具有实际意义。

由于计算理论和方法的限制，目前，对多年持续性水灾害在未来 n 年中出现的概率进行直接计算或估计还比较困难。通常，是先计算多年持续性水灾害事件在未来 n 年中不发生的概率 $R_{0,k}(n)$，然后利用递推公式计算多年持续性水灾害事件在未来 n 年中发生 i 次的概率 $R_{i,k}(n)$。因此，$R_{0,k}(n)$ 的计算在多年持续性水灾害的概率研究中是基础。Lemuel A. Moye 于 1988 年在文献[1]中曾给出过 $R_{0,k}(n)$ 的一个计算公式，但该计算公式过于烦琐，不便于计算。本文基于概率论的有关知识，给出了 $R_{0,k}(n)$ 计算的近似公式和精确公式，并利用资料对公式进行了对比计算检验，结果表明本文所给的公式较 Lemuel A. Moye 所给的公式简明，易于编程计算。

2 定义

水灾害是指表征水的量或质的某一指标超过某一阈值或低于某一阈值的事件，如洪水和干旱事件。对于给定年份，某一地区（流域或河流）以概率 p 发生某种水灾害，或以概率 q 不发生某种水灾害，这里 $p+q=1$。如果以前年份的来水状况与后续年份的来水状况无关，并且满足 p 历年不变，则这一连续年份的来水状况可以认为是连续的贝努利试验。由于影响水灾害的自然因素和非自然因素基本上都是无限的，因此，某一地区（流域或河流）的来水状况可以认为是无限延续的贝努利试验。如果在连续 k 年中同一地区（流域或河流）都出现了某种水灾害，则认为出现了一轮次长度为 k 年的多年持续性水灾害。多年持续性水灾害可以定义为一次连续 k 年出现超过或低于某一阈值的灾害事件的试验，即多年持续性水灾害是连续成功试验，记为 ε。在一列贝努利试验序列中，如果第 n 次试验结果使得序列的轮次长度为 k 年的成功连贯试验增加一个，则说 1 轮次长度为 k 年的成功连贯试验在第 n 次试验出现。

设 k 是预先设定的轮次长度，n 是试验次数，则可定义：

$R_{i,k}(n)=p\{$在未来 n 次试验中，ε 恰好发生 i 次$\}$，$0\leqslant i\leqslant I, I=[(n+1)/(k+1)]$；

$u_n=p\{\varepsilon$ 在第 n 次试验出现$\}$；

$f_n=p\{\varepsilon$ 在第 n 次试验中第一次出现$\}$；

$g(n)=p\{$在第 n 次试验中 ε 至少出现一次$\}$。

$R_{i,k}(n)$ 具有如下性质：

$$\sum_{i=0}^{I} R_{i,k}(n)=1 \tag{14-1}$$

根据 $R_{i,k}(n)$ 可以定义下列几个变量：

$\sigma_k^2=\sum_{i=0}^{I} i^2 \cdot R_{i,k}(n)-\varepsilon_{r,k}^2$，$n$ 年中轮次长度为 k 年的多年持续性水灾害次数的方差；

$\varepsilon_{r,k}=\sum_{i=0}^{I} i \cdot R_{i,k}(n)$，轮次长度为 k 年的期望多年持续性水灾害次数；

$NUM=\sum_{k=1}^{n}\varepsilon_{r,k}$，平均水灾害次数；

$L(n)=\sum_{k=1}^{n}k\cdot\varepsilon_{r,k}/\sum_{k=1}^{n}\varepsilon_{r,k}$，序列中平均轮次长度的估值。

3 $R_{0,k}(n)$计算公式比较

$R_{0,k}(n)$是在未来n年中轮次长度为k年的多年持续性水灾害不发生的概率，其计算成果是利用递推公式进一步计算$R_{i,k}(n)$的基础。Lemuel A. Moye在文献[1]中，给出了$R_{0,k}(n)$的一个计算公式，具体可表达成如下数学公式：

$$R_{0,k}(n)=1,\qquad n<k \tag{14-2}$$

$$R_{0,k}(n)=1-p^{k},\qquad n=k \tag{14-3}$$

$$\begin{aligned}R_{0,k}(n)=&p^{n}D(n-k)+\sum_{h=k}^{\min(n,2k-1)}p^{h-k}(1-p^{2k-h})D(n-h)\\&+\sum_{h=\min(n,k+2)}^{\min(2k+1,n)}p^{k+1}(1-p^{h-k-1})D(n-1)\\&-p\Big\{\sum_{h=k}^{\min(n-1,2k-1)}p^{h-k}(1-p^{2k-h})D(n-h-1)\qquad n>k\\&+\sum_{h=\min(n,k+2)}^{\min(2k+1,n-1)}p^{k+1}(1-p^{n-k-1})D(n-h-1)\\&+\sum_{h=\min(n,2k+2)}^{n-1}p^{h-k}[1-p^{n-(h-k)}]D(n-h-1)\Big\},\end{aligned} \tag{14-4}$$

式中：

$$D(x)=\sum_{m=0}^{\left[\frac{x}{k}\right]}\sum_{h=0}^{\left[\frac{x}{k}\right]-m}C_{x-mk-m+h}^{m}C_{m}^{h}\times(-1)^{m+(m-h)(k+1)}q^{m}p^{m(k+1)-h}I,(x-mk-m+h\geqslant m)$$

由式(14-2)—(14-4)知，当$n>k$时，$R_{0,k}(n)$计算公式过于烦琐，难于理解，使得进一步计算$R_{i,k}(n)$较为困难。

由概率论知，对于一次轮次长度为k年的轮次(连续)事件ε，在n年中有两种互斥的方式得到一次ε事件：或者在第n年中已出现这样的一次ε事件，或者还需要在第$n+1$年中才出现这样的一次ε事件，则在n年中至少出现一次轮次长度为k年的ε事件的概率$g(n)$符合下列递推方程(文献[2])：

$$g(n+1)=g(n)+p^{k}q[1-g(n-k)] \tag{14-5}$$

边界条件：

$$g(n)=0,n<k \tag{14-6}$$

$$g(k)=p^{k},\qquad n=k \tag{14-7}$$

由(14-5)—(14-7)式知，在 n 年中轮次长度为 k 年的 ε 事件不出现的概率为 $1-g(n)$，即有：

$$R_{0,k}(n)=1, \qquad n<k \tag{14-8}$$

$$R_{0,k}(n)=1-p^{k}, \qquad n=k \tag{14-9}$$

$$R_{0,k}(n)=1-g(n), \qquad n>k \tag{14-10}$$

(14-8)—(14-10)式即为本文给出计算 $R_{0,k}(n)$的精确公式。

具体应用时，对于 $n<k$ 和 $n=k$ 直接按(14-8)式和(14-9)式计算 $R_{0,k}(n)$；当 $n>k$ 时，先利用(14-5)式递推求解出 $g(n)$，然后再用式(14-10)计算 $R_{0,k}(n)$ 即可。比较式(14-10)和式(14-4)两式，可以看出，式(14-10)较式(14-4)更为简洁，易于编程计算。

为比较研究，这里再给出 $R_{0,k}(n)$ 计算的一个近似公式。根据 $R_{0,k}(n)$ 的定义，当令

$$x=1+qp^{k}+(k+1)(qp^{k})^{2}+\cdots \tag{14-11}$$

根据文献[3]，则有 $R_{0,k}(n)$ 的近似计算公式如下：

$$R_{0,k}(n)=\frac{1-px}{(k+1-kx)q}\times\frac{1}{x^{n+1}} \tag{14-12}$$

当求得 $R_{0,k}(n)$ 后，可进一步根据文献[4]推导的计算 $R_{i,k}(n)$ 递推公式给出某一地区(流域或河流)在未来 n 年中轮次长度为 k 年的多年持续性水灾害的精确概率 $R_{i,k}(n)$。$R_{i,k}(n)$ 的计算公式如下：

$$\begin{cases}R_{1,k}(n)=f_1R_{0,k}(n-1)+f_2R_{0,k}(n-2)+\cdots+f_{n-1}R_{0,k}(1)\\ R_{2,k}(n)=f_1R_{1,k}(n-1)+f_2R_{1,k}(n-2)+\cdots+f_{n-1}R_{1,k}(1)\\ \quad\vdots \qquad\qquad \vdots \qquad\qquad\qquad \vdots \qquad\qquad\qquad \vdots\\ R_{I,k}(n)=f_1R_{I-1,k}(n-1)+f_2R_{I-1,k}(n-2)+\cdots+f_{n-1}R_{I-1,k}(1)\end{cases} \tag{14-13}$$

式(14-13)中的系数 $f_i(i=1,2,\cdots,n)$的计算具有下述递推关系：

$$\begin{cases}f_1u_0=u_1\\ f_1u_1+f_2u_0=u_2\\ \vdots \qquad \vdots \quad \vdots\\ f_1u_{n-1}+f_2u_{n-2}+\cdots+f_nu_0=u_n\end{cases} \tag{14-14}$$

式(14-14)中的 $u_n(n\geqslant k)$ 递推计算公式为：

$$u_n+u_{n-1}p+\cdots+u_{n-k+1}p^{k-i}=p^{k} \tag{14-15}$$

当 $n<k$ 时，显然有：

$$u_1=u_2=\cdots=u_{k-1}=0, u_0=1 \tag{14-16}$$

依据 $R_{i,k}(n)$ 的计算结果，可计算轮次长度为 k 年的多年持续性水灾害的期望次数 ε_k、平均水灾害次数 Num 和序列中平均轮次长度的估值 $L(n)$，可以将这三个特征值应用

于水灾害的趋势预测。

4 公式验证

4.1 基本验证

假定某一地区(流域或河流)单一年出现某种水灾害的估计概率 p 为 0.5,计算 $n(=2,3,\cdots,5)$年中轮次长度为 $k=2$ 年的多年持续性水灾害不发生的概率 $R_{0,k}(n)$,计算结果列于表 14-1。

表 14-1 $R_{0,k}(n)$ 计算结果比较表

序列长度	Lemuel A. Moye 公式	本文精确公式	近似公式	误差
2	0.750 00	0.750 00	0.784 12	0.034 12
3	0.625 00	0.625 00	0.669 12	0.044 12
4	0.500 00	0.500 00	0.570 98	0.070 98
5	0.406 25	0.406 25	0.487 24	0.080 99

由表 14-1 知,用 Lemuel A. Moye 公式和本文所给的精确公式计算的 $R_{0,k}(n)$ 都是精确值,近似公式计算的 $R_{0,k}(n)$ 与 $R_{0,k}(n)$ 精确值之间的误差不大,通常情况下,可用近似公式手工计算,直接初估 $R_{0,k}(n)$。

4.2 实例验证

对给定的 p、k 和 n,$R_{i,k}(n)$ 的计算可以给出轮次长度为 k 年的某一持续性事件出现的精确概率描述,依据 $R_{i,k}(n)$ 计算的指标数据 ε_k、Num 和 $L(n)$可以应用于水灾害的趋势预测。为比较起见,这些计算用美国得克萨斯州南部地区的降雨资料进行了验证。

美国得克萨斯州南部地区的降雨资料是从气候资料中得来的,资料长度为 93 年(1892—1984 年)。根据美国得克萨斯州的水文特征,水灾害年定义为当年平均降水量低于 1931—1960 年 30 年降水量均值的 75%的干旱年份。使用这一水灾害定义,对理论公式的应用情况进行了验证。

为了验证理论公式的计算结果是否与实际情况吻合,首先必须:

(1) 估计单一年份干旱出现的概率 p;

(2) 确定 n、k 值;

(3) 计算 $R_{i,k}(n)$ 值;

(4) 计算不同轮次长度 k 值的干旱期望次数。

取轮次长度 $k=2\sim5$,使用 VB 5.0 编写的计算程序求得轮次长度为 k 的 $R_{i,k}(n)$ 值和干旱的期望次数,成果见表 14-2。

表 14-2 不同历时观测干旱与期望干旱比较表

轮次长度(年)	观测干旱次数	期望干旱次数（文献[1]成果）	期望干旱次数（本文成果）
2	2	1.34	1.58
3	0	0.18	0.22
4	0	0.03	0.03
5	0	0.00	0.00

由表 14-2 知，计算所得的期望干旱次数与实际干旱发生次数吻合较好，理论公式的计算结果可以应用于水灾害的趋势预测。

5 结束语

多年持续性水灾害事件在未来 n 年中不发生的概率 $R_{0,k}(n)$ 的计算在多年持续性水灾害的概率研究中是基础，Lemuel A. Moye 于 1988 年在文献[1]中给出的 $R_{0,k}(n)$ 的一个计算公式过于烦琐，不便计算。本文给出的精确公式较 Lemuel A. Moye 所给公式简明，易于理解；近似公式的精度也能达到应用的要求。验证结果表明理论公式的计算结果可以应用于水灾害的趋势预测。

参考文献

[1] LEMUEL A. MOYE, ASHA S. KAPADIA, IRINA M. CECH, et al. The Theory of Runs with Applications to Drought Prediction[J]. Journal of Hydrology, 1988, 103: 127-137.

[2] G. P. WADWORTH, J. G. BRYAN. 应用概率（上、下）[M]. 林少宫，马继芳，李则杲，译. 北京：高等教育出版社，1982.

[3] WILLIAM FELLER. 概率论及其应用（上、下）[M]. 刘文，译. 北京：科学出版社，1979.

[4] 王正发. 多年持续洪灾的概率分析及重现期的确定[J]. 水电能源科学，1994(1): 13-20.

15

水电站工程水文设计系统开发

该篇论文2003年9月发表于《中国水力发电工程学会水文泥沙专业委员会第四届学术讨论会论文集》。

摘　要：以Windows 98为开发平台，以面向对象的程序设计语言VB 5.0为开发工具，计算方法采用已发布的有关工程水文分析计算的部颁规范里规定的成熟方法和理论，开发了一套适用于水电站各设计阶段工程水文分析、计算的设计系统。该系统功能齐全、界面友好、通用性强，操作灵活、简便，基本资料输入、校验、显示、保存和打印实现可视化处理，计算成果的显示、保存和输出实现可视化，图表的设计符合水文专业的特点以及有关设计报告编制规程的要求。所开发的水电站工程水文设计系统，经测试能满足相应的技术指标，实现了预期功能，具有一定的实用性和先进性。

关键词：水电站；工程水文；软件；设计；系统；图形；用户；界面；对象；表单；菜单；控件

1　概述

在水利水电工程规划设计中，工程水文分析计算工作量很大，辅助分析图表专业性较强，传统的手工计算及非专业性软件已不能适应水利水电工程规划设计水平发展的需要。

早在20世纪70年代初，我国水文工作者就将电子计算机应用于工程水文的分析计算，至20世纪90年代初，随着微型计算机的出现和发展，中国水利水电勘测设计单位的水文设计人员在计算机应用方面进行了大量的工程水文基础分析计算程序的开发工作，取得了不少成绩。比较有代表性的软件有天津院的《工程水文分析计算软件系统》(1.0版本)和四川省院的《水文分析计算软件系统》(1.0—2.0版本)。这两套软件系统计算功能较齐全，界面设计各有特点，在20世纪90年代初达到国内工程水文分析计算软件系统设计的领先水平。但是，鉴于当时微机硬件设备、软件开发平台和程序设计语言技术水平的限制，这两套软件系统在用户界面和图表显示、输出、打印方面还不够灵活方便，程序通用性也不够强，有进一步完善的必要。

20世纪90年代中期以后，微机硬件设备技术发展很快，尤其是基于Intel公司的Pentium Ⅲ微处理器的高性能微机投入市场以来，小型工程软件系统的开发已不受电脑内存、硬盘容量的制约；与硬件设备技术发展水平相适应，以Microsoft公司的Windows 9X及其应用软件为代表的面向对象的程序设计技术也有飞快的发展，给程序编制人员提供了良好的开发工具和丰富的想象空间。因此，就目前微机硬件设备技术和软件开发工具而言，已具备了开发功能齐全、界面友好、通用性较强的工程水文分析计算软件系统的技术条件。

水电站工程水文设计系统的设计，必须根据水电站工程水文分析计算的专有的特点，水文统计分析、计算方法采用已发布的有关工程水文分析计算的部颁规范里规定的成熟方法和理论，设计要求能达到可行性、初步设计和技设设计各阶段的深度标准；程序设计要以 Windows 98 为开发平台，用面向对象的程序设计语言（如 VB 5.0）为开发工具，力求功能齐全，能满足水电站工程水文设计工作的内容需要，界面友好，操作灵活、简便，基本资料输入、校验、显示、保存和打印实现可视化处理，计算成果的显示、保存和输出实现可视化，所得即所见，图表的设计符合水文专业的特点以及有关设计报告编制规程的要求。

2 系统构成

根据水利水电工程设计各阶段对水文分析计算的不同要求，按照现行有关规范，在设计时，拟定了以下几个子系统：用户登录、径流分析计算、设计洪水分析计算、频率分析计算、水位流量关系、水库调洪分析计算和联机帮助。

为保证系统既灵活又可靠，易于用户操作，系统以灵活的基于事件驱动的方式进行设计，用面向对象的程序设计语言编程，将各子系统按功能模块用分层图形用户界面组合在一起，形成一个完整的水电站工程水文设计系统，实现从基本资料的输入、校验、显示、打印到分析计算及成果图表的显示、输出、打印于一体。这种基于事件驱动的模块化设计方式同时能满足该系统今后进一步研制开发和功能完善的需要。

系统的核心是频率分析子系统，有资料情况下的设计径流、设计暴雨和设计洪水的分析计算可直接调用该子系统。水电站工程水文设计系统的结构如图 15-1 所示。

3 功能要求

水电站工程水文设计系统的基本任务是利用水文基本资料（雨量、流量等）进行设计年径流、设计洪水、厂坝区水位流量关系以及水库调洪等分析计算，为水利水电工程的建设和运行，提供准确、可靠的水文资料信息和分析计算成果。

根据水电站工程水文设计系统的基本任务，其软件功能要求包括：

(1) 径流分析计算：根据水利水电工程的设计代表站径流资料，按日历年和水文年，进行代表站或坝址年径流系列的常规统计分析计算，径流系列的代表性、周期及相关性分析计算，设计年径流计算，径流的年月分配统计计算及流量历时曲线绘制。

(2) 设计洪水分析计算：根据我国设计洪水计算规范的规定，按资料条件的不同，可根据洪水流量资料或暴雨资料推求设计洪水。当设计代表站具有 30 年以上实测和插补洪水流量资料时，采用频率分析法直接计算设计洪水，选择典型洪水过程线，用峰、量同倍比分时段控制放大法推求设计洪水过程线；当用暴雨资料推求设计洪水时，设计暴雨计算可选用直接法和间接法，净雨计算可选用扣损法和美国恳务局 SCS 模型，推流计算可选用推理公式法和单位线法。

(3) 频率分析计算：根据资料特性，频率曲线线型可选 P－Ⅲ型或对数 P－Ⅲ型，P－Ⅲ

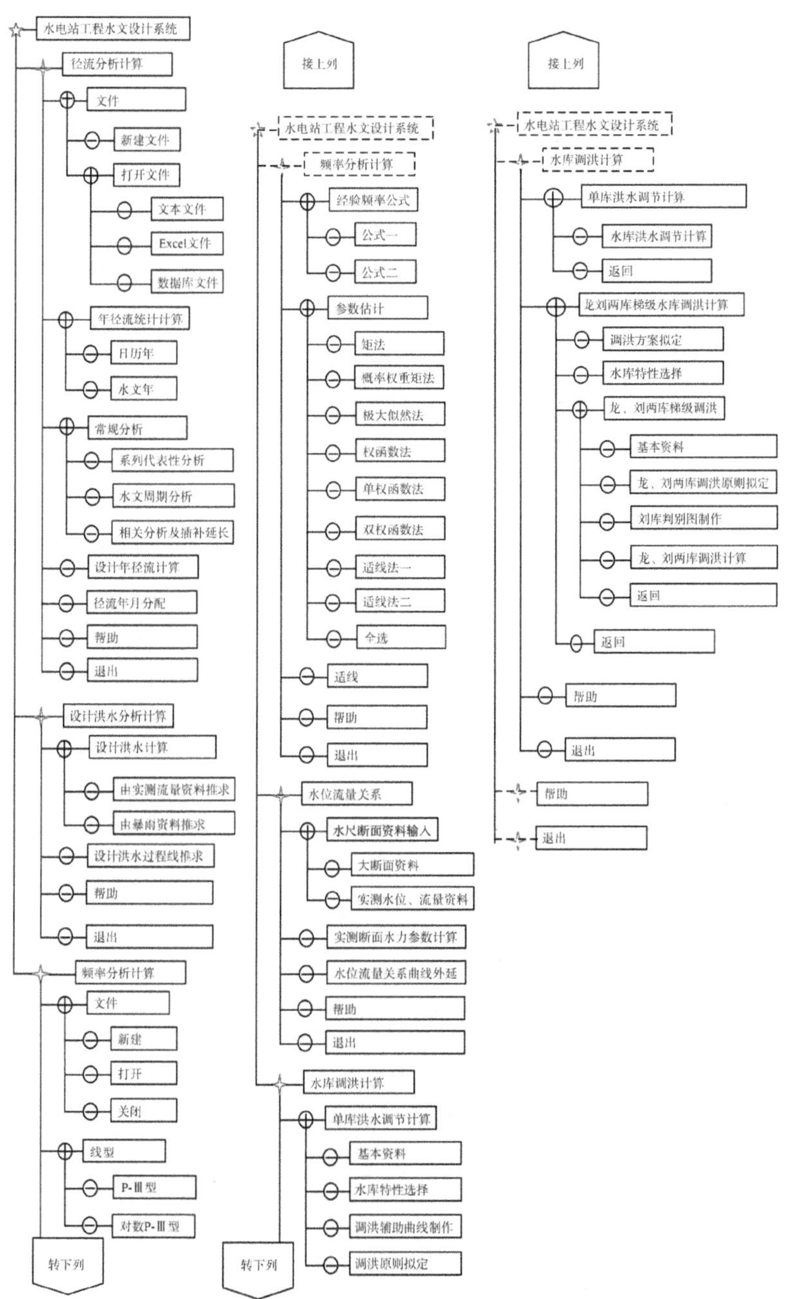

图 15-1　水电站工程水文设计系统结构图

型的 Φ_P 值采用数值积分法直接计算，经验频率公式可选公式一或公式二，可按连续或不连续系列估计统计参数，估计方法共有矩法、概率权重矩法、极大似然法、权函数法、单权函数法、双权函数法、离差平方和最小适线法和离差绝对值最小适线法 8 种，可根据计算目的随意组合选取，并可在屏幕上绘出频率曲线，比较各种参数估计方法所得理论频率曲线与实测点据拟合的优劣。在初步确定了系列的统计参数后，为满足工程设计需要，可根据统计参数的区域规律，通过目估适线对统计参数进行调整，直至获得满意的理论频率曲线，可视化输出频率曲线，图幅大小可任意缩放，并实现图形标注的交互处理。

(4) 水位流量关系曲线：根据实测大断面和实测水位流量资料，绘制大断面及实测水位流量关系曲线图，进行水尺断面各水力参数计算，根据历史洪水和河道实测纵断面资料，进行水位流量关系曲线的分析计算，并可对水位流量关系曲线进行交互处理，最终输出实测与外延的水位流量关系曲线图及相应表格。

(5) 水库调洪分析计算：根据水库库容曲线、泄流曲线和入库洪水过程线，制作水库调洪辅助曲线，可按任意指定的时段长进行水库调洪计算，调洪计算方法可选列表试算法和半图解法，并有图形显示功能。

(6) 图形用户界面设计要灵活、操作简便，且与显示设备无关，具有联机帮助功能。

(7) 基本资料的输入、校验、显示及打印实现可视化操作，文件要求有多种格式选择(文本文件和 Excel 表文件)。

(8) 计算结果的显示、保存及打印实现表格化、图形化，并能可视化操作，文件要求有多种格式选择(文本文件和 Excel 表文件)。

(9) 系统出现计算错误，要有错误信息提示功能。

(10) 模块化设计，系统具有可扩充性。

4 系统设计

水电站工程水文设计系统的开发是以 Windows 98 为开发平台，以 Microsoft Visual Basic 5.0 程序设计语言为开发工具，其设计是以系统所要达到的各项基本功能为中心而展开的，可分为理论研究和软件开发两个阶段。在研究阶段，对径流分析计算、洪水分析计算、频率分析的参数估计方法及 P-Ⅲ型的 Φ_P 值的数值计算方法等进行了研究，确定了计算内容和方法，对输入输出的专业表格形式和图形样式进行了初步标准化，并尽可能将各单项计算内容进行细化，以便于软件系统图形用户界面的设计。在软件开发集成阶段，采用基于事件驱动的方式进行软件的系统设计，用面向对象的程序设计语言编程，分别开发功能独立的程序模块，通过开发灵活方便的分层图形用户界面，将用户登录、径流分析计算、设计洪水分析计算、频率分析计算、水位流量关系、水库调洪分析计算和联机帮助等子系统集成为一个整体，最终形成实用化的水电站工程水文设计系统。

4.1 水电站工程水文分析计算

水电站工程水文分析计算是水电站工程设计首先要进行的主要基础工作之一，主要内容有径流分析计算、设计洪水分析计算、厂坝区水位流量关系曲线分析计算等内容。基本分析计算采用已发布的有关工程水文分析计算的部颁规范里规定的成熟方法和理论，可参见有关工程水文学教科书及设计规范，如《中国水力发电工程·工程水文卷》(王锐琛主编，中国电力出版社，2000.8)、《水电站工程水文》(王维第、朱元甡、王锐琛编著，河海大学出版社，1995.12)和《工程水文及水利计算》(成都科技大学主编，水利电力出版社，1981.7)等，主要的设计规范有 SL 278—2002《水利水电工程水文计算规范》、SL 44—

93《水利水电工程设计洪水计算规范》、DL 5020—93《水利水电工程设计可行性研究报告编制规程》和 DL 5021—93《水利水电工程设计初步研究报告编制规程》等。

对任务单一的专业计算内容，应用 VB 5.0 程序设计语言开发功能独立的程序模块，供设计采用。

4.2 系统图形用户界面设计

用户界面是指人与机器（或程序）之间交互作用的工具和方法，可分为硬件界面和软件界面两大类。图形用户界面则是由窗口、菜单和控件等对象构成的一个用户界面，属软件界面类，用户通过一定的事件（如点击鼠标或键盘）选择、激活这些图形对象，使计算机产生某种动作或变化，实现某种特定的功能，如计算、绘图等。在程序设计中，良好的界面设计能使所编制的程序更加专业化，更具一个真正好的商品软件的品质，最终将影响用户对该软件的评价。

随着面向对象编程语言的广泛使用，用户界面设计方法学得到迅速发展，主要体现在以人为本的人性化设计思想上。就工程软件而言，首先要保证能完成计算、设计等基本的功能性任务，在此基础上，应从设计人员进行常规设计的实际需要出发，开发功能齐全、界面友好、操作灵活、简便的图形用户界面。Microsoft VB 5.0 程序设计语言提供了非常丰富的图形用户界面设计工具，如多文档界面、表单、控件和菜单编辑器等。应用 VB 5.0 程序设计语言进行图形用户界面设计应遵循的一般原则，这里不详述，只结合水电站工程水文设计系统图形用户界面的设计，重点介绍一下屏幕布局问题。

应用 VB 5.0 程序设计语言进行图形用户界面设计最常用的基本构件除了多文档界面外就是表单了，表单相当于一个容器，在其中可以放置不同的用户控件，对于每个控件又有一组相关的事件处理程序，如何安排各控件的位置，即所谓屏幕布局问题。屏幕布局应与显示平台无关，这一点非常重要，以保证软件系统的可移植性。在设计时不能使用传统的指定屏幕绝对坐标的方式来定位，而要采用指定各控件在屏幕上的相对位置的布局方法。在绝大多数的图形用户界面下都包含菜单，通过选择各级菜单，可以执行相应的命令，实现相应的功能。设计时，菜单的标题或名字应尽可能反映要实现的功能。在 Windows 系统中，菜单一般位于图形用户界面的顶端。基于 Windows 系统的 VB 5.0 程序设计语言中有非常丰富的控件可以使用，如使用 MSFlexGrid 控件可以实现与 Microsoft Excel 电子表格相类似的界面，控件是图形对象，可以放置在图形窗口（表单）的任意位置，并用鼠标激活它们，执行相应的事件程序，实现特定的功能。利用表单、菜单和各种控件等图形对象就可以设计出界面友好、操作灵活、功能强大的图形用户界面，再通过编写触发事件后产生的动作执行程序（过程），就可以设计出完整的图形用户界面程序。

水电站工程水文设计系统的图形用户界面设计遵循了上述原则，取得了很好的效果。该系统由用户登录子系统引导，当用户输入用户名和口令，并被验证为合法用户时，即进入主控图形用户界面——多文档界面，在该界面顶端有包含工程水文分析计算各子系统的菜单，见图 15-2，通过选择菜单的不同项进入各设计子系统。

每一设计子系统又包含若干表单，且有各自的图形用户界面，界面均由顶层菜单和各种控件组成，由此形成交互式的分层图形用户界面程序，完成各设计子系统的特定功能。

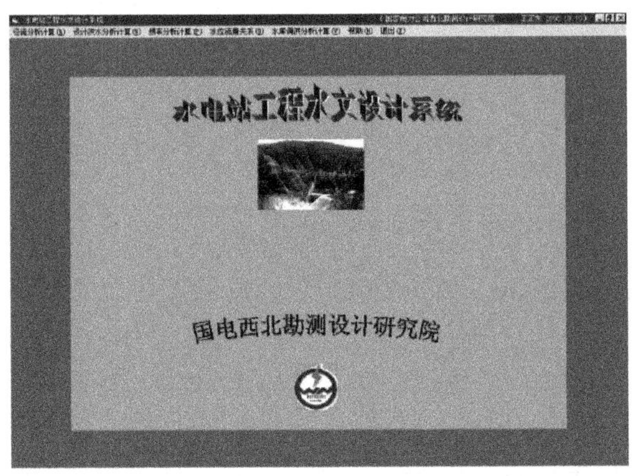

图 15-2　水电站工程水文设计系统

如在主控界面菜单中选择频率分析计算设计子系统，就进入第二层频率分析计算设计子系统，在该子系统顶层菜单项选择适线，又进入下一级子系统——频率曲线适线，屏幕画面如图 15-3 所示，即可通过目估适线对统计参数进行调整，直至获得满意的理论频率曲线，并可视化输出频率曲线。

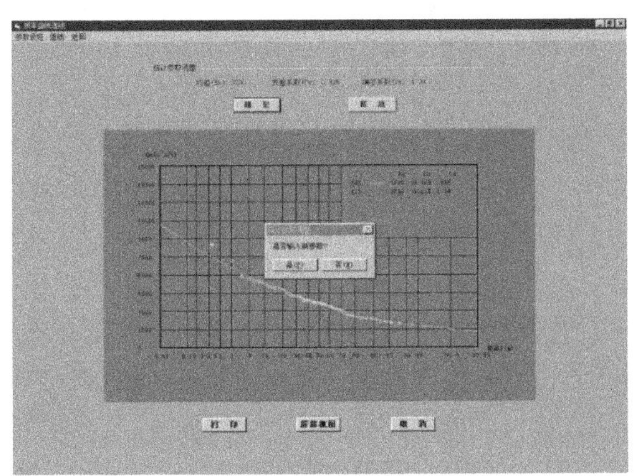

图 15-3　频率曲线适线子系统

5　应用举例

以使用流量资料推求设计洪水为例，对工程水文频率分析与计算子系统的功能作一介绍。黄河上游兰州水文站有 1934—2000 年共计 67 年的洪峰流量资料，并有 1904 年历史调查洪水资料，借助水电站工程水文设计系统推求兰州站设计洪峰流量。

在水电站工程水文设计系统一级图形用户界面中，选择频率分析计算，进入工程水文频率分析与计算子系统，在该子系统的顶层主菜单中选“文件”项，弹出下级子菜单，选“新建”项，如图 15-4 所示。

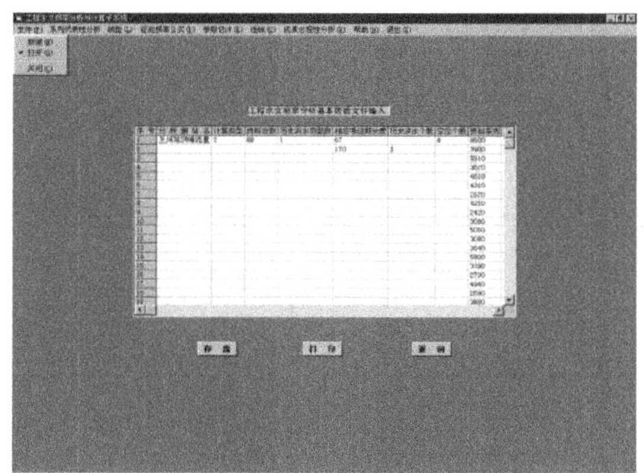

图 15-4　建立频率分析基本数据文件

根据屏幕上显示的 Excel 表格提示，输入兰州站洪峰流量资料，并实时检验基本数据资料输入是否正确，资料输入完毕后，可保存兰州站洪峰流量数据文件或打印兰州站洪峰流量资料。选定频率曲线线型和经验频率计算公式后，在顶层菜单选“参数估计”项，如图 15-5 所示，进行统计参数初估，并比较各种统计参数估计方法的优劣，如图 15-6 和图 15-7 所示。

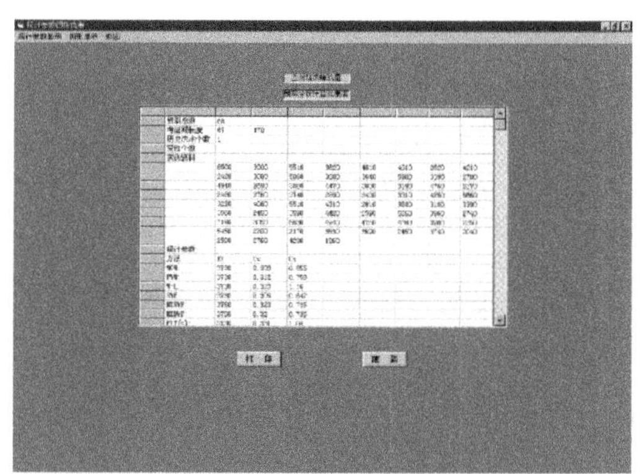

图 15-5　兰州站洪峰流量统计参数初估

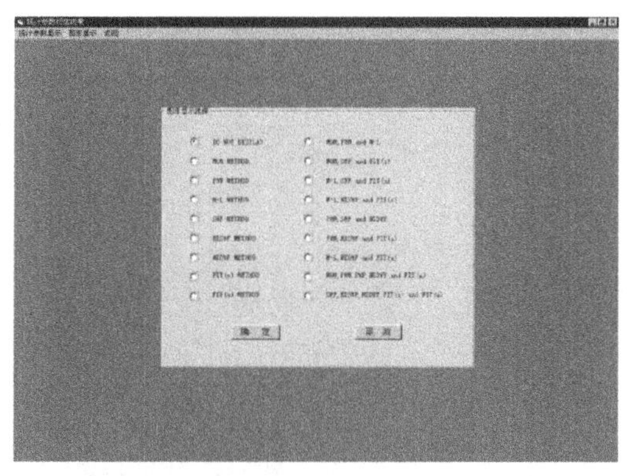

图 15-6　兰州站洪峰流量统计参数估计方法比较

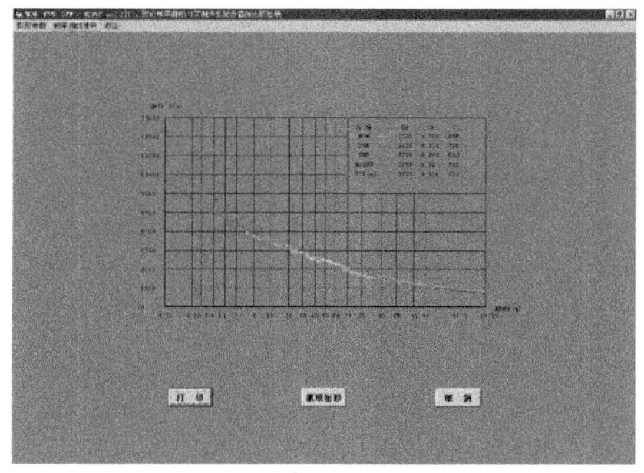

图 15-7　各种统计参数估计方法所得理论频率曲线与实测点据拟合优劣比较

最后，根据初估的统计参数，进行频率适线，在顶层菜单选“适线”项，进入频率适线子系统，通过目估适线对统计参数进行调整，直至获得满意的理论频率曲线，可视化输出频率曲线，图幅大小可任意缩放，并实现图形标注的交互处理，满足多种文档需要（如设计报告、计算书、科技文章等），如图 15-8—图 15-10 所示。

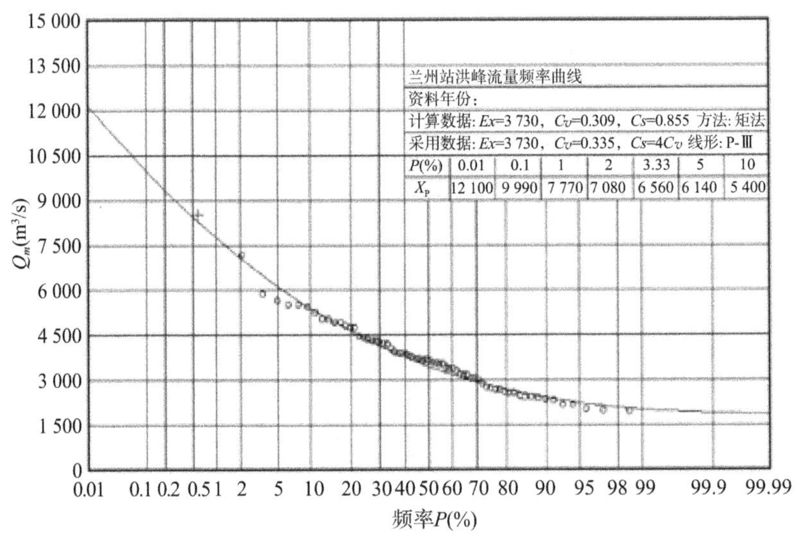

图 15-8 兰州站洪峰流量频率曲线（大版）

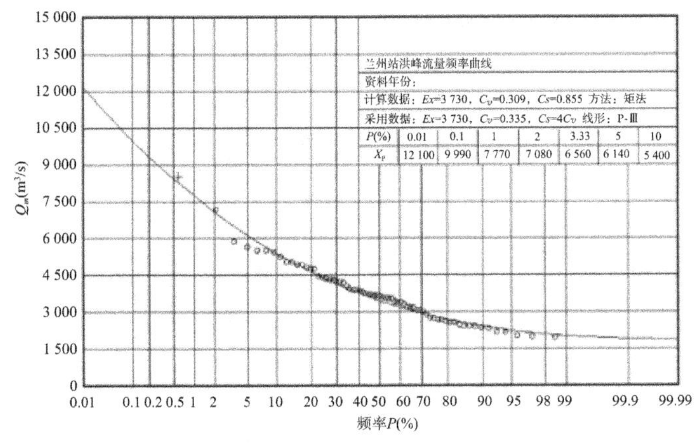

图 15-9 兰州站洪峰流量频率曲线（中版）

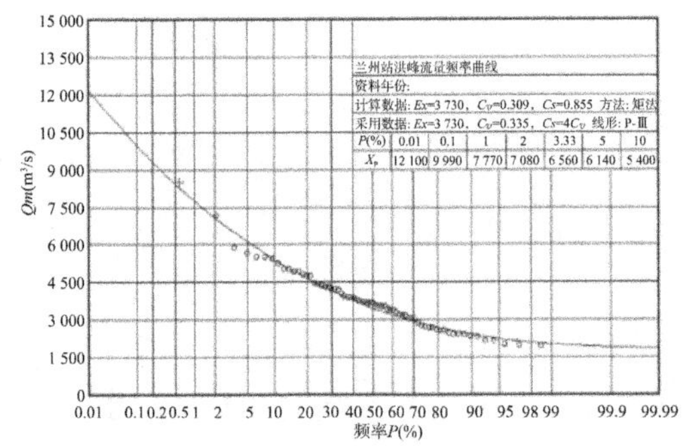

图 15-10 兰州站洪峰流量频率曲线（小版）

6 结语

以 Windows 98 为开发平台，以面向对象的程序设计语言 VB 5.0 为开发工具，采用已发布的有关工程水文分析计算的部颁规范里规定的成熟计算方法，开发了一套适用于水电站各设计阶段工程水文分析、计算的设计系统。所开发的水电站工程水文设计系统，经测试能满足相应的技术指标，实现了预期功能，具有一定的实用性和先进性，已在国内外多个大、中型水电站各阶段的设计中使用，极大地提高了设计工效和产品质量。

参考文献

[1] 王锐琛. 中国水力发电工程・工程水文卷[M]. 北京：中国电力出版社，2000.

[2] 王维第，朱元甡，王锐琛. 水电站工程水文[M]. 南京：河海大学出版社，1995.

[3] 成都科技大学主编. 工程水文及水利计算[M]. 北京：水利电力出版社，1981.

[4] 金光炎. 水文水资源随机分析[M]. 北京：中国科学技术出版社，1993.

[5] 水利电力部水利水电规划设计院. 水利水电工程水文计算规范 SDJ 214—83[S]. 北京：水利电力出版社，1985.

[6] 水利部长江水利委员会. 水利水电工程设计洪水计算规范 SL 44—93[S]. 北京：水利电力出版社，1993.

[7] 水利水电规划设计总院. 水利水电工程可行性研究报告编制规程 DL 5020—93[S]. 北京：水利电力出版社，1993.

[8] 水利水电规划设计总院. 水利水电工程初步设计报告编制规程 DL 5021—93[S]. 北京：水利电力出版社，1993.

[9] 罗仕鉴，朱上上，孙守迁. 人机界面设计[M]. 北京：机械工业出版社，2002.

[10] Microsoft Corporation. 中文 Visual Basic 5.0 程序员指南[M]. 微软（中国）有限公司，译. 北京：科学出版社，龙门书局，1997.

16

MATLAB 在 P－Ⅲ型分布离均系数 Φ_p 值计算及频率适线中的应用

该篇论文发表于《西北水电》2007 年第 4 期。

摘　要：对近年来国内外在 P－Ⅲ型分布离均系数 Φ_p 值的计算方面进行了简要回顾。重点研究了应用 MATLAB 6.0 统计工具箱中的一些专用数学函数如何进行 P－Ⅲ型分布离均系数 Φ_p 值的计算及频率适线问题。结果表明，由 MATLAB 编程所计算的 P－Ⅲ型分布离均系数 Φ_p 值表计算精度高，没有数值发散区，完全能够满足工程水文科研和设计上的使用需要。利用其绘图函数可在 MATLAB 系统环境中直接进行 P－Ⅲ型分布的目估适线，大大提高了设计功效。

关键词：软件；工具箱；频率；分布；密度函数；参数；估计；适线

MATLAB programming language is used to calculate the variation coefficient Φ_p of the P－Ⅲ Distribution and to fit a frequency curve

Wang Zhengfa

(Northwest Investigation, Design& Research Institute,

No. 18 Zhangba Road Xi'an China)

Abstract: The calculation of the variation coefficient Φ_p of the P－Ⅲ Distribution is reviewed briefly recently in our country and abroad. It is emphatically researched how the variation coefficient Φ_p of the P－Ⅲ Distribution is calculated and how is fitting a frequency curve by some special mathematical functions in the Statistics Toolbox of MATLAB. The results indicate that the accuracy of the Φ_p table of the P－Ⅲ Distribution, which is calculated by MATLAB programming language, is high, and the region of divergency of Φ_p numerical value is not found at all. It is completely satisfied in the need of the scientific research and design of engineering hydrology. A frequency curve of the P－Ⅲ Distribution may be directly fitted by the drawing functions in MATLAB's system environment, and the design efficiency is notably enhanced.

Keywords: software; toolbox; frequency; distribution; density function; parameter; estimation; fitting curve

1　引言[1][2]

MATLAB(Matrix Laboratory)是一个适用于科学计算和工程应用的数学软件系统。

自 1984 年由美国 MathWorks 公司推向市场以来，该公司不断接受和吸取各学科领域的顶尖专业人员为之编写的函数和程序，并把它们转换为 MATLAB 的工具箱，使 MATLAB 得到不断发展和扩充，它是 MathWorks 公司产品的基石，包括数值计算、2D 和 3D 图形、语句，以及单一环境下的语言编程能力。

MathWorks 公司分别于 2000 年 10 月和 2001 年 6 月相继推出了 MATLAB 6.0 版和 6.1 版后，又于 2002 年 6 月推出了 MATLAB 6.5 版，每一次版本的推出都使 MATLAB 有很大的进步。界面越来越友好、内容越来越丰富、功能越来越强大，MATLAB 现已成为国际公认的科技数值计算主流软件。该软件具有如下主要特点：超强的数值计算功能、简单的程序运行环境、先进的数据可视化功能、很好的开放及可拓展性和丰富的专业程序工具箱。MATLAB 的这些特点使其具有对各应用学科极强的适应能力，被誉为第四代计算机语言。

在 MATLAB 的众多工具箱中，有一专门为进行数理统计分析而设计的工具箱——统计工具箱(Statistics Toolbox)，该工具箱几乎包括了数理统计方面的所有概念、理论、方法和算法，内有极其丰富的概率论及数理统计分析方面的专用数学函数，特别适用于工程水文分析计算中的常规统计分析与计算工作，可大大节省水文专业设计人员为水文基本统计分析与计算进行程序设计的编程工作量，提高工作效率，而将主要精力用于设计成果的合理性分析上。本文主要介绍应用 MATLAB 6.0 统计工具箱中的一些专用数学函数如何进行 P-Ⅲ型分布离均系数 Φ_p 值的计算及频率适线问题。

2 离均系数 Φ_p 值的计算

频率分析是工程水文中一项最基础的工作，有资料情况下的设计径流、设计暴雨和设计洪水计算都需要借助频率分析技术来确定给定设计频率的设计值。当采用的频率曲线线型确定后，频率分析的关键是样本资料统计参数的估计，以便利用获得的统计参数外延理论频率曲线，推求重现期远远大于系列年限的设计值。这就需要应用概率论及数理统计分析方面的理论知识。

水文系列总体的频率曲线线型是未知的，通常选用能拟合大多数水文系列的线型。目前，世界上各国采用的线型不尽相同。我国水文工作者在二十世纪的五六十年代对水文系列的频率曲线线型，进行了大量的拟合和分析比较工作，认为三参数Γ分布曲线(又称为皮尔逊Ⅲ型曲线——P-Ⅲ型)能较好地拟合我国大部分地区的暴雨和洪水等系列，故现行的有关设计规范[3]规定频率曲线线型一般应采用皮尔逊Ⅲ型曲线。

P-Ⅲ型曲线的密度函数 $f(x)$ 为：

$$f(x)=\frac{\beta^{\alpha}}{\Gamma(\alpha)}(x-a_0)^{\alpha-1}e^{-\beta(x-a_0)} \qquad a_0<x<\infty \tag{16-1}$$

式中：α、β 和 a_0——参数，可同常用的统计参数(均值、离差系数和偏态系数)建立关系；

$\Gamma(\alpha)$——α 的Γ函数。

P-Ⅲ型曲线的三参数 α、β 和 a_0 与样本系列的均值、离差系数和偏态系数的关系如下：

$$\alpha = \frac{4}{C_s^2} \tag{16-2}$$

$$\beta = \frac{2}{\bar{x} C_v C_s} \tag{16-3}$$

$$a_0 = \bar{x}\left(1 - \frac{2C_v}{C_s}\right) \tag{16-4}$$

多数水文资料的最小值大于零，此时一定要：

$$C_s \geqslant 2C_v \tag{16-5}$$

在工程水文计算中，一般需要求出指定频率 P 时的随机变量取值 x_p，求出的 x_p 满足下述等式：

$$p = p(X \geqslant x_p) = 1 - f(x) = \frac{\beta^\alpha}{\Gamma(\alpha)} \int_{x_p}^{\infty} (x - a_0)^{\alpha-1} \mathrm{e}^{-\beta(x-a_0)} \mathrm{d}x \tag{16-6}$$

显然 x_p 取决于 p，α，β 和 a_0 四个数，当P-Ⅲ型曲线的三参数 α，β 和 a_0 为已知时，则 x_p 仅取决于 p。

通常可根据样本资料先估计系列的均值 $\bar{x}$、离差系数 C_v 和偏态系数 C_s，然后利用 α，β 和 a_0 三参数同样本统计参数均值、离差系数和偏态系数之间建立的关系式，可计算 α，β 和 a_0 三参数，因此只要 $\bar{x}$、C_v 和 C_s 三统计参数一经确定，x_p 仅与 p 有关，即可以由 p 按(16-6)式唯一地来计算 x_p。但是 x_p 是(16-6)式中定积分的下标，无法直接求得，需要不断地试算才可计算得到，整个计算过程非常繁杂。

为简化计算，对(16-6)式进行变量代换，令 $t = \beta(x - a_0)$，得：

$$p = \frac{1}{\Gamma(\alpha)} \int_{t_p}^{\infty} t^{\alpha-1} \mathrm{e}^{-t} \mathrm{d}t \tag{16-7}$$

式中：

$$t_p = \beta(x_p - a_0) \tag{16-8}$$

式(16-7)中，当 p 已知时，t_p 仅依赖于 α 或 C_s。利用 α，β 和 a_0 三参数同样本统计参数 $\bar{x}$、C_v 和 C_s 之间建立的关系式，有：

$$x_p = \frac{t_p}{\beta} + a_0 = \frac{\bar{x} C_v C_s}{2} t_p + \bar{x} - \frac{2\bar{x} C_v}{C_s} \tag{16-9}$$

令 $\Phi = \dfrac{x - \bar{x}}{\bar{x} C_v}$，代入(16-9)式，有：

$$\Phi_p = \frac{x_p - \bar{x}}{\bar{x} C_v} = \frac{C_s}{2} t_p - \frac{2}{C_s} \tag{16-10}$$

这里，Φ 称为离均系数，实际上是标准化变量，亦为随机变量，其均值为0，标准差为 1。

当知道 p 及 C_s 后，t_p 可按式(16-7)获得，从而可根据事先估计的样本的统计参数 $\bar{x}$、C_v 和 C_s 由式(16-10)计算 Φ_p 值和 x_p 值，x_p 具体计算公式为：

$$x_p = (\Phi_p C_v + 1)\bar{x} \tag{16-11}$$

当 p 已知时，t_p 仅依赖于 C_s，而由式(16-10)知，Φ_p 仅与 t_p 和 C_s 有关，因此实际上 Φ_p 值在已知时仅与 C_s 有关。Φ_p 值的计算涉及伽马函数和不完全伽马函数的计算，计算过程非常繁杂，在实际计算中，可预先制成离均系数 Φ_p 值表。对于给定的 C_s 值，Φ_p 和 p 的对应数值表，最早由美国工程师福斯特和苏联工程师雷布京制定出来。我国老一代水文工作者(谭维炎、金光炎等)分别于二十世纪八十年代初和九十年代初对 Φ_p 值表又进行了检验并做了一些补充工作，为基于 P-Ⅲ型的频率分析方法在我国水利水电工程的工程水文设计中的广泛使用作出了很大贡献。

预先制成的离均系数 Φ 值表，虽大大简化了水文频率分析的计算，但它最初主要是为工程师进行手工计算服务的。自二十世纪九十年代中期，随着基于 Intel 公司的 Pentium Ⅲ微处理器的高性能微机投入使用，以及面向对象编程语言的出现，借助于“曲线板”的传统手工频率分析技术已渐渐退出了历史舞台，代之而出现的是计算机频率分析技术，这就对离均系数 Φ_p 的计算提出了更高的要求。

自二十世纪九十年代初以来，国内外工程水文研究人员对 P-Ⅲ型分布离均系数 Φ_p 值的计算又进行了大量的研究工作，取得了丰硕成果。概括起来，有关 Φ_p 值的计算方法可以分为两大类：第一类[5]-[9]是采用直接对(16-7)式求数值积分的方法；第二类[10][11][12]是通过事先计算好的 Φ 值表，采用数值内插方法求某一频率 p 的 Φ_p 值。两类方法各有其优缺点。第一类方法可根据需要控制计算精度，但涉及不完全伽马函数的计算，很繁杂，耗机时、速度慢；第二类方法计算简便、工作量小，速度快，但 Φ_p 值的内插精度受 Φ 值表本身节点精度和密度以及所用插值方法影响，精度不够令人满意。还有，最让水文设计人员为难的是，不管采用哪种 Φ_p 值的计算方法，两类计算方法都需要编制大量的计算程序。可是，通常，未经高级语言程序设计培训的广大水文设计人员对程序设计并不是很精通，难以胜任这类计算机程序设计工作。

能否找到一种高效而简洁的程序设计工具来进行 P-Ⅲ型分布离均系数 Φ_p 值的计算及频率分析计算呢？云南省水利水电学校的耿鸿江副教授在这方面进行了有益的尝试，在文献[13]中，研究了应用微软办公软件 Excel 进行 P-Ⅲ型分布离均系数 Φ_p 值的计算及水文频率分析等问题，取得了较好的应用效果。但是，通过计算发现，利用 Excel 的内部函数 GAMMAINV 计算的 Φ_p 值表，虽能在工程上达到实用的要求，但仍有很多数值发散区，尤其是当 $C_s \geqslant 7.40$ 后，各种频率的 Φ_p 值计算数值出现溢出，从公式的完备性来看，该方法尚有一定的不足。

近年来，MathWorks 公司推出的 MATLAB 6. X 版在各应用学科已得到广泛的使用，它具有超强的数值计算、先进的数据可视化等功能，使用简单，是进行科学研究和工程实践的强有力工具。其自带的统计工具箱中的专用数学函数算法先进，可以用来进行 P-Ⅲ型分布离均系数 Φ_p 值的计算。由于 MATLAB 是基于矩阵计算而设计的程序系统,因此,应用MATLAB进行工程应用方面的数值计算,非常高效、简洁,可望很好地解决在P-Ⅲ型分布离均系数Φ_p值的计算中精度和速度之间的矛盾。

在MATLAB统计工具箱里,函数$GAMINV(p,A,B)$为返回Γ分布的累积函数的逆函数,其调用格式为:

$$X = GAMINV(p,A,B) \tag{16-12}$$

式中,p为变量小于或等于X的概率;A、B为参数。p,A,B必须是维数相等的数组或矩阵。

当p,A,B均为一维数组时,$A = 4/C_s$,$B = \bar{x}C_vC_s/2$。若$B = 1$,Γ分布为标准Γ分布。对照式(16-7)和式(16-10),P-Ⅲ型分布离均系数Φ_p值在MATLAB中可按下式计算:

$$\Phi_p = \frac{C_s}{2}GAMINV(1-p,\frac{4}{C_s^2},1) - \frac{2}{C_s} \tag{16-13}$$

当$C_s = 0$时,可用正态分布的累积函数的逆函数$NORMINV(p,MU,SIGMA)$计算离均系数Φ_p值,公式为:

$$\Phi_p = NORMINV(1-p,0,1) \tag{16-14}$$

在MATLAB中,对$C_s = 0:0.1:10$和$p\% = [0.01\ \ 0.02\ \ 0.05\ \ 0.1\ \ 0.2\ \ 0.5\ \ 1\ \ 2\ \ 3\ \ 4\ \ 5\ \ 10\ \ 15\ \ 20\ \ 25\ \ 30\ \ 40\ \ 50\ \ 60\ \ 70\ \ 75\ \ 80\ \ 85\ \ 90\ \ 95\ \ 98\ \ 99\ \ 99.9\ \ 99.99\ \ 100]$构成的P-Ⅲ型分布离均系数$\Phi_p$值表,编程仅要不到十句,计算过程仅需要约1分钟的时间,即可计算出Φ_p值数表。通过与文献[4]和文献[6]所计算的P-Ⅲ型分布离均系数Φ_p值表对比,可见,由MATLAB编程所计算的P-Ⅲ型分布离均系数Φ_p值表在小数点5位与文献[4]和文献[6]中的Φ_p值表几乎完全一致,没有用Excel的内部函数GAMMAINV计算的Φ_p值表时出现的大量数值发散区,完全能够满足科研和生产上的使用需要,充分体现了用MATLAB进行工程数值计算高效、简洁的优点。

3 频率适线

尽管估计P-Ⅲ型分布统计参数的方法很多,如矩法、概率权重矩法、极大似然法、权函数法、单权函数法、双权函数法、离差平方和最小适线法、离差绝对值最小适线法以及20世纪90年代美国学者Hosking和Wallis提出的线性矩法等,但迄今在我国还没有一种能使广大水文科研和设计人员都能接受的方法,在工程设计中,最终常以目估适线法来确定理论频率曲线。

目估适线法是利用水文系列的各项数值与对应的经验频率点绘在频率格纸上,用目估的方法,根据理论频率曲线与实测点据之间拟合的优劣不断调整统计参数,直至获得满意的理论频率曲线。由于水文设计人员的知识、工程经验及风险偏好因人而异,目估适线法工作量很大,手工计算已不能适应工程技术设计水平的发展要求,编制专业程序又需要投入大量的人力和经费,目前,国内还没有比较专业化的工程水文设计的商业软件系统,当遇到需要进行大量的频率分析计算工作时，设计人员往往有点为难。而 MATLAB 具有很强的数据可视化能力，提供了丰富的绘图函数，操作简单，图形交互能力强。利用 MATLAB 中的 NORMPLOT()和 PLOT()函数，通过简单的编程，即可进行 P－Ⅲ型分布的频率适线，并可对频率曲线进行交互标注，直接打印出理论频率曲线，如图 16-1 和图 16-2 所示。由于 MATLAB 是一基于矩阵的软件系统，特别适用于多站或多变量（某站的峰、量）同时进行频率分析计算及适线，可以实现参数估计、目估适线及成果的合理性检验同步完成，大大提高设计功效。

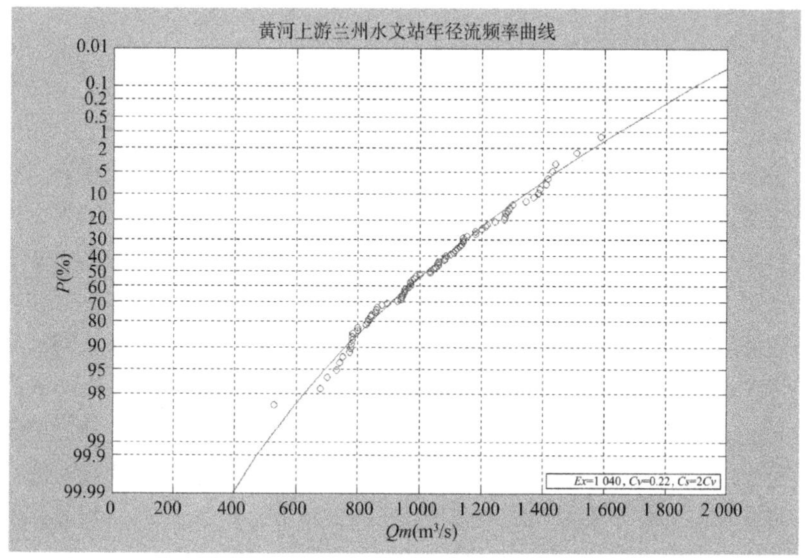

图 16-1　在 MATLAB 中用 NORMPLOT 函数绘制频率曲线

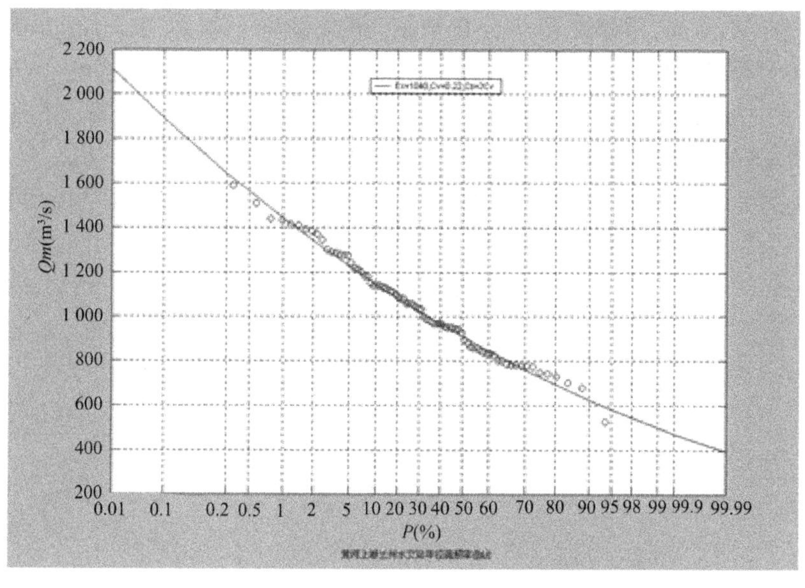

图 16-2　在 MATLAB 中用 PLOT 函数绘制频率曲线

4 结语

MATLAB是基于矩阵计算而设计的程序系统，进行工程应用方面的数值计算，非常高效、简洁，利用其统计工具箱中的专用数学函数计算 P-Ⅲ型分布离均系数 Φ_p 值表，结果表明计算精度高，没有数值发散区，完全能够满足工程水文科研和设计上的使用需要。利用其绘图函数可在 MATLAB 系统环境中直接进行 P-Ⅲ型分布的目估适线，大大提高了设计功效。

参考文献

[1] 罗建军，杨琦．精讲多练 MATLAB[M]．西安：西安交通大学出版社，2002.

[2] 陈桂明，戚红雨，潘伟．MATLAB 数理统计[M]．北京：科学出版社，2002.

[3] 水利部长江水利委员会．水利水电工程设计洪水计算规范 SL 44—93[S]．北京：水利电力出版社，1993.

[4] 谭维炎，张维然，等．水文统计常用图表[M]．北京：水利出版社，1982.

[5] TEFARUK HAKTANIR. Practical Computation of Gamma Frequency Factors [J]. Hydrological Sciences-Journal-des Sciences Hydrologiques，1991，36(6)：599-610.

[6] 金光炎．水文水资源随机分析[M]．北京：中国科学技术出版社，1993.

[7] 吴明官，李彦兴．不完全伽马函数的快速算法[J]．水文，1994(1)：38-41.

[8] 李世才，P-Ⅲ分布 Φ_p 值通用算法的研究[J]．水文，1997(2)：7-15.

[9] 李世才，吴戈堂，林莺．Γ分布函数算法新解及其应用[M]//全国水文计算进展和展望学术讨论会论文选集．南京：河海大学出版社，1998：57-63.

[10] 杨荣富，丁晶，邓育仁．P-Ⅲ分布 Φ 值表的高精度插值[J]．水文，1993(3)：16-20.

[11] 陈开德．运用 FOXBASE+进行水文频率的分析计算[J]．西北水电，1999(2)：2-6.

[12] 刘九夫，谢自银．P-Ⅲ分布频率和离均系数的高精度快速计算[M]//全国水文计算进展和展望学术讨论会论文选集．南京：河海大学出版社，1998：46-51.

[13] 耿鸿江．Excel 在 P-Ⅲ分布频率计算中的应用研究[J]．水电能源科学，2002(3)：41-43.

17

黄河龙羊峡以上河段径流系列代表性分析论证

该篇论文发表于《西北水电》2010 年第 2 期。

摘　要:以唐乃亥站为例,取其 1919 年—2004 年共计 86 年的年径流系列,采用距平分析、周期分析、长短系列统计特征分析和分形分析方法,进行黄河上游龙羊峡以上河段径流系列的代表性分析论证。结果表明:唐乃亥站 1919 年—2004 年径流系列丰、枯等级为“平水”。几种代表性分析方法的结果,得到的具有一定代表性的子系列不一致。从年径流丰、平、枯水年组对称性来看,1928 年—2004 年径流系列中丰、平、枯水年组对称性较好,某种意义上说,唐乃亥站 1928 年—2004 年共 77 年的径流子系列具有较好的代表性,因此,建议采用 1928 年—2004 年的径流系列作为黄河龙羊峡以上河段梯级水电站工程设计的依据。

关键词:黄河　龙羊峡　径流系列　代表性

1　流域概况

黄河发源于青藏高原巴颜喀拉山北麓,海拔高程 4 500 m 的约古宗列盆地。流经青海、四川、甘肃、宁夏、内蒙古、山西、陕西、河南、山东等九省区,于山东垦利、利津两县之间流入渤海。黄河流域横贯中国东西,大部分区域位于中国西北部,处于东经 95°53′～119°05′,北纬 32°10′～41°50′,东西长 1 900 km,南北宽 1 100 km,流域面积 794 443 km^2(含内流区 4.2 万 km^2),干流河道全长 5 464 km,水面落差 4 480 m,年水量 580 亿 m^3,为我国第二大水系。流域内山峦纵横,支流众多,流域天然调节性能好,径流相对较稳定。

黄河干流自河源至内蒙古托克托县的河口镇为上游,其中河源至龙羊峡水库库尾(羊曲)河段为上段;龙羊峡至青铜峡河段为黄河上游的中下段。黄河上游水力资源丰富,是我国十二大水电能源基地之一。其中黄河龙羊峡至青铜峡河段的梯级开发规划和工程开发建设已历经半个世纪的历程,其梯级布置格局经数次规划研究和调整,共布置 25 个大中型梯级水电站,总最大利用水头 1 217.20 m,总装机 14 040.80 MW ,年平均发电量 567.69 亿 kW·h。至 2009 年 12 月,除黑山峡河段外,多数梯级水电站均已建成或在建,其中已建成的龙羊峡电站水库具有多年调节能力,刘家峡电站水库具有年调节能力,龙、刘两库联调除能提高黄河上游龙羊峡至青铜峡河段各梯级电站的保证出力和电量外,还对黄河上游灌溉、供水、防洪、防凌等综合利用具有非常重要的意义。

黄河上游湖口(鄂陵湖出口)至龙羊峡水库库尾(羊曲)河段,长约 1 406 km,天然落差

1 670 m。1995 年西北院与青海省对黄河源至龙羊峡河段进行了现场查勘,并编制了《黄河龙羊峡以上干流查勘报告》,布置有 14 个梯级电站,总装机容量 802.64 万 kW,年发电量 352.71 亿 kW·h。目前黄河源水电站已建成,班多水电站在建,其他梯级电站在做前期设计。

黄河龙羊峡以下河段各水文站自 1980 年起受上游龙羊峡水库影响,所观测的水文资料已非河道天然情况下的水文资料;而龙羊峡以上各水文站受人类活动影响较小,所观测的水文资料基本上可近似认为是天然径流。

黄河上游流域水系、测站及主要工程位置示意图见图 17-1。

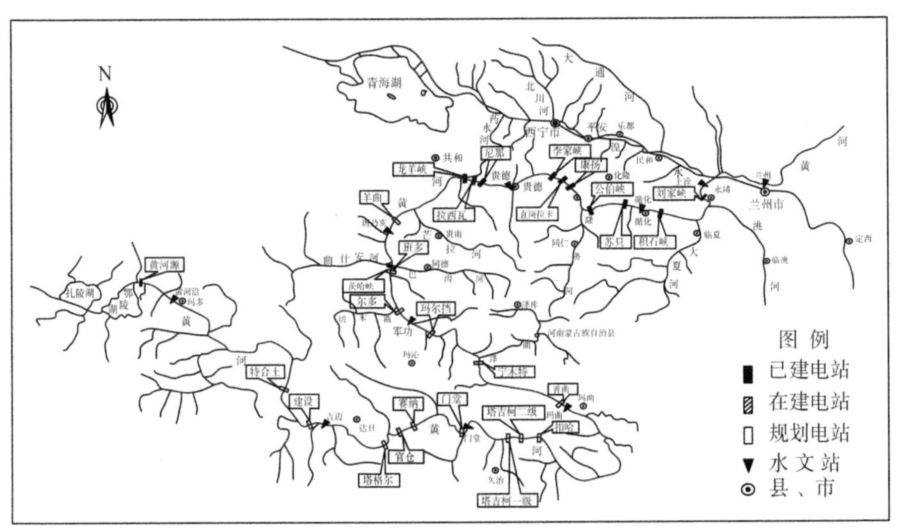

图 17-1 黄河上游流域水系、测站及主要工程位置示意图

2 径流系列及其代表性

水文设计代表站的径流系列是进行径流分析计算的基础资料,需要满足可靠性、一致性和代表性要求。

径流计算的目的就是分析河川径流的年内、年际变化规律,为水利水电工程的合理修建提供正确、可靠的水信息设计数据,以满足人们对用水的需要。内容主要包括年径流、时段径流、时段最小径流以及年际持续径流干旱的频率分析及其分配情况,是进行水库径流调节、水能设计和水电站运行设计的重要依据。设计径流成果对电站装机容量的确定、多年平均年发电量和河道生态流量等的计算有重要影响,直接影响着电站动能经济指标的好坏,最终,间接地对电站的开发决策产生影响。

经复核或还原后,设计代表站的径流系列一般能满足可靠性和一致性的要求,此后,径流系列是否具有代表性将对径流设计成果具有重要影响,只有具有代表性的径流系列所得到的径流设计成果能从长期趋势上代表设计断面径流的未来趋势,可作为水能、泥沙、水保和环保等专业的基础设计输入资料。

径流系列的代表性是指具有一致性的年径流系列(称为样本)的统计特性对总体统计特性的接近程度。接近程度高,表明该系列代表性较好,反之则较低。但是总体是未知的,无法进行直接对比,目前只能根据人们对径流规律的认识,借助于与长系列径流资料的统计参数比较,并采用多种方法综合分析,作出判断。常用的径流系列代表性分析方法有:①周期性分析;②长系列参证变量的比较分析;③长、短系列统计特征分析;④分形理论分析法;⑤间接分析。

3 黄河龙羊峡以上河段径流系列代表性分析论证

唐乃亥水文站位于黄河天然径流河段与受大型水库调节径流河段的分界处,是黄河上游上段的重要控制站。黄河龙羊峡以上主要水文站的径流资料经插补延长后,玛曲站、军功站和唐乃亥站均具有1919年—2004年共计86年的年、月径流系列。现以唐乃亥站为设计代表站,进行黄河龙羊峡以上河段径流系列代表性分析论证。在唐乃亥站1919年—2004年共计86年的径流系列中,哪一段较具有代表性,能反映黄河龙羊峡以上未来的径流情势,实难准确预测和判断,需要进行仔细的分析,经充分论证后确定取舍。

3.1 唐乃亥站1919年—2004年径流系列距平分析

年径流丰、枯划分标准采用五级,见表17-1。

表17-1 年径流丰、枯分级标准

分级	名称	年径流距平百分数
1	丰	≥130%
2	偏丰	[110%,130%]
3	平	[90%,110%]
4	偏枯	[70%,90%]
5	枯	<70%

根据表17-1中年径流丰、枯划分标准,对唐乃亥站1919年—2004年径流系列中丰、平、枯水年的组成及距平情况进行了分析,成果见表17-2和图17-2。

表17-2 唐乃亥站1919年—2004年径流系列距平分析成果表

流量均值 m^3/s	年水量 亿 m^3	丰水		偏丰		平水		偏枯		枯水	
		年数	占百分比(%)	年数	占百分比(%)	年数	占百分比(%)	年数	占百分比(%)	年数	占百分比(%)
618	195	11	12.8	17	19.8	25	29.1	26	30.2	7	8.1

由上述成果表可知,在唐乃亥站1919年—2004年共计86年的径流系列中,丰、偏丰水年有28年,占32.6%,枯、偏枯水年有33年,占38.3%,平水年有25年,占29.1%,枯、偏枯水年在系列中所占比例略高,整个系列为平、偏枯。

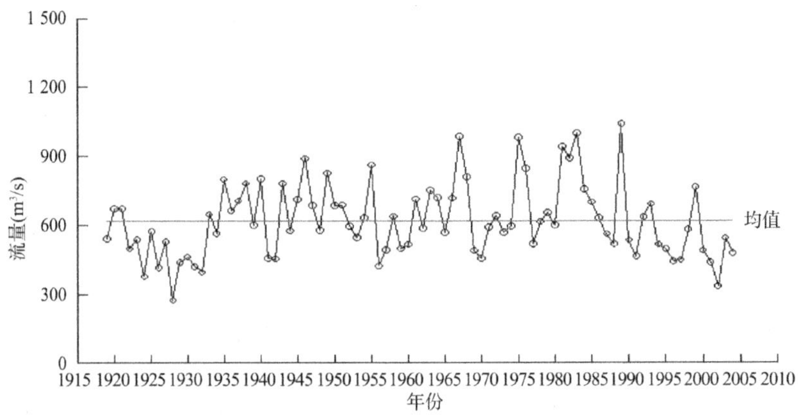

图 17-2　唐乃亥站年平均流量时序图

3.2　周期性分析

n 年径流系列中每年的径流值都在其均值的上下跳动，并有丰、枯水年组交替出现的周期现象。对于 n 年径流系列，可直接检验其是否包括了丰水段、平水段和枯水段，且丰、枯水段又大致对称分布，则其代表性较好，否则代表性较差。唐乃亥站 1919 年—2004 年共计 86 年的径流系列中丰水段、平水段和枯水段组成情况见表 17-3 和图 17-3。

表 17-3　唐乃亥站年径流系列丰水段、平水段和枯水段组成及平均值计算成果表

项　目	时间段										
	1919—1921	1922—1932	1933—1944	1945—1951	1952—1960	1961—1968	1969—1974	1975—1986	1987—1993	1994—2004	1919—2004
均值(m^3/s)	627	447	646	715	575	732	556	761	635	503	617
距平(%)	102	72.4	105	116	93.2	119	90.1	123	103	81.5	
丰、枯等级	平	偏枯	平	偏丰	平	偏丰	偏枯	偏丰	平	偏枯	
相应年水量(亿 m^3)	198	141	204	225	181	231	175	240	200	159	195

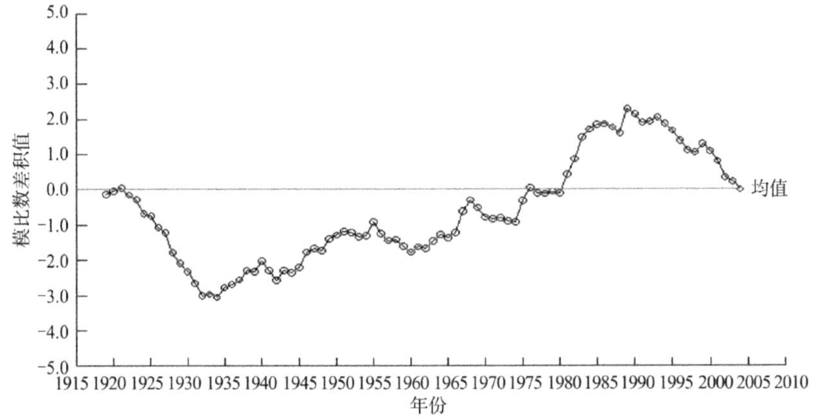

图 17-3　唐乃亥站年平均流量模比数差积曲线图

由表 17-3 知，在唐乃亥站 1919 年—2004 年径流系列中，有一短平水段（1919 年—1921 年）、两中长平水段（1952 年—1960 年、1987 年—1993 年）和一长平水段（1933 年—1944 年）；有两长偏枯水段（1922 年—1933 年、1994 年—2004 年）和一中长偏枯水段（1969 年—1974 年）；有两中长偏丰水段（1945 年—1951 年、1961 年—1968 年）和一长偏丰水段（1975 年—1986 年）。黄河上游径流有丰水、平水和枯水年组交替出现的周期现象，存在 20 年～30 年左右的中长水文周期，约 60 年～80 年的长周期。枯水年和偏枯水年出现最多的年份是 20 世纪 20 年代和 90 年代，丰水年和偏丰水年出现最多的年份是 20 世纪 40 年代、60 年代和 80 年代，丰、枯水段不呈明显的对称分布，因此，唐乃亥站 1919 年—2004 年径流系列仅具有一定的代表性。

3.3　长、短系列统计特征分析

唐乃亥站 1919 年—2004 年长、短系列均值计算及距平分析比较见表 17-4。

表 17-4　唐乃亥站年径流长、短系列分析比较表

项　目	时间段					
	1919—1955	1933—2004	1956—2004	1919—1993	1919—2000	1919—2004
系列长度（年）	37	72	49	75	82	86
流量均值（m^3/s）	599	642	627	630	625	617
距平（%）	97.1	104.1	101.6	102.1	101.3	
丰、枯等级	平	平	平	平	平	
相应年水量（亿 m^3）	189	202	198	199	197	195

由表 17-4 知，唐乃亥站 1919 年—2004 年取长度大于 35 年的长、短系列的丰枯等级基本上均属“平水”。

又取编组起始长度为 5，分别按顺序和逆序计算唐乃亥站年平均流量逐年累进系列均值 E_x 和变差系数 C_v，以及移动平均系列均值 E_x 和变差系数 C_v，成果见图 17-4—图 17-9。

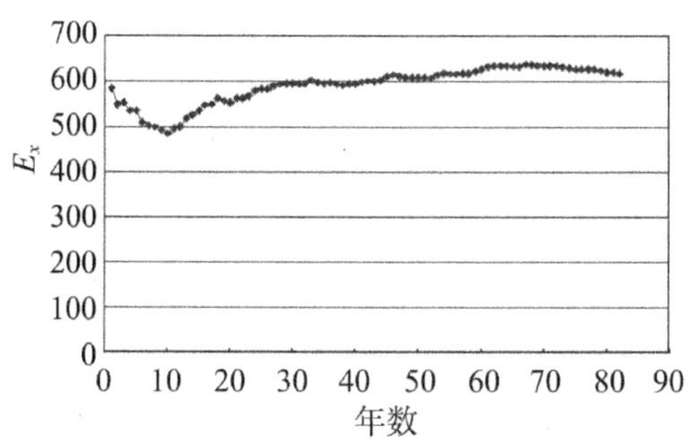

图 17-4　黄河唐乃亥站年径流顺序累进系列 E_x 值过程线图

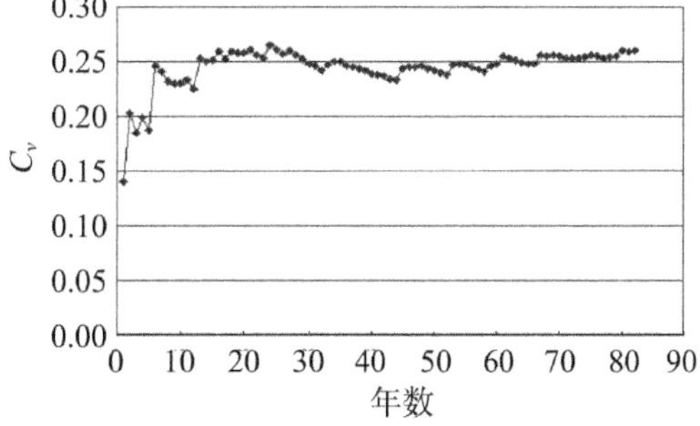

图 17-5　黄河唐乃亥站年径流顺序累进系列 C_v 值过程线图

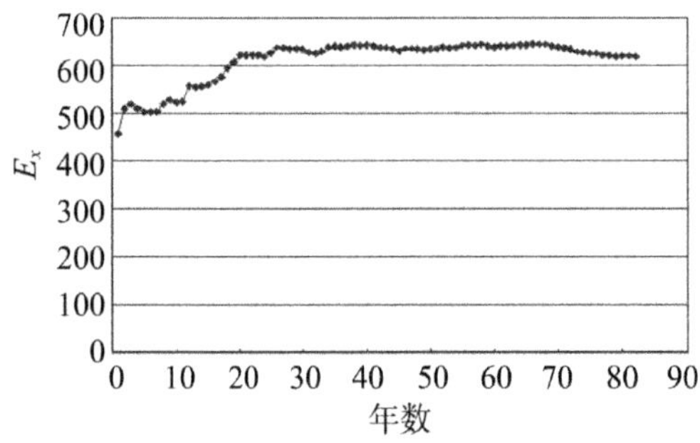

图 17-6　黄河唐乃亥站年径流逆序累进系列 E_x 值过程线图

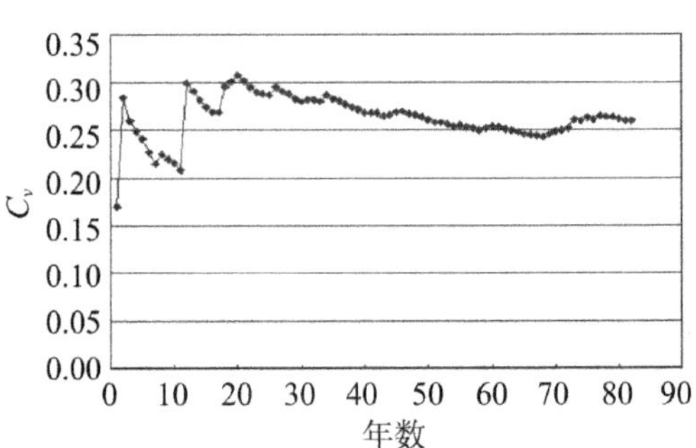

图 17-7　黄河唐乃亥站年径流逆序累进系列 C_v 值过程线图

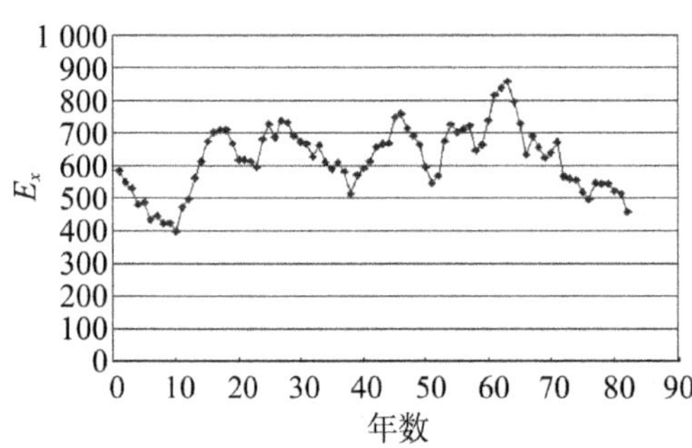

图 17-8　黄河唐乃亥站年径流滑动平均系列 E_x 值过程线图

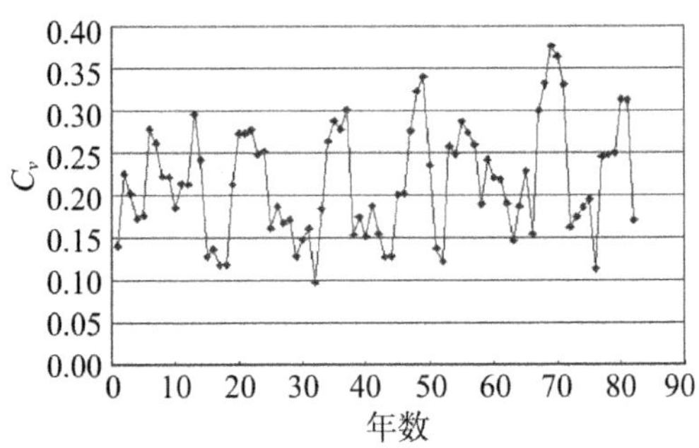

图 17-9　黄河唐乃亥站年径流滑动平均系列 C_v 值过程线图

由顺序累进系列均值和变差系数计算成果来看，唐乃亥站 1919 年—1989 年系列的均值和变差系数已渐趋稳定，具有一定的代表性；而由逆序累进系列均值和变差系数计算成果来看，唐乃亥站 1928 年—2004 年系列的均值和变差系数也渐趋稳定，具有一定的代表性；由滑动平均系列均值和变差系数过程线来看，唐乃亥站 1919 年—2004 年系列具有 20 年～30 年的水文周期。

3.4　分形理论分析法

近年来，利用分形理论、混沌理论以及小波分析方法来研究水文现象已取得了一些应用成果。这里，利用分形理论分析法对唐乃亥站 1919 年—2004 年径流系列进行初步分析，供比较研究。

分形理论和混沌理论等，是现代非线性科学和复杂性研究的重要组成部分。按照分形理论，许多事物其局部和整体存在着几何上的或统计上的自相似性，且无限嵌套。这种整体与其组成部分之间在形态、功能、信息、时间、空间等方面的无穷多层次的自相似结构，形成了大量复杂事物和现象，构成了一类所谓“无标度性”的高难度问题。径流系列的代表性分析就属于这样的问题。

径流系列的代表性分析目前没有公认的好方法，通常认为系列愈长，其代表性愈好，但实际上不尽然。对于长系列（样本长度≥50 年）的年径流资料，哪一段较具有代表性，实难准确预测和判断。一般地说，具有一定长度（≥30 年）的年径流系列均具有周期现象，即时间上的自相似性，因此，利用分形理论的有关方法对年径流系列进行分析，找出在时间上与其总体有自相似性的部分（子系列），即为有代表性的。

时间序列分形的基本特征是分形结构的不规则程度，采用分维数即分数维数来表征。分数维数不同于通常的整数维数（拓扑维数），可按其在单位时间内充填空间或时间的能力来确定。其中作为时间轴上自相似性的时间分形采用动态分维数。动态分维数的变化反映不规则程度随时间的变化。当变化超过一定限度时，表明它已处于“临界”或发生了“突变”。时间序列的分维数计算有多种方法，其中一维动态豪斯道夫分维数分析方法较为简单易懂。一维动态豪斯道夫分维数计算公式为：

$$D_{ft}=\frac{\mathrm{Ln}(K)}{\mathrm{Ln}(L)} \tag{17-1}$$

$$K=|X_{t+1}/X_t| \tag{17-2}$$

$$L=|X_t/X_{t-1}| \tag{17-3}$$

$$X_t=\sum_{i=0}^{t}x_i \tag{17-4}$$

式中：

D_{ft} ——一维动态豪斯道夫分维数；

X_t ——生成序列；

x_i ——时间序列，$i=0,1\cdots n$。

利用一维动态豪斯道夫分维数 D_{ft} 大小判断临界点，分割时间序列，选择统计样本。

根据唐乃亥站 1919 年—2004 年径流系列进行一维动态豪斯道夫分维数 D_{ft} 计算，成果见表 17-5 和图 17-10。

表 17-5　一维动态豪斯道夫分维数 D_{ft} 计算成果表

年份	D_{ft}	年份	D_{ft}	年份	D_{ft}	年份	D_{ft}
1919		1941	0.961 15	1963	0.931 54	1985	0.885 40
1920	0.542 42	1942	1.628 64	1964	0.767 76	1986	0.878 57
1921	0.538 22	1943	0.706 53	1965	1.237 75	1987	0.915 68
1922	0.863 81	1944	1.173 86	1966	1.333 73	1988	1.961 82
1923	0.607 97	1945	1.178 65	1967	0.796 99	1989	0.505 39
1924	1.293 39	1946	0.738 30	1968	0.591 38	1990	0.863 97
1925	0.644 36	1947	0.816 94	1969	0.913 69	1991	1.342 14
1926	1.129 48	1948	1.364 58	1970	1.277 24	1992	1.077 39
1927	0.485 50	1949	0.802 25	1971	1.063 05	1993	0.736 50
1928	1.460 38	1950	0.962 04	1972	0.872 74	1994	0.948 33

续表

年份	D_{ft}	年份	D_{ft}	年份	D_{ft}	年份	D_{ft}
1929	0.978 55	1951	0.843 22	1973	1.030 28	1995	0.885 89
1930	0.839 76	1952	0.884 59	1974	1.613 39	1996	1.004 59
1931	0.886 03	1953	1.130 26	1975	0.840 56	1997	1.280 07
1932	1.497 25	1954	1.312 57	1976	0.600 83	1998	1.303 39
1933	0.807 01	1955	0.481 41	1977	1.166 56	1999	0.629 31
1934	1.293 83	1956	1.141 73	1978	1.040 53	2000	0.888 33
1935	0.766 47	1957	1.266 91	1979	0.904 23	2001	0.759 74
1936	0.990 99	1958	0.761 92	1980	1.538 42	2002	1.606 93
1937	1.027 32	1959	1.014 09	1981	0.927 44	2003	0.872 18
1938	0.724 60	1960	1.350 10	1982	1.091 37	2004	
1939	1.247 70	1961	0.801 23	1983	0.743 92		
1940	0.549 25	1962	1.251 20	1984	0.907 34		

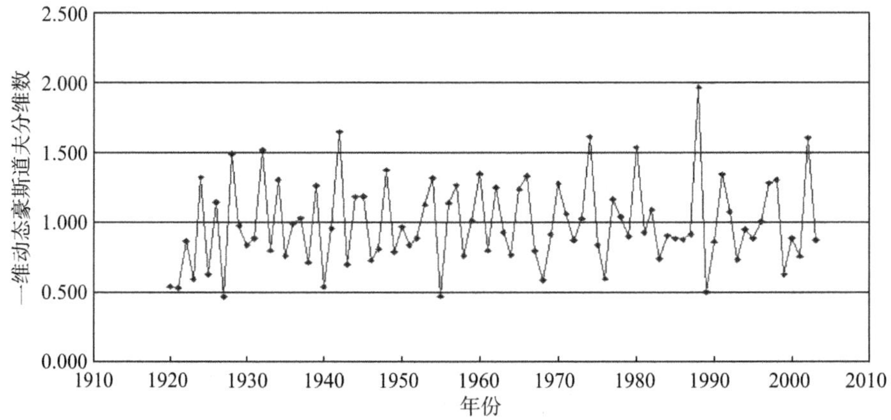

图 17-10 唐乃亥站年平均流量一维动态豪斯道夫分维数 D_{ft} 变化过程线图

由表 17-5 知，唐乃亥站 1919 年—2004 年径流系列一维动态豪斯道夫分维数 D_{ft} 在 1942 年和 1988 年出现两个高值，表明 1942 年以前和 1988 年以后的年径流系列属于另外的子序列，1943 年—1987 年系列与总体具有自相似性，具有较好的代表性，其均值为 678 m^3/s。

3.5 结果分析

根据上述分析，总的说来，唐乃亥站 1919 年—2004 年径流系列丰、枯等级为“平水”。几种方法分析得到的黄河龙羊峡以上河段径流代表性系列及其丰、平、枯水年组构成情况见表 17-6。

表 17-6　黄河龙羊峡以上河段径流系列代表性分析成果表

方法	代表性系列(年)	丰、平、枯水年组构成								
顺序长、短系列分析	1919—1989	1919—1921	1922—1932	1933—1944	1945—1951	1952—1960	1961—1968	1969—1974	1975—1986	1987—1989
		平	枯	平	丰	平	丰	枯	丰	平
逆序长、短系列分析	1928—2004	1928—1932	1933—1944	1945—1951	1952—1960	1961—1968	1969—1974	1975—1986	1987—1993	1994—2004
		枯	平	丰	平	丰	枯	丰	平	枯
分形理论方法	1943—1988	1943—1944	1945—1951	1952—1960	1961—1968	1969—1974	1975—1986	1987—1988		
		平	丰	枯	丰	枯	丰	枯		

由表 17-6,几种分析方法的结果,得到的具有一定代表性的子系列不一致,没有充分的理由确定哪种分析方法更为可靠合理。

4　结语

本文以唐乃亥站为例,取其 1919 年—2004 年共计 86 年的径流系列进行黄河上游(龙羊峡以上)径流系列的代表性分析论证。经对唐乃亥站 1919 年—2004 年径流系列进行距平分析、周期分析、长短系列统计特征分析和分形分析,结果表明:唐乃亥站 1919 年—2004 年径流系列丰、枯等级为“平水”。几种代表性分析方法的结果,得到的具有一定代表性的子系列不一致。从年径流丰、平、枯水年组对称性来看,1928 年—2004 年径流系列中丰、平、枯水年组对称性较好,从某种意义上来说,唐乃亥站 1928 年—2004 年共 77 年的径流子系列具有较好的代表性,因此,建议采用 1928 年—2004 年的径流系列作为黄河龙羊峡以上河段梯级水电站工程设计的依据。

参考文献

[1]《中国水力发电工程》编审委员会. 中国水力发电工程 · 工程水文卷[M]. 北京:中国电力出版社,2000.

[2] 李后强,程光钺. 分形与分维[M]. 成都:四川教育出版社,1990:5-8.

[3] 张少文,王文圣,丁晶,等. 分形理论在水文水资源中的应用[J]. 水科学进展,2005,1(1):141-146.

18

梯级水库防洪标准选择的方法体系分析研究

该篇论文的简版发表于《西北水电》2011 年第 3 期。王正发是第一作者，第二作者是杨百银。

摘　要：在给出梯级水库和梯级水库群的定义基础上，对水库防洪标准的含义进行了分析，比较了国内外防洪标准的异同，指出了其不足。根据梯级水库防洪标准选择的主要影响因素和特性，提出其选择的三种方法体系：继承与完善——基本体系、创新与确立——决策体系和继承与创新——基本与决策混合体系，对三种方法体系的内涵和要求进行了分析研究，初步探讨了如何统筹考虑河流梯级水库群的设计洪水标准、保证梯级水库群的防洪安全问题。

关键词：水库；梯级水库；梯级水库群；防洪标准

1　引言

自 20 世纪 90 年代中期起，随着世界能源危机的加剧，我国政府提出了可持续发展战略，鼓励开发可再生清洁能源。水电作为开发技术最成熟的可再生能源得到了迅猛发展。经过十多年的开发，目前，我国大多数河流水力资源利用已全面形成梯级开发格局，已建的大多数水库并非单独存在，而是处在梯级水库群中。就整个梯级水库群的防洪安全而言，梯级水库群中的任一梯级均具有各自的作用，牵一发则动全身，在河流梯级间任一处修建一个新工程或改变一项防洪措施，势必会对全流域梯级水库群的防洪安全产生或大或小的影响。我国现行的防洪标准规范主要适用于单库，对梯级水库群防洪标准的确定没有明确、合理的规定。设计中均按坝型及规模套用单库情况选择水库大坝的防洪标准，造成了一些梯级水库防洪标准不协调，使一些梯级水库群存在防洪安全隐患。在工程设计时，对于单库的防洪设计，就其组合方式而言，现行防洪标准规范是基本可行的；但对于梯级水库的防洪设计，影响梯级水库防洪安全的因素远比单一水库多，梯级水库失事造成的危害也更加严重。

近年来，梯级水库群防洪标准确定方法的研究越来越受到国内外水利水电学科方面有关高校、科研单位和设计部门研究人员的重视，取得了一些理论研究成果。但鉴于梯级水库群防洪标准确定问题的复杂性，对于两库或多库组成的梯级水库群，国内外现行规范或指南均没有详细规定如何确定各库的防洪标准。现行的各种方法对确定梯级水库群防洪标准仅具有一定的指导意义，尚不足以应用于工程实际。如何确定梯级水库群的防洪标准是河流梯级开发中非常重要的问题，它关系到工程的成败，解决这一问题已显得非常迫切。

2 梯级水库和梯级水库群的定义

水库群是指在河流干、支流上由两个或多个水库以串联、并联或混联方式形成的水库群系统，可分为：串联水库群，由位于同一河流的上下游水库所组成；并联水库群，由位于不同支流（包括干流）的水库组成；混联水库群，由串联水库（群）及并联水库（群）所组成。

为区别于一般水库群，并使研究问题得到一定简化，将梯级水库和梯级水库群分别定义为：在一条河流（或河段）上修建的多座水库，若上游水库的下泄流量是下游水库入库流量的组成部分，这种上、下游水库之间具有水力联系的水库称为梯级水库。多座梯级水库组成的水库群称为梯级水库群。

对于纯并联水库群，由于水库之间不存在水力联系，未形成上下游梯级关系，若下游没有共同的防洪对象，或虽然有共同的防洪对象但没有采取联合防洪调度时，则各库的洪水调度互不影响，一个水库的调度结果也不影响其他水库的来水情势，因此，纯并联水库与单个水库的情形相似，完全可以按单一水库对待。

可见，梯级水库群包括串联水库群和混联水库群。其中混联水库群可以看成是由两个或几个串联子水库群混合组成的水库群，它们中部分水库之间具有水力联系，可称为具有梯级关系，另一部分水库之间不具有水力联系，它们之间的关系可称为并联关系。

3 水库防洪标准分析与评价

防洪标准是一个国家的经济、技术、政治，社会和环境等因素在工程上的综合反映，既关系到工程自身的安全，又关系到其下游人民生命财产、工矿企业和设施、生态环境的安全，还对工程效益的正常发挥、工程造价和建设速度有直接影响。它的确定是设计中遵循自然规律和经济规律，体现国家经济政策和技术政策的一个重要环节。防洪标准本质上是防洪安全与经济之间的权衡，应与国家的经济实力相适应。防洪既不能过度，也不能失度，防洪标准必须妥善解决好安全与经济、社会、环境之间的矛盾。

3.1 水库防洪标准的含义

防洪标准是指防洪保护对象要求达到的防御洪水的标准，通常应以防御的洪水或潮水的重现期表示；对特别重要的保护对象，可采用可能最大洪水表示。根据防护对象的不同需要，其防洪标准可采用设计一级或设计、校核两级。

水库防洪标准是指水库保证自身防洪安全所必须达到防御洪水的标准，反映水库自身抵御洪水的能力，它对水利水电工程的安全和经济影响重大。水库防洪标准通过设计洪水标准和校核洪水标准来体现。一般来说，选择的水库防洪标准越高，水工建筑物的设计洪水标准就越高，相应的设计洪水也就越大，则工程投资自然也会增大，工程失事风险率相应就小；反之，选择的水库防洪标准越低，水工建筑物的设计洪水标准就越低，相应的设计洪水也就越小，则工程投资自然也会减少，工程失事风险率会相应增大。

梯级水库防洪标准是指梯级水库群中，某一梯级水库为保证本梯级水库自身防洪安全且不致影响下游梯级水库防洪安全所必须达到的防御洪水的标准。

防洪标准与防洪保护对象的重要性、洪水灾害的严重性及其影响直接相关，并与国民经济的发展水平相适应。它不同于一般的技术标准和产品标准，在很大的程度上是如何合理处理防洪安全与经济的关系。国家根据需要与可能，对防洪标准用规范予以规定。其制定应遵循以下原则："具有一定的防洪安全度，承担一定的风险，经济上基本合理、技术上切实可行"。

3.2 国内外防洪标准

3.2.1 概述

水利水电工程规划和设计的一项首要的技术决策，就是选择工程的防洪设计标准。水库防洪标准选择合理与否直接关系到水库的防洪安全，是水库防洪安全的首要问题。国内外水库防洪标准的演变大致经历了早期的第一代标准、20 世纪 70 年代后期的第二代标准，目前正向第三代标准发展，即基于风险分析的防洪标准。

1998 年，国际大坝委员会(ICOLD)总结水库防洪安全设计的进展，将设计标准分成三个阶段[1]，"第一代标准"主要是根据经验和水库的共性，粗略分级制定标准列表备查，并没有考虑到设计水库的个性，如水库重要性、坝体体量、坝型、库容和坝对下游的危害。大多数国家是采用洪水频率分析方法，设计洪水重现期从 200 年到 10 000 年。有些国家使用水文气象方法，估计可能最大洪水(PMF)。通过规范来统一规定水库防洪安全设计标准，其优点是在实用上简单、方便和一致，在科学上同类水库的安全性具有可比性。但也存在两个明显弱点，一是设计标准的高低和安全事故风险的大小无关，不能反映各项工程的实际造价和效益的差别；另一是其防洪安全设计程序缺少必要的灵活性，形成一个僵硬执行规范的封闭系统，限制和妨碍科技人员改进和完善设计的积极性，设计方案的安全性也缺乏说服力。

ICOLD 总结的"第二代"标准一般是根据水库危害严重程度分级，风险高的水库就要采用高的设计标准。在大多数情况下，水库溃坝对下游潜在的危害，对水库的风险评价是至关重要的。提出应根据水库本身的特征和潜在的溃坝危害，客观评价设计水库的风险性，水库特征给出包括坝体的体量特性、水库综合特性(坝高×库容)、电站容量特性、调节流量特性等一系列定量指标。第二代标准比第一代标准更能反映大坝的具体情况，对指导大坝防洪设计、改善防洪安全起了重要的作用，是较为实用的，至今仍被广泛采用。自 20 世纪 80 年代以来所使用的第二代标准意味着在防洪安全领域有很大改善，但也受到各种批评，主要是以下几点：(1) 按对下游的危害严重程度进行分级，下游可能造成的危害本身就很难给出清晰准确的定义，分级缺乏明确的界限，一般只能是定性的和具有随意性的。(2) 除分级含有非常主观的成分外，现在分级的标准存在很大的差别，同一水库就会得出不同的分级，因此所确定的设计洪水的差别就会更大。(3) 在对下游所有可能的各种危害，如生命、物质损失、经济、社会和环境后果等，确定水库级别时，应该最关注罹难死亡人数，使其起决定性的作用。(4) 应用 PMF 作为设计标准是非常保守的，意味需要付出高昂的费用。(5) 为确定设计洪水，对水库进行分级时，应估算溃坝情况下，溃坝洪水对下游所造成的损失，和水库正常运作情况下，设计洪水对下游造成的损失，两相对比估算出损失的增量。

20 世纪 80 年代美国垦务局(USBR)为了检查 2 984 座建成水库的安全状况[2],制定了一套基于防洪风险分析的评价程序(SEED),在此基础上逐渐形成了基于风险分析的水库防洪设计标准。USBR 通过情景模拟,分析水库采用不同设计标准,发生各种量级的洪水及溃坝洪水的淹没范围和损失,并分别估算出发生的可能性。在溃坝下不会造成人员严重伤亡的前提下,建议通过风险—费用—效益的综合分析,选定合适的防洪安全设计标准。在此基础上发展形成了 ICOLD 定义的“第三代”水库防洪安全设计标准。

ICOLD 推荐的是以风险评价为基础的“第三代”设计标准,替代过去两代标准。其主要研究思路是综合考虑坝高、库容和溃坝损失的严重程度,通过风险分析来确定水库的设计标准。第三代新标准的突出特点是:要求具体分析设计水库的风险特性,估算提高安全标准所需费用,综合考虑溃坝事故的风险,包括概率和可能造成的危害,还要根据当地社会允许承受的风险水平,通过风险—效益—工程费用之间的关系,逐个水库分别确定各自的防洪安全设计标准。

3.2.2 国外防洪标准

研究国外水库大坝防洪安全管理方面的资料发现,世界各国所采用的防洪标准有所不同,许多国家采用完全不同的防洪标准。这表明防洪标准的确定,不仅取决于技术、经济因素,还广泛地受到自然地理、历史、道德观念、社会、政治和环境因素的影响。

当前,国外一些国家表示水库防洪标准的方式主要有以下四大类:

(1) 以调查、实测的某次大洪水或适当加成表示,如瑞典、挪威等国。这种方式表示防洪标准很不明确,其设计洪水的大小,与调查、实测期的长短和该时期洪水状况有关,适当加成任意性大。随着水文、气象资料的积累和洪水分析计算技术水平的提高,这种方式现已很少采用。

(2) 以洪水的重现期(T)或年超过概率($p\%$)表示,设计洪水计算采用频率分析法,如俄罗斯、日本、哥伦比亚、瑞士等国。它较科学地反映了洪水出现概率和防护对象的安全度,但在理论频率曲线外延上存在较大的不确定性,争议很大。目前,已被多数国家采用。

(3) 以可能最大洪水(PMF)或其 3/4、2/3、1/2 表示。PMF 采用水文气象法分析计算,如美国、印度、加拿大等国。由于分析计算 PMF 需要大量的水文气象资料,很难准确计算,取其某倍比,任意性较大,而且防洪安全度不明确,目前已很少采用。

(4) 以 50 年一遇～1000 年一遇洪水设计,10 000 年一遇洪水或可能最大洪水(PMF)校核,如英国、澳大利亚、挪威等国。水文气象法、频率分析法混合使用。

3.2.3 我国防洪标准

我国幅员辽阔,自然地理、气候条件复杂,除沙漠、戈壁和极端干旱区及高寒山区外,大约 2/3 的国土面积存在着不同类型和不同危害程度的洪水灾害。在世界上属洪涝灾害最严重的国家之一,洪水灾害频繁。自古以来,我国对防洪就非常重视。但在 1949 年中华人民共和国成立以前,仅凭积累的治水经验进行防洪工程的建设、维修或加固,没有颁布过可满足工程设计要求的防洪标准。新中国成立以后,为防御洪水、减少洪灾损失,维护人民生命财产安全，国家非常重视防洪工程建设。为了满足大规模防洪建设的需要，有关部门对所管理的防洪对象的防洪标准，先后作过一些规定。由于制订的时期不同，对防洪安全与经济的关系等的处理有差异，类似的防护对象，其防洪标准不够协调。直到1994年，为适应国民经济各部门、各地区的要求和防洪建设的需要，国家技术监督局和建设部联合发布了由水利部主编的国家统一的《防洪标准》(GB 50201—94)。随后，一些部委又根据国家防洪标准陆续对各自的行业防洪标准进行了修订，做到基本统一。

从我国防洪标准的变化过程来看，制定防洪标准的原则是以水库工程失事后对政治、经济、社会和环境的影响大小为依据，影响较大的工程承担风险小一点，反之则可大一些，不顾经济代价，片面提高防洪标准和安全性是不合适的。

我国现行的水库防洪标准主要以 GB 50201《防洪标准》、SL 252《水利水电工程等级划分及洪水标准》和 DL 5180—2003《水电枢纽工程等级划分及设计安全标准》三本规范为依据。GB 50201—94《防洪标准》为国家标准，SL 252—2000《水利水电工程等级划分及洪水标准》为水利行业标准，DL 5180—2003《水电枢纽工程等级划分及设计安全标准》为电力行业标准，三者在水库防洪标准方面完全统一。规范规定：水库防洪标准的确定是按其工程规模、总库容、效益和在国民经济中的重要性先划分等别，再根据工程等别按永久或临时水工建筑物在工程中的重要性确定其级别，同时考虑坝型、坝高、工程地质条件以及工程失事后对下游危害等因素判定其级别是否提高一级或降低一级，最后以水工建筑物的级别和筑坝材料的类型(土石坝或混凝土坝、浆砌石坝)按山区、丘陵区和平原、滨海区分别确定水库工程建筑物的防洪标准。这种先分等别再根据工程等别分级的做法已在我国沿用了几十年，证明在工程实践中是切实可行的。

3.2.4 国内外防洪标准的比较

世界上多数国家确定水库设计洪水采用频率分析法，最高标准为万年一遇洪水，少数采用可能最大洪水(PMF)。我国现行防洪标准规定，采用可能最大洪水或万年一遇洪水作为土坝、堆石坝1级水工建筑物的校核标准，其防洪安全理念与世界多数国家是一致的。

我国在防洪标准确定中所考虑的影响因子与国外有所不同，没有将水库溃坝危害作为关键性指标加以考虑，对失事损失的评估没有可遵循的具体方法。

现行中外各国的水库防洪标准主要是针对单一水库而言，基本上没有涉及梯级水库群的防洪标准，对梯级水库的防洪标准没有给出具体的确定方法。

4 梯级水库防洪标准选择的方法体系分析研究

4.1 概述

水库防洪标准的确定是一项重要的技术决策。它涉及一个国家经济、政治、社会和环境的诸多方面。工程的防洪安全对社会、经济影响重大。防洪标准过高会造成资金的大量浪费；标准过低，工程不安全，可能造成人民生命财产的重大损失。我国还是一个发展中国家，要使有限的资金发挥更大的效益，对水库防洪标准进行深入研究非常重要。

泄洪建筑物的设计洪水标准与校核洪水标准，直接关系到水库大坝的安全与投资。主体工程防洪标准的高低决定了泄洪建筑物规模的大小，直接影响枢纽布置方式、运行可靠度和建设投资，防洪建筑物费用在工程总费用中占有相当的比例。在确定设计标准时应根据工程规模及下游防护对象的重要性，把安全与经济这一对矛盾，合理地统一起来，以得出最适宜的防洪标准。

目前，我国大江、大河的多数河段上的梯级大库正在逐步建设，有些已基本建成，如黄河龙羊峡至青铜峡河段梯级水电站水库群，已全面形成梯级开发格局，出现了与制定现行防洪规范时不同的新情况。梯级开发的河流中，梯级水库群防洪标准选择较单一水库情况复杂。梯级水库大坝的防洪安全，互有影响。在新建水库工程的设计中，既要考虑上游梯级水库对本梯级水库的影响，也要考虑本水库对下游各梯级的影响，必须高度重视其与已建的和近期待建工程之间的相互关系，确保各水库大坝应有的防洪安全。

进入21世纪以来，随着社会、经济的迅速发展，国家财力的增强，人们已经不仅仅关注工程是否安全，而是更加关注与自己切身利益和生存有关的社会、环境等各种威胁，风险意识明显增强，对防洪安全和公共安全提出了更高的要求。有关部门为适应这种新形势，坚持以科学发展观为指导，深入贯彻落实我国政府在21世纪提出的“以人为本”和全面、协调、可持续发展的战略决策，提出了治水新思路和一系列新理念。新理念的一个重要方面就是要建立风险和风险管理的观念。从水库大坝安全管理方面来说，就是将我国水利水电工程界历来重视的“工程安全”转换到“工程风险”的思路上来，在我国水库大坝安全管理中引进风险评价技术。而防洪标准是与水库大坝的安全息息相关的，在防洪标准的确定中引入风险评价技术也非常必要。

通过分析研究现行国内外确定水库大坝防洪标准的规范或指南，提出以下几种确定梯级水库防洪标准选择的方法体系供深入研究，旨在找到符合我国水利水电工程梯级开发特点的确定梯级水库防洪标准的方法，即：

(1) 继承与完善——基本体系；

(2) 创新与确立——决策体系；

(3) 继承与创新相结合——基本与决策混合体系。

4.2 继承与完善——基本体系

GB 50201—94《防洪标准》中没有涉及梯级水库的防洪标准，只是针对单一水库。

SL 252—2000《水利水电工程等级划分及洪水标准》仅在“1.0.3条”和“3.1.3条”两处对江河采取梯级开发方式时梯级水库防洪标准的确定作了一般性规定，即“1.0.3 确定水利水电工程的等别、建筑物的级别和洪水标准时，应合理处理局部与整体、近期与远景、上游与下游、左岸与右岸等方面的关系”；“3.1.3 江河采取梯级开发方式，在确定各梯级水利水电工程的永久性水工建筑物的设计洪水与校核洪水标准时，还应结合江河治理和开发利用规划，统筹研究，相互协调”。

DL 5180—2003《水电枢纽工程等级划分及设计安全标准》仅在“6.0.3条”中对河流采取梯级开发时各梯级水电枢纽工程中的水工建筑物的洪水设计标准的确定作了一般性

规定，即条文说明“6.0.3梯级水库的防洪安全是一个相互关联的系统的防洪安全问题。各梯级水电枢纽工程规模不同，建设时间也不同步，工程等级和防洪标准往往有别。当新建工程上游或下游已建(或规划)有梯级水电枢纽工程时，确定其洪水标准应根据梯级开发规划方案，考虑上游水库对本工程的影响，以及本工程对下游工程可能的影响，统筹研究。确定合理的洪水设计标准”。

上述规范均没有给出确定各梯级水利水电工程的水库的设计洪水标准与校核洪水标准的具体方法和评估失事损失严重程度的定量分析方法。

现行防洪标准针对单一水库可直接选择工程防洪标准，操作简单，但未考虑梯级水库群整体防洪标准的协调。从梯级水库群防洪安全方面而言，可能存在防洪安全隐患。

梯级水库群防洪标准选择的基本体系方法是在不改变现行防洪标准体系结构的基础上，继承和完善现行水利水电工程防洪标准规范中的有关方法。针对实际情况，结合流域雨洪特性，梯级布置情况，按照某一种原则，通过分析，将各流域梯级水库划分为几种类型，在现行的防洪标准基础上，提出各种情况下符合梯级水库防洪标准协调一致的防洪标准选择准则。

当在梯级开发的江河上新建工程时，在确定其防洪标准时，先分析梯级中各水库的防洪标准和防洪任务，根据梯级开发规划和建设时序，考虑上游水库对本工程的影响(推求受上游水库调蓄影响的设计洪水)，以及本工程对下游工程可能造成的影响(进行设计水库溃坝洪水计算，分析设计水库溃坝对下游的影响)，根据相互间影响程度大小，统筹研究，相互协调，综合分析确定其防洪标准。

4.3 创新与确立——决策体系

目前计算机水平有了空前的发展，有条件充分考虑实际水库群的复杂情况。引入风险理念，通过风险分析、风险管理和风险决策，可以综合考虑上下游、干支流水库的防洪能力和要求，并综合考虑防洪、发电、生态、环境的多方面需求，解决梯级水库群防洪能力建设所必需的防洪标准问题。

梯级水库群防洪标准选择的决策体系方法是在扬弃现行防洪标准体系结构的基础上，从设计水库与上下游梯级水库的关系分析入手，综合考虑坝高、库容和溃坝损失的严重程度，通过风险分析与决策方法来确定水库的防洪设计标准。当在梯级开发的江河上新建工程时，在确定其防洪标准时，先分析梯级中各水库的防洪标准和防洪任务，根据梯级开发规划或建设时序，考虑上游水库对本工程的影响，推求受上游水库调蓄影响的设计洪水，计算设计断面的防洪失事风险率，若计算的防洪失事风险率达不到设定的容许风险率要求，则进行设计断面水库溃坝洪水计算，根据溃坝洪水计算成果及灾害损失，进行设计断面溃坝风险计算，分析本工程对下游工程可能造成的影响，根据相互间影响程度大小，统筹研究，相互协调，综合分析确定其防洪标准。

4.4 继承与创新相结合——基本与决策混合体系

梯级水库群防洪标准选择的基本与决策混合体系方法是结合上述两种体系的特点，将工程按其规模及其在梯级中的重要性，分为特别重要的工程、重要的工程和一般重要的工程。特别重要的工程，其防洪标准直接采用可能最大洪水或 10 000 年一遇洪水标准，不能产生溃坝；一般重要的工程，全部采用某一标准，使其一般情况下不溃坝；对于重要的工程，则采用风险分析方法。其特点是克服了上述两体系的一些缺点，但还是存在决策体系的一些缺点。

4.5 对三种方法体系的要求

根据梯级水库防洪标准选择的主要影响因素和特性，提出其选择的三种方法体系主要是解决如何统筹考虑河流梯级水库群的设计洪水标准、保证梯级水库群的防洪安全问题，并提出上、下游梯级水库由于防洪标准不匹配而形成的防洪安全问题的解决措施和建议方案，因此，对三种方法体系有如下几点要求：

(1) 梯级水库群防洪标准选择的基本体系研究成果，可操作性要强，易于实施；

(2) 梯级水库群防洪标准选择的决策体系研究成果，要将风险分析引入到梯级水库群防洪标准选择的决策中，能代表防洪标准体系发展的未来趋势；

(3) 梯级水库群防洪标准选择的混合体系研究成果，能综合考虑基本体系和决策体系两者的特点，并兼顾 ICOLD 所推荐使用的设计洪水选择标准(2003)的特点，在水利水电工程开发的各设计阶段，可根据工程设计资料的详细程度灵活使用，具有一定的实用性，能填补我国现行《防洪标准》中的有关内容，对我国基于风险分析的第三代防洪标准研究具有一定的推动作用。

5 结语

梯级水库防洪标准选择是河流梯级开发中的一项重要的技术决策。由于其影响因素比单一水库复杂，它的确定不仅关系本梯级水库的防洪安全，还与上、下游梯级水库的防洪安全有着密切的联系，涉及技术、经济、安全、社会与环境等诸多方面的综合协调。本文根据国内外水库防洪标准选择方面存在的不足，对梯级水库防洪标准选择的方法体系进行了分析研究，提出了三种体系结构，有助于对这一问题进行深入研究。

参考文献

[1] BERGA, L.. New Trends in Design Flood Assessment[M]// International Symposium on Dams and Extreme Floods. Icold. Spancold. Granada，1992，Ⅲ：87-112.

[2] 朱元甡. 水库防洪安全的水文评价程序[M]. 南京：河海大学出版社，1992.

[3] 国家技术监督局，中华人民共和国建设部. 防洪标准：GB 50201—94[S]. 北京：中国计划出版社，1994.

[4] 中华人民共和国水利部. 水利水电工程等级划分及洪水标准：SL 252—2000[S]. 北京：中国水利水电出版社，2000.

[5] 中华人民共和国国家发展和改革委员会. 水电枢纽工程等级划分及设计安全标准：DL 5180—2003[S]. 北京：中国电力出版社，2003.

19

黄河上游玛曲—唐乃亥河段1922—1932年连续11年枯水段存在性分析论证

该篇论文发表于《西北水电》2011年第2期。

摘　要:黄河中游陕县站1922—1932年出现了连续11年枯水段,水量比正常年份水量偏枯近30%。从玛曲站、唐乃亥站的年径流与位于龙羊峡以下的贵德站、兰州站、陕县站年径流的同步性、一致性及调查资料等方面,分析论证黄河上游龙羊峡以上玛曲—唐乃亥河段也存在1922—1932年连续11年枯水段,在黄河上游湖口至羊曲河段各梯级水电站的设计中应予以考虑。

关键词:黄河　龙羊峡　玛曲—唐乃亥河段　1922—1932年　连续枯水段

1　引言

1954年,黄河规划委员会在编制《黄河综合利用技术经济报告》时,发现了黄河中游陕县站存在1922—1932年连续11年枯水段,水量比正常年份水量偏枯近30%。其中最枯的1928年实测年径流量仅为198亿m^3,为多年平均径流量的47.9%。黄河上游龙羊峡至青铜峡河段(以下简称"龙—青"河段)是否也存在这一连续枯水段,各有关单位曾经做过大量的调查考证工作,最后得出结论,认为黄河上游"龙—青"河段与中游陕县站一样,也存在1922—1932年连续11年枯水段,并插补了兰州站及青铜峡站枯水段的历年各月径流资料。在黄河上游龙羊峡、刘家峡等梯级电站的设计中都以此为依据插补了黄河上游贵德、循化、上诠、兰州等主要水文站枯水段的历年各月径流值。在龙羊峡以上玛曲—唐乃亥河段(以下简称"玛—唐"河段)是否也存在1922—1932年连续11年枯水段,在以往龙羊峡以上各梯级电站的历次规划设计中,没有做专门的调查分析论证工作。

随着黄河上游龙羊峡以上各梯级水电站规划设计工作的深入开展,需要对玛—唐河段连续11年枯水段的存在性进行分析论证,并对龙羊峡以上主要水文站枯水段资料的插补方法进行研究。为此,特从玛曲站、唐乃亥站的年径流与位于龙羊峡以下的贵德站、兰州站、陕县站年径流的同步性、一致性及调查资料等方面,分析论证黄河上游龙羊峡以上玛—唐河段连续11年枯水段的存在性。

2　流域概况

黄河发源于青藏高原巴颜喀拉山北麓,海拔高程4 500 m的约古宗列盆地。流经青海、四川、甘肃、宁夏、内蒙古、山西、陕西、河南、山东等9省区，于山东垦利、利津两县之间流入渤海。黄河流域横贯中国东西，大部分区域位于中国西北部，处于东经95°53′～119°05′，北纬32°10′～41°50′，东西长1 900 km，南北宽1 100 km，流域面积794 443 km^2（含内流区4.2万km^2），干流河道全长5 464 km，水面落差4 480 m，年水量580亿m^3，为我国第二大水系。流域内山峦纵横，支流众多，流域天然调节性能好，径流相对较稳定。

黄河干流自河源至内蒙古托克托县的河口镇为上游，其中河源至龙羊峡水库库尾（羊曲）河段为上段；龙羊峡至青铜峡河段为黄河上游的中下段。黄河上游水力资源丰富，是我国十二大水电能源基地之一。其中黄河龙羊峡至青铜峡河段的梯级开发规划和工程开发建设已历经半个世纪的历程，其梯级布置格局经数次规划研究和调整，共布置25个大中型梯级水电站，总最大利用水头1 217.20 m，总装机14 040.80 MW，年平均发电量567.69亿kW·h。至2009年12月，除黑山峡河段外，多数梯级水电站均已建成或在建，其中已建成的龙羊峡电站水库具有多年调节能力，刘家峡电站水库具有年调节能力，龙、刘两库联调除能提高黄河上游龙羊峡至青铜峡河段各梯级电站的保证出力和电量外，还对黄河上游灌溉、供水、防洪、防凌等综合利用具有非常重要的意义。

黄河上游湖口（鄂陵湖出口）至龙羊峡水库库尾（羊曲）河段，长约1 406 km，天然落差1 670 m。1995年西北院与青海省对黄河源至龙羊峡河段进行了现场查勘，并编制了《黄河龙羊峡以上干流查勘报告》，布置有14个梯级电站，总装机容量802.64万kW，年发电量352.71亿kW·h。目前黄河源水电站已建成，班多水电站在建，其他梯级电站在做前期设计。

黄河龙羊峡以下河段各水文站自1980年起受上游龙羊峡水库影响，所观测的水文资料已非河道天然情况下的水文资料；而龙羊峡以上各水文站受人类活动影响较小，所观测的水文资料基本上可近似认为是天然径流。

黄河上游流域水系、测站及主要工程位置示意见图19-1。

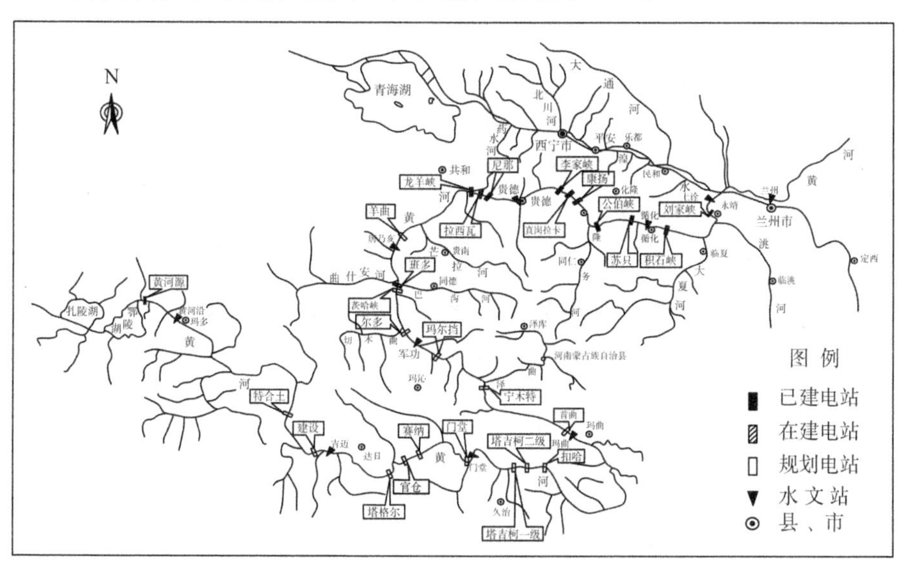

图19-1 黄河上游流域水系、测站及主要工程位置示意图

3 水文测站分布及测验情况

黄河上游干流从 1934 年起有实测水文资料。沿河设有黄河沿、吉迈、门堂、玛曲、军功、唐乃亥、贵德、循化、上诠、兰州等水文站，但观测时间长短不一。上述测站均为国家基本测站，主要测验项目有水位、流量、含沙量、降水等，资料由黄河水利委员会上游水文水资源局进行整编刊布。黄河上游干流河段主要水文测站分布见图 19-1。

4 黄河上游玛—唐河段 1922—1932 年连续 11 年枯水段的存在性分析论证

黄河上游湖口至羊曲河段各规划梯级电站前期设计水文分析计算涉及的主要水文依据站或参证站有吉迈、门堂、玛曲、军功、唐乃亥、贵德和兰州 7 个水文站。其中，唐乃亥站位于黄河天然径流河段与受大型水库调节径流河段的分界处，是黄河上游上段的重要控制站。现从以下几个方面对黄河上游玛—唐河段 1922—1932 年连续 11 年枯水段的存在性进行分析论证。

4.1 玛曲站、唐乃亥站与贵德站、兰州站、陕县站径流的同步性分析

从自然地理及年径流的分布看玛曲站、唐乃亥站与贵德站、兰州站、陕县站径流的同步性。

黄河吉迈站以上，地面海拔高，水汽输送较少，产流量小，径流模数低。而吉迈站至玛曲站区间，为流域唯一的半湿润区，年降水量约为 600 mm，最大可达 965 mm，年径流模数高达 8.29 L/(s·km^2)，是黄河上游产水量最丰富的地区。贵德站到兰州站河段，全长 431.8 km，主要山脉海拔在 2 800 m～4 800 m，山势高耸，峡谷众多，其间有大支流洮河从右岸汇入，湟水自左岸加入，水量大增。贵—兰区间径流模数高达 4.52 L/(s·km^2)，是黄河上游第二产水高值区。兰州到河口镇，沿途处于干旱半干旱地带，经过沙漠黄土地区，区间又无大支流汇入，蒸发及渗漏损失较大，所以本区间实测径流出现沿程减少的现象，使得河口镇站以上径流模数由兰州的 4.90 L/(s·km^2)迅速减少至 2.92 L/(s·km^2)。河口镇站到陕县站，黄河进入陕北黄土高原，贯穿秦晋边境，沿途多峡谷，流经黄土高原的无定河、延河、渭河等支流，将大量的泥沙带入黄河。河口镇站—陕县站区间流域面积 320 523 km^2，径流模数仅为 1.98 L/(s·km^2)，产水能力较小。沿途各区间的径流模数如表 19-1 所示。

表 19-1 黄河陕县站以上各主要河段径流模数成果表

站名	流域面积 km^2	天然来水 m^3/s	年径流模数 L/(s·km^2)	区间面积 km^2	区间来水 m^3/s	区间径流模数 L/(s·km^2)
黄河沿	20 930	22.2	1.06			
吉迈	45 019	127	2.82	24 089	105	4.36
玛曲	86 048	467	5.43	41 029	340	8.29
唐乃亥	121 972	639	5.24	35 924	172	4.79

续表

站名	流域面积 km^2	天然来水 m^3/s	年径流模数 $L/(s \cdot km^2)$	区间面积 km^2	区间来水 m^3/s	区间径流模数 $L/(s \cdot km^2)$
贵德	133 650	688	5.15	11 678	49	4.20
循化	145 459	741	5.09	11 809	53	4.49
兰州	222 551	1 090	4.90	77 092	349	4.53
河口镇	367 898	1 073	2.92	145 347	−17.0	
龙门	497 561	1 305	2.62	129 663	232	1.79
陕县	688 421	1 707	2.48	190 860	402	2.11

注:①资料年限以兰州站实测资料 1934—1980 年为准;②所采用资料均为各站还原后的天然资料系列。

从陕县站以上整个流域来看,大部分处于干旱半干旱地带。相对来说,兰州站以上流域植被较好,雨量较多,是主要产流区。其中吉迈站—玛曲站区间为唯一的半湿润区,产水率为本流域之冠。从各站年径流的组成来看,陕县站有 63.9%以上的径流来自兰州站以上;兰州站有 63.1%以上的径流来自贵德站以上;贵德站有 92.9%以上的径流来自唐乃亥站以上;唐乃亥站有 73.1%以上的径流来自玛曲站以上。由此可知,黄河陕县站以上各主要水文站的径流 63%以上均来自其上游干流,各水文站年径流的大小对下一测站年径流的丰枯变化有直接和主要的影响,因此,龙羊峡以上的玛曲站、唐乃亥站的年径流与位于龙羊峡以下的贵德站、兰州站、陕县站年径流的丰、枯年份基本上是对应的。

4.2 玛曲站、唐乃亥站与贵德站、兰州站、陕县站径流的相应性分析

玛曲站 1959 年 1 月起有径流资料,考虑到兰州站 1968 年以后的径流资料已受刘家峡水库蓄水影响,贵德站径流资料 1980 年以后受龙羊峡水库蓄水影响,因此,研究玛曲站、唐乃亥站与贵德站、兰州站、陕县站 1960—1980 年天然年径流过程的相应性能说明一定问题。

将 1960—1980 年玛曲站、唐乃亥站与贵德站、兰州站、陕县站 21 年天然年径流资料点绘于一张图上,见图 19-2。

从图 19-2 可以看出,玛曲站、唐乃亥站与贵德站、兰州站、陕县站来水的年际变化趋势是一致的。5 站的年径流基本上都是丰水年对应丰水年;枯水年对应枯水年,规律非常明显。

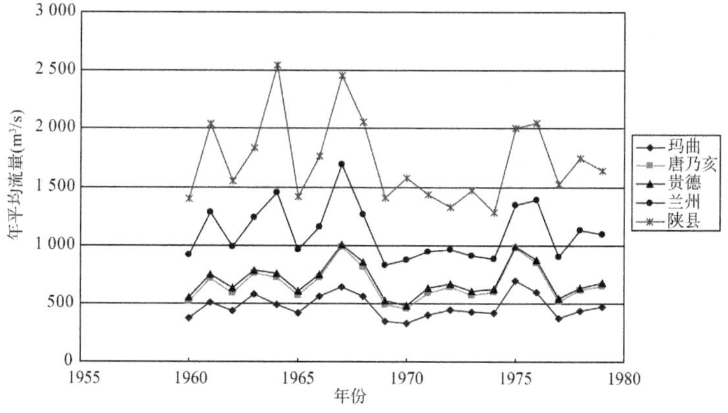

图 19-2 黄河上游玛曲站、唐乃亥站和贵德站、兰州站、陕县站天然年平均流量过程线比较图

4.3 玛曲站、唐乃亥站与贵德站、兰州站、陕县站实测段天然年径流距平分析

年径流丰、枯等级划分标准采用五级，见表19-2。

表19-2 年径流丰、枯分级标准

分级	名称	年径流距平百分数
1	丰	≥130%
2	偏丰	[110%,130%)
3	平	[90%,110%)
4	偏枯	[70%,90%)
5	枯	<70%

根据表19-2中年径流划分标准，对玛曲站、唐乃亥站与贵德站、兰州站、陕县站实测段(1960年—1980年)天然年径流距平情况进行分析，成果见表19-3。

表19-3 玛曲站、唐乃亥站与贵德站、兰州站、陕县站实测段年径流距平分析成果表

年份	玛曲		唐乃亥		贵德		兰州		陕县	
	距平(%)	丰枯级	距平(%)	丰枯级	距平(%)	丰枯级	距平(%)	丰枯级	距平(%)	丰枯级
1960	78.1	偏枯	77.8	偏枯	79.4	偏枯	83.5	偏枯	82.0	偏枯
1961	106.0	平	108.0	平	107.0	平	116.0	偏丰	119.0	偏丰
1962	91.6	平	88.5	偏枯	91.5	平	89.7	偏枯	90.9	平
1963	121.0	偏丰	114.0	偏丰	113.0	偏丰	112.0	偏丰	107.0	平
1964	103.0	平	109.0	平	110.0	平	132.0	丰	149.0	丰
1965	88.6	偏枯	85.5	偏枯	87.6	偏枯	87.5	偏枯	82.9	偏枯
1966	118.0	偏丰	108.0	平	108.0	平	105.0	平	103.0	平
1967	135.0	丰	149.0	丰	146.0	丰	154.0	丰	144.0	丰
1968	118.0	偏丰	122.0	偏丰	123.0	偏丰	115.0	偏丰	121.0	偏丰
1969	72.4	偏枯	73.8	偏枯	76.2	偏枯	75.6	偏枯	82.2	偏枯
1970	68.8	枯	68.5	枯	69.6	枯	79.5	偏枯	92.2	平
1971	85.4	偏枯	88.8	偏枯	91.1	平	85.5	偏枯	83.8	偏枯
1972	94.1	平	96.4	平	96.8	平	87.2	偏枯	77.6	偏枯
1973	89.5	偏枯	85.7	偏枯	87.2	偏枯	82.9	偏枯	85.8	偏枯
1974	89.0	偏枯	89.7	偏枯	89.9	偏枯	80.0	偏枯	75.0	偏枯
1975	147.0	丰	148.0	丰	142.0	丰	122.0	偏丰	117.0	偏丰
1976	126.0	偏丰	128.0	偏丰	126.0	偏丰	126.0	偏丰	120.0	偏丰
1977	79.5	偏枯	78.3	偏枯	77.8	偏枯	81.8	偏枯	89.1	偏枯
1978	91.8	平	92.8	平	90.5	平	103.0	平	102.0	平
1979	99.6	平	98.3	平	97.8	平	99.6	平	96.0	平
1980	95.1	平	90.3	平	90.2	平	81.5	偏枯	81.2	偏枯

由表19-3中可以看出，玛曲站、唐乃亥站与贵德站、兰州站、陕县站实测段(1960年—1980年)年径流丰枯等级60%以上的年份是相应的。

4.4 黄河上游1922—1932年连续11年枯水段调查资料分析

1968年6月—8月，在水利电力部水电建设总局的组织领导下，由水电部北京勘测设计院、西北勘测设计研究院、黄河水利委员会、水利水电科学研究院、中国科学院地理研究所和兰州冰川冻土沙漠研究所等6单位组成16人的联合调查组，对黄河上游的阿万仓、玛曲河段，中游龙门河段的黄河干流及区间主要支流，进行了历时3个月的实地调查，行程近万里，访问了450位农牧民，获得了大量的黄河上中游1922—1932年间历年雨情、旱情和河水丰枯调查资料。

通过调查和历史文献综合分析考证，提出黄河上游也存在连续11年枯水段的定性结论，并给出了上游各河段的水情定性结果。

该次调查和定性的原则和依据是：抓住各河段的主要特性，通过与所在河段群众生活有直接联系的具体事例和经历了本段时间的群众的记忆和反映，例如对玛曲河段牧区草地的生长、牲口过河、沿河群众的生死婚丧等大事与黄河水情的直接和间接的关系进行分析；贵德站以下河段则主要根据沿河灌区及渡口的特点、庄稼受旱及收成好坏、水车水磨转动、滩地淹没程度、人民生活状况等与黄河水情直接或间接有关的事件关系进行对比分析。得出各河段的综合调查资料，并与沿河各地的县府志及其他有关的历史文献记载对照陕县站的实测资料得出各河段历年定性成果，见表19-4。

表19-4　黄河连续11年枯水段各河段径流丰枯等级定性成果表

年份	项目	玛曲河段	贵德河段	兰州河段	青—包河段	龙门河段	泾洛渭	陕县
1922	径流	5	4	4	4	4	4	4
	降雨	2	2	3(4)	4	4	4	5
1923	径流	—	4	4	4	4	4	4(3)
	降雨	3	4	3	4	2	2	2
1924	径流	4	4	4	4	5	4	5
	降雨	2	3	3(4)	4	4	4	4
1925	径流	4	4	4	4	4	3	4(3)
	降雨	5	4	3	4	5	2	2
1926	径流	5	5	5	5	5	5	5
	降雨	4	4	5	4(3)	3	5(3)	3
1927	径流	4	4	4	4	4	4	4
	降雨	4	4	4(3)	4(3)	3	5(3)	5
1928	径流	5	5	5	5	5	5	5
	降雨	5	5	5	5	5	5	5
1929	径流	5	4	4	4	4	5	4(5)
	降雨	4(5)	5	5	5	5	5	5
1930	径流	4	4	4	4	4	4	4
	降雨	2(3)	4	5(4)	3	2	4(3)	5
1931	径流	—	4	4	4	4	4	5
	降雨	1	1	3	3	4	3	2(3)

续表

年份	项目	玛曲河段	贵德河段	兰州河段	青—包河段	龙门河段	泾洛渭	陕县
1932	径流	5	4	4	4	4	4	5
	降雨	3	4	3(2)	2	1	5(4)	5

注:①表中径流丰枯等级采用1968年调查报告中的丰枯等级;②降雨旱涝等级采用《中国近五百年旱涝分布图集》中的等级。

1968年由“六单位”组成的调查组集设计、科研、流域机构科技人员为一体,可有效地减少主观因素,保持结论的客观性。经对“六单位”调查资料的分析,认为调查所获资料是可靠的,结论是合理的,黄河上游自玛曲至兰州干流全河段均存在与中游一样的1922年—1932年连续11年枯水段。

4.5 结果分析

黄河陕县站自1919年有实测水文资料,出现了1922—1932年连续11年枯水段。综合以上几个方面分析结果可知,无论是从历史调查资料,还是从玛曲站、唐乃亥站与贵德站、兰州站、陕县站实测段天然年径流的地区组成、同步性、相应性等来看,黄河上游自玛曲站至兰州站干流全河段与中游一样均存在1922—1932年连续11年枯水段。

5 结语

黄河中游陕县站1922—1932年出现了连续11年枯水段,水量比正常年份水量偏枯近30%。在黄河上游龙—青段各梯级水电站的设计中,经多方分析论证,认为黄河上游龙—青段与中游陕县站一样,也存在1922年—1932年连续11年枯水段,并插补了龙—青段各主要水文站枯水段的历年各月径流资料,在梯级水库径流调节计算中予以考虑,为合理确定龙羊峡多年调节水库的库容以及梯级电站的能量指标奠定了基础。从玛曲站、唐乃亥站与贵德站、兰州站、陕县站实测段天然年径流的地区组成、同步性、相应性等来看,黄河上游龙羊峡以上玛—唐河段与中游陕县河段一样均存在1922—1932年连续11年枯水段,在黄河上游湖口至羊曲河段各梯级水电站的设计中应予以考虑。

参考文献

[1] 史辅成,王国安,高治定,等. 黄河1922～1932年连续11年枯水段的分析研究[J]. 水科学进展,1991(4):258-263.

[2] 杨百银,黄河上游1922～1932年连续11年枯水段的分析探讨[J]. 陕西水力发电,1990(3):64.

[3] 王维第,孙汉贤,施嘉斌. 黄河上游连续枯水段分析与设计检验[J]. 水科学进展,1991(4):251-257.

[4]《中国水力发电工程》编审委员会. 中国水力发电工程·工程水文卷[M]. 北京:中国电力出版社,2000.

20

黄河上游龙羊峡以上大型水电站工程可能最大洪水估算初探

该篇论文的简版发表于《西北水电》2012 年第 1 期。

摘　要：本文在分析黄河龙羊峡以上及邻近地区的大暴雨资料和气象资料的基础上，采用在龙羊峡水电站工程可能最大洪水(PMF)估算中使用的简化方法，即利用历史大洪水反推 PMF 的设计方法，先估算黄河上游玛曲水文站和唐乃亥水文站 PMF，然后以玛曲站和唐乃亥站为依据站，取面积为权数进行线性内插，推求黄河上游龙羊峡以上各梯级水电站工程 PMF。经与黄河上游已建大型水电站工程 PMF 比较，最终确定黄河龙羊峡以上各梯级大型水电站工程 PMF 成果。

关键词：黄河　水电站　暴雨　洪水　PMP/PMF　典型年　产流　汇流　放大

1　引言

自 2004 年以来，西北院陆续开展黄河龙羊峡以上宁木特、玛尔挡、茨哈峡、班多、羊曲等水电站工程的前期设计工作，其中宁木特、玛尔挡、茨哈峡、羊曲等工程均为Ⅰ等大(1)型工程，推荐的代表性坝型多为混凝土面板堆石坝。根据 GB 50201—94《防洪标准》及 SL 252—2000《水利水电工程等级划分及洪水标准》的规定，Ⅰ等大(1)型工程，土坝、堆石坝的校核洪水标准为可能最大洪水(以下用“PMF”表示)或 10 000～5 000 年一遇洪水。

土石坝失事后垮坝速度很快，不管是从水库、电站本身，还是从对下游影响来说，都会造成严重的灾害。当土石坝下游有居民区和重要农业区及工业经济区，1 级建筑物校核洪水标准应采用范围值的上限值。上述各梯级水电站工程下游有特大型水库龙羊峡，龙羊峡水库总库容虽为 276 亿 m^3，但其防洪库容为 45 亿 m^3，龙羊峡在设计时仅考虑了天然来水情况下的防洪，未考虑上游有大型水库垮坝形成的溃坝洪水的影响问题，上游水库一旦失事，对下游龙羊峡水库必将产生严重影响，因此，上述各梯级水电站工程校核洪水标准应采用范围值的上限值，即 PMF 或 10 000 年一遇洪水。

由于 PMF 是从成因分析法来推求，与用频率分析法计算的 10 000 年一遇洪水，在计算理论和方法上都不相同，两者哪一个较大，不同的流域情况不尽相同。现行规范规定，在选择采用频率法的重现期 10 000 年一遇洪水还是 PMF 时，应根据计算成果的合理性来确定。当用水文气象法求得的 PMF 较为合理时，则采用 PMF；当用频率分析法求得的重现期 10 000 年一遇洪水较为合理时，则采用重现期 10 000 年一遇洪水；当两者可靠程度相同时，为安全起见，应采用其中较大者。

西北院在龙羊峡水电站设计时曾对其PMF进行了估算，但是，在黄河龙羊峡以上河段规划设计中，没有对各梯级水电站工程的PMF进行分析研究，因此，在黄河龙羊峡以上各梯级水电站工程的前期设计中需要对其PMF进行分析研究。

2 流域概况

黄河发源于青藏高原巴颜喀拉山北麓，海拔高程4 500 m的约古宗列盆地。流经青海、四川、甘肃、宁夏、内蒙古、山西、陕西、河南、山东等9省区，于山东垦利、利津两县之间流入渤海。黄河流域横贯中国东西，大部分区域位于中国的西北部。处于东经95°53′～119°05′，北纬32°10′～41°50′，东西长1 900 km，南北宽1 100 km，流域面积794 443 km^2，干流河道全长5 464 km，水面落差4 480 m，年水量580亿m^3，为我国第二大水系。流域内山峦纵横，支流众多，流域天然调节性能好，径流相对较稳定。

黄河上游地处青藏高原的东北部，北以祁连山与河西走廊内陆水系为分水岭，南以昆仑山支脉巴颜喀拉山与长江流域分界，西倾山绵延于东，布青山、鄂拉山、青海南山及大坂山屏障于西。发源于巴颜喀拉山的卡日曲与约古宗列曲两条河流组成了黄河的源头。黄河源头河水主要以融雪及降水补给为主。卡日曲与约古宗列曲汇合后向东流入扎陵湖及鄂陵湖。经两湖调蓄后，穿过青海省玛多、达日、甘德、久治等县，于沙柯河口进入四川、甘肃境内。流经四川若尔盖及甘肃玛曲两县，黄河绕阿尼玛卿山回转180°在外斯附近又进入青海省境内，河水改向北流，经河南、玛沁、同德至兴海县唐乃亥，再折向东北流入龙羊峡。从河源至达日，河流行进于起伏不大的丘陵地带，流域属于高原盆地草原区。该区支流纵横，沼泽湖泊星罗棋布，河谷开阔，河床平坦，水量较少。达日—久治，河流穿行于巴颜喀拉山与阿尼玛卿山之间，两岸山势渐高，坡度较缓，河谷略有收缩，属中高山区。从久治到玛曲，河流经过开阔的沼泽区。本区间为黄河上游第一大暴雨区，黑河、白河加入，使其水量大增，是唐乃亥以上的主要产洪区。从玛曲到羊曲，河道穿行于高山峡谷，两岸山势险峻，山体雄厚，岩石裸露。河道水流湍急，河谷平均宽度约40～60 m，阶地不甚发育，落差较大，产水量一般。玛曲以上流域植被率较高，水土保持良好。黄河上游流域水系示意图见图20-1。

黄河干流从鄂陵湖湖口以下至龙羊峡库尾的羊曲坝址，河段全长1 360 km。根据梯级开发方案的拟定，河段内共布置了14个梯级电站，可利用水头1 241 m。其中宁木特、玛尔挡、茨哈峡、羊曲等工程均为Ⅰ等大(1)型工程。

黄河上游龙羊峡以上流域地处内陆高原，海拔高，具有高原气候特点。日照时间长，冬季寒冷，持续时间长；夏季凉爽，历时较短。气温随海拔高程的升高而降低。多年平均气温在－3.8～4.0℃。从年降水量来看，时空分布很不均匀。河源地区以黄河沿站为代表，年降水量为321.6 mm，向下游降水逐渐递增，到了吉迈—玛曲河段年降水量为600 mm，最大可达965 mm，自玛曲以下降水量开始递减，多年平均降水量为470 mm。从降水量的年内分配来看，降水多集中在6—9月份，约占全年降水量的75％。年蒸发量从河源至玛曲由西向东递减，玛曲以下，由于流域植被较玛曲以上差，年蒸发量又开始增大，河源至羊曲，年蒸发量约在1 322.5～1 692.1 mm。

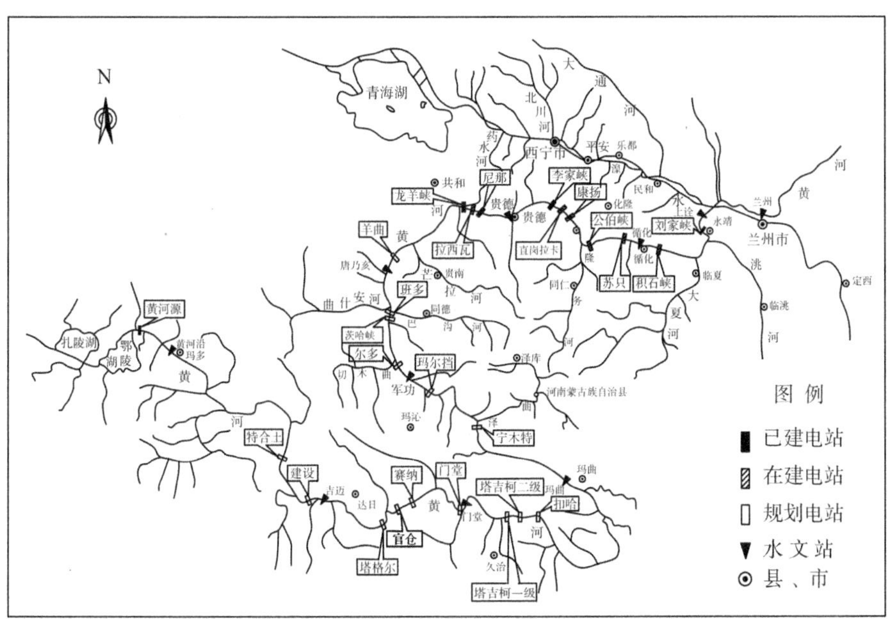

图 20-1　黄河上游流域水系、测站及主要工程位置示意图

3　水文基本资料

黄河上游干流从 1934 年起有实测水文资料。沿河设有黄河沿、吉迈、门堂、玛曲、军功、唐乃亥、贵德、循化、上诠、兰州等水文站，但观测时间长短不一。在黄河沿—羊曲段汇入的支流沙柯曲、白河、黑河、巴沟河、曲什安河及大河坝河上还分别设有久治、唐克、若尔盖、大水、巴滩、大米滩和上村水文站。上述测站均为国家基本测站，主要测验项目有水位、流量、含沙量、降水等，干、支流站资料分别由黄河水利委员会上游水文水资源局和青海省水文水资源勘测局进行整编。黄河上游干流河段主要水文测站分布见图 20-1，水文测站基本情况见表 20-1。

表 20-1　黄河上游干支流主要水文测站基本情况表

水系	河名	站名	站别	测验项目及起讫时间			采用基面	集水面积（km²）	至河口距离（km）
				水位	流量	泥沙			
黄河	黄河	黄河沿	水文站	1955.6—1968.8	1955.6—1968.8	1955.6—1968.8	假定	20 930	5 194
黄河	黄河	吉迈	水文站	1958.6 至今	1958.6 至今	1958.6 至今	假定	45 019	4 869
黄河	黄河	门堂	水文站	1987.8 至今	1987.8 至今		假定	59 655	4 610
黄河	黄河	玛曲	水文站	1959.1 至今	1959.1 至今	1959.4 至今	假定	86 048	4 284
黄河	黄河	军功	水文站	1979.8 至今	1979.8 至今	1983.1 至今	假定	98 414	4 057
黄河	黄河	唐乃亥	水文站	1955.8 至今	1955.8 至今	1955.8 至今	假定	121 972	3 911
黄河	黄河	贵德	水文站	1954.1 至今	1954.1 至今	1954.1 至今	大沽	133 650	3 722

续表

水系	河名	站名	站别	测验项目及起讫时间			采用基面	集水面积(km²)	至河口距离(km)
				水位	流量	泥沙			
黄河	黄河	循化	水文站	1945.10至今	1947.10至今	1945.10至今	假定	145 459	3 556
黄河	黄河	上诠	水文站	1942.8—1945.4	1943.8—1944.2	1951.1至今	大沽	182 821	3 409
黄河	黄河	兰州	水文站	1934.7至今	1934.7至今	1934.8至今	大沽	222 551	3 345
黄河	沙柯曲	久治	水文站	1978.9至今	1978.9至今		假定	1 248	
黄河	白河	唐克	水文站	1978.9至今	1978.9至今	1978.9至今	假定	5 374	6.3
黄河	黑河	若尔盖	水文站	1980.5至今	1980.5至今	1980.5至今	假定	4 001	163
黄河	黑河	大水	水文站	1984.6至今	1984.6至今	1984.6至今	假定	7 421	31.0
黄河	巴沟河	巴滩	水文站	1958.4—	1958.4—	1958.5—	假定	3 554	34.0
黄河	曲什安河	大米滩	水文站	1978.9至今	1978.9至今	1979.1至今	假定	5 786	1.3
黄河	大河坝河	上村	水文站	1979.8至今	1979.8至今	1980.5至今	假定	3 977	1.8

黄河龙羊峡以上大型水电站工程PMF估算,涉及的水文站有吉迈、玛曲和唐乃亥。

经复核认为,三测站控制均较好,断面稳定,基本水尺引用水准点正确,水位观测正规,水位资料能控制水位变幅,精度较好;测流以流速仪为主,流速仪法测流垂线布设合理,测点能控制水位过程,整编推流合理,符合规范要求,资料较可靠。

4 暴雨洪水特性及天气成因分析

黄河上游暴雨主要受西太平洋副热带高压控制。每年6月中、下旬,西副高西伸北抬,当副高边缘588线西伸到105°E附近时,副高西南侧的气流将印度洋上空的水汽,通过孟加拉湾,从三江横断山脉大量输送到本流域上空。当北方西风大槽正好位于新疆以北的有利位置时,槽后的西北风携带的北方冷空气南下到本流域,与北上的暖湿气流交汇,形成切变线或冷暖锋面,往往在本地区形成较大的降雨。7月份副高强盛,西伸北抬比较快,地区辐合气流加强,易形成暴雨,常造成7月大洪水,如1904年调查洪水和1964年实测洪水均出现在7月。8月份,副高北抬到35°N附近,本流域在副高的控制下,干旱少雨。但局地小系统的活动,常常产生短历时、高强度的局地暴雨,形成中小洪水。到9月中、下旬,蒙古高压增强,强大的冷空气向南推进,副高减弱南撤,当冷、暖空气在本流域上空停滞一段时间,可产生雨强相对较小而持续时间较长的连阴雨,造成大洪水,如1963、1967、1968和1981年洪水。

黄河上游洪水涨落缓慢,一次洪水过程约40天。洪水大多出现在7—9月,一般情况下7月份洪水峰型尖瘦,9月份洪水峰型肥胖。

初洪早、洪次多是黄河上游出现大水年份的重要信息。从地理分布来看,黄河唐乃亥站以上的洪水主要来自吉迈—玛曲区间和玛曲—唐乃亥区间,其中尤以吉迈—玛曲区间洪水最大。

5 黄河上游 PMP/PMF 估算概述

在黄河龙羊峡水电站设计中，西北院于 1976 年对龙羊峡水电站 PMF 进行了估算，首次提出利用历史大洪水反推 PMF 的设计思路，所采用的方法在缺少暴雨及高空探测气象资料的黄河上游具有一定的实用性。在其后的黄河上游公伯峡水电站 PMF 估算中，借鉴该方法计算的 PMF 成果通过了审查。

黄河龙羊峡以上各梯级水电站工程位于黄河龙羊峡以上，流域内雨量站点稀少，缺乏探空气象资料，流域下垫面条件变化大，且没有比较成熟的符合本流域产、汇流特性的分布式降雨-径流模型，因此，若采用严格意义上的气象成因分析法来估算各工程的 PMP/PMF，有相当大的难度。

本文是在进一步分析黄河龙羊峡以上及邻近地区的大暴雨资料和气象资料的基础上，采用在龙羊峡水电站 PMF 估算中使用的简化方法，先估算黄河上游玛曲水文站和唐乃亥水文站 PMF，然后以玛曲站和唐乃亥站为依据站，取面积为权数进行线性内插，推求黄河上游龙羊峡以上各梯级水电站工程 PMF。

6 PMP 分析计算

6.1 概述

用水文气象法估算设计流域的 PMF，首先要计算设计流域的可能最大降水（以后采用“PMP”表示）。

根据世界气象组织 PMP 估算手册第二版，PMP 是在不考虑长期气候趋势的条件下，一年的某一特定时期、某一特定位置、给定暴雨面积、在气象上可能发生的给定历史的最大降水深度。估算 PMP，主要有两种途径，即水文气象法和概率分析法。水文气象法除要有各种历史的长期雨量观测资料外，还需要露点、风速、天气系统方面的资料，而概率分析法通常需要设计流域内雨量站的长期雨量观测资料。

估算 PMP 的传统水文气象方法，一般是以暴雨移置、暴雨组合、放大为基础。本流域雨量站点少，在有降雨记录期间，尚未观测到高效暴雨，因此，采用暴雨移置法、暴雨组合或当地实测暴雨放大法均有困难。

另一方面，本流域 1904 年曾发生了一场全流域特大洪水，经考证其重现期约为 190 年一遇，将 1904 年洪水相应的暴雨视为高效暴雨，则在 1904 年高效暴雨基础上可只作水汽放大，而无需考虑动力放大，PMP 的估算公式为：

$$P_m = \frac{W_m}{W} P \tag{20-1}$$

式中：

P_m 及 P——PMP 及典型暴雨量，mm；

W_m 及 W——最大可降水及典型暴雨可降水量，mm。

黄河上游1904年特大洪水，只有洪水调查资料，无降雨资料，需在一定假设条件下，反推降雨资料。最基本的假定是雨型分配问题。

为避免暴雨典型的偶然性，挑选几场实测大暴雨作为可能最大暴雨时程分配的典型，将反推的1904年降雨总量分配到各区间(吉迈以上、吉—玛区间和玛—唐区间)，再进行水汽放大，求得吉—玛区间和玛—唐区间可能最大暴雨PMP。

6.2 重点分析河段区间流域确定

黄河上游唐乃亥水文站从1955年起有实测水文资料，其中有代表性的大洪水年份有1963、1964、1967、1968和1981年。根据上述各年洪水资料，对唐乃亥站以上十五天洪量地区组成情况进行统计分析，成果见表20-2。

由表20-2可知，吉迈站控制流域面积占唐乃亥站以上的36.91%，而洪量占唐乃亥站的比例相当稳定，仅在20%左右，且有随唐乃亥站洪量的增加而加大的趋势，因此，吉迈以上流域不作重点分析对象，而只按实际比例予以放大。

吉迈—玛曲区间面积为41 029 km^2，占唐乃亥站以上流域面积的33.64%，洪量占唐乃亥站以上的40%～60%，为主要暴雨产流区，因而为重点研究河段。

玛曲—唐乃亥区间面积为35 924 km^2，占唐乃亥站以上流域面积的29.45%，洪量所占唐乃亥站以上的比例很不稳定，约在16%～40%，为次重点研究河段。

6.3 典型年选择

为避免暴雨典型的偶然性，选择了1963、1964、1967、1968和1981年5个实测大水年的相应降雨，作为1904年高效暴雨的时程分配典型。在降雨的面分布上，1981年、1964年和1967年笼罩面积较大，吉—玛与玛—唐区间同时有较大降雨，而1963年和1968年降雨则主要集中在吉—玛区间，玛—唐区间暴雨很小，代表了黄河上游唐乃亥以上两种不同的降雨类型。据雨洪观测资料分析，当唐乃亥以上干流来水大时，上游雨型或为大面积笼罩，或主要集中在吉—玛区间，因此，上述两种典型具有较好的代表性。

从洪水发生的时间来看，1964年洪水发生在7月份，与1904年相同，作为重点分析典型。其他4年均发生在9月份，特性与1904年有所不同，作为旁证参考。但从洪量来说，唐乃亥站5个典型年洪量大小依次为1981年、1967年、1963年、1968年和1964年。因此，对1981年、1967年、1963年和1968年暴雨洪水的分析，仍有重要参考意义。

表 20-2　黄河上游唐乃亥站实测大水年十五天洪量地区组成统计表

区间	流域面积（km^2）	占唐乃亥以上比例（%）	1963			1964			1967			1968			1981		
			W_{15d}（亿 m^3）	开始日期	占唐乃亥以上比例（%）	W_{15d}（亿 m^3）	开始日期	占唐乃亥以上比例（%）	W_{15d}（亿 m^3）	开始日期	占唐乃亥以上比例（%）	W_{15d}（亿 m^3）	开始日期	占唐乃亥以上比例（%）	W_{15d}（亿 m^3）	开始日期	占唐乃亥以上比例（%）
吉迈以上	45 019	36.91	7.18	9.18	20.6	6.32	7.17	20.0	9.16	8.30	24.0	5.09	9.07	15.4	13.75	9.04	23.5
吉～玛	41 029	33.64	21.88	9.20	62.9	12.98	7.19	41.4	14.0	9.01	36.7	19.21	9.09	58.2	31.4	9.06	53.5
玛～唐	35 924	29.45	5.72	9.21	16.5	12.07	7.20	38.6	15.0	9.02	39.3	8.74	9.10	26.4	13.5	9.06	23.0
唐乃亥以上	121 972	100	34.78	9.21	100	31.37	7.20	100	38.15	9.02	100	33.04	9.10	100	58.6	9.07	100

6.4 1904年洪水与实测典型年各区间十五天洪量净雨倍比计算

将1904年调查洪水的最大十五天洪量(根据峰量关系确定),按各典型年比例分配到吉—玛、玛—唐区间,并与各典型年吉—玛、玛—唐区间实测十五天洪量相比,其比值作为1904年洪水与各典型年洪水的净雨倍比 K_1(各区间不同),成果见表20-3。

表20-3 1904年历史洪水年与各实测典型年吉—玛、玛—唐区间 W_{15d} 净雨(径流)倍比 K_1 成果表

项目	1963年		1964年		1967年		1968年		1981年	
	吉—玛	玛—唐	吉—玛	玛—唐	吉—玛	玛—唐	吉—玛	玛—唐	吉—玛	玛—唐
净雨(径流)倍比 K_1	1.93	2.06	2.24	2.26	1.85	1.83	2.14	2.46	1.09	1.11

6.5 面平均雨量计算

面平均雨量计算采用面积加权法,计算公式为:

$$\bar{P}=\frac{\sum_{i=1}^{n}a_iP_i}{A}=\sum_{i=1}^{n}\frac{a_i}{A}P_i=\sum_{i=1}^{n}w_iP_i \tag{20-2}$$

式中:

a_i ——流域内各雨量站控制面积,即流域内泰森多边形面积;

P_i ——各雨量站的同期降雨量;

A ——区间总面积;

w_i ——各雨量站权重。

吉—玛区间雨量站主要有仁峡姆(或中心站)、吉迈、玛沁(或果洛)、久治、玛曲和若尔盖等6个站,玛—唐区间雨量站主要有玛曲、外斯(或河南)、玛沁(或果洛)、泽库和唐乃亥等5个站,两区间内雨量站分布及泰森多边形划分情况见图20-2。

各典型年吉—玛区间和玛—唐区间面平均雨量计算所考虑的雨量站及相应的权重计算,成果,分别见表20-4和表20-5。

表20-4 吉—玛区间各雨量站权系数成果

站名	1963年	1964年	1967年	1968年	1981年
仁峡姆(或中心站)	0.042	0.042	0.042	0.042	0.042
吉迈	0.134	0.134	0.134	0.134	0.134
玛沁(或果洛)	0.102	0.102	0.102	0.102	0.102
久治	0.412	0.412	0.284	0.284	0.284
玛曲	0.310	0.310	0.106	0.106	0.106
若尔盖			0.332	0.332	0.332
$\sum$	1.000	1.000	1.000	1.000	1.000

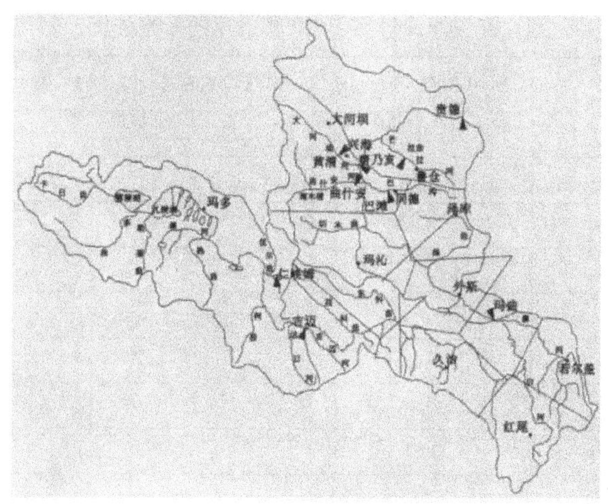

图 20-2　黄河上游吉—玛、玛—唐区间流域泰森多边形示意图

表 20-5　玛—唐区间各雨量站权系数成果

站名	1963 年	1964 年	1967 年	1968 年	1981 年
唐乃亥	0.366	0.366	0.366	0.366	0.366
泽库	0.184	0.184	0.184	0.184	0.184
玛沁(或果洛)	0.290	0.290	0.290	0.29	0.29
外斯(或河南)	0.129	0.129	0.129	0.129	0.129
玛曲	0.031	0.031	0.031	0.031	0.031
Σ	1.000	1.000	1.000	1.000	1.000

利用各典型年吉—玛区间和玛—唐区间雨量站的日雨量资料，按式(20-2)计算吉—玛区间和玛—唐区间面平均雨量，得到各典型年吉—玛区间和玛—唐区间面平均雨量成果。

6.6　各区间流域 PMP 估算

估算各区间流域的 PMP，只对其净雨过程进行放大，基流部分不放大。具体步骤为：

①先按扣损法计算各分区的净雨过程；

②将典型年的净雨过程乘以 K_1，求得区间 1904 年的净雨过程，即假定十五天洪量之比、全过程洪量之比均保持不变；

③将基于各典型年放大得到的 1904 年的净雨过程，加上典型年的实际入渗损失，求得各典型年 1904 年的毛雨过程；

④将各典型年 1904 年的毛雨过程，乘以水汽放大系数 K_2，求得可能最大暴雨的毛雨过程。

水汽放大系数是根据露点资料分析结果并参照国内各地采用数值，经综合分析确定 1904 年历史暴雨采用水汽放大系数为 1.3(与龙羊峡水库 PMP 计算采用值相同)。国内部分水库计算 PMP 所采用的水汽放大系数统计情况，见表 20-6。

表 20-6　国内部分水库计算 PMP 所采用的水汽放大系数统计表

流域或电站名称	所用典型(年・月)	水汽放大系数 K_2	设计单位
黄河龙羊峡	1 904.7	1.30	西北院
嘉陵江上游区	58.61	1.46	水电五局
嘉陵江亭子口以上流域	58.61	1.31	水电五局
岷江上游汶川—紫坪铺	64.7.21	1.30	水电六局
鸭河口水库	75.8	1.22	长办
三门峡—花园口区间	54、58	1.48	黄委、华水
三门峡—花园口区间	63.8	1.21	黄委、华水
乌江渡	63.7	1.65	水电八局
乌江渡	64.6	1.75	水电八局
乌江渡	70.7	1.17	水电八局
雅砻江上游区	70.7	1.32	成工院、成都院
雅砻江下游区	65.8	1.31	成工院、成都院
黄泥河阿岗水库	12 场雨	1.07～1.39	云南电力局设计院
黄泥河阿岗水库	68.9	1.26	云南电力局设计院

由表 20-6 知，大部分河流采用的水汽放大系数在 1.2～1.5 之间，龙羊峡以上流域采用 1.3 是基本符合这一区间的。

以 1964 年为例，吉—玛区间和玛—唐区间流域 PMP 计算及成果分别见表 20-7 和表 20-8。

表 20-7　1964 年吉—玛区间 PMP 计算

日期	P(mm)	f(mm/d)	R(mm)	放大至 1904 年，K_1=2.24		放大至 PMP，K_2=1.30
				R(mm)	P(mm)	P(mm)
07.01	0.58				0.58	0.75
07.02	0.88				0.88	1.15
07.03	0.60				0.60	0.78
07.04	7.64				7.64	9.93
07.05	5.55				5.55	7.21
07.06	24.45	11.60	12.90	28.8	40.40	52.50
07.07	7.99				7.99	10.40
07.08	3.20				3.20	4.16
07.09	4.55				4.55	5.91
07.10	5.75				5.75	7.47
07.11	5.82				5.82	7.57
07.12	3.55				3.55	4.62
07.13	3.81				3.81	4.96
07.14	0.52				0.52	0.68

续表

日期	P(mm)	f(mm/d)	R(mm)	放大至1904年，K_1=2.24		放大至PMP，K_2=1.30
				R(mm)	P(mm)	P(mm)
07.15	2.37				2.37	3.08
07.16	2.63				2.63	3.42
07.17	3.89				3.89	5.06
07.18	5.93				5.93	7.71
07.19	7.67				7.67	10.00
07.20	16.10	11.60	4.52	10.1	21.70	28.20
07.21	21.80	11.60	10.20	22.9	34.50	44.90
07.22	23.30	11.60	11.70	26.1	37.70	49.00
07.23	20.60	11.60	9.01	20.2	31.80	41.30
07.24	8.12	8.12			8.12	10.60
07.25	2.18				2.18	2.84
07.26	2.57				2.57	3.34
07.27	0.05				0.05	0.07
07.28	0.26				0.26	0.34
07.29	5.61				5.61	7.30

表20-8　1964年玛—唐区间PMP计算

日期	P(mm)	f(mm/d)	R(mm)	放大至1904年，K_1=2.26		放大至PMP，K_2=1.30
				R(mm)	P(mm)	P(mm)
07.01	0.23				0.23	0.30
07.02	0.22				0.22	0.29
07.03	2.02				2.02	2.62
07.04	2.95				2.95	3.83
07.05	7.61	6.00	1.61	3.64	9.64	12.50
07.06	15.60	6.00	9.62	21.70	27.70	36.10
07.07	7.91	6.00	1.91	4.31	10.30	13.40
07.08	9.78	6.00	3.78	8.55	14.50	18.90
07.09	5.95	6.00			6.00	7.80
07.10	10.20	6.00	4.22	9.54	15.50	20.20
07.11	5.81				5.81	7.56
07.12	3.48				3.48	4.52
07.13	1.96				1.96	2.55
07.14	1.22				1.22	1.58
07.15	3.46				3.46	4.50
07.16	5.46				5.46	7.09

续表

日期	P(mm)	f(mm/d)	R(mm)	放大至 1904 年，$K_1=2.26$		放大至 PMP，$K_2=1.30$
				R(mm)	P(mm)	P(mm)
07.17	5.65				5.65	7.35
07.18	12.30	6.00	6.27	14.20	20.20	26.20
07.19	5.82	6.00			5.82	7.57
07.20	9.63	6.00	3.63	8.20	14.20	18.50
07.21	14.10	6.00	8.11	18.30	24.30	31.60
07.22	15.30	6.00	9.29	21.00	27.00	35.10
07.23	8.02	6.00	2.00	4.58	10.60	13.80
07.24	0.59				0.59	0.767
07.25	0.02				0.02	0.026

7 PMF 计算

7.1 流域产流计算

黄河龙羊峡以上流域大部分都处于海拔 3 300 m 以上的青藏高原，流域内地形地貌复杂。由于流域面积大，流域内地形地貌及下垫面条件变化大，雨量站点稀少，建立符合本流域各分区自然地理特性的分布式降雨-径流模型是非常困难的。

流域产流计算按扣损法计算，分初损和后期平均入渗两部分损失，各分区的初损和后期平均入渗率采用本章 6.6 节中各典型年净雨计算时的数值。

利用求得的各典型年吉—玛区间和玛—唐区间流域 PMP 过程，进行产流计算，求得各典型年吉—玛区间和玛—唐区间流域可能最大净雨过程及相应的净雨总量，成果见表 20-9 和表 20-10。

表 20-9　吉—玛区间各典型年最大净雨过程及相应净雨总量成果表

1963 年		1964 年		1967 年		1968 年		1981 年	
日期	净雨(mm)	日期	净雨(mm)	日期	净雨(mm)	日期	净雨(mm)	日期	净雨(mm)
8.25		7.01		8.18		8.15		8.05	
8.26		7.02		8.19		8.16		8.06	
8.27		7.03		8.20		8.17		8.07	6.84
8.28	33.8	7.04		8.21		8.18		8.08	
8.29	13.0	7.05		8.22	4.08	8.19		8.09	5.60
8.30	16.2	7.06	40.9	8.23	6.45	8.20		8.10	
8.30	23.4	7.07		8.24		8.21		8.11	
9.01	19.7	7.08		8.25		8.22		8.12	
9.02	4.54	7.09		8.26		8.23		8.13	

续表

1963年		1964年		1967年		1968年		1981年	
日期	净雨(mm)	日期	净雨(mm)	日期	净雨(mm)	日期	净雨(mm)	日期	净雨(mm)
9.03	9.13	7.10		8.27		8.24		8.14	13.8
9.04	0.99	7.11		8.28	3.59	8.25	11.5	8.15	1.68
9.05	9.60	7.12		8.29	13.2	8.26		8.16	2.71
9.06	14.5	7.13		8.30	7.38	8.27	6.56	8.17	5.69
9.07		7.14		8.31	0.98	8.28	15.0	8.18	7.98
9.08		7.15		9.01	7.69	8.29		8.19	2.99
9.09		7.16		9.02	10.9	8.30	2.49	8.20	6.44
9.10		7.17		9.03	14.4	8.31	27.5	8.21	10.6
9.11		7.18		9.04	28.2	9.01		8.22	9.01
9.12		7.19		9.05	20.7	9.02	31.9	8.23	5.10
9.13		7.20	16.6	9.06	10.6	9.03		8.24	10.6
9.14	0.03	7.21	33.3	9.07		9.04		8.25	
9.15		7.22	37.4	9.08	3.56	9.05	8.93	8.26	0.48
9.16	12.7	7.23	29.7	9.09	6.04	9.06	41.9	8.27	
9.17	22.1	7.24		9.10		9.07	24.7	8.28	
9.18	44.7	7.25		9.11		9.08	1.29	8.29	
9.19	24.5	7.26		9.12	9.95	9.09	12.7	8.30	7.23
9.20	9.04	7.27				9.10	11.9	8.31	5.73
9.21	17.0	7.28				9.11	5.56	9.01	14.6
9.22	7.32	7.29				9.12		9.02	12.9
9.23						9.13		9.03	8.39
9.24						9.14		9.04	9.83
9.25						9.15		9.05	14.3
9.26								9.06	11.7
9.27								9.07	
9.28								9.08	19.9
9.29								9.09	12.4
9.30								9.10	2.79
10.01								9.11	4.70
								9.12	7.90
								9.13	4.49
								9.14	
								9.15	
								9.16	
								9.17	

续表

1963年		1964年		1967年		1968年		1981年	
日期	净雨(mm)	日期	净雨(mm)	日期	净雨(mm)	日期	净雨(mm)	日期	净雨(mm)
								9.18	
								9.19	
								9.20	
								9.21	22.65
								9.22	
Σ	282.37	Σ	158.0	Σ	147.8	Σ	201.8		249.1

表 20-10 玛—唐区间各典型年最大净雨过程及相应净雨总量成果表

1963年		1964年		1967年		1968年		1981年	
日期	净雨(mm)	日期	净雨(mm)	日期	净雨(mm)	日期	净雨(mm)	日期	净雨(mm)
8.25		7.01		8.18		8.15		8.05	
8.26		7.02		8.19		8.16		8.06	
8.27		7.03		8.20	3.18	8.17		8.07	2.81
8.28		7.04		8.21	8.91	8.18		8.08	
8.29		7.05		8.22	33.9	8.19		8.09	5.29
8.30		7.06	30.1	8.23	9.6	8.20		8.10	
8.31	5.37	7.07	7.40	8.24	2.50	8.21		8.11	
9.01		7.08	12.9	8.25	12.2	8.22		8.12	
9.02	0.63	7.09	1.80	8.26	11.5	8.23		8.13	
9.03	6.99	7.10	14.2	8.27	4.51	8.24		8.14	8.25
9.04		7.11	7.56	8.28	11.5	8.25	15.7	8.15	
9.05	8.85	7.12		8.29	11.0	8.26	6.54	8.16	0.17
9.06	3.32	7.13		8.30	16.4	8.27	9.27	8.17	0.45
9.07		7.14		8.31	11.9	8.28		8.18	3.14
9.08	0.30	7.15		9.01	8.60	8.29		8.19	2.74
9.09		7.16	1.09	9.02	13.6	8.30	0.71	8.20	
9.10	4.30	7.17	1.35	9.03		8.31		8.21	5.00
9.11		7.18	20.2	9.04	5.15	9.01		8.22	8.47
9.12	1.44	7.19	1.57	9.05	4.88	9.02	5.99	8.23	4.60
9.13		7.20	12.5	9.06	5.11	9.03		8.24	2.5
9.14	1.75	7.21	25.6	9.07		9.04		8.25	
9.15		7.22	29.1	9.08	0.36	9.05	7.39	8.26	7.1
9.16	18.4	7.23	7.75	9.09		9.06	11.3	8.27	

续表

1963年		1964年		1967年		1968年		1981年	
9.17	23.2	7.24		9.10		9.07	31.6	8.28	3.00
9.18	5.04	7.25		9.11		9.08	12.4	8.29	0.76
9.19	14.3			9.12		9.09	0.17	8.30	
9.20	4.60					9.10	8.24	8.31	7.58
9.21	2.13					9.11	2.87	9.01	7.85
9.22	4.35					9.12		9.02	10.6
9.23						9.13		9.03	10.0
9.24						9.14		9.04	12.6
9.25						9.15		9.05	11.7
9.26								9.06	4.76
9.27								9.07	4.87
9.28								9.08	1.23
9.29								9.09	0.33
9.30								9.10	
10.01								9.11	6.53
								9.12	1.20
								9.13	
								9.14	
								9.15	
								9.16	
								9.17	
								9.18	
								9.19	
								9.20	
								9.21	3.15
								9.22	
Σ	104.98	Σ	173.08	Σ	174.80	Σ	112.18	Σ	136.73

7.2 玛曲水文站和唐乃亥水文站 PMF 估算

从流域产汇流计算理论来说，当设计流域的可能最大暴雨过程经流域产流计算得到可能最大净雨过程后，可选择符合设计流域特性的汇流模型进行流域汇流计算，得到设计流域出口断面的 PMF。考虑到黄河上游唐乃亥以上流域产汇流机制比较复杂，研制符合吉—玛区间和玛—唐区间流域特性的汇流模型很困难，因此，玛曲水文站和唐乃亥水文站 PMF 估算，采用如下简化方法：

①将吉—玛区间和玛—唐区间可能最大净雨总量与典型年区间实测净雨总量之比作为区间 PMF 放大系数 K_3，将典型年的日流量过程(扣除基流)乘以 K_3，再加基流，即得各区间 PMF；

②将各区间 PMF 叠加合成为玛曲水文站和唐乃亥水文站 PMF；

③统计玛曲水文站和唐乃亥水文站 PMF 的洪峰流量和十五天洪量；

④按各典型年十五天洪量与四十五天洪量的比例放大得到可能最大四十五天洪量。

各典型年吉—玛区间和玛—唐区间流域 PMF 放大系数 K_3 计算成果，见表 20-11。

表 20-11　吉—玛和玛—唐区间 PMF 放大系数 K_3 成果表

年份	吉—玛区间	玛—唐区间
1963	2.71	3.05
1964	3.27	3.54
1967	2.83	2.61
1968	3.10	3.76
1981	1.75	1.84

以 1964 年为例，吉—玛区间和玛—唐区间流域及玛曲水文站、唐乃亥水文站 PMF 计算见表 20-12。

表 20-12　1964 年吉—玛、玛—唐区间流域及玛曲站、唐乃亥站 PMF 计算

流量单位：m^3/s；洪量单位：亿 m^3

日期	吉—玛区间					玛曲	玛—唐区间					吉—唐区间	唐乃亥
	原型	基流	净雨径流	放大至 PMF K_3=3.27	加基流		原型	基流	净雨径流	放大至 PMF K_3=3.54	加基流		
07.02													
07.03	576						298						
07.04	584						287						
07.05	550						331						
07.06	500						593						
07.07	444						828						
07.08	370	370	0	0	370	549	745	220	525	1 859	2 079	2 449	3 064
07.09	456	320	136	445	765	1 135	753	210	543	1 922	2 132	2 897	3 626
07.10	484	280	204	667	947	1 405	735	210	525	1 859	2 069	3 016	3 774
07.11	462	250	212	693	943	1 399	881	210	671	2 375	2 585	3 529	4 416
07.12	460	220	240	785	1 005	1 491	876	210	666	2 358	2 568	3 572	4 471
07.13	450	220	230	752	972	1 442	907	210	697	2 467	2 677	3 649	4 568
07.14	467	220	247	808	1 028	1 525	696	210	486	1 720	1 930	2 958	3 702
07.15	458	220	238	778	998	1 481	590	210	380	1 345	1 555	2 553	3 196
07.16	511	220	291	952	1 172	1 738	651	210	441	1 561	1 771	2 943	3 683

续表

日期	吉—玛区间					玛曲	玛—唐区间					吉—唐区间	唐乃亥
	原型	基流	净雨径流	放大至PMF $K_3=3.27$	加基流		原型	基流	净雨径流	放大至PMF $K_3=3.54$	加基流		
07.17	555	220	335	1 095	1 315	1 952	668	210	458	1 621	1 831	3 147	3 938
07.18	470	220	250	818	1 038	1 539	811	210	601	2 128	2 338	3 375	4 224
07.19	419	220	199	651	871	1 292	841	210	631	2 234	2 444	3 314	4 148
07.20	488	220	268	876	1 096	1 627	824	210	614	2 174	2 384	3 480	4 355
07.21	582	220	362	1 184	1 404	2 083	1 158	210	948	3 356	3 566	4 970	6 220
07.22	557	220	337	1 102	1 322	1 961	1 430	210	1 220	4 319	4 529	5 851	7 323
07.23	581	220	361	1 180	1 400	2 078	1 564	210	1 354	4 793	5 003	6 404	8 015
07.24	657	220	437	1 429	1 649	2 447	1 480	210	1 270	4 496	4 706	6 355	7 953
07.25	1 084	220	864	2 825	3 045	4 518	1 280	210	1 070	3 788	3 998	7 043	8 815
07.26	1 358	220	1 138	3 721	3 941	5 848	980	210	770	2 726	2 936	6 877	8 607
07.27	1 603	220	1 383	4 522	4 742	7 036	860	210	650	2 301	2 511	7 253	9 078
07.28	1 640	220	1 420	4 643	4 863	7 216	760	210	550	1 947	2 157	7 020	8 786
07.29	1 541	220	1 321	4 320	4 540	6 735	720	210	510	1 805	2 015	6 555	8 204
07.30	1 365	220	1 145	3 744	3 964	5 882	710	210	500	1 770	1 980	5 944	7 439
07.31	1 210	220	990	3 237	3 457	5 130	640	210	430	1 522	1 732	5 190	6 495
08.01	1 088	220	868	2 838	3 058	4 538	520	210	310	1 097	1 307	4 366	5 464
08.02	952	220	732	2 394	2 614	3 878	470	210	260	920	1 130	3 744	4 686
08.03	828	220	608	1 988	2 208	3 276	470	210	260	920	1 130	3 339	4 178
08.04	740	220	520	1 700	1 920	2 849	460	210	250	885	1 095	3 015	3 774
08.05	690	220	470	1 537	1 757	2 607	443	210	233	825	1 035	2 792	3 494
08.06	642	220	422	1 380	1 600	2 374	494	210	284	1 005	1 215	2 815	3 524
08.07	631	220	411	1 344	1 564	2 320	380	210	170	602	812	2 376	2 973
8.08	642	220	422	1 380	1 600	2 374	341	210	131	464	674	2 274	2 846
08.09	632	220	412	1 347	1 567	2 325	370	210	160	566	776	2 344	2 933
08.10	600	220	380	1 243	1 463	2 170	397	210	187	662	872	2 335	2 922
08.11	622	220	402	1 315	1 535	2 277	389	210	179	634	844	2 378	2 976
08.12	617	220	397	1 298	1 518	2 253	403	210	193	683	893	2 411	3 018
08.13	612	220	392	1 282	1 502	2 228	447	210	237	839	1 049	2 551	3 193
08.14	638	220	418	1 367	1 587	2 354	532	210	322	1 140	1 350	2 937	3 676
08.15	711	220	491	1 606	1 826	2 709	580	210	370	1 310	1 520	3 345	4 187
08.16	774	220	554	1 812	2 032	3 014	412	210	202	715	925	2 957	3 700
08.17	828	220	608	1 988	2 208	3 276	360	210	150	531	741	2 949	3 691

续表

日期	吉—玛区间					玛曲	玛—唐区间					吉—唐区间	唐乃亥
	原型	基流	净雨径流	放大至PMF $K_3=3.27$	加基流		原型	基流	净雨径流	放大至PMF $K_3=3.54$	加基流		
08.18	837	220	617	2 018	2 238	3 320	320	210	110	389	599	2 837	3 551
08.19	788	220	568	1 857	2 077	3 082	380	210	170	602	812	2 889	3 616
08.20	713	220	493	1 612	1 832	2 718	420	210	210	743	953	2 786	3 486
08.21	671	220	451	1 475	1 695	2 514	392	210	182	644	854	2 549	3 190
08.22	642	220	422	1 380	1 600	2 374	348	210	138	489	699	2 298	2 877
$Q_{max/d}$						7 216							9 078
W_{15d}						57.6							91.3

使用上述方法，得到各典型年玛曲水文站、唐乃亥水文站 PMF 成果，见表 20-13。

表 20-13　各典型年玛曲水文站、唐乃亥水文站 PMF 成果表

流量单位：m^3/s；洪量单位：亿 m^3

典型年	玛曲站			唐乃亥站		
	$Q_{m日均}$	W_{15d}	W_{45d}	$Q_{m、日均}$	W_{15d}	W_{45d}
1963	7 543	73.4	179	8 280	88.8	215
1964	7 216	57.6	126	9 078	91.3	199
1967	5 969	62.9	142	7 968	88.7	200
1968	6 516	67.6	144	8 546	92.4	198
1981	7 723	77.2	164	9 313	98.5	209
Max	7 723	77.2	179	9 313	98.5	215

玛曲水文站、唐乃亥水文站 PMF 成果设计上采用 5 个典型年中的最大值，其中，表 20-13 中流量为日平均最大流量，经玛曲水文站日平均最大流量和年最大洪峰流量相关，见图 20-3，唐乃亥水文站日平均最大流量和年最大洪峰流量相关，见图 20-4，得到黄河上游玛曲站、唐乃亥站 PMF 采用成果，见表 20-14。

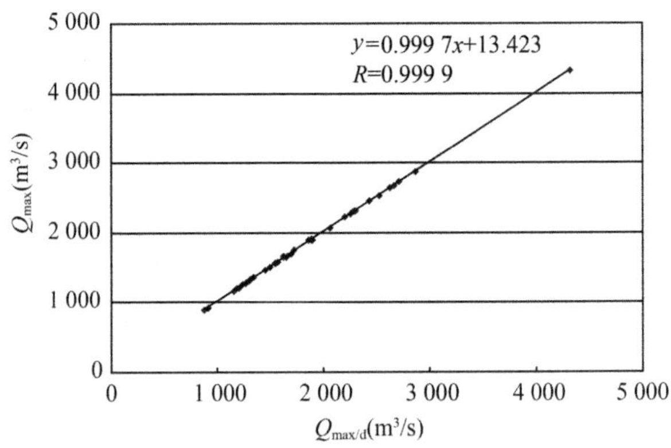

图 20-3　黄河上游玛曲站日平均最大流量和洪峰流量相关图

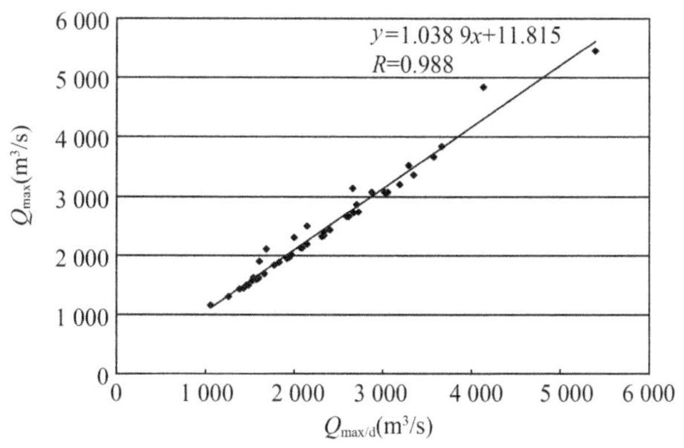

图 20-4　黄河上游唐乃亥站日平均最大流量和洪峰流量相关图

表 20-14　黄河上游玛曲站、唐乃亥站 PMF 采用成果　　流量单位：m^3/s；洪量单位：亿 m^3

玛曲站 PMF			唐乃亥站 PMF		
Q_m	W_{15d}	W_{45d}	Q_m	W_{15d}	W_{45d}
7 730	77.2	179	9 440	98.5	215

7.3　各梯级水电站工程 PMF 的分析确定

7.3.1　各梯级水电站工程 PMF 的计算及与万年一遇洪水的比较

以玛曲水文站和唐乃亥水文站为参证站，取面积为权数进行线性内插，得到黄河龙羊峡以上各梯级水电站工程 PMF 计算成果，见表 20-15。

表 20-15　黄河龙羊峡以上各梯级水电站工程 PMF 及频率设计洪水成果表

流量单位：m^3/s；洪量单位：亿 m^3

电站名称	项目	均 值	各种频率设计值 $X_{p(\%)}$								
			PMF	0.01	0.02	0.05	0.1	0.2	1	2	5
宁木特	Q_m	1 830	7 940	6 620	6 240	5 740	5 360	4 980	4 090	3 690	3 160
	W_{15d}	19.0	79.8	68.5	64.5	59.4	55.5	51.6	42.2	38.1	32.6
	W_{45d}	45.6	183	155	146	136	127	118	97.9	88.8	76.5
茨哈峡	Q_m	2 100	8 750	7 590	7 170	6 590	6 150	5 720	4 690	4 230	3 620
	W_{15d}	21.9	89.9	78.0	73.6	67.8	63.4	58.8	48.3	43.7	37.5
	W_{45d}	53.1	200	179	170	157	147	137	113	103	88.9
羊曲	Q_m	2 320	9 440	8 370	7 900	7 270	6 790	6 310	5 660	5 170	4 670
	W_{15d}	24.3	98.5	87.7	82.7	76.1	71.1	66.1	59.3	54.1	48.9
	W_{45d}	58.4	215	199	188	174	163	151	137	125	114

由表 20-15 知，本次推算的黄河宁木特水电站工程 PMF 成果，洪峰流量和十五天洪量比万年一遇洪水分别大 19.9%和 16.5%，增加的百分数略大于国内主要水电工程的平均比率；本次推算的黄河上游茨哈峡水电站工程 PMF 成果，洪峰流量和十五天洪量比万年一遇洪水分别大 15.3%和 13.8%，增加的百分数接近国内主要水电工程的平均比率；本次推算的黄河上游羊曲水电站工程 PMF 成果，洪峰流量和十五天洪量比万年一遇洪水分别大 12.8%和 12.3%，增加的百分数接近国内主要水电工程的平均比率。

7.3.2 计算的 PMF 及与其他电站 PMF 的比较

黄河上游龙羊峡以上各梯级水电站工程计算的 PMF 成果、黄河上游已建大型水电站工程采用的 PMF 成果及与万年一遇洪水比较情况列于表 20-16。

表 20-16 黄河上游大型水电站工程 PMF 与万年一遇洪水比较表

序号	河名	电站名称	控制面积（km^2）	洪峰流量（m^3/s）		$K=\frac{PMF}{万年一遇洪水}$
				PMF	万年一遇洪水	
1	黄 河	宁木特	90 510	7 940	6 620	1.199
2	黄 河	茨哈峡	107 420	8 750	7 590	1.153
3	黄 河	羊曲	123 264	9 440	8 370	1.128
4	黄 河	龙羊峡	131 420	10 500	8 650	1.214
5	黄 河	公伯峡	143 619	11 000	8 820	1.247
6	黄 河	刘家峡	181 766	13 000	10 800	1.204

7.3.3 各梯级水电站工程 PMF 的确定

由表 20-16 知，黄河上游已建成的龙羊峡、刘家峡和公伯峡大型水电站最终采用的 PMF 与其万年一遇洪水之比约为 20%，相比之下，本次推算的黄河龙羊峡以上各梯级水电站工程的 PMF 计算成果就显得偏小。考虑到宁木特、茨哈峡、羊曲等工程均为Ⅰ等大(1)型工程，推荐的代表性坝型多为混凝土面板堆石坝，无论是从各梯级电站本身，还是从梯级水电站群的防洪安全来说，都非常重要，为工程安全计，各梯级水电站工程的 PMF 取万年一遇洪水加 20%的安全保证值，作为最终采用成果，见表 20-17。

表 20-17 黄河龙羊峡以上各梯级水电站工程 PMF 成果表 流量单位：m^3/s；洪量单位：亿 m^3

电站名称	项目	PMF
宁木特	Q_m	7 940
	W_{15d}	82.2
	W_{45d}	186
茨哈峡	Q_m	9 110
	W_{15d}	93.6
	W_{45d}	215

续表

电站名称	项目	PMF
羊曲	Q_m	10 000
	W_{15d}	105
	W_{45d}	239

7.4 成果合理性分析

从以下几方面，对黄河龙羊峡以上各梯级水电站工程 PMF 成果的合理性进行分析：

(1) 据历史文献资料记载，1904 年洪水(重现期约为 190 年一遇)给黄河上游造成很大的灾害，该场灾害性的大洪水是由大暴雨造成的，因此，将 1904 年洪水相应的暴雨视为高效暴雨。与全国其他地区比较，采用水汽放大系数 1.30，属于中等情况。

(2) 为避免暴雨典型的偶然性，选择 1963、1964、1967、1968 和 1981 年 5 个实测大水年的相应降雨，作为 1904 年高效暴雨的时程分配典型。上述 5 场实测典型年的雨型基本能反映黄河龙羊峡以上降雨发生的时空分布情况，具有较好的代表性，且发生的可能性较大。

(3) 黄河龙羊峡以上各梯级水电站工程的 PMF 与万年一遇洪水相比，其增加的百分数均不超过 20%，与龙羊峡、刘家峡和公伯峡水电站已审定的 PMF 成果比较，从地区上来说是一致的。

综上所述，本次利用历史大洪水反推 PMF 的设计方法，估算黄河龙羊峡以上各梯级水电站工程 PMF，方法是基本可行的，最终采用的各梯级水电站工程 PMF 成果是合理的。

8 结语

本次估算在分析黄河龙羊峡以上及邻近地区的大暴雨资料和气象资料的基础上，采用在龙羊峡水电站 PMF 估算中使用的简化方法，即利用历史大洪水反推 PMF 的设计方法，将唐乃亥以上流域分为吉迈以上、吉—玛和玛—唐三个区间，根据流域的雨洪特点，重点对吉—玛区间和玛—唐区间流域的 PMP/PMF 进行了分析计算。先将 1904 年历史洪水相应的暴雨视为高效暴雨，选择 1963、1964、1967、1968 和 1981 年五个实测大水年的相应降雨，作为 1904 年高效暴雨的时程分配典型，水汽放大系数取为 1.30，经两次放大后得到吉—玛区间和玛—唐区间流域的 PMP 估算成果；其次，流域产流计算采用扣损法，求得各典型年净雨总量，及各典型年吉—玛区间和玛—唐区间流域 PMF 放大系数计算成果，对各典型年吉—玛区间和玛—唐区间流量过程进行放大计算，将各区间 PMF 叠加合成得到各典型年玛曲水文站、唐乃亥水文站 PMF 成果，取其中的最大值作为玛曲水文站、唐乃亥水文站 PMF 采用成果。最后，以玛曲水文站和唐乃亥水文站为参证站，取面积为权数进行线性内插，得到黄河龙羊峡以上各梯级水电站工程 PMF 计算成果。

经合理性分析，本次利用历史大洪水反推 PMF 的设计方法，估算黄河龙羊峡以上各梯级水电站工程 PMF，是可行的。经与黄河上游已建成的龙羊峡、刘家峡和公伯峡水电站已审定的 PMF 成果比较，本次估算的龙羊峡以上各梯级水电站工程 PMF 计算成果显得偏小，为工程安全计，各梯级水电站工程的 PMF 取万年一遇洪水加 20%的安全保证值，作为最终采用成果。

参考文献

[1] 国家技术监督局，中华人民共和国建设部. 防洪标准：GB 50201—94[S]. 北京：中国计划出版社，1994.

[2] 中华人民共和国水利部. 水利水电工程等级划分及洪水标准：SL 252—2000[S]. 北京：中国水利水电出版社，2000.

[3]《中国水力发电工程》编审委员会. 中国水力发电工程·工程水文卷[M]. 北京：中国电力出版社，2000.

[4] 王维第，朱元甡，王锐琛. 水电站工程水文[M]. 南京：河海大学出版社，1995.

[5] 成都科技大学主编. 工程水文及水利计算[M]. 北京：水利电力出版社，1981.

[6] 水利部长江水利委员会. 水利水电工程设计洪水计算规范：SL 44—2006[S]. 北京：中国水利水电出版社，2006.

21

梯级水库防洪标准选择的协调方法研究

该篇论文的简版发表于《西北水电》2013 年第 3 期。

摘　要：在给出梯级水库和梯级水库群的定义基础上，对我国防洪标准进行了分析与评价，指出了其不足。根据梯级水库防洪标准选择的特点和主要影响因素，对其协调方法进行了研究，在提出协调原则的基础上，给出九条规定，以及可采取的协调措施。

关键词：水库　梯级水库　梯级水库群　防洪标准　协调

1　引言

我国水库防洪安全设计基于防洪标准，而防洪标准是以规范的形式予以规定，在法律上具有强制性。但现行防洪标准规范主要适用于单库，对梯级水库防洪标准的确定没有明确、合理的规定。设计中均按坝型及规模套用单库情况选择水库大坝的防洪标准，造成了一些梯级水库群防洪标准不协调，使一些梯级水库群存在防洪安全隐患。在工程设计时，对于单库的防洪设计，现行防洪标准规范是基本可行的；但对于梯级水库群的防洪设计，鉴于影响梯级水库群防洪安全的因素远比单一水库多，梯级水库失事造成的危害也更加严重，对于由两库或多库组成的梯级水库群，现行规范均没有详细规定如何确定各库的防洪标准，仅作了一般规定，难以操作，尚不足以应用于工程实际。因此，有必要对梯级水库防洪标准选择的协调方法进行研究。

2　梯级水库和梯级水库群的定义

水库群是指在河流干、支流上由两个或多个水库以串联、并联或混联方式形成的水库群系统，可分为：串联水库群，由位于同一河流的上下游水库组成；并联水库群，由位于不同支流（包括干流）的水库组成；混联水库群，由串联水库（群）及并联水库（群）组成。

为区别于一般水库群，将梯级水库和梯级水库群分别定义为：在一条河流（或河段）上修建的多座水库，若上游水库的下泄流量是下游水库入库流量的组成部分，这种上、下游水库之间具有水力联系的水库称为梯级水库。多座梯级水库组成的水库群称为梯级水库群。

对于纯并联水库群，由于水库之间不存在水力联系，未形成上下游梯级关系，若下游没有共同的防洪对象，或虽然有共同的防洪对象但没有采取联合防洪调度时，则各库的洪水调度互不影响，一个水库的调度结果也不影响其他水库的来水情势，因此，纯并联水库与单个水库的情形相似，完全可以按单一水库对待。

可见，梯级水库群包括串联水库群和混联水库群。其中混联水库群可以看成是由两个或几个串联子水库群混合组成的水库群，它们中一部分水库之间具有水力联系，可称为具有梯级关系，另一部分水库之间不具有水力联系，它们之间的关系可称为并联关系。

3 我国防洪标准分析与评价

防洪标准是一个国家的经济、技术、政治、社会和环境等因素在工程上的综合反映，既关系到工程自身的安全，又关系到其下游人民生命财产、工矿企业和设施、生态环境的安全，还对工程效益的正常发挥、工程造价和建设速度有直接影响。它的确定是设计中遵循自然规律和经济规律，体现国家经济政策和技术政策的一个重要环节。防洪标准本质上是防洪安全与经济之间的权衡，应与国家的经济实力相适应。防洪既不能过度，也不能失度，防洪标准必须妥善解决好安全与经济、社会、环境之间的矛盾。

3.1 水库防洪标准的含义

防洪标准是指防洪保护对象要求达到的防御洪水的标准，通常应以防御的洪水或潮水的重现期表示；对特别重要的防护对象，可采用可能最大洪水表示。根据防护对象的不同需要，其防洪标准可采用设计一级或设计、校核两级。

水库防洪标准是指水库保证自身防洪安全所必须达到的防御洪水的标准，反映水库自身抵御洪水的能力，它对水利水电工程的安全和经济影响重大。水库防洪标准通过设计洪水标准和校核洪水标准来体现。一般来说，选择的水库防洪标准越高，水工建筑物的设计洪水标准就越高，相应的设计洪水也就越大，则工程投资自然也会增大，工程失事风险率会相应降低；反之，选择的水库防洪标准越低，水工建筑物的设计洪水标准就越低，相应的设计洪水也就越小，则工程投资自然也会减少，工程失事风险率会相应增大。

梯级水库防洪标准是指梯级水库群中，某一梯级水库为保证本梯级水库自身防洪安全且不致影响下游梯级水库防洪安全所必须达到的防御洪水的标准。

防洪标准与防洪保护对象的重要性、洪水灾害的严重性及其影响直接相关，并与国民经济的发展水平相适应。不同于一般的技术标准和产品标准，它在很大程度上是体现如何合理处理防洪安全与经济的关系。国家根据需要与可能，对防洪标准以规范的形式予以规定。其制定应遵循以下原则：“具有一定的防洪安全度，承担一定的风险，经济上基本合理、技术上切实可行”。

3.2 防洪标准

3.2.1 发展简况

我国幅员辽阔，自然地理、气候条件复杂，除沙漠、戈壁和极端干旱区及高寒山区外，大约 2/3 的国土面积存在着不同类型和不同危害程度的洪水灾害。我国在世界上属洪涝灾害最严重的国家之一，洪水灾害频繁。自古以来，我国对防洪就非常重视。但在1949年中华人民共和国成立以前，仅凭积累的治水经验进行防洪工程的建设、维修或加固，没有颁布过可满足工程设计要求的防洪标准。新中国成立以后，为防御洪水、减少洪灾损失，维护人民生命财产安全，国家非常重视防洪工程建设。为了满足大规模防洪建设的需要，有关部门对所管理的防洪对象的防洪标准，先后作过一些规定。由于制定的时期不同，各项防洪标准对防洪安全与经济的关系等的处理有差异，对于类似的防护对象，其防洪标准不够协调。直到1994年，为适应国民经济各部门、各地区的要求和防洪工程建设的需要，国家技术监督局和建设部联合发布了由水利部主编的国家统一的《防洪标准》(GB 50201—94)。随后，一些部委又根据国家防洪标准陆续对各自的行业防洪标准进行了修订，做到基本统一。

从我国防洪标准的变化过程来看，制定防洪标准的原则是以水库工程失事后对政治、经济、社会和环境的影响大小为依据，影响较大的工程承担风险小一点，反之则可大一些，不顾经济代价，片面提高防洪标准和安全性是不合适的。

3.2.2 我国现行水库防洪标准

我国现行的水库防洪标准主要以GB 50201—94《防洪标准》、SL 252—2000《水利水电工程等级划分及洪水标准》和DL 5180—2003《水电枢纽工程等级划分及设计安全标准》三本规范为依据。GB 50201—94《防洪标准》为国家标准，SL 252—2000《水利水电工程等级划分及洪水标准》为水利行业标准，DL 5180—2003《水电枢纽工程等级划分及设计安全标准》为电力行业标准，三者在水库防洪标准方面完全统一。规范规定：水库防洪标准的确定是按其工程规模、总库容、效益和在国民经济中的重要性先划分等别，再根据工程等别按永久或临时水工建筑物在工程中的重要性确定其级别，同时考虑坝型、坝高、工程地质条件以及工程失事后对下游的危害等因素判定其级别是否提高一级或降低一级，最后以水工建筑物的级别和筑坝材料的类型(土石坝或混凝土坝、浆砌石坝)，按山区、丘陵区和平原区、滨海区分别确定水库工程建筑物的防洪标准。这种先分等别再根据工程等别分级的做法已在我国沿用了几十年，证明该做法在工程实践中是切实可行的。

3.2.3 我国防洪标准存在的主要问题

我国水库防洪标准是通过设计洪水标准和校核洪水标准两级来体现。从我国建坝的实践来看，现行规范所规定的标准，是在我国现有计算水平和资料条件下，综合反映安全与经济的平衡后制定的，对我国水利水电工程建设及其防洪安全起到了指导和控制作用，是和我国社会主义经济建设各阶段的社会经济发展水平相适应的，是基本可行的。但随着我国水利水电工程建设的进一步深入，在工程实际中也出现了一些需要解决的新问题，主要有：

(1) 现行标准在确定工程等别时，没有将失事后果作为重要影响因素，也没有给出相应指标。规范虽然给出了下游防洪、排涝、灌溉等指标，但只是当工程承担下游防护目标的防护任务时才要考虑，而对于不承担下游城镇、农田、灌区等防护任务而工程失事又对下游造成危害的工程，则不考虑这些指标，这实际上是只考虑工程本身的功能损失而没有考虑溃坝损失，是不合理的。

(2) GB 50201—94《防洪标准》中没有涉及梯级水库的防洪标准,只是针对单一水库;SL 252—2000《水利水电工程等级划分及洪水标准》仅在“1.0.3条”和“3.1.3条”中对江河采取梯级开发方式时梯级水库防洪标准的确定作了一般性规定,没有给出确定各梯级水利水电工程的水库设计洪水标准与校核洪水标准的具体方法和评估失事损失严重程度的定量分析方法;DL 5180—2003《水电枢纽工程等级划分及设计安全标准》仅在“6.0.3条”中对河流采取梯级开发方式时各梯级水电枢纽工程中的水工建筑物的洪水设计标准的确定作了一般性规定,没有给出确定各梯级水电枢纽工程的水库设计洪水标准与校核洪水标准的具体方法和评估失事损失严重程度的定量分析方法。然而,目前我国大江大河的水利水电工程开发多采取梯级开发方式,水利水电工程开发已处于全面的梯级开发格局,梯级水库群组合方式越来越复杂,其水库基本处于梯级水库群中,影响梯级水库防洪安全的因素远比单一水库多,梯级水库失事造成的危害也更加严重。因此,迫切需要给出可满足工程设计需要的确定梯级水库群防洪标准的具体方法和评估失事损失严重程度的定量分析方法。

(3) 选择水库防洪标准时,方法过于单一,完全是按照现行规范进行,没有将国外比较合理的可接受风险分析方法应用到水库防洪标准的选择与复核中,全方位评价水库的防洪安全。

4 梯级水库防洪标准的特点及影响因子分析

4.1 梯级水库防洪标准的特点

河流梯级开发中的梯级水库,通常数目较多,各水库所处地理位置不同,规模有大有小,建设时间也不同步,故与之相应的工程等级和防洪标准也有高有低,假设其中有一个水库失事,将对下游梯级产生连锁反应,造成严重的后果。梯级水库的防洪安全,互有影响,是一个相互关联的、系统的防洪安全问题,其防洪标准的选择较单一水库情况复杂。

从梯级水库群防洪系统及其防洪决策的特点来看,梯级水库防洪标准应具有以下基本特点:

(1) 梯级水库防洪标准应能承担自身防洪和下游防护对象防洪安全任务;

(2) 梯级水库防洪标准应达到这样的水平,即在其失事的情况下,对下游区间或梯级水库所造成的损失是可以接受或容忍的;

(3) 梯级水库防洪标准应能在确保自身防洪安全的前提下,使梯级水库群防洪安全度得到提高。各个水库的设计洪水、泄洪措施、下泄流量等应统筹研究,相互协调,充分发挥梯级水库群联合调度的优势,妥善解决好安全与经济、社会、环境之间的矛盾。

4.2 梯级水库防洪标准的影响因子分析

水库防洪标准是一个国家的经济、技术、政治、社会和环境等因素在水库工程上的综合反映,对水库大坝安全有重大的影响。水库防洪标准的确定涉及诸多因素,而对于梯级水库防洪标准的确定,相对单一水库而言更为复杂,需要考虑的因素也更多。影响梯级水库防洪标准确定的因子主要有：

（1）经济条件

经济条件是选定水库防洪标准的主要因素。一般而言，防洪标准越高，则工程投资越大，溃坝失事概率越小；反之，防洪标准越低，则工程投资越小，溃坝失事概率越大。经济上最优的防洪标准，应使工程的年平均总费用与溃坝损失年费用之和为最小。

（2）工程规模及筑坝材料

我国水利水电工程防洪标准的确定是按其工程规模、效益和在国民经济中的重要性先划分等别，再根据工程等别按永久或临时水工建筑物在工程中的重要性确定其级别，同时考虑坝型、坝高、工程地质条件以及工程失事后对下游的危害等因素确定其级别是否提高一级或降低一级，最后以水工建筑物的级别选定水库工程建筑物的防洪标准。

（3）失事后对下游危害的大小

失事后危害的大小是选定水库防洪标准的主要条件。水库失事对下游造成的危害包括溃坝洪水造成的国民经济和人民生命财产的直接和间接损失，以及失事后不能发挥效益所造成的经济损失，也包括对下游地区的生态、环境影响。

（4）梯级水库群防洪调度

梯级水库群的上下游水库之间存在水力联系，其防洪调度方式对整个梯级水库群的防洪安全起着非常重要的作用，是采用联合调度，或是预报调度，甚至各梯级水库蓄泄运用次序不同，都会对梯级水库群防洪安全产生不同的影响，导致不同的结果，这是梯级水库群完全不同于单一水库的方面。

（5）其他因子

水库防洪标准的研究是一项复杂的工作，是经济、技术与社会、环境协调的产物，梯级水库防洪标准的研究比单一水库更为复杂，还要考虑上、下游梯级水库之间的相互影响，因此需要综合考虑经济、技术、政治、社会和环境等因素，认真加以决策。

5 梯级水库群的相互关系及其对防洪标准选择的影响

梯级水库群同处一条河流，由于河流的纽带作用，上游水库的防洪调度结果对下游水库有直接的影响，当上下游水库具有共同的防洪对象，且采用梯级联合防洪调度时，下游水库的来水和调度方式对上游水库也有直接的影响，因此各水库的防洪标准不是孤立的，而是相互影响的。

在河流的梯级开发中，梯级水库防洪标准的确定若按单一水库考虑选取，往往会形成比较严重的不协调问题。例如：若上游水库规模较小，按规范选用的防洪标准较低，下游水库规模较大，选用的防洪标准较高。当来水超过上游水库防洪标准时，可能造成溃坝，这时必然威胁到下游水库的安全。如果上游水库溃坝洪水进入下游水库后，超过下游水库的防洪标准，可能会导致下游水库连溃，这时下游水库的高防洪标准就失去了意义。也就是说，下游水库的防洪标准仅达到了上游水库的低防洪标准，这就是目前梯级水库群防洪标准选择中存在的严重的不协调问题。

由上所述，梯级水库之间的相互联系对防洪标准选择的影响主要体现在：当上游水库的防洪标准低于下游水库时，在上游水库断面发生与下游水库防洪标准相应的洪水时，上游水库可能漫坝或溃坝，可能使下游水库实际的防洪标准达不到原定的防洪标准。

6 梯级水库防洪标准选择的协调方法研究

6.1 协调原则

梯级水库防洪标准的相互协调，规范中没有给出确切的定义。从防洪安全的角度，并结合梯级水库群之间防洪安全的相互关系，很容易认为只要上游水库的防洪标准不低于下游水库的防洪标准，各水库的防洪标准就不会相互影响，就是协调的；一旦上游水库的防洪标准低于下游水库的防洪标准，就有可能降低下游水库的防洪标准，产生不协调问题。虽然这样从表面上看是合理的，但其实是走入了不顾经济效益的误区。按照这样的标准，势必造成不管工程规模大小，同一河流上的水利水电工程从上到下的校核洪水标准只能逐渐降低或全部相同的结果，在现实中将会给河流的开发利用带来不必要的困惑。如果上游河段一个较小的工程，因下游有大型工程，而将洪水标准定为 5 000 年～10 000 年一遇，甚至是可能最大洪水，将会产生更不合理的结果。

防洪标准的确定，不但要考虑防洪对象的重要性，也要考虑工程效益的正常发挥，最合理的办法是对不同防洪标准所可能减免的洪灾经济损失与所需的防洪费用进行对比分析，合理确定。但因为资料条件的限制，我国现阶段的设计工作还无法达到这样的深度，因此，制定的防洪标准中，通常是根据工程规模和防洪效益的各类指标来综合确定其防洪标准。

水利水电工程多数是资金和技术密集型的企业，其经济效益一般均较好，有的大型水利水电工程，年发电量可达到几百亿度，如著名的三峡水电站，其年发电量达 850 亿度，年产值达到 210 亿元，综合经济效益显著。一般大型水电站的年产值也可达到几亿元至几十亿元，相当于大、中城市的年产值，故水利水电企业大都是重要的骨干企业，都应列为本身和上游工程的重要防洪对象。

现行的国家标准 GB 50201—94《防洪标准》、行业标准 SL 252—2000《水利水电工程等级划分及洪水标准》和 DL 5180—2003《水电枢纽工程等级划分及设计安全标准》中，都将防洪对象的重要性作为确定洪水标准的最重要指标。在《水利水电工程等级划分及洪水标准》的条文解释中，给出了城镇及工矿企业重要性分类指标表，见表 21-1。

表 21-1 城镇及工矿企业分类表

	城镇		工矿企业	
重要性	规 模	非农业人口(10^4 人)	规 模	货币指标(亿元)
特别重要	超大、特大城市	≥100	特大型	≥50
重要	大城市	100～50	大型	50～5
中等	中等城市	50～20	中型	5～0.5
一般	小城市	<20	小型	<0.5

注：工矿企业货币指标为年销售收入和资产总额，两者均必须满足要求。

按照上表的工矿企业货币指标，大中型水利水电企业都属于中型至大型企业，少数可达到特大型企业。若为梯级开发，则梯级水库电站的综合规模和效益更为可观。如此重要规模的企业，无疑有充分的理由被列为重要的防洪对象。

通过以上论述，可认为，在确定水利水电工程的防洪标准时，应将水利水电工程本身和其下游水库作为重要的工矿企业列为防洪目标，在制定工程等别和级别时予以考虑。

前已述及我国现行规范对单一水库而言所确定的防洪标准是基本合适的，那么梯级水库与单一水库在防洪标准方面的不同之处就在于当上游有较低标准的水库时，可能溃坝使下游水库不能真实地达到规范规定的防洪标准。

综合以上分析，提出选择梯级水库防洪标准的协调原则如下：以我国现行防洪标准规范为基础，在确定梯级水库工程等别时，将下游水库作为防护目标对待，按规范规定初步选择梯级水库的防洪标准，并通过分析梯级水库之间的水力联系对防洪标准的影响，最终选定梯级水库的防洪标准和应采取的协调措施，使梯级水库实际的防洪标准不低于初步选择的防洪标准。

6.2 梯级水库防洪标准协调方法

根据上述协调原则，对由两个水库组成的梯级水库群，提出以下梯级水库防洪标准的协调方法。

规定一：当设计水库位于已建水库下游时，若上游梯级水库防洪标准高于按现行规范初步选定的设计水库（下游梯级水库）防洪标准时，不考虑上游水库发生溃坝的情况，梯级水库群防洪标准选择及协调分以下两种情况考虑：

（1）若上游梯级水库无调蓄能力，则不考虑上游梯级水库对设计水库的影响，按现行防洪标准规范选择下游设计水库的防洪标准。

（2）若上游梯级水库有调蓄能力，则考虑上游梯级水库对设计水库的调蓄影响，推求设计水库受上游梯级水库调蓄影响的设计洪水，并以不超过设计水库的天然设计洪水为控制，以梯级水库设计洪水成果的方式达到梯级水库群防洪标准协调一致的目的。

规定二：当设计水库位于已建水库下游时，若上游梯级水库防洪标准低于按现行规范初步选定的设计水库（下游梯级水库）防洪标准时，需考虑上游水库发生溃坝的情况，梯级水库群防洪标准选择及协调分以下两种情况考虑：

（1）将设计水库作为上游梯级水库的防护目标对待，与防护下游工矿企业同等对待，据此按现行规范规定重新确定上游已建梯级水库的工程等别和各建筑物级别，重新选定其设计洪水标准和校核洪水标准，若能与初步选定的设计水库（下游梯级水库）防洪标准协调一致，则应提出协调上游梯级水库防洪标准的处理措施，如协调处理措施要求上游梯级水库提高校核洪水标准，就按要求确定校核洪水标准，并与相关的部门协调落实这些处理措施；否则，按上游梯级水库可能发生溃坝的情况考虑。

（2）通过（1）而无法使上下游梯级水库防洪标准协调一致，或为使上下游梯级水库防洪标准协调一致，对上游已建梯级水库落实相应的处理措施需要投入的工程费用高时，则考虑上游梯级水库可能发生溃坝，根据估算的上游梯级水库溃坝对下游梯级水库的影响大小，进行经济比较。若落实上游水库相应的处理措施需要投入的工程费用低于溃坝对下游梯级水库造成的损失时，且落实上游水库相应的处理措施在工程技术上是可行的，就从上游梯级水库着手采取处理措施，以使上下游梯级水库防洪标准协调一致，所需投入的工程费用列入下游设计水库的工程费用预算中。否则，就从下游梯级水库着手采取处理措施，以使上下游梯级水库防洪标准协调一致。

规定三：当设计水库位于已建水库上游时，按现行规范初步选定设计水库（上游梯级水库）防洪标准，若高于已建水库（下游梯级水库）的防洪标准时，不考虑上游设计水库发生溃坝的情况，不论上游设计水库是否有调蓄能力，均按现行防洪标准规范选择上游设计水库的防洪标准。

规定四：当设计水库位于已建水库上游时，若按现行规范初步选定的上游设计水库防洪标准低于下游已建梯级水库的防洪标准时，需考虑上游设计水库发生溃坝的情况，梯级水库群防洪标准选择及协调分以下两种情况考虑：

（1）将下游已建的梯级水库作为上游设计水库的防护目标对待，与防护下游工矿企业同等对待，据此按现行规范规定重新确定上游设计水库的工程等别和各建筑物级别，重新选定其设计洪水标准和校核洪水标准，若能与下游已建梯级水库防洪标准协调一致，则应提出协调上游设计水库防洪标准的处理措施，如协调处理措施要求提高上游设计水库的校核洪水标准，就按要求确定校核洪水标准，并与相关的部门协调落实这些处理措施；否则，按上游设计水库可能发生溃坝的情况考虑。

（2）通过（1）而无法使上下游梯级水库防洪标准协调一致，或为使上下游梯级水库防洪标准协调一致，对上游设计水库落实相应的处理措施需要投入的工程费用高时，则考虑上游设计水库可能发生溃坝，根据估算的上游梯级水库溃坝对下游梯级水库的影响大小，进行经济比较。若落实上游水库相应的处理措施需要投入的工程费用低于溃坝对下游梯级水库造成的损失时，且落实上游水库相应的处理措施在工程技术上是可行的，就从上游梯级水库着手采取处理措施，以使上下游梯级水库防洪标准协调一致。否则，就从下游已建梯级水库着手采取处理措施，以使上下游梯级水库防洪标准协调一致，所需投入的工程费用列入上游设计水库的工程费用预算中。

对由三个及以上水库组成的梯级水库群，提出以下梯级水库防洪标准的协调方法：

规定五：当设计水库位于两个已建梯级水库下游时，将设计水库和紧邻其上游的已建梯级水库看成是由两个水库组成的梯级水库群，按“规定一”和“规定二”协调设计水库的防洪标准。

规定六：当设计水库位于两个已建梯级水库上游时，将设计水库和紧邻其下游的已建梯级水库看成是由两个水库组成的梯级水库群，按“规定三”和“规定四”协调设计水库的防洪标准。

规定七：当设计水库位于两个已建梯级水库之间时，若上游梯级水库防洪标准高于按现行规范初步选定的设计水库（下游梯级水库）防洪标准时，不考虑上游水库发生溃坝的情况，梯级水库群防洪标准选择及协调分以下两种情况考虑：

（1）若上游梯级水库无调蓄能力，则不考虑上游梯级水库对设计水库的影响，将设计水库和紧邻其下游的已建梯级水库看成是由两个水库组成的梯级水库群，按“规定三”和“规定四”协调设计水库的防洪标准。

(2) 若上游梯级水库有调蓄能力，则考虑上游梯级水库对设计水库的调蓄影响，推求设计水库受上游梯级水库调蓄影响的设计洪水，并以不超过设计水库的天然设计洪水为控制，以梯级水库设计洪水成果的方式达到上游梯级水库和设计水库防洪标准协调一致的目的；并将设计水库和紧邻其下游的已建梯级水库看成是由两个水库组成的梯级水库群，按“规定三”和“规定四”协调设计水库的防洪标准。

规定八：当设计水库位于两个已建梯级水库之间时，若上游梯级水库防洪标准低于按现行规范初步选定的设计水库（下游梯级水库）防洪标准时，需考虑上游水库发生溃坝的情况，梯级水库群防洪标准选择及协调分以下两种情况考虑：

(1) 将设计水库作为上游梯级水库的防护目标对待，与防护下游工矿企业同等对待，据此按现行规范规定重新确定上游已建梯级水库的工程等别和各建筑物级别，重新选定其设计洪水标准和校核洪水标准，若能与初步选定的设计水库（下游梯级水库）防洪标准协调一致，则应提出协调上游梯级水库防洪标准的处理措施，如协调处理措施要求上游梯级水库提高校核洪水标准，就按要求确定校核洪水标准，并与相关的部门协调落实这些处理措施，在此基础上，将设计水库和紧邻其下游的已建梯级水库看成是由两个水库组成的梯级水库群，按“规定三”和“规定四”协调设计水库的防洪标准；否则，按上游梯级水库可能发生溃坝的情况考虑。

(2) 通过(1)而无法使上下游梯级水库防洪标准协调一致，或为使上下游梯级水库防洪标准协调一致，对上游已建梯级水库落实相应的处理措施需要投入的工程费用高时，则考虑上游梯级水库可能发生溃坝，根据估算的上游梯级水库溃坝对下游梯级水库的影响大小，进行经济比较。若落实上游水库相应的处理措施需要投入的工程费用低于溃坝对下游梯级水库造成的损失时，且落实上游水库相应的处理措施在工程技术上是可行的，就从上游梯级水库着手采取处理措施，以使上下游梯级水库防洪标准协调一致，所需投入的工程费用列入下游设计水库的工程费用预算中。否则，就从下游设计水库着手采取处理措施，以使上下游梯级水库防洪标准协调一致；待上游梯级水库和设计水库防洪标准协调确定后，再将设计水库和紧邻其下游的已建梯级水库看成是由两个水库组成的梯级水库群，按“规定三”和“规定四”协调设计水库的防洪标准。

规定九：对由三个以上水库组成的梯级水库群，可以由三个水库组成的梯级水库群为基础，按“规定七”和“规定八”依此类推。

6.3 梯级水库防洪标准可采取的协调措施

为了使上下游水库的防洪标准协调一致，在梯级水库防洪标准选择中可能采取的协调措施有：

(1) 从上游水库着手采取的措施

①上游设计水库：提高上游水库防洪标准，使之与下游水库相应；使得上游水库在发生与下游水库防洪标准相应的洪水时不溃坝，例如可选用漫顶而不溃坝的坝型，如混凝土坝、浆砌石坝等。尽可能采用超载能力较大的拱坝等，并使应力结构满足漫顶而不溃坝的条件。

②已建上游梯级水库：采用相应的工程措施，使得当发生与下游水库防洪标准相应的

洪水时，不会造成溃坝情况。例如加固、加高大坝，增加防洪库容，使上游水库能拦蓄与下游水库防洪标准相应的洪水；扩建、改建或增设泄洪设施，如加大溢洪道尺寸、增设非常溢洪道等，增大水库泄洪能力，使之能宣泄与下游水库防洪标准相应的洪水。

（2）从下游水库着手采取的措施

①下游设计水库：提高下游水库防洪标准，使之与上游水库相应，若地形地质条件许可，优先选用漫顶而不溃坝的坝型，如混凝土坝、浆砌石坝等，同时尽可能采用超载能力较大的拱坝，并使应力结构满足漫顶而不溃坝的条件；在防洪调度设计时，尽可能增加调洪库容，当上游水库发生溃坝时，使下游梯级水库能拦蓄上游水库的溃坝洪水。可以通过增加坝高或减少兴利库容来增加调洪库容；增设泄洪设施，如加大溢洪道尺寸、增设非常溢洪道等，增大水库泄洪能力，使之能宣泄上游水库可能的溃坝洪水。

②已建下游梯级水库：采用相应的工程措施，例如加固、加高大坝，增加防洪库容，使下游水库能拦蓄上游水库的溃坝洪水；扩建、改建或增设泄洪设施，如加大溢洪道尺寸、增设非常溢洪道等，增大水库泄洪能力，使之能宣泄上游水库的溃坝洪水；研究预报调度的可能性，分析是否可以在上游水库发生超标准洪水可能溃坝之前腾空部分库容，以拦蓄上游水库的部分或全部溃坝洪水。

在实际应用中，可根据现实可能，选择上述措施中的几项措施，配合使用。可拟定几个配合使用几项措施的方案，进行技术经济比较，从中选择技术上可行、经济上合理的方案。

7 结语

梯级水库防洪标准选择是河流梯级开发中的一项重要的技术决策。由于其影响因素比单一水库复杂，它的确定不仅关系本梯级水库的防洪安全，还与上、下游梯级水库的防洪安全有着密切的联系，涉及技术、经济、安全、社会与环境等诸多方面的综合协调。本文根据我国水库防洪标准选择方面存在的不足，对梯级水库防洪标准选择的协调方法进行了分析研究，在提出协调原则的基础上，给出九条规定，以及可采取的协调措施，具有一定的操作性，有助于对这一问题进行深入研究。

参考文献

[1] 国家技术监督局，中华人民共和国建设部. 防洪标准：GB 50201—94[S]. 北京：中国计划出版社，1994.

[2] 中华人民共和国水利部. 水利水电工程等级划分及洪水标准：SL 252—2000[S]. 北京：中国水利水电出版社，2000.

[3] 中华人民共和国国家发展和改革委员会. 水电枢纽工程等级划分及设计安全标准：DL 5180—2003[S]. 北京：中国电力出版社，2003.

22

中国大坝设计洪水计算、评估与确定

该篇论文简版发表于《西北水电》2013 年第 6 期。

摘　要：本文回顾了新中国成立 60 年来中国大坝设计洪水计算的发展历程，总结了取得的经验和教训。在介绍现行规范规定的大坝设计洪水计算方法基础上，重点对中国大坝设计洪水的评估与确定进行了分析研究。

关键词：中国　大坝　设计洪水　经验　原则　计算　评估　确定

1　引言[1]-[5]

中国是世界坝工大国，截至 2008 年年底，已建、在建 30 m 以上大坝 5 443 座，其中 300 m 以上大坝有 1 座，坝高 200 m～300 m 的大坝有 12 座，坝高在 150 m～200 m 的大坝有 27 座，坝高在 100 m～150 m 的大坝有 124 座。已建成各类水库 87 151 座，水库总库容约 7 064 亿 m^3（未含港、澳、台地区）。这些工程兴利除害，为中国国民经济发展发挥了巨大作用。因此，大坝安全在国民经济发展中具有特别重要的意义。

衡量大坝安全的关键指标之一是其在运行期间能够抗御多大的洪水。此外，有些水库还要承担下游某一区域或城市的防洪任务。这样就提出了大坝及水库下游区域或城市的防洪安全设计标准问题。大坝及其水库下游防护区的防洪安全，与被采用的作为大坝设计依据的洪水标准有关。究竟应采用多大的洪水标准作为设计依据，合理的方法应是在分析大坝防洪安全风险、防洪效益、失事后果及投资等关系的基础上，通过综合经济、风险分析并考虑失事可能造成的人员伤亡、经济损失、政治、社会和环境影响等因素后加以确定。

中国大坝防洪标准是以设计洪水来表示的，设计洪水计算成果是防洪标准的最终体现，其成果是水利水电工程大坝设计的重要设计参数，对水利水电工程的规模、防洪安全、枢纽布置起着重要作用，关系到工程的成败。

60 年来，尤其是改革开放 30 年来，中国大坝建设走过了一条充满艰辛和挑战的发展历程，在大坝设计洪水计算方面，经历了学习、模仿、借鉴国外经验到自主创新的发展道路，特别是各大中河流形成梯级开发以后，梯级水库设计洪水计算方法又迈上了一个新的台阶，积累了丰富的经验，取得了累累硕果。

尽管我们在设计洪水计算方面已取得了很多理论研究成果，并积累了较丰富的实际工作经验，但是，鉴于设计洪水计算是一个超长期的预报问题，由于资料、方法、设计人员的知识和经验等方面的不同，大坝设计洪水成果往往存在一定的不确定性。因此，在实际工作中，非常有必要对中国大坝设计洪水计算、评估与确定进行总结和研究。

2 中国大坝设计洪水计算方法发展历程[6][7]

推求大坝设计洪水的途径和方法是随着雨洪资料信息的积累、工程建设和运行经验的增加，人们对洪水规律认识的不断深化而逐步发展和完善的。

自 1949 年中华人民共和国成立至今，中国大坝设计洪水计算方法经历了从历史洪水加成法逐步过渡到频率分析法，以及 1970 年代以后引入可能最大洪水、1980 年代提出梯级水库设计洪水计算方法的发展过程。

1979 年，中国原水利部和电力工业部总结 20 多年的实践经验，并参照各国已取得的成果，联合颁发了《水利水电工程设计洪水计算规范(试行)》，中国在设计洪水计算上终于走上了统一方法、统一技术标准的道路。这个规范比较充分地总结了中国大坝设计洪水计算的经验和教训，强调了“多种方法、综合分析、合理选用”的设计洪水计算原则。

中国自 1979 年水利水电工程设计洪水计算规范颁布执行后，各工程设计中有了统一的技术标准，设计洪水计算成果相对比较稳定，这一时期在传统的频率计算方法中，对参数估计方法也进行了较多的研究，并取得了不少成果。从 1980 年代末到 1990 年代初，在原水利水电规划设计总院的组织下，长江水利委员会水文局等单位对 1979 年颁布的设计洪水计算规范进行了修订。水利部和能源部于 1993 年颁布了新的水利水电工程设计洪水计算规范，增加了有关设计洪水地区组成和干旱、岩溶、冰川地区设计洪水计算方面的内容。1995 年水利部和能源部又编写并出版了与 1993 年规范配套的《水利水电工程设计洪水计算手册》。2006 年水利部水利水电规划设计总院又组织专家对 1993 年的规范进行了修编。2010 年中国水电顾问集团水电水利规划设计总院组织专家对 1993 年水利部、能源部共同发布的水利水电工程设计洪水计算规范进行修编，单独发布水电工程设计洪水计算规范，增加受水库调蓄影响的设计洪水、抽水蓄能电站、潮汐电站设计洪水等方面的内容。至此中国大坝在设计洪水计算内容和方法上，已经形成了一整套比较完整的体系。

3 中国设计洪水计算的主要经验[6]

60 年来，中国广大水文科研和设计工作者在实践中不断探索新问题，深入分析中国暴雨洪水规律，在跟踪、借鉴、学习世界各国设计洪水计算最新理论的同时，不断研究和完善设计洪水计算方法，逐步形成了一套符合中国河流流域自然条件的设计洪水计算方法体系，取得了许多经验和教训。中国大坝设计洪水计算的主要经验有：

(1) 只有坚持实事求是的科学态度，才能有正确的计算方法和计算结果；

(2) 重视基本资料；

(3) 重视历史暴雨洪水资料的调查考证；

(4) 认真贯彻“多种方法、综合分析、合理选用”的原则；

(5) 重视对计算成果的合理性检查。

4　设计洪水计算

4.1　天然设计洪水计算

根据中国设计洪水计算规范的规定，计算天然设计洪水，按资料条件的不同，可选用下列三种方法：

(1) 坝址或其上、下游邻近地点具有 30 年以上实测和插补延长的洪水流量资料，并有调查历史洪水时，可采用频率分析法计算设计洪水。

(2) 工程所在地区一般具有 30 年以上实测和插补延长的暴雨资料，并有暴雨洪水对应关系时，可采用频率分析法计算设计暴雨，再推算设计洪水。

(3) 工程所在流域内洪水和暴雨资料均短缺时，可利用邻近地区实测或调查暴雨和洪水资料，进行地区综合分析，估算设计洪水。

上述天然设计洪水计算方法可以概括为两类：一类是通过流量资料推求设计洪水，即所谓"直接法"；一类是通过雨量资料推求设计洪水，即"间接法"。由于前者所依据的基本资料为实测流量过程，中间环节相对较少，工程设计计算中大多采用这类方法。

4.1.1　根据流量资料推求设计洪水

根据流量资料推求天然情况下的设计洪水，主要内容包括设计洪水三要素，即设计洪峰流量、设计时段洪量和设计洪水过程线的分析计算。推求设计洪量的方法和设计洪峰流量的方法均为频率分析法，故以推求设计洪峰流量为例介绍具体分析步骤。首先，按防洪安全标准的含义及独立选样原则，对实测洪水资料进行选样，得出洪峰流量样本系列，并分析它的可靠性、一致性和代表性；其次，对历史洪水及其考证期进行分析、确定；最后，应用频率分析方法进行设计洪峰流量的分析计算，经合理性分析后，确定采用成果。

中国于 1979 年颁布的设计洪水计算规范及以后的历次规范均规定，经验频率计算采用期望公式。依连序系列和不连序系列，经验频率计算采用不同的公式。

对 n 项连序系列，经验频率计算采用数学期望公式计算：

$$p_m=\frac{m}{n+1},m=1,2,\cdots,n \tag{22-1}$$

对不连序系列，1963 年钱铁[8]提出了下列确定不连序系列经验频率的公式；对于其中 a 个特大洪水，经验频率公式为：

(1) a 个特大洪水的经验频率为

$$p_M=\frac{M}{N+1},M=1,2,\cdots,a \tag{22-2}$$

(2) $n-l$ 个连序洪水的经验频率为

$$p_m=\frac{a}{N+1}+\left(1-\frac{a}{N+1}\right)\frac{m-l}{n-l+1},m=l+1,2,\cdots,n \tag{22-3}$$

或

$$p_m=\frac{m}{n+1},m=1,2,\cdots,n \tag{22-4}$$

式中：a 为在 N 年中连序顺位的特大洪水项数；N 为历史洪水调查考证期；n 为实测洪水系列项数；l 为实测洪水系列中抽出作特大值处理的洪水项数；M 为 a 个特大洪水按大小排列的序数；m 为 n 个实测洪水按大小排列的序数；p_M 为历史洪水中第 M 项的经验频率；p_m 为实测系列中第 m 项的经验频率。

如果在 N 年之外，有更远的 N' 年内的调查洪水，则同样可把 N 年内的历史洪水与 N' 年内的历史洪水以及实测洪水组成不连序系列，按上述公式估算各项经验频率。

中国现行的《水利水电工程设计洪水计算规范》[9][10]规定频率曲线线型一般应采用P-Ⅲ型曲线。如有特殊情况，经分析论证后也可采用其他线型。

P-Ⅲ型曲线的密度函数 $f(x)$ 为：

$$f(x)=\frac{\beta^{\alpha}}{\Gamma(\alpha)}(x-a_0)^{\alpha-1}e^{-\beta}(x-a_0) \qquad a_0<x<\infty \tag{22-5}$$

式中：α 、β 和 a_0 为参数；Γ 为 Γ 函数。

P-Ⅲ型曲线的三参数 α、β 和 a_0 与均值、离差系数和偏态系数的关系如下：

$$\alpha=\frac{4}{C_s^2} \tag{22-6}$$

$$\beta=\frac{2}{\bar{x}C_vC_s} \tag{22-7}$$

$$a_0=\bar{x}(1-\frac{2C_v}{C_s}) \tag{22-8}$$

多数水文资料的最小值大于零，此时一定要：

$$C_s\geqslant 2C_v \tag{22-9}$$

P-Ⅲ型频率曲线的统计参数采用均值 $\bar{x}$ 、变差系数 C_v 和偏态系数 C_s 表示。统计参数一般采用矩法或其他参数估计方法初估，适线法确定。

尽管估计P-Ⅲ型分布统计参数的方法很多，如矩法、概率权重矩法、极大似然法、权函数法、单权函数法、双权函数法、线性矩法等，但迄今在中国还没有一种能使广大水文科研和设计人员都能接受的参数估计方法，在工程设计中，最终常以适线法来确定理论频率曲线的统计参数。

当统计参数确定后，根据P-Ⅲ型曲线的离均系数值 Φ_p 表或模比系数 K_p 值表，用下列公式计算各频率天然设计洪水的设计值：

$$x_p=\bar{x}(1+\Phi_pC_v) \tag{22-10}$$

或

$$x_p=K_p\cdot\bar{x} \tag{22-11}$$

对于梯级水库天然设计洪水计算，先选择各梯级电站的水文设计代表站，分别计算各站天然设计洪水，对设计成果进行合理性检查，合理取用各水文站设计洪水成果。

根据各水文设计代表站及各梯级水库坝址的集水面积，合理进行站坝转换，得到各梯级水库大坝天然设计洪水成果。

4.1.2 根据雨量资料推求设计洪水

由暴雨资料推求设计洪水，其最大优点在于能充分利用暴雨资料，特别是当工程所在流域流量资料不足时，常成为主要的途径。该方法的前提假定是设计暴雨与据之推算的设计洪水是同频率的。其主要分析计算步骤为：

(1) 设计暴雨分析计算：包括暴雨洪水特性分析、暴雨的时—面—深关系分析、暴雨频率分析、设计暴雨雨型。

(2) 产流分析计算：也称为降雨径流关系分析或净雨计算，通常有降雨径流相关法和扣损法两大类。

(3) 汇流分析计算：包括流域坡面汇流和河道汇流。根据设计流域面积的大小，流域汇流计算常采用推理公式法、单位线法以及各种基于流域蓄泄关系的方法。

随着计算机的应用，在中国大坝设计洪水计算中流域产、汇流计算也采用流域降雨径流模型。流域降雨径流模型正由集总式降雨径流模型向分布式和基于 GIS 的降雨径流模型发展。

中国对产汇流理论的突出贡献是赵人俊等提出了新安江模型。

4.1.3 根据水文气象成因推求设计洪水

利用水文气象学的原理和方法，估算出可能最大降水(Probable Maximum Precipitation，简称 PMP)，然后经流域产流汇流计算，转化为可能最大洪水(Probable Maximum Flood，简称 PMF)，这是推求水利水电工程设计洪水的主要途径之一。中国从 1950 年代末、1960 年代初开始开展 PMP/PMF 的研究工作、1970 年代末引入到工程设计中。黄河水利委员会王国安教授级高工于 1999 年编写出版了《可能最大暴雨和洪水计算原理与方法》[11]专著，总结出了中国推求 PMP/PMF 的方法和步骤。

4.2 设计洪水过程线

为使大坝达到防洪安全设计标准而必须设置的水库防洪库容，与入库洪水过程线，下游河道安全泄量和水库泄洪建筑物形式、规模、控制运用方式等因素有关。在下游河道安全泄量和水库泄洪建筑物形式、规模、控制运用方式已确定的情况下，水库防洪库容显然仅取决于入库洪水过程线：

$$V=f_1(Q_1,Q_2,\cdots,Q_n) \tag{22-12}$$

或

$$V=f_1(W_1,W_2,\cdots,W_n) \tag{22-13}$$

式中：V 为水库防洪库容；$Q_1,Q_2,\cdots,Q_n$ 分别为 $t_1,t_2,\cdots,t_n$ 时刻的入库流量；W_1,

$W_2,\cdots,W_n$ 分别为 $T_1,T_2,\cdots,T_n$ 历时内的最大入库洪量。因此，在理论上，设计洪水过程线应是一条符合下列关系的洪水过程线：

$$p=\iint\cdots\iint\varphi_1(Q_1,Q_2,\cdots,Q_n)\mathrm{d}Q_1\mathrm{d}Q_2\cdots\mathrm{d}Q_n \tag{22-14}$$

$$\Omega:f_1(Q_1,Q_2,\cdots,Q_n)\geqslant V_p$$

或

$$p=\iint\cdots\iint\varphi_2(W_1,W_2,\cdots,W_n)\mathrm{d}W_1\mathrm{d}W_2\cdots\mathrm{d}W_n \tag{22-15}$$

$$\Omega:f_2(W_1,W_2,\cdots,W_n)\geqslant V_p$$

式中：p 为大坝防洪安全设计标准；V_p 为达到大坝防洪安全设计标准必需的防洪库容；Ω 为积分域；$\varphi_1(Q_1,Q_2,\cdots,Q_n)$ 或 $\varphi_2(W_1,W_2,\cdots,W_n)$ 为作为随机过程的洪水过程线的概率密度函数。

早在 1950 年代，中国就开始使用同倍比放大法和分时段同频率控制放大法来推设洪水过程线。假设防洪库容是最大 T 时段洪量 W_T 的函数，则式(22-12)和式(22-14)分别简化为：

$$V=f_2(Q_T) \tag{22-16}$$

和

$$p=\int\varphi_2(W_T)\mathrm{d}W_T \tag{22-17}$$

$$\Omega:f_2(W_T)\geqslant V_p$$

式中：T 称为设计时段，它取决于水库调节供水能力，水库防洪库容越大，水库调节洪水的能力就越大，则 T 就要取得大一点，反之可取得小一点。

按照式(22-16)和式(22-17)揭示的原理推求设计洪水过程线，必须首先求出符合防洪安全设计标准 p 的设计时段洪量 $W_{T、p}$，然后对典型洪水过程线进行同倍比放大。设计洪水过程线通常是一种稀遇的洪水过程线，因此必须选择资料可靠、具有较好代表性、对防洪安全又较为不利的大洪水过程线作为典型洪水过程线。中国目前已提出一套较为合理的选择典型洪水过程线的原则。与同倍比放大法仅用一个时段洪量作控制的方法不同，分时段同频率控制放大法首先要选择若干个长短不同的控制时段，求得符合防洪安全设计标准的不同控制时段洪量，然后对典型洪水过程线进行分时段同频率放大。分时段同频率控制放大法虽然依据的原理仍为式(22-16)和式(22-17)，但它对典型洪水过程线选择的依赖性却没有同倍比放大法大，因此分时段同频率控制放大法已成为中国最常使用的推求设计洪水过程线的方法。

在实际工作中，设计洪水过程线一般采用放大典型洪水过程线的方法推求，通常应选择能反映坝址以上流域洪水特性、对工程防洪运用较不利的实测大洪水作为典型。放大典型洪水过程线时，根据工程和流域洪水特性，可采用同频率放大法和同倍比放大法。

为大坝防洪安全推求的设计洪水过程线应是入库洪水过程线，它与坝址断面设计洪水过程线是有区别的。入库洪水过程线一般比坝址断面洪水过程线峰型更尖瘦，峰现时间要提前。因此，由坝址断面设计洪水过程线求得的大坝防洪库容一般要小于由入库设计洪水过程线求得的大坝防洪库容。对这个问题，目前已提出来多种处理方法。

4.3 受上游水库调蓄影响的设计洪水计算[6]

近年来，在水能资源丰富的河流上逐渐形成干支流多梯级水库群的开发格局，有愈来愈多的水利水电工程在工程设计阶段需考虑上游梯级水库群的调节影响。

上游梯级水库调洪后的下泄流量过程与下游设计水库断面的天然洪水过程相比，一般洪峰流量和短时段洪量减少，洪峰出现时间延后，并因天然洪水的大小和洪水过程线的形状不同而异。上游梯级水库的下泄流量过程与区间洪水过程组合后，形成下游水库设计断面受上游水库调洪影响后的洪水过程。如果区间洪峰出现在上游梯级水库断面天然洪水的洪峰之后，那么上游梯级水库的调洪结果有可能增加上游梯级水库下泄流量与区间洪峰流量遭遇的机会；反之，则可能减少。若上游水库对一定防洪标准以下的洪水采用固定某一下泄流量的调洪方式（一般称为“削平头”方式），在这种情况下，上游水库最大下泄流量的持续时间很长，大大增加了与下游区间洪水的洪峰流量遭遇的机会，对下游水库的防洪安全不利。

在进行水库工程本身的防洪安全设计时，如果工程上游有调蓄作用较大的已建或近期即将建设的梯级水库或水库群，则应考虑这些水库的调洪作用对下游设计断面的设计洪水的影响。

上游梯级水库的调洪作用改变了下游水库设计断面天然洪水的洪峰流量、时段洪量及洪水过程线形状，从而改变了下游水库设计断面洪水的概率分布。为了推求下游水库设计断面的设计洪水，最直接的方法是将实测洪水流量资料按梯级水库的调洪规则逐年进行模拟调洪，推求出下游水库设计断面的洪水过程线，从中统计出受上游水库调洪影响后下游水库设计断面洪水的特征值系列。但根据受水库调洪影响后的洪水系列进行频率计算遇到了实际困难：一方面，这种系列难以用任何已知的频率曲线线型来适配，以达外延的目的；另一方面，根据这个系列点绘的经验频率点据也难以用一条光滑的曲线来拟合，其外延趋势是不确定的。特别是有些水库的下泄流量，在某种频率的洪水上下发生突变，经验频率曲线即使外延幅度不大，都可能有很大误差。因此，在实际应用中，都是采用在一定概化条件下的近似方法，主要有地区组成法、频率组合法和随机模拟法。

（1）地区组成法

地区组成法是在设计水库断面某一指定防洪标准的情况下，通过拟定洪水地区组成来确定各分区设计洪水过程线。根据梯级水库调洪原则进行上游梯级水库调洪计算，求得各种频率上游梯级水库的下泄流量过程线，再按设计拟定的洪水地区组成方式，经与区间洪水过程组合后，得到设计水库受上游梯级水库调蓄影响的设计洪水过程线，统计其特征值作为设计水库的设计洪水成果。此方法概念清晰，计算简便，较适用于工程设计。缺点是各分区洪水过程具有随机性，是千变万化的，拟定的洪水地区组成方式难以也不可能包括全部遭遇组合，存在局限性。

设计断面受上游水库调洪影响后的洪水过程，是由上游水库调洪后的下泄洪水过程与区间洪水过程组合形成的，因此，推求受上游水库调洪影响的设计洪水，首先应根据设计断面以上实际发生的大洪水资料，进行洪水的地区组成分析，以便拟定对工程防洪不利的洪水地区组成方式。

通常要考虑的设计洪水地区组成方式有：

①上、下同频，区间相应。

②区间与下游同频，上游相应。

③典型年组成。

所拟定的设计洪水地区组成在设计条件下是否合理，可通过分析该洪水地区组成是否符合设计水库控制断面以上各分区洪水组成规律来加以判断。

当本梯级水库上游已建成有调蓄能力的水库时，先分析计算各梯级水库设计断面的天然设计洪水过程线；其次，根据拟定的设计洪水地区组成方式，进行上游梯级水库的调洪计算，得到上游梯级水库的下泄流量过程；最后，将上游梯级水库的下泄流量过程与区间洪水组合后，得到受上游梯级水库调蓄影响的本梯级水库设计洪水成果。

(2) 频率组合法

频率组合法是以设计断面以上各分区的洪量作为组合变量，通过频率组合计算和上游水库的调洪计算，直接推求出下游设计断面受上游水库调蓄影响后的洪水频率曲线和设计值。此方法对于设计断面以上各分区洪水频率计算成果较为可靠、洪水峰量关系较好、水库调洪作用显著的情况尤为适用。

频率组合法按其处理方法的不同，又可分为数值积分和离散求和两种方法。

采用地区洪水频率组合法时，一般以各分区对工程调节起主要作用的时段洪量作为组合变量，分区不宜太多。

在实际应用中，一般只对相互独立的组合变量进行频率组合计算。因此，在计算前，需对组合变量进行独立性检验，如发现变量之间不独立，将其转换成独立随机变量，再进行频率组合计算。

频率组合法可以考虑洪水的所有地区组成及其相应的发生概率，能较好地反映水库对不同频率洪水的调洪效应，而且此法比较直观，不必对水库的调洪规则进行简化，适用于各种条件，特别是水库调洪规则比较复杂及梯级水库采用联合防洪调度的情况。其缺点是对资料条件要求高，另外，随着梯级水库数量的增加，计算工作量呈幂指数增加。

(3) 随机模拟法

由于水文变量具有随机性，设计水库坝址以上各分区洪水的相互遭遇组合也具有明显的随机性。

随机模拟法就是将各分区洪水过程看成随机过程，根据设计水库工程要求及流域特性和资料条件选择适当的模型，进行多站洪水过程线的随机模拟，生成足够长系列的多站同步洪水过程线，再按梯级水库的调洪规则逐年进行模拟调洪，推求出下游水库设计断面的洪水过程线，从中统计出受上游水库调洪影响后下游水库设计断面洪水的特征值系列，得出水库下游断面洪水特征值的概率分布，推求其设计洪水。

采用洪水随机模拟法时，应合理选择模型，并对模拟成果进行特性统计及合理性检验。

随机模拟法利用随机生成足够长系列的多站同步洪水过程线直接做调洪计算，得出水库下游断面洪水特征值的概率分布。其优点是不必简化调洪函数，也不必处理复杂的洪水组合遭遇问题。同时，此法把洪水特征值（峰、量）与过程线合并起来处理，减少了一些处理环节，使问题变得单纯。它的精度主要取决于所建立的模型是否合理，是否能反映设计流域洪水的客观规律。其缺点是洪水过程线的生成是利用已有的洪水资料信息，将来各分区洪水如何变化是未知的，通过随机模拟得到的洪水过程线没有增加未来洪水变化的信息量，仅仅是对过去发生的洪水过程特征的一种简单再现，尚不足以指导工程设计。

综合上述分析，设计洪水地区组成法、频率组合法和随机模拟法各有优缺点。地区组成法虽存在一定的局限性，但在工程设计中已获得广泛应用，并且常选择对工程防洪安全不利的组合，具有相当的安全性。

近年来，中国水电顾问集团水电水利规划设计总院组织专家开展了梯级水库群设计洪水计算研究专题，对串联型、并联型和混联型梯级水库群的设计洪水计算进行了深入的研究，在总结多年来的研究成果的基础上，对中国设计洪水计算规范推荐的各种方法进行了综合研究。通过本次研究丰富了我们对梯级水库群设计洪水计算方法的认识，提出了一些创新思路：提出了梯级水库群同频率地区组成计算中，需要同频率组成法与典型洪水组成法耦合应用；对于调洪控制时段差异较大的梯级水库群宜采用多时段典型洪水组成法；同频率组成法的相应洪水分割采用“典型过程节点再分配法”的新方法；明确提出梯级水库群设计洪水计算的基本方法为地区组成法，并优先考虑典型洪水地区组成法；对频率组合法提出了在梯级水库设计洪水计算中应采取分区逐级离散求和法的思路和各分区洪水特征量选样采用年最大取样的方式；推荐梯级水库群设计洪水计算中随机模拟法的模型采用多站平稳自回归模型和参数估计采用参数矩阵的递推算法；对历史洪水信息加入样本序列的办法做了有益的尝试等，为今后开展梯级水库群设计洪水计算提供了借鉴和技术支持。

5 设计洪水评估与确定

5.1 设计洪水评估

在洪水频率分析计算中，不可避免地会存在各种误差（如系列代表性差、计算有误、适线不当等），以及各种不确定因素（如概率分布、参数估计方法、设计人员的工程经验及风险偏好等）。因此，为提高大坝设计洪水成果的精度，对设计洪水计算成果要进行评估。

根据中国的经验，在洪水频率计算中，除了必须尽可能地应用历史洪水和古洪水资料外，实测或插补资料的精度、系列代表性和统计参数的合理性分析也是十分重要的。

中国大坝设计洪水评估是通过洪水资料评估和成果合理性分析来实现的。

（1）洪水资料评估：主要评估历史洪水及其重现期、实测或插补资料的精度以及系列代表性。

（2）合理性分析：洪水统计参数一般具有一定的水文意义，如均值是衡量流域洪水量级的特征值，C_v 是表征流域洪水年际变化情况的特征值，C_s 是反映流域中大小洪水出现概率的特征值。由于洪水具有地区性特点，其特征值主要受到气候和地理条件的支配，通常可表示为地理经、纬度的函数，因此可在地图上画出洪水特征值的等值线图。利用该等值线图所显示的地理规律可对位于这一地区的某一领域的洪水统计参数进行合理分析，或进行必要的修正。叶永毅等[12]早在1950年代就倡导这一做法，并称之为统计参数的地区协调。此外，河流上、下游同一洪水统计参数及不同时段洪量统计参数之间也存在一定关系。中国学者结合实际工作分析探讨了这些关系，并用于洪水统计参数的合理性分析。

5.2 设计洪水确定

5.2.1 中国大坝设计洪水确定的原则

洪水由于受自然和非自然因素变化的影响，其发生具有随机性，人们对其变化规律的认识还处在半经验、半理论的较低水平，再加上洪水资料的缺乏，设计洪水的分析计算主要是在对雨洪资料统计规律的初步认识的基础上进行的，往往仅根据短短的30年～50年的资料去探求千年或万年一遇的设计洪水，谈何容易？其间的不确定性可想而知。实际上，地球万物随时随地都在变化，真正意义上的多少年一遇的设计洪水本来就没有真值，所估算的设计洪水成果仅仅是对想象中的“真值”的一种近似。随着雨洪资料的增加，设计洪水成果估算值是变化的，再加上设计人员的经验以及采用的方法不同，这种不确定性有可能更大。

中国水文工程师在确定大坝设计洪水时所依据的原则是：在现有雨洪资料的基础上，依据已发布的规程规范，采用多种分析计算方法进行水利水电工程的设计洪水计算，并对成果进行合理性分析，综合确定所采用的设计洪水成果，尽可能使所采用的成果的不确定性降到最低，把握好经济与安全的尺度。

5.2.2 大坝防洪标准的水文安全度

大坝防洪标准是指水库大坝保证自身防洪安全所必须达到防御洪水的标准，反映水库大坝自身抵御洪水的能力。世界上没有绝对安全的大坝，大坝均存在失事的风险，差别仅仅是失事的风险大小而已。

传统的大坝防洪安全分析认为漫坝风险主要来自超标洪水。大坝在整个运行期间抗御洪水的安全度取决于设计洪水重现期 T（年）和设计使用年限 N，中国现行大坝防洪标准的水文安全度为：

$$R_N=\left(1-\frac{1}{T}\right)^N \tag{22-18}$$

5.2.3 安全修正值

由于种种原因，由频率计算求得的符合某一防洪安全设计标准 p 的设计洪水 x_p 是带有误差的，金光炎[13]研究了采用矩法估计连序系列的统计参数，计算 x_p 的抽样误差，并

导出了下列计算 x_p 抽样误差的公式：

$$\sigma_{x_p}=\frac{\bar{x}C_v}{\sqrt{n}}\cdot B\text{（绝对误差）} \tag{22-19}$$

式中：σ_{x_p} 为 x_p 的抽样误差；$\bar{x}$ 为均值；C_v 为离均系数；n 为样本容量；B 为偏差系数 C_s 和频率 p 的函数。

谭维炎等曾采用离差绝对值和最小的适线准则，通过统计试验求得了该函数的计算图表。中国学者将 σ_{x_p} 作为安全修正值加到所求得的 x_p 上，以策大坝防洪安全，但这种做法显然是存在一定缺陷的。应通过原始资料的精度、系列的代表性、历史洪水调查考证程度、古洪水研究成果精度以及统计参数和设计值的合理性分析后，来作定性判断。当发现有偏小可能，为安全计，应在校核标准洪水设计值上再加安全修正值。安全修正值的数据，可根据综合分析成果偏小的可能幅度并参考均方误差计算结果来确定。

中国设计洪水计算规范规定："对大型工程或重要的中型工程，用频率分析法计算的校核标准设计洪水，应计算抽样误差。经综合分析检查后，如成果有偏小的可能，应加安全修正值，一般不超过计算值的20%。"

5.2.4 10 000 年一遇洪水与 PMF

根据 GB 50201—94《防洪标准》、SL 252—2000《水利水电工程等级划分及洪水标准》和 DL 5180—2003《水电枢纽工程等级划分及设计安全标准》的规定，Ⅰ等大（1）型工程，土坝、堆石坝的校核洪水标准为可能最大洪水（PMF）或 10 000 年～5 000 年一遇洪水。

由于 PMF 是从成因分析法来推求，与用频率分析法计算的 10 000 年一遇洪水，在计算理论和方法上都不相同，两者哪一个较大，不同的流域情况不尽相同。中国现行防洪标准规范规定，在选择采用频率法的重现期 10 000 年一遇洪水还是 PMF 时，应根据计算成果的合理性来确定。当用水文气象法求得的 PMF 较为合理时，则采用 PMF；当用频率分析法求得的重现期 10 000 年一遇洪水较为合理时，则采用重现期 10 000 年一遇洪水；当两者可靠程度相同时，为安全起见，应采用其中较大者。

参考文献

[1] 贾金生，袁玉兰，郑璀莹，等. 中国 2008 年水库大坝统计、技术进展与关注的问题简论[C]. 中国大坝协会秘书处，2008.

[2] 潘家铮，何璟. 中国大坝 50 年[M]. 北京：中国水利水电出版社，2000.

[3] 国家技术监督局，中华人民共和国建设部. 防洪标准：GB 50201—94[S]. 北京：中国计划出版社，1994.

[4] 中华人民共和国水利部. 水利水电工程等级划分及洪水标准：SL 252—2000[S]. 北京：中国水利水电出版社，2000.

[5] 中华人民共和国国家经济贸易委员会. 水电枢纽工程等级划分及设计安全标准：DL 5180—2003[S]. 北京：中国电力出版社，2003.

[6] 王锐琛.中国水力发电工程·工程水文卷[M].北京:中国电力出版社,2000.

[7] 郭生练.设计洪水研究进展与评价[M].北京:中国水利水电出版社,2005.

[8] 钱铁.在有历史洪水资料情况下洪水流量经验频率的确定[J].水利学报,1964(2):50-54.

[9] 水利部、能源部.水利水电工程设计洪水计算规范:SL 44—93[S].北京:中国水利水电出版社,1993.

[10] 水利部.水利水电工程设计洪水计算规范:SL 44—2006[S].北京:中国水利水电出版社,2006.

[11] 王国安.可能最大暴雨和洪水计算原理与方法[M].北京:中国水利水电出版社,郑州:黄河水利出版社,1999.

[12] 叶永毅.根据水文资料计算设计洪水[J].中国水利,1957(1)~(2).

[13] 金光炎.水文统计原理与方法[M].北京:中国工业出版社,1964.

23

中、美大坝防洪和抗震安全设计理念比较研究

该篇论文的简版发表于《西北水电》2015年第6期。这篇论文也是作者在西北院工作27年发表的最后一篇论文。

摘　要：本文根据中、美大坝现行防洪标准和抗震标准体系，对比研究了两国大坝防洪和抗震安全设计理念，认为中、美两国对大坝防洪安全和抗震安全的要求客观地反映了两国综合国力的差异，大坝防洪和抗震安全设计各有特点，自成体系，均能满足各自国家大坝安全设计和评估的需求。通过比较研究，有助于深入理解大坝安全设计理念的内涵，对完善我国大坝安全设计标准体系具有重要意义。文中给出了大坝设计基准期内的防洪安全度、抗震安全度及防洪和抗震综合安全度的计算公式，有助于理解大坝防洪和抗震设计的风险意义。

关键词：防洪　安全设计　防洪标准　设计洪水　校核洪水　可能最大洪水　水文安全度　抗震　抗震标准　基本烈度　设计烈度　运行基准地震　最大设计地震　最大可信地震　抗震安全度　设计基准期

1　引言[①]

人类利用建坝挡水、建造水利工程已有几千年的历史。从中国的都江堰引水灌溉到古罗马的城市供水系统，通过修渠建坝成功地控制洪水和利用水资源已经成为人类几千年文明史的重要组成部分，为人类文明的演进发挥了重要作用。

据国际大坝委员会(ICOLD)大坝统计资料，截至2015年全世界已在ICOLD注册的坝高15 m以上的大坝有58 260座，这些坝及其形成的水库工程主要承担防洪、发电、灌溉、供水等兴利任务，在各国的社会经济发展中具有举足轻重的作用。

大坝支撑着各种规模的水库，关系到坝下游地区人民生命财产的安全。二十世纪五十年代以来，法国、意大利、美国、印度和中国共有60多座大中型水库大坝失事，造成了严重的生命、财产损失。造成大坝事故的原因主要有洪水、地震、大坝年久失修、管理不善等。大坝的安全是公共安全问题，越来越受到世界各国政府、社会和人民的重视。从大坝安全设计角度而言，衡量大坝安全最关键的两个方面是防洪和抗震。

中国和美国已注册大坝数分别是23 842座和9 265座，是世界第一和第二坝工大国。美国是目前世界上唯一的超级大国，经济实力雄厚，科技水平高，大坝安全设计理念先进，

① 相关资料来源于国际大坝委员会官网：http://www.icold-cigb.org

具有完整的设计标准体系。中国自1979年以来的30多年实行改革开放政策，经济方面取得了令世人瞩目的成就，是正在崛起的新兴大国。二十世纪九十年代以来，中国进入大坝发展的高峰时期，成为世界建坝中心，无论从建坝数量、建坝规模和技术难度来说，中国都居于世界首位，在大坝安全设计方面也积累了比较丰富的经验，形成了比较完整的设计标准体系。中、美两国大坝防洪和抗震安全设计各有特点，因此，对其进行比较研究，有助于我们深入理解大坝安全设计理念的内涵，对完善我国大坝安全设计标准体系具有重要意义。

2 中、美大坝防洪安全设计理念比较[1]-[7]

由于洪水发生具有随机性，受流域特性、气候条件、洪水资料等的影响，设计洪水成果存在很大的不确定性，其次，由于世界各国经济发展水平不同，对防洪安全的要求也不同，各国现行大坝防洪设计规范采用的设防标准颇不统一。

中、美大坝防洪安全设计均是以大坝防洪标准予以保证。大坝防洪标准是指水库大坝保证自身防洪安全所必须达到的防御洪水的标准，反映水库大坝自身抵御洪水的能力。

中国现行的大坝防洪标准主要有GB 50201—2014《防洪标准》、DL 5180—2003《水电枢纽工程等级划分及设计安全标准》和SL 252—2000《水利水电工程等级划分及洪水标准》。三个标准在大坝防洪标准方面的规定是一致的。GB 50201—2014《防洪标准》是新修订的，自2015年5月1日实施。老版GB 50201—94《防洪标准》的全部内容为强制性国家标准，而新版GB 50201—2014《防洪标准》只有特别重要的部分条文为强制性条文，相比较而言，新版GB 50201—2014《防洪标准》的强制性范围缩小了。随着新版GB 50201—2014《防洪标准》的实施，DL 5180—2003《水电枢纽工程等级划分及设计安全标准》和SL 252—2000《水利水电工程等级划分及洪水标准》正在进行修订。

中国大坝防洪标准以防御的洪水或潮水的重现期表示；对于特别重要的大坝，可采用可能最大洪水表示。防洪标准可根据防护对象的不同需要，采用设计一级或设计、校核两级。

设计洪水成果是大坝防洪安全的最终体现。在工程设计中，大坝防洪标准通常采用设计、校核两级，相应的洪水分别称为设计洪水和校核洪水。设计洪水是指给定设计频率p(%)的洪水，包括设计洪峰流量、设计洪量及设计洪水过程线，p(%)是年超越概率，与重现期T(年)互为倒数；校核洪水是指给定设计频率p(%)的洪水或可能最大洪水。

中国大坝防洪标准的确定是按其工程规模、总库容、效益和在国民经济中的重要性先划分工程等别，再根据工程等别按永久或临时水工建筑物在工程中的重要性确定其级别，同时考虑坝型、坝高、工程地质条件以及工程失事后对下游的危害等因素判定其级别是否提高一级或降低一级，最后以水工建筑物的级别和筑坝材料的类型(土石坝或混凝土坝、浆砌石坝)按山区、丘陵区和平原区、滨海区分别确定水库工程建筑物的防洪标准。这种先分等别再根据工程等别分级的做法已在中国沿用了几十年，证明该做法在工程实践中是切实可行的。

中国大坝防洪标准制定体现了以下理念：设计标准，是指当发生小于或等于该标准洪水时，应保证大坝的安全或防洪设施的正常运行；校核标准，是指遇该标准相应的洪水时，采取非常运用措施，在保证大坝安全的前提下，允许次要建筑物局部或不同程度的损坏，次要防护对象受到一定的损失。对于失事后果严重的重要工程，人们都认为是不能失事的，自古以来就有“万无一失”的说法，要做到“万无一失”，其标准应不低于万年一遇。因此，从中国历次防洪标准的变化过程来看，水利水电工程的最高防洪标准定为 10 000 年一遇或 PMF，即把 PMF 与万年一遇洪水并列，反映了人们对防洪安全的合理需求。

美国现行的大坝防洪标准体系由联邦政府、各州政府和著名的机构如陆军工程师兵团(USACE)、垦务局(USBR)、大坝委员会等颁布的指南所组成，没有强制性标准。相对而言，1979 年陆军工程师兵团建议的大坝防洪标准、2004 年联邦应急管理署(FEMA)颁布的大坝防洪安全规范(联邦设计规范 7509. 11_0_code——美国联邦建议的溢洪道设计洪水)具有一定的代表性。陆军工程师兵团建议的防洪标准见表 23-1 至表 23-3；联邦应急管理署建议的防洪标准见表 23-4。

表 23-1　规模类别

类别	库容(hm^3)	坝高(m)
小	0.62～1.23	7.6～12.2
中	1.23～61.5	12.2～30.5
大	≥61.5	≥30.5

表 23-2　潜在灾害类别

类别	生命损失 (开发程度)	经济损失 (开发程度)
低	没有预期 (没有供居住的永久建筑物)	小 (未开发至临时建筑物或农业)
显著	几个 (只有少数)	可观的 (显著的农业、工业或建筑物)
高	较多 (高于少数)	过度 (广阔的社区、工业或农业)

表 23-3　建议的安全标准

灾害	规模	安全标准
低	小 中 大	50 年一遇至 100 年一遇洪水 100 年一遇洪水至 50%PMF 50%至 100%PMF
显著	小 中 大	100 年一遇洪水至 50%PMF 50%至 100%PMF PMF
高	小 中 大	50%至 100%PMF PMF PMF

表 23-4　FEMA 建议的溢洪道设计洪水

潜在的灾害		规模	溢洪道设计洪水
高	• 可能的生命损失 • 预期的环境、经济和生命损失	A	PMF
		B	PMF
		C	50%至 100%PMF
		D	100 年一遇洪水至 50%PMF
中	• 没有预期的生命损失 • 预期的环境、经济和生命损失	A	PMF
		B	50%至 100%PMF
		C	100 年一遇洪水至 50%PMF
低	• 没有预期的生命损失 • 低或有限的环境、经济和生命损失	A	50%至 100%PMF
		B	100 年一遇洪水至 50%PMF
		C	50 年一遇至 100 年一遇洪水

美国大坝防洪标准以防御的频率洪水(只用到 100 年一遇)或 50%PMF 或 PMF 表示。防洪标准采用设计一级。

美国大坝防洪标准是根据坝失事后对其下游的潜在灾害的大小和坝的规模(三级或四级)来选定。

美国大坝防洪标准制定体现了以下理念:当发生小于或等于防洪标准洪水(设计洪水)时,应保证大坝的安全或防洪设施的正常运行;当发生大于防洪标准洪水时,在保证大坝安全的前提下,允许次要建筑物局部或不同程度的损坏,次要防护对象受到一定的损失。

从中、美大坝防洪标准的变化过程看,制定防洪标准时均遵循了以下原则:以工程失事后对政治、经济、社会和环境的影响大小为依据,影响较大的工程承担风险小一点,反之则可大一些,不顾经济代价,片面提高防洪标准和安全性是不合适的。

世界上没有绝对安全的大坝,大坝均存在失事的风险,差别仅仅是失事的风险大小而已。传统的大坝防洪安全分析认为漫坝风险主要来自超标洪水。大坝在整个运行期间抗御洪水的安全度取决于设计洪水重现期 $T_{洪水}$(年)和设计基准期 N(年),中、美现行大坝防洪标准的防洪安全度为:

$$R_{防洪,N}=(1-p_{年,洪水})^N=\left(1-\frac{1}{T_{洪水}}\right)^N \tag{23-1}$$

或

$$R_{防洪,N}=1 \tag{23-2}$$

3　中、美大坝抗震安全设计理念比较[8]-[13]

由于地震发生的不确定性,以及所取得的强震记录仍属有限,各国现行大坝抗震设计规范采用的设防标准颇不统一。

中、美大坝抗震安全设计均是以大坝抗震设防标准予以保证。大坝抗震设防标准是指水库大坝保证自身抗震安全所必须达到的抗御地震破坏的标准，反映水库大坝自身抗御地震破坏的能力。

中国现行的大坝抗震标准主要有 DL 5073—2000《水工建筑物抗震设计规范》和 SL 203—97《水工建筑物抗震设计规范》。前者是水电行业标准，后者是水利行业标准，两个标准在大坝抗震设防标准方面的规定是一致的，均是强制性行业标准。

中国大坝抗震设防标准以设计基准期内抗御的地震烈度的超越概率表示，采用一级设计标准设防。

大坝抗震设防类别应根据大坝的重要性和工程场地基本烈度确定。基本烈度是指50年期限内一般场地条件下可能遭遇超越概率 P_{50} 为 0.10 的地震烈度。一般为《中国地震烈度区划图(1990)》上所标示的地震烈度值，对重大工程应通过专门的场地地震危险性评价工作确定。设计烈度是在基本烈度基础上确定的作为工程设防依据的地震烈度。大坝抗震设计的设计烈度一般采用基本烈度；工程抗震设防类别为甲类的大坝可根据其遭受强震影响的危害性在基本烈度基础上提高 1 度作为设计烈度；凡按规范规定必须作专门的地震危险性分析的工程，其设计地震加速度代表值的概率水准，对壅水建筑物应取设计基准期 100 年内超越概率 P_{100} 为 0.02，对非壅水建筑物应取设计基准期 50 年内超越概率 P_{50} 为 0.10；其他特殊情况需要采用高于基本烈度的设计烈度时，应经主管部门批准；施工期的短暂状况可不与地震作用组合，空库时，如需要考虑地震作用可将设计地震加速度代表值减半进行抗震设计。

设计地震加速度和设计反应谱成果是大坝抗震安全的最终体现。中国大坝设计地震加速度须根据确定的抗震设防标准(概率水准)由专门的地震危险性分析确定。设计反应谱应根据场地类别和结构自振周期 T 按规范给定的设计反应谱确定。

中国大坝抗震设防标准的确定是按其工程的重要性和工程场地基本烈度，先确定工程抗震设防类别，再根据建筑物级别，按壅水和非壅水确定场地基本烈度，一般采用基本烈度作为设计烈度；同时，对于工程抗震设防类别为甲类的大坝可根据其遭受强震影响的危害性在基本烈度基础上提高度 1 度作为设计烈度。这种先分等别再根据建筑物级别确定大坝工程建筑物防洪标准的做法已在中国沿用了几十年，证明该做法在工程实践中是切实可行的。

中国大坝抗震设防标准采用一级设计标准，体现了以下理念：根据现行抗震设计规范进行抗震设计的水工建筑物能抗御设计烈度地震；如有局部损坏，经一般处理后仍可正常运行。

美国现行的大坝抗震标准体系由联邦政府、各州政府和著名的机构如陆军工程师兵团、大坝委员会等颁布的规定和指南所组成，没有强制性标准。主要有陆军工程师兵团的 ER 1110-2-1806《土木工程项目地震设计与评估》(1995)、EP 1110-2-12《碾压混凝土坝地震设计规定》(1995)，联邦应急管理署颁布的 FEMA 65《联邦大坝安全指南——坝的地震分析与设计》(2005)。

美国大坝抗震设防标准也是以设计基准期内抗御的地震的超越概率表示，采用两级标准，即运行基准地震(Operating Basis Earthquake，简记为 OBE)和最大设计地震(Maximum Design Earthquake，简记为 MDE)或安全评估地震(Safety Evaluation Earthquake，简记为 SEE）。对于特别重要的大坝，其 MDE 或 SEE 可采用最大可信地震（Maximum Credible Earthquake，简记为 MCE）。

OBE，运行基准地震，通俗地理解，相当于设计标准，是指在工程设计基准期（或设计使用寿命）内，在一个工程场址合理地可预期发生的产生地面运动的地震。OBE 的相关功能要求是大坝在遭遇 OBE 时，其功能不受影响，在设计工况下能正常安全运行。OBE 旨在保护大坝免受经济损失或丧失服务功能。因此，OBE 的概率水准可以基于经济考虑而选择。

MDE 或 SEE，最大设计地震或安全评估地震，通俗地理解，相当于校核标准，是指能产生对待设计或评估的大坝而言的最高级别地面运动的地震。MDE 或 SEE 可视情况取为 MCE 或一个低于 MCE 的设计地震。在确定 MDE 或 SEE 大小时要考虑的因素是大坝的潜在灾害类别、项目功能（供水、娱乐、防洪等）的关键性和恢复运行功能需要的时间。一般情况下，MDE 或 SEE 相关功能要求是大坝在遭遇 MDE 或 SEE 时，尽管可以容忍重大损害或经济损失但不能导致灾难性的事故，例如水库不受控制地泄洪。如果大坝包括一个关键的供水水库，那么预期的损害应限制为允许大坝水库在可接受的时间范围内恢复到正常运行状态。MDE 是用来评估结构物抗震性能的，通常取对结构起控制作用的 MCE；然而，如大坝失事不会产生生命损失，且假定产生的成本效益和财产损失的风险是可以接受的，那么取一个较小的地震作为 MDE 是可以的。

MCE，最大可信地震，是指沿一个已知断层或在一个特定的地震构造区或当前的地壳构造框架下很有可能发生的最大地震。由于场址受各种震源产生的地震影响，每一场地震均有其自身的断层机制、最大地震震级和离场址的距离，因此，一个工程场址往往有多个由不同震源产生的 MCE，每个 MCE 都有其特定的地震动参数和反应谱形状。最终起控制作用的工程场址的 MCE 由确定性地震灾害分析法（Deterministic Seismic Hazard Analysis，简记为 DSHA）确定，可基于所有已知区域和当地的地质和地震资料判断确定。

设计地震动特性参数是大坝抗震安全的最终体现，主要包括地震动峰值加速度、场地反应谱和震动持续时间，由美国地质调查局定期公开发布。

美国大坝抗震设防标准采用两级设计标准，体现了以下理念：当大坝遭受 OBE 的地震作用时，要求大坝保持正常运行功能，所受震害轻微；在遭受最大设计地震 MDE 作用时，要求大坝至少保持蓄水能力，不发生溃坝但可容许大坝发生某种程度甚至严重的震害。

从中、美两国大坝抗震标准的变化过程看，制定抗震标准时均遵循了以下原则：以工程失事后对政治、经济、社会和环境的影响大小为依据，影响较大的工程承担风险小一点，反之则可大一些，不顾经济代价，片面提高抗震标准和安全性是不合适的。

现行中、美大坝抗震标准的主要区别是美国抗震标准倾向于用以风险分析为基准的方法来确定大坝的抗震概率水平。风险分析方法强调了“潜在破坏模态分析”的重要性。要求识别大坝的各种破坏模式，了解破坏发展进程中大坝特性的变化及其发生机制，了解超越峰值强度后的材料剩余强度以判定大坝破坏发展进程的快慢程度。在大坝的健康诊断与安全监测中目前已强调了“性能指标”的内容，以便加深对破坏模态发展过程的了解并及早提出预警信号。为此，需要确定性能指标所相应的安全限值和预警限值。

大坝抗震安全的风险主要来自超标地震。大坝在整个运行期间抗御地震的安全度，用超越概率可表示为 $1-P_N$；若用设计地震的重现期 $T_{地震}$(年)和设计基准期 N(年)表示，中、美两国现行大坝抗震标准的抗震安全度为：

$$R_{抗震,N}=1-P_N=(1-p_{年,地震})^N=\left(1-\frac{1}{T_{地震}}\right)^N \tag{23-3}$$

或
$$R_{抗震,N}=1 \tag{23-4}$$

4 中、美大坝防洪和抗震安全设计理念比较

中、美大坝防洪标准的概率水平是以年超越概率表示，而抗震标准的概率水平是以设计基准期内的超越概率表示。尽管中、美两国大坝防洪和抗震标准的概率水平表示方式不同，但中、美两国现行大坝防洪标准的防洪安全度和大坝抗震标准的抗震安全度的计算公式是一样的。年超越概率 $p_{年}$(%)、设计基准期 N(年)、设计基准期内超越概率 P_N(%)、重现期 T(年)和安全度 R_N 之间的关系为

$$R_N=1-P_N=(1-p_{年})^N=\left(1-\frac{1}{T}\right)^N \tag{23-5}$$

工程项目设计基准期取 100(年)和 50(年)，项目各频率防洪安全可靠度成果见表 23-5，项目抗震安全可靠度成果见表 23-6。

表 23-5 项目各频率的防洪安全可靠度成果表

年超越概率 p(%)	重现期 T(年)	防洪安全可靠度 $R_{防洪,N}$	
		设计基准期 N=50(年)	设计基准期 N=100(年)
1	100	0.605 0	0.366 0
0.1	1 000	0.951 2	0.904 8
0.05	2 000	0.975 3	0.951 2
0.02	5 000	0.990 0	0.980 2
0.01	10 000	0.995 0	0.990 0

表 23-6 项目设计基准期内超越概率为 P_N (%)的抗震安全可靠度成果表

项目设计基准期超越概率 P_N (%)	设计基准期 N(年)	重现期 T(年)	年超越概率 $p_{年}$(%)	抗震安全可靠度 $R_{抗震,N}$
50%	100	144.77	0.690 750 5	0.500 0
10%	100	949.62	0.105 305 0	0.900 0
5%	100	1 950.07	0.051 280 1	0.950 0
2%	100	4 950.33	0.020 200 7	0.980 0
1%	100	9 950.42	0.010 049 8	0.990 0

续表

项目设计基准期超越概率 P_N（%）	设计基准期 N（年）	重现期 T（年）	年超越概率 $p_{年}$（%）	抗震安全可靠度 $R_{抗震,N}$
50%	50	72.64	1.376 729 6	0.500 0
10%	50	475.06	0.210 499 2	0.900 0
5%	50	975.29	0.102 534 0	0.950 0
2%	50	2 475.42	0.040 397 3	0.980 0
1%	50	4 975.46	0.020 098 7	0.990 0

根据概率论，项目在其设计基准期内，防洪和抗震综合安全的可靠度应为：

$$R_{防洪、抗震,N}=R_{防洪,N}\times R_{抗震,N}=(1-p_{洪水,年})^{N}\times(1-P_{地震,N})$$
$$=(1-p_{洪水,年})^{N}\times(1-p_{地震,年})^{N} \tag{23-6}$$

或
$$R_{防洪、抗震,N}=R_{防洪,N}\times R_{抗震,N}=\left(1-\frac{1}{T_{洪水}}\right)^{N}\times\left(1-\frac{1}{T_{地震}}\right)^{N} \tag{23-7}$$

中、美防洪设计中均有可能最大洪水的概念，若从发生概率来理解，可能最大洪水应是防洪的最高级别。

中国大坝抗震设计中没有最大可信地震的概念；而美国抗震设计中有最大可信地震的概念，若从坝失事的潜在灾害大小考虑，最大可信地震具有与可能最大洪水相当的安全意义。

5 结论

中、美大坝防洪和抗震安全设计标准各成体系，均能满足各自国家大坝安全设计和评估的需求。中、美大坝防洪设计分别采用二级和一级，以年超越概率表示；而中、美大坝抗震设计分别采用一级和二级，以设计基准期内的超越概率表示。设计基准期内的防洪安全和抗震安全的可靠度计算公式具有相同的形式。

中、美大坝防洪安全和抗震安全设计理念的重大差异是美国大坝防洪标准和抗震标准的确定基本达到了统一，均是以坝失事后的潜在灾害类别作为重要判据，重视风险分析。

中、美两国对大坝防洪安全和抗震安全的要求客观地反映了中、美两国综合国力的差异，防洪安全和抗震安全设计本质上是防洪安全、抗震安全与经济之间的权衡，应与国家的经济实力相适应。防洪和抗震既不能过度，也不能失度，防洪安全和抗震安全设计必须妥善解决好安全与经济、社会、环境之间的矛盾。

参考文献

[1] 中华人民共和国住房和城乡建设部，国家质量监督检验检疫局. 防洪标准：GB

50201—2014[S]. 北京:中国计划出版社,2014.

[2] 国家技术监督局,中华人民共和国建设部. 防洪标准:GB 50201—94[S]. 北京:中国计划出版社,1994.

[3] 中华人民共和国国家经济贸易委员会. 水电枢纽工程等级划分及设计安全标准:DL 5180—2003[S]. 北京:中国电力出版社,2003.

[4] 中华人民共和国水利部. 水利水电工程等级划分及洪水标准:SL 252—2000[S]. 北京:中国水利水电出版社,2000.

[5] Engineer Regulation No. 1110-8-2 (FR), "Inflow Design Floods for Dams and Reservoirs"[S]. Department of the Army, U. S. Army Corps of Engineers, 1991.

[6] FEMA 333, "Federal Guidelines for Dam Safety—Hazard Potential Classification System for Dams"[S]. U. S. Department of Homeland Security, Federal Emergency Management Agency, 2004.

[7] FEMA 94, "Federal Guidelines for Dam Safety—Selecting and Accommodating Inflow Design Floods for Dams"[S]. U. S. Department of Homeland Security, Federal Emergency Management Agency, 2004.

[8] 中华人民共和国国家经济贸易委员会. 水工建筑物抗震设计规范:DL 5073—2000[S]. 北京:中国电力出版社,2000.

[9] 中华人民共和国水利部. 水工建筑物抗震设计规范:SL 203—97[S]. 北京:中国水利水电出版社,1997.

[10] 林皋. 大坝抗震安全[M]//周丰峻. 中国工程院第三次地下工程与基础设施公共安全学术研讨会论文集. 郑州:黄河水利出版社,2007.

[11] Engineer Regulation No. 1110-2-1806, "Earthquake Design and Evaluation for Civil Works Projects"[S]. Department of the Army, U. S. Army Corps of Engineers, 1995.

[12] Engineer Pamphlet No. 1110-2-12, "Seismic Design Provisions For Roller Compacted Concrete Dams"[S]. Department of the Army, U. S. Army Corps of Engineers, 1995.

[13] FEMA 65, "Federal Guidelines for Dam Safety—Earthquake Analyses and Design of Dams"[S]. U. S. Department of Homeland Security, Federal Emergency Management Agency, 2005.

24

工程水文设计在水电站工程设计中的基础作用

这是一篇技术总结论文，为水文工程师培训而准备的讲稿。没有公开发表过。

1 引言

水文学是研究地球上水的时空分布与运动规律的科学。它与地圈、大气圈及生物圈研究有密切的关系，在科学体系上属于地球科学。水文学的社会作用在于为水资源和水电资源的开发利用与防灾服务，因此，水文学又是水利水电科学的一部分，是它的基础支柱，多年来，水文学一直主要是在水利水电工程带动下而发展的。现在比较公认的评价是：水文学在水资源和水电资源的开发利用与防灾中确实起了很好的作用，但作为一门科学还没有成熟，没形成独立的学科体系与方法。现在发展得比较好的是为水利水电事业服务的"工程水文学"。

工程水文学是水文学的一个重要分支，它将水文学的基本原理应用于解决工程实际问题，具有基础学科和工程应用学科的双重特点，是为工程规划设计、施工建设及运行管理提供水文依据的一门科学，主要内容分为水文分析计算和水文预报两方面。包括水循环与径流形成；水文信息采集与整编；水文统计基本知识；设计径流分析计算与径流随机模拟；流域产流、汇流计算；设计洪水分析计算；可能最大洪水分析计算；水文预报；水污染及水质模型；河流泥沙的测验及估算等内容。

目前，随着人们对水文水资源重要性认识的日益加深，工程水文学已由过去单纯为水利水电工程服务的一门重要的基础专业学科，发展成为水利水电工程、水务工程、给水排水工程、港口航道与海岸工程、农业水利工程、环境保护工程、土木工程等专业服务的重要专业基础学科。

水电站工程水文设计，是利用工程水文学的基本原理和分析计算方法，按照水电站工程水文分析计算的专有特点，采用已发布的有关工程水文分析计算的国内外规程规范，利用水文气象基本资料（气象、雨量、流量、水位等），进行气象要素统计、设计径流、设计洪水、水库调洪、设计断面水位流量关系等分析计算，以及水情自动测报系统设计，为水利水电工程的建设和运行，提供准确、可靠的水信息分析计算成果和重要的设计参数（如设计径流、设计洪水等），涉及水电站工程设计的方方面面。工程水文设计成果的准确性和可靠性对水电站工程的设计、建设、运行和管理起着非常重要的基础作用，它对水电站工程的经济性和安全性影响极大，关系到水电站工程设计、建设、运行和管理的成败。

本次讲座，对工程水文学中的几种常用方法仅作简单介绍，不作深入研究和讲解，重点是通过对水电站工程水文设计的主要内容以及应提供的主要设计成果对水电站工程设计其他专业的作用和影响进行分析，阐述工程水文设计在水电站工程设计中的基础作用。我认为，从事水电工程设计的相关人员了解工程水文设计的有关内容，无论是从宏观还是微观来说，都会起到开阔视野的作用，必有裨益。希望能和各位同行共同探讨和交流，如有不对之处，敬请批评指正。

2 工程水文学的几种常用研究方法简介

自然界中的水文现象由于受地球上水的时空分布及运动规律、地圈、大气圈和生物圈等变化的影响，在发生、发展和演变过程中既包含着确定性的一面，又具有非确定性的另一面——随机性与模糊性。水文学界通过研究认为，自然界的水文规律可分为成因规律与统计规律两大类，由此，形成了水文学中的两大类研究方法：物理成因分析法与数理统计分析法。我在这里对工程水文学中的几种常用研究方法作一简要介绍。工程水文学中的几种常用研究方法主要有：数学物理方法、经验相关方法、频率分析方法、模糊集分析方法和径流实验研究方法。

(1) 数学物理方法

如流域产汇流模型用于水文预报，将水力学用于河道坡地的汇流计算，渗流力学用于下渗及地下水运动，热量平衡方程用于融雪计算等，上述方法都属于数学物理方法，并已取得了较好效果。数学物理方法的优点是计算理论严密。但由于流域自然条件复杂，实测资料稀少与计算手段限制，严格的数学物理方法在实践中尚应用不多，通常要做很大的简化（如推理公式等），包括理论的简化与边界条件的简化，以致其效果尚不能令人完全满意。

(2) 经验相关方法

根据观测的水文现象的原因与结果，用相关统计的方法求出因果变量之间的定量关系（如经验单位线），供实际应用。这种方法简易、直观、有效，工程水文中用得较多。常见的有流域产流计算中的降雨径流关系与查算图表，小流域设计洪水计算中的暴雨洪水图集，汇流计算中的经验单位线与综合单位线，水沙关系，峰量关系等。但这种方法缺乏机理分析，没有阐明深层的因果间的内在发展规律，在应用中不但效果有限（如外延受到限制），而且不可避免地要出现许多自我矛盾。

(3) 频率分析方法

水文现象虽然具有随机性的特性，但经过长期观测，也会发现其具有规律性的一面，因此，通过观测，寻求水文现象的统计规律，对水文特征值作出频率分析，以满足水利水电工程设计标准的要求，是工程水文学中最常用的方法。常用的水文特征值有风速、径流、洪峰流量（或水位）等。所采用的频率分析方法主要是经验的概率分布函数，如对数正态分布、皮尔逊Ⅲ型分布、对数皮尔逊Ⅲ型分布、极值分布等。由于设计要求提供稀遇的特征值，如万年一遇的洪水，而水文资料的系列很短，长的不过百年，短的往往只有几十年，所以统计方法在水文上都要加以外延。但这种外延的依据不够充分，其结果具有很大的不确定性。

（4）模糊集分析方法

近年来，此研究方法在理论上虽有较大进展，但尚在发展完善过程中，属于水文学的另一分支学科，目前在工程水文学中仍很少应用。

（5）径流实验研究方法

径流实验研究方法是在野外建立实验流域或径流实验场，在室内建立实验模型，对水文现象或径流影响要素进行观测、分析，找出其变化规律和相互关系。已建立的这种野外实验场所有：中国的浙江省姜湾径流实验站、安徽省城西径流实验站和四川省峨眉径流实验站，美国的科威塔实验站和苏联的瓦尔代实验站等；已建立的室内实验模型有：清华大学的水沙科学与水利水电工程国家重点实验室、河海大学的水文水资源实验中心、西安理工大学的西北水资源与环境生态重点实验室和西北农林科技大学的黄土高原土壤侵蚀与旱地农业国家重点实验室等。

3 水电站工程水文设计及其成果对水电站工程设计的影响分析

3.1 水电站工程水文设计的主要内容

在前言中，我已谈到，水电站工程水文设计，就是利用工程水文学的基本原理和分析计算方法，按照水电站工程水文分析计算的专有特点，采用已发布的有关工程水文分析计算的国内外规程规范，利用水文气象基本资料（气象、雨量、流量、水位等），进行气象要素统计、设计径流、设计洪水、水库调洪、厂坝区水位流量关系等分析计算，以及水情自动测报系统设计，为水利水电工程的建设和运行，提供准确、可靠的水文资料信息、分析计算成果和重要的设计参数。

由于我国水电站工程开发建设的程序，一般可分为河流踏勘、河流水电规划、水电站工程预可行性研究设计、水电站工程可行性研究设计、水电站招投标设计、水电站工程技施（或施工）设计和竣工验收。

根据水电站工程开发建设所处的不同设计阶段，工程水文设计的内容和深度是不同的，成果的精度也是分阶段有低有高。基本情况是：

（1）河流踏勘

在此阶段，工程水文设计的内容有：购买流域 1∶1 万、1∶5 万和 1∶10 万等比例尺的地形图，量算流域面积与河道特性参数；进行河流野外踏勘；搜集河流流域的自然地理信息、水文气象资料；对流域自然地理特性、气候特性进行分析概括；初估各设计断面的设计径流和洪水。

（2）河流水电规划

按照 DL/T 5042《河流水电规划编制规范》的规定，在此阶段，工程水文设计的内容有：购买流域 1∶1 万、1∶5 万和 1∶10 万等比例尺的地形图，量算流域面积与河道特性参数；对开展河流水电规划的河流进行野外踏勘；搜集河流流域的自然地理信息、人类活动影响方面的资料和水文气象资料;对流域自然地理特性进行分析概括;对流域范围内的人类活动影响情况进行分析;分析水文资料的可靠性、一致性和代表性,必要时进行水文资料的还原计算和插补延长,对基本资料质量做出评价;分析统计气象要素特征值,对河流流域的气候特性进行分析概括;分析计算各设计断面的设计径流;分析计算各设计断面的设计洪水;分析计算各设计断面的分期设计洪水;分析计算各设计断面的水位流量关系曲线;编写河流水电规划报告水文篇章。

(3) 水电站工程预可行性研究设计

按照 DL/T 5206《水电工程预可行性研究报告编制规程》的规定,水电站工程预可行性研究设计对水文专业的设计要求是:收集、整理水文和气象等基本资料,并对基本资料质量做出评价;计算并提出有关气象、径流、洪水等设计参数和成果;提出厂、坝区天然情况下的水位流量关系曲线;初步论证设置水情自动测报系统的必要性,必要时提出测报系统站网规划。

为满足上述设计要求,在此阶段,工程水文设计的内容有:购买流域 1∶1 万、1∶5 万和 1∶10 万等比例尺的地形图,量算流域面积与河道特性参数;对开展预可行性研究设计的水电站工程所在河流流域和厂、坝址区进行野外踏勘;根据踏勘情况,确定在水电站工程厂、坝址区设立水位观测站的位置,编写水尺设立、水文断面测量及观测任务书;搜集河流流域的自然地理信息、人类活动影响方面的资料、流域内引用水资料和水文气象资料;对流域自然地理特性进行分析概括;对流域范围内的人类活动影响和引用水情况进行分析;分析统计气象要素特征值,对河流流域的气候特性进行分析概括;分析水文资料的可靠性、一致性和代表性,必要时进行水文资料的还原计算和插补延长,对基本资料质量做出评价;分析计算各设计断面的设计径流;分析计算各设计断面的设计洪水;分析计算可能最大洪水;根据水文设计代表站历年各月最大流量出现时间的分布规律并考虑施工需要,合理划分洪水分期,进行各设计断面的分期设计洪水计算;若河流为梯级开发,本电站上游已建成具有年或多年调节性能水库时,要分析上游梯级水库对本工程设计洪水的影响,根据设计需要,进行洪水地区组成分析和上游梯级水库调洪计算,提出受上游梯级水库调节影响情况下的设计洪水成果;计算支沟设计洪水;分析计算厂、坝址区各设计断面天然情况下的水位流量关系曲线;初步论证设置水情自动测报系统的必要性,必要时提出测报系统站网规划;编写水电站工程预可行性研究报告水文篇章。

根据水电站工程的规模和所涉及的工程水文设计的复杂程度,在水电站工程预可行性研究设计阶段,有时尚需进行设计径流、设计洪水、可能最大洪水、支沟设计洪水、水资源论证等专题研究,分别提出设计径流、设计洪水、可能最大洪水、支沟设计洪水、水资源论证等专题报告,作为水电站工程预可行性研究报告的附件,以供审查。

(4) 水电站工程可行性研究设计

根据 DL 5021《水利水电工程初步设计报告编制规程》和《水电工程可行性研究报告编制规程》的规定,水电站工程可行性研究设计对水文专业的设计要求是:复核气象资料,提出气象设计代表站的气象要素统计值;复核径流、洪水资料,提出本工程径流、洪水设计成果;根据预可行性研究后补充的实测资料对设计断面的水位流量关系曲线进行复核检验,并提出成果;根据预可行性研究阶段对水情自动测报系统必要性的论证,必要时提出施工期、运行期水情自动测报系统的总体设计专题报告。

为满足上述设计要求，在此阶段，工程水文设计的内容有：复核气象资料和水文资料，若预可行性研究设计工作完成后，本流域发生过气象和水文极值事件，则要购买新增水文气象资料；分析复核水文资料的可靠性、一致性和代表性，必要时进行水文资料的还原计算和插补延长，对基本资料质量做出评价；论证设计采用的气象资料系列长度，进行气象设计代表站气象要素统计特征值的复核与计算；复核径流系列及代表性分析成果，论证设计采用的径流系列，进行设计径流的复核与计算，分析增加资料后的径流计算成果，并与预可行性研究阶段径流成果比较，提出本工程的设计径流成果；复核洪水系列及历史洪水，论证设计采用的洪水系列，进行设计洪水的复核与计算，并与预可行性研究阶段成果比较，提出本工程的设计洪水成果；说明可能最大暴雨及可能最大洪水的分析计算方法并提出成果；复核分期洪水资料，说明分期原则及时期划分、峰量选择原则、参数计算和采用成果，并与预可行性研究阶段成果比较；若河流为梯级开发，本电站上游已建成具有年或多年调节性能水库时，要分析复核上游梯级水库对本工程设计洪水的影响，根据设计需要，进行洪水地区组成分析和上游梯级水库调洪计算，提出受上游梯级水库调节影响情况下的设计洪水成果；根据预可行性研究后补充的实测水位、流量资料对设计断面的水位流量关系曲线进行复核检验，并提出成果；根据预可行性研究阶段对水情自动测报系统必要性的论证，必要时提出施工期、运行期水情自动测报系统的总体设计专题报告；编写水电站工程可行性研究报告水文篇章。

(5) 水电站招投标设计

依据水电站招投标设计要求，提出相应阶段的工程水文设计参数，工程水文设计内容随招标设计阶段而定，编写水电站投标书中有关水文部分的篇章。

(6) 水电站工程技施(或施工)设计

主要是配合水工、施工和水能等专业，进行分期设计洪水、设计断面水位流量关系复核计算，截流流量和施工期度汛流量分析计算与论证，编写水电站工程技术设计报告水文篇章。

(7) 竣工验收

主要是配合水电站工程验收和安检，复核水文设计成果，编写相关验收报告中的水文篇章。

上述各设计阶段有关工程水文设计的内容，均是在有水文资料的情况下，若设计的水电站工程所在的河流流域无实测水文资料，则属于无资料地区，工程水文设计将更为困难，这里不再展开叙述。

考虑到水电站工程预可行性研究设计是一个起到承前启后作用的设计阶段，对水电站工程水文设计来说，是最重要的一个阶段，因此，我在这里主要就谈预可行性研究设计阶段工程水文设计的主要内容及其应提供的设计成果对水电站工程设计的影响。其他设计阶段工程水文设计成果对水电站工程设计的影响，可在预可行性研究设计阶段工程水文设计的基础上补充说明。

3.2 水电站工程水文设计依据的主要规程规范

上述各设计阶段有关水电站工程水文设计所依据的主要规程规范有：

DL/T 5042《河流水电规划编制规范》；

DL/T 5206《水电工程预可行性研究报告编制规程》；

DL/T 5020《水电工程可行性研究报告编制规程》；

SL 195《水文巡测规范》；

SL 58《水文普通测量规范》；

SD 244《水文年鉴编印规范》；

SL 278《水利水电工程水文计算规范》；

GB 50201《防洪标准》；

SL 252《水利水电工程等级划分及洪水标准》；

DL 5180《水电枢纽工程等级划分及设计安全标准》；

SL 44《水利水电工程设计洪水计算规范》；

DL/T 5051《水利水电工程水情自动测报系统设计规定》。

3.3 水电站工程水文设计成果及其对水电站设计的影响

3.3.1 气象

根据水电站工程的气象设计代表站的气象资料，进行气象要素统计，提出气象要素统计特征值成果，必要时，进行设计风速计算，提出设计风速成果。

气象要素主要有：气温（多年平均、极端最高、极端最低）；湿度（平均相对湿度、最小相对湿度）；分级降水日数（日降水量≥0.1 mm、5 mm、10 mm、25 mm、50 mm）；平均降水量；平均蒸发量；风向风速（平均风速、最大风速、多年平均最大风速及相应风向、最多风向、大风日数）；最大积雪深度；最大冻土深度；冻融循环次数。

气象设计成果对水电站其他专业设计的影响分析如下：

(1) 气温统计特征值

是水工、施工、建筑、交通、泥沙等专业的设计输入参数，对混凝土温控措施设计，通风、采暖等专业设计有一定影响；是泥沙专业计算水库冰情的基本设计输入参数，直接影响水库区的冰盖厚度。

(2) 湿度统计特征值

对通风、采暖等专业设计有一定影响。

(3) 平均降水量和平均蒸发量统计特征值

在计算水库水面蒸发量时起关键作用，对大型水库而言，其成果的精度对水库水面蒸发损失计算影响大。

(4) 风向风速统计特征值

对水工、建筑、输变电等专业设计有一定影响。设计风速是建筑、输变电等专业确定风荷载的设计输入参数，其成果的精确与否对结构的安全性有一定影响（尤其是塔式建筑物);多年平均最大风速或设计风速是坝工专业计算水库吹程和风浪爬高的设计参数,对确定水库安全超高有影响,最终影响水库坝高的确定,从而间接影响水库的经济性和安全性。

(5) 最大积雪深度统计特征值

对水工、建筑、交通、输变电等专业设计有一定影响。主要是如何确定雪荷载对建(构)筑物安全的影响,涉及经济和安全的权衡。

(6) 最大冻土深度统计特征值

对水工、建筑、交通等专业设计有影响。最大冻土深度是在建(构)筑物基础设计的基本设计输入参数,对建(构)筑物的安全有影响,涉及经济和安全的权衡。

(7) 冻融循环次数统计特征值

对水工、施工、建筑、交通等专业设计有影响。主要是对建(构)筑物的抗冻设计有影响。冻融循环次数,由于不同专业使用的定义不同,是目前最难取得的气象要素,成本也是最高的。

由上述分析可知,气象设计成果是水电站工程设计的大多数专业的设计输入参数,直接或间接地影响着水电站工程的经济性和安全性。

3.3.2 设计径流

径流计算的目的就是分析河川径流的年内、年际变化规律,为水利水电工程的合理修建提供正确、可靠的水信息设计数据,以满足人们的用水需要。内容主要包括年径流、时段径流、时段最小径流以及年际持续径流干旱的频率分析及其分配情况,是进行水库径流调节、水能设计和水电站运行设计的重要依据。

设计径流成果对电站装机容量的确定、多年平均年发电量和生态流量等的计算有重要影响,直接影响着电站动能经济指标的好坏,最终间接地对电站的开发决策产生影响。

在水电站工程设计的方案比较中,主要是看水电站动能经济指标,其好坏主要是以多年平均发电量、单位千瓦投资、电度投资等指标来表示,对径流资料的基础作用往往重视不够。实际上,径流设计成果是水能、泥沙、水保和环保等专业的基础设计输入资料,其计算成果精度对上述专业的主要设计成果有着非常重要的影响,不可轻视。殊不知,没有水,就不可能有人类活动,没有保质保量的水资源,就不可能有人类经济社会的可持续发展!

3.3.3 设计洪水

设计洪水是指符合防洪设计标准的洪水,是水利水电工程防洪安全设计所依据的各种标准洪水的总称。它既包括以频率表示的洪水,也包括可能最大洪水;它既包括设计永久性水工建筑物正常运用情况下的洪水(设计洪水)和非常运用情况下的洪水(校核洪水),也包括施工期间设计临时建筑物所采用的洪水(施工设计洪水)。其分析计算一般包括洪峰流量、时段洪量的频率分析以及设计洪水过程线的拟定。

设计洪水成果是水电站工程设计的重要设计参数,其成果的合理取值对水电站的工程规模、防洪安全、枢纽布置起着非常重要的作用,关系到工程的成败。就水利水电工程及防护区的防洪安全来说，设计中若采用的洪水越大，在工程运行期间水工建筑物损毁、防护区被淹没的风险就越小，但工程投资自然也会增加；反之，若采用的设计洪水过小，则工程投资自然也会减少，但工程失事风险率会相应增大，一旦失事，将对下游造成巨大灾难和生命、财产损失。

具体到水工专业设计上，若采用的设计洪水成果过大，则会对泄流方式、下游消能等设计产生重大影响，从而也会影响到整个枢纽布置方式，增加建设投资。若施工设计洪水分析计算不够准确，采用的施工设计洪水成果过于保守，则会增加临时建筑物的投资，反之，若太过冒险，采用施工设计洪水成果很小，则会增大临时建筑物遭遇洪水灾害的风险。

洪水由于受自然和非自然因素变化的影响，其发生具有随机性，人们对其变化规律的认识还处在半经验、半理论的较低水平，再加上洪水资料的缺乏，设计洪水的分析计算主要是在对雨洪资料统计规律的初步认识的基础上进行的，往往仅根据短短30～50年的资料去探求千年或万年一遇的设计洪水，谈何容易？其间的不确定性可想而知。实际上，地球万物随时随地都在变化，真正意义上的多少年一遇的设计洪水本来就没有真值，所估算的设计洪水成果仅仅是对想象中的“真值”的一种近似。随着雨洪资料的增加，设计洪水成果估算值是变化的，再加上设计人员的经验以及采用的方法不同，这种不确定性有可能更大。水文工程师所能做的就是：在现有雨洪资料的基础上，依据已发布的规程规范，采用多种分析计算方法进行水利水电工程的设计洪水计算，并对成果进行合理性分析，综合确定所采用的设计洪水成果，尽可能使所采用的成果的不确定性降到最小；要把握好经济与安全的尺度。

3.3.4 水位流量关系曲线

厂、坝址断面水位流量关系曲线的精度高低对水电站的装机及经济指标有一定的影响；对水库回水计算成果有一定影响，从而间接影响水库淹没范围和淹没指标的确定，影响水库移民安置投资；对道路交通桥涵设计有影响；对施工度汛有影响；对厂、坝址区的防洪安全有重要影响；最终，对整个工程的经济性和安全性产生影响。

在水利水电工程设计的各阶段，为配合水利水电工程规划、设计、施工和运行的需要，对厂、坝址区的一些特定断面，应提出工程修建前后的水位流量关系。

根据资料情况必须采用不同方法，推求设计断面的水位流量关系。通常情况下，实测水位流量关系曲线的水位及流量都不能满足工程设计要求，必须进行高、低水外延。外延时，常采用几种不同方法（如曼宁公式法、史蒂文斯法等），互相比较，综合确定。为减少外延幅度，在有条件时，应进行洪、枯水调查，以历史大洪水点据作为高水外延的参考，低水外延以断流水位为控制。水位流量关系曲线的高水外延对水利水电工程设计影响很大，必须慎重进行。为保证推流的精度，一般要求外延部分不超过对应水位变幅的30%，并且只对单一的水位流量关系曲线进行外延。根据有关设计规范的要求，在预可行性研究阶段，应在设计断面建立水位观测站，获取实测资料，为后续设计阶段重新确定或复核设计断面水位流量关系曲线奠定基础。

自然界万事万物的变化是客观的，是不以人的意志为转移的，从河流动力学的观点来看，河流也是时刻在变化的，河床受冲淤变化规律的影响也在变化，其直接反映就是河道某一断面的水位流量关系随着河流丰枯水季节河道的冲淤变化而变化。这种变化有高有低，与河流特性(如河道比降、含沙量等)、河床的地质构造(如覆盖层的深浅)等有直接关系。对于多沙河流且河床覆盖层厚的设计断面，其水位流量关系曲线变化一般较大，变化大的在同流量下水位变幅可达 4～5 m，如巴基斯坦印度河真纳坝下游水位流量关系，见图 24-1；而对于少沙河流且河床覆盖层浅的设计断面，其水位流量关系曲线变化一般较小，在同流量下水位变幅可达 1～2 m，如赞比亚卡里巴坝(Kariba Dam)下游水位流量关系，见图 24-2。

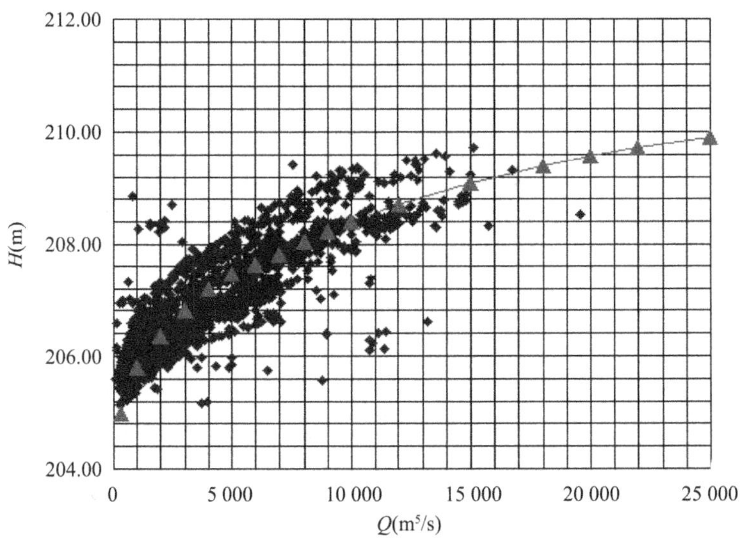

图 24-1　JINNAH 坝址下游 1977—1990 年水位流量关系曲线

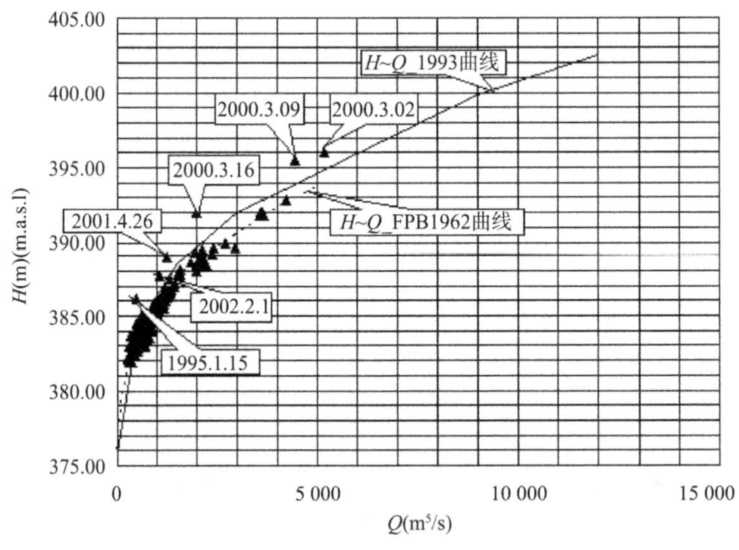

图 24-2　卡里巴坝下游尾水 1962、1993 年水位流量关系曲线和实测点据比较

由上述分析可知，由于受河流河床冲淤变化的影响，设计断面水位流量曲线是变化的，这种变化是客观的、永恒的。在水电站工程设计的不同阶段，进行设计断面水位流量关系曲线分析计算时，要根据河流特性及实测纵、横断面资料具体分析，精心设计，要尽可能发现和消除测量资料误差带来的影响，对属于受河流河床冲淤变化的影响而发生的合理变化，应在计算中反映出来，提出能满足不同设计阶段精度要求的设计断面水位流量关系，为水电站工程的效益计算、防洪安全设计奠定坚实的基础。

3.3.5 水情自动测报系统

水情自动测报系统是应用遥测、通信和计算机等高新技术，完成水情信息的实时收集、传输与处理，为水利水电工程防洪、发电及其他综合利用目标优化调度服务的系统。

水情自动测报系统设计相对于水电站工程其他专业设计工作来说是比较独立的，在预可行性研究和可行性研究设计阶段，主要涉及水文和通信两个专业。

在预可行性研究阶段的主要工作是：初步论证设置水情自动测报系统的必要性，必要时提出测报系统站网规划，进行投资估算。

在可行性研究阶段的主要工作是：根据预可行性研究阶段对水情自动测报系统必要性的论证，必要时提出施工期、运行期水情自动测报系统的总体设计专题报告。

建立水情自动测报系统是一项非工程防洪措施，对水电站的防洪安全、经济运行有一定影响，其建设投资须列入水电站工程建设投资。

3.3.6 有关专题研究报告

根据水电站工程的规模和所涉及的工程水文设计的复杂程度，在水电站工程前期设计阶段，有时尚需进行设计径流、设计洪水、可能最大洪水、支沟设计洪水、水资源论证等专题研究，分别提出设计径流、设计洪水、可能最大洪水、支沟设计洪水、水资源论证等专题报告，以供审查。

4 工程水文设计在水电站工程设计中的基础作用

工程水文专业，同工程地质专业一起，是水电站工程规划、设计、运行和管理的两大支柱专业，其设计对水电站工程设计具有重要的基础作用。其设计成果的合理取值对水电站工程的经济性和安全性有直接或间接的影响，在设计中，要有全局观念，精心设计，努力提高工程水文专业设计产品质量，稍有疏忽，将会给国家造成严重的经济损失和灾难性的后果。我们常说规划专业是水电站工程开发的龙头专业，而工程水文专业又是规划专业的排头兵，乃“龙头之龙头”专业，足见其重要性。其设计成果一有变化，对水电站工程的设计进度、安全性和经济性都将产生影响，真所谓“牵一发而动全身”，严重时，会使可行的水电开发方案变成不可行的。另外，自然界中的水文现象变化受多种自然和非自然因素(如人类活动)的影响，限于目前水文工程师对其变化规律的认识水平，在工程水文设计中，常采用半经验半理论的分析方法，其设计成果往往存在不确定性，对此，设计人员应有足够的认识，把握好安全与经济的尺度，要能从本专业的局部设计看到水电站工程设计的全局,充分发挥好工程水文设计在水电站工程设计中的基础作用。

5 结束语

上述是本人在水文工程师前辈们的认识基础上,对工程水文设计在水电站工程设计中所起作用的粗略认识,如有不对的地方,敬请各位水电同仁指正!

二 水环境治理

25

茅洲河流域水文自动监测预报预警响应系统总体构建初探

该篇论文收录于《水环境治理技术论文集》。王正发是第一作者，第二作者是张振洲。

摘 要：从茅洲河流域水资源与水环境管理思路出发，综合水质、水情及城市防洪防涝等方面，对茅洲河流域水文自动监测预报预警响应系统的遥测范围，站点或断面布置，数据采集、传输、处理，信息管理，预报预警响应等设计要点进行总体设计初探。通过对该系统初步建设成果及成效分析，说明其能够实现水位、流量、流速、雨量、水温、溶解氧等基本水文要素的自动、实时、连续监测，且得到准确有效的监测数据，对服务于茅洲河流域水环境治理项目及流域水环境综合管理具有重要作用，后期应加快完善流域水文自动监测预报预警响应系统建设。

关键词：茅洲河　水文　水质　自动监测　预报预警　系统

A Preliminary Study on Design of Automatic Hydrology Monitoring, Forecasting and Warning Response System in Maozhou River Basin

Wang Zhengfa[1], Zhang Zhenzhou[1]

(1. PowerChina Water Environment Governance, Shenzhen 518102, China)

Abstract: From the perspective of water resources and water environment management, the design of automatic hydrological monitoring, forecasting and warning response system in Maozhou River Basin is preliminarily studied in this paper. Water quality, water regime, urban flood control and drainage are considered. The design points of the system, such as monitoring range, section, data acquiring, transmission, processing, information management, forecasting and warning response, have been preliminarily discussed and analyzed. According to the initial achievements of the system and its effectiveness analysis, the system has realized automatic, real-time and continuous monitoring of water level, flow, flow rate, rainfall, water temperature, dissolved oxygen and other basic hydrological factors, and gets accurate and effective monitoring data. It shows that the automatic hydrological monitoring, forecasting and warning response system plays an important role in serving the water environment governance project and comprehensive management of the water environment of Maozhou River Basin, and thus complete construction of the system needs to be accelerated in later period.

Key Words: Maozhou River; hydrology; water quality; automatic monitoring; forecasting and warning; system

1 前言

茅洲河发源于深圳市境内的羊台山北麓，地跨深圳、东莞两市，流经石岩、光明、公明、松岗、沙井和东莞长安镇等，在沙井民主村汇入伶仃洋。茅洲河总流域面积 388.23 km^2，其中深圳市境内流域面积 310.85 km^2，东莞市境内流域面积 77.38 km^2。流域干流全长 30.69 km，其中，光明新区段 11.59 km，宝安区境内干流河长 19.71 km，下游河口段 11.40 km，为深圳市与东莞市界河，流域感潮河段长约 13.00 km。茅洲河流域宝安区境内共有干、支流 19 条，河道总长度 96.56 km。

由于流域内城市人口增加、经济增长压力大、产业结构与工业布局不合理、污染物排放超过环境容量、工业污染源难以实现稳定达标排放、城市生活污染物处理率低等，宝安区境内茅洲河干、支流污染严重，景观和生态功能严重退化。

综合《宝安区土壤（河流底泥）重金属和有机物污染调查报告》（中山大学，2014 年 12 月）、宝安区茅洲河流域有关水质监测资料，区内多数河段氨氮、总磷、高锰酸钾、溶解氧、COD、BOD_5 等指标均超过《地表水环境质量标准》（GB 3838—2002）Ⅴ类标准，河道底泥铜、锌、镉、镍、铬、砷等六种重金属含量指标超出《土壤环境质量标准》（GB 15618—1995）三级标准，干流、支流水质均为劣Ⅴ类，水体及底泥污染严重，河涌水体黑臭。茅洲河干支流水质指标见图 25-1。

当前茅洲河流域已开展水环境综合整治，其中宝安片区工程范围及水体污染现状见图 25-2。

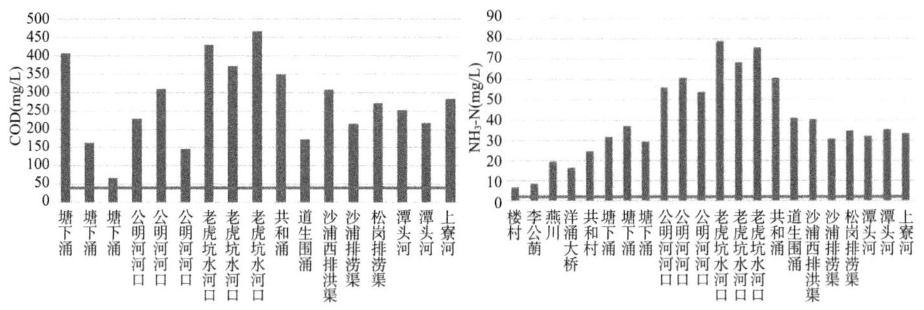

图 25-1 茅洲河干支流 COD_{Cr}、NH_3-N 指标

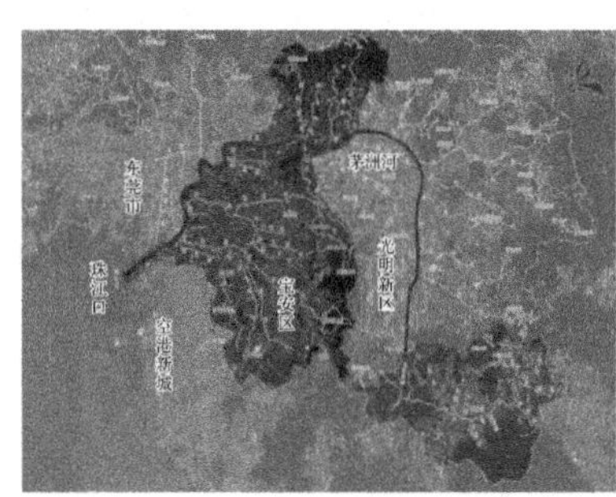

图 25-2 工程范围及水体污染现状

为了能及时掌握茅洲河流域水文水质状况，实时监视茅洲河干、支流的水体污染情况及其动态变化，尽可能地对茅洲河流域水文水情，水质恶化、突发水污染、城市洪涝等可能性灾害及时做出预报预警，本文结合茅洲河流域水环境综合整治项目，从茅洲河全流域、全过程、全方位的水资源与水环境管理思路出发，基于水情测报、水质测报、城市防洪防涝要求等设计要点，对茅洲河流域水文自动监测预报预警响应系统总体设计进行初步探讨，为后续建立符合流域特点的涵盖面广、功能齐全的流域水情水环境智能管理系统提供一定的技术支撑。

2 基本原理

一般而言，水质恶化、突发水污染、城市洪涝等可能性灾害都具有隐蔽性、突发性和急迫性。因此，采用一定的技术监测收集流域相关水文信息，捕捉其发生先兆，并进行及时、有效、客观的研究分析，是及早预防水灾害的本质要求。

水文自动监测预报预警响应系统是应用遥测、通信、计算机和网络技术，以及水文预报预警响应模型，完成水文信息(水情、水质)的实时连续收集、处理，定时发布水情、水质预报，预先发布水灾害预警及响应要求，为城市防洪排涝、水环境管理及其他综合管理目标优化调度服务的系统，是智慧城市水管理的重要组成部分。

水文自动监测预报预警响应系统的原理，即通过构建流域水文监测网对相关水文信息进行实时连续自动监测，将采集的水情水质监测数据通过水文预报预警响应模型进行分析、评价与预测，判断是否有警情发生，再根据预报的警报级别及对警源的识别分析，生成相应的响应措施，从而服务于流域相关管理机构，为城市水管理决策提供信息支撑。其系统体系组成见图 25-3。

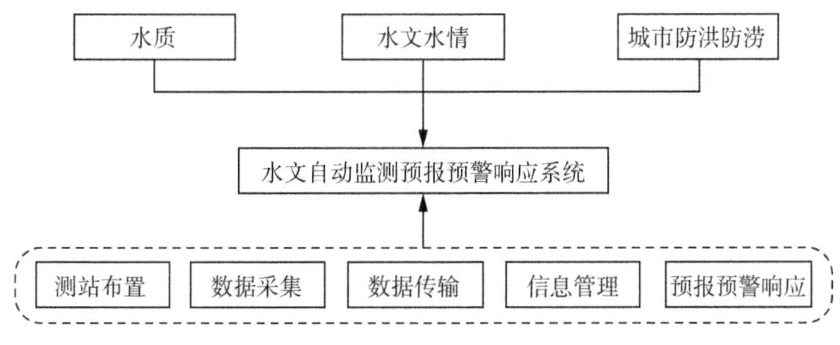

图 25-3　系统体系图

3 系统总体设计

水文自动监测预报预警响应系统，以在线、连续、自动监测分析仪器为核心，以传感器技术、自动控制技术、计算机及网络应用技术、现代通信技术、水文数值模拟技术为支撑，综合运用电子、控制、计算机、信息、环境、水文等多学科知识进行开发。系统主要由自动监测分析系统、数据采集系统、数据传输系统、信息管理系统、预报预警及响应系统等组成，以实现对水情水质的实时连续监测与分析评价，及时掌握流域水文状况。其总体设计思路见图 25-4。

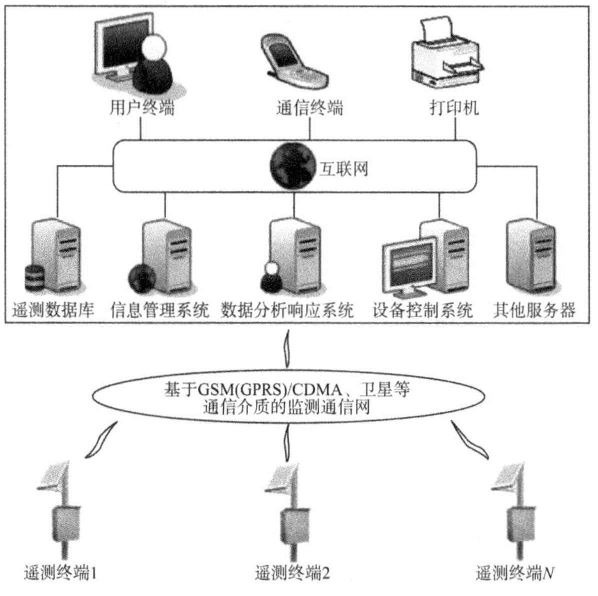

图 25-4　水文自动监测预报预警响应系统拓扑图

3.1　断面布置

流域水文自动监测网应是覆盖全流域的系统工程，需要从全流域、全过程、全方位的水资源与水环境管理思路出发进行构建。因此，水文遥测范围应覆盖流域干流及其重要一级支流，并兼顾重点区域的二级和三级支流（如工业密集区等常发污染区域），以及重点湖泊、水库、潮汐河段等。

(1) 断面（站点）布设原则

①代表性：充分考虑河段内取水口、排污口、支流汇入及水利工程等影响，深入了解当前流域排污、水质监测及水情监测等现状背景，逐步建成全流域污染源静态数据库，并绘制流域工业污染源地图和流域内排水管网建成区的排污管网图，以此作为监测断面（站点）布设的支撑依据。在此基础上布设的监测断面（站点）应具有区域空间代表性，能代表所在区域的水文水质状况，以便全面、真实、客观地反映所在区域的水文水情、水环境质量及污染物的时空分布及特征。

②多功能性：流域水文自动监测预报预警响应系统是以提高水资源与水环境管理水平为核心，因此在水情、水质监测的同时，兼顾城市及管网防洪防涝需求，以此建立多功能型水情水质综合监测网。监测系统构建的技术需求，应严格按照国家及行业相关规范进行融合设计[1][2][3]。

③连续性：在现有监测断面（站点）的基础上进行筛选调整时，已有的断面（站点）原则上不新设断面（站点），但根据功能需求可增加监测项目，以尽可能保证流域水情水质监测数据的历史延续性；此外，新增的监测断面（站点）则根据区域代表性及多功能性进行

布设。

(2) 断面(站点)位置具体要求:

①干流河段内的较大支流汇入处,在汇入点支流上游及充分混合后的干流下游处应分别布设监测断面,在靠近入海口处应布设监测断面;

②背景断面:布设于干流上游接近河流源头处,或未经人类活动明显影响的光明新区内上游河段;

③对照断面:断面上游一定范围内不应有明显影响水质的直排污染源,且干、支流流经工业聚集区的河段在其上、下游处应分别布设对照断面和消减断面;

④控制断面:尽可能选在水质均匀的河段区间,在污染严重的河段,根据排污口分布及排污状况布设若干控制断面;

⑤对于感潮河段,其水质监测断面布设应充分考虑常年潮流界四季变化以及涨潮、落潮水流变化特点[1]。

3.2 数据采集

在水质监测方面,监测项目的选择应结合多方面因素确定。其一,所选项目应能满足国家关于水环境监测规范的相关要求;其二,结合地方监测大纲及流域各片区水质及排污情况的特殊要求进行确定;其三,根据自动监测设备发展情况,考虑是否有可靠的监测设备。按照《水环境监测规范》(SL 219—2013),水质自动监测项目主要包括水温、pH、溶解氧、电导率、浊度、高锰酸盐指数、化学需氧量、生化需养量、氨氮、总氮、总磷等参数。

在水文水情监测方面,当前已有成熟的自动监测技术及设备,能够成为流域管理及工程建设的可靠支持。根据《水文自动测报系统技术规范》(SL 61—2015),结合流域管理实际需求,监测项目一般包括雨量、水位、流量、流速、盐度等。

在水质自动监测中,当前普遍使用的是各类传感器进行数据采集。其中一种常用方法是直接将各种检测探头置于所要检测的水体中,而具体实施方式多样,常见的有将各类探头直接安装于要监测的水体中或将监测水体抽到储水槽或是沉淀池内进行间接检测等[4][5];而另一种利用传感器监测的方法是使用自动检测水质参数的分析仪(如 COD 分析仪、氨氮分析仪等),其具有多方面优点,可针对不同水质参数监测使用不同分析仪,在不同需求的监测系统中,可按需增加或减少相应仪器[6]。

流域水文自动监测预报预警响应系统的构建,涉及各类水情、水质参数的采集,采用自动检测分析仪进行组配安装,将具有较大的灵活性。

3.3 数据传输

20 世纪 90 年代初,日本、美国等发达国家就已经将现代电子技术、微端控制技术运用到其中,全面实现了水质监测的自动化[7]。随着国外主要发达国家的技术发展,GPS 全球卫星定位系统、GSM/GPRS 无线通信网络及计算机技术等已广泛应用于环境监测领域,并建立起无线分布式水质自动监测系统[8]。GPRS 是全球移动通信系统(GSM, Global System for Mobile Communications)移动电话用户可用的一种移动数据业务,在远程数据传输中被视为比较理想的通信技术。系统采用 GPRS 网络来实现数据的远程传输，可解决水情水质检测现场与监控中心的距离限制问题。

数据采集系统可根据需要实时地通过 GPRS 和卫星发送所采集的水情水质数据至水文监测预报预警响应平台，数据传输极为高效且直观呈现，便于管理。

3.4 信息管理

WebGIS 又称万维网地理信息系统，它是建立在 Web 技术上分布式环境下的地理信息系统，实现了在 Internet/Intranet 环境下存储、处理、分析、显示和应用空间信息的功能[9]。它是集计算机、网络、测绘、地理学、空间科学、信息科学和管理科学于一体的综合性系统。经过多年的发展，WebGIS 已经积累了丰富的构造方法，开放的空间数据交换标准的出现将真正地实现空间数据的互操作和数据共享，数据库技术的成熟逐步实现了海量数据的管理和数据分析，而分布式技术的成熟又将使分布式空间数据的访问、计算、存储成为现实[10]，使得 GIS 能够对水情、水质等多源时空数据进行综合处理、集成管理以及动态存取，并作为新集成系统的基础平台。使用 GIS 可以建立各种环境地理空间数据库，如污染源空间信息数据库（包括点源、面源等污染源的数量、属性及可能发生的地域范围）、水情水环境信息数据库等。GIS 通过把各种数据信息与其地理位置信息结合起来，进行综合分析与管理，以实现空间数据的输入、查询、分析、输出和管理的可视化。

3.5 预报预警响应

预报预警响应的关键是建立水情、水质预测及预警响应相关的水文模型及其配套软件系统的应用开发[11]。水质模型是一些描述水质要素在其他诸多因素作用下随时间和空间变化关系的数学表达式，它们揭示了水体中的物质混合、输移及转化的内在规律[12]。而对于城市洪涝风险的评估，则可采用水力模型进行模拟，通过计算机模拟获得雨水径流的流态、水位变化、积水范围和淹没时间等信息，采用单一指标或者多个指标叠加，综合评估城市内涝灾害的危险性；结合城市区域重要性和敏感性，对城市进行洪涝风险等级划分。

构建水文自动监测预报预警响应系统，最终就是要根据一定的原则和方法建立水文预报预警指标体系及其应急响应机制。根据指标体系，选择合理的评价方法和合适的水文数值预测模型对流域干、支流及管网的水情水质状况实时监测，并对其发展趋势进行动态评价及预测，再根据水文评价及预测结果确定相应警报级别，自动发布对应响应措施与应急预案，从而服务于流域水资源与水环境管理机构。

4 茅洲河流域水文自动监测预报预警响应系统初步建设

在分析系统总体设计要点的基础上，根据现状调查结果，采用相应的子系统建设方案及技术，进行茅洲河流域水情水质自动监测预报预警系统初步建设。

4.1 区域现状调查

(1) 区域排污现状

根据现场踏勘，茅洲河中下游片区罗田水、龟岭东水、沙井河等 18 条支流各河段或河涌均存在大量漏排污水入河现象。现状漏排污水量较大,污水直流河道,是造成河涌黑臭污染的最直接原因。

此外,目前采用的末端大截排属于初小雨收集系统,不仅收纳了合流制管网的雨污混流水,也收集了大量的初小雨,造成污水厂水质水量波动大。同时,末端污水处理厂配套滞后且管网系统不完善,导致大量污水未能收集处理,直排入河。

(2) 工业区现状

茅洲河干流经宝安区工业集聚区、深莞交界、滨海区域等,两岸现状几乎全部为工业园区,掺杂部分配套居住区和商业区。据统计,茅洲河流域内市管企业和区管企业分别为477家和393家。

流域北片,以罗田水、塘下涌、沙浦西等支流为例,沿线以工业厂区为主,功能与干河沿线相似;尤其下游段两岸大量污水及初级雨水直排入河,水质黑臭,河床存在淤积现象,两岸为已建浆砌石挡墙,景观面整体较差。

茅洲河流域南片有排涝河、新桥河、上寮河等8条支流。河道流经工业区和居住区,河道片区开发强度大,建筑物密集,违建情况严重,严重侵占了河道管养空间,且河道两岸建筑凌乱无序,缺乏滨水空间设计。工业区劳动密集型产业较多,居住区城中村建筑贴河道建设,人员素质参差不齐,污水、垃圾随意排放丢弃,导致环境脏、乱、差。

(3) 雨水管网现状

茅洲河流域已修建雨水管渠总长度约1 002.43 km,新建区域为雨污分流制,旧区为截流式雨污合流制。其中,合流制管网长度约234.63 km,合流制排水明渠长度约170.62 km,分流制雨水管约445.64 km,分流制雨水渠约177.56 km。区块内部雨水污水管道混接错接较为严重,布置零乱,未形成完善的系统。此外,流域内干管已经完成建设,但二三级管网建成比例仅7%,且二三级管网大部分位于城中村等城区内部,牵涉范围广,实施难度大。

(4) 防洪排涝现状

茅洲河中下游两岸地势低洼,地面平均高程1.00~2.30 m,界河2年一遇高潮位2.40 m以上,受外海潮位顶托影响洪水外排受阻,导致区域洪涝灾害频发。此外,18条支流大部分虽已进行过整治,但普遍存在硬质岸坡或直立挡墙、建筑物侵占河道、防洪道路不通畅等问题,60%的河道达不到防洪标准。

茅洲河宝安片区共有燕罗、塘下涌等7个涝片,受涝面积约20 km^2。涝片主要通过排水管涵、渠道收集雨水,通过闸、涵封闭涝片,涝水通过泵站外排。据深圳市内涝调查报告,区域内仍有易涝点33处,防涝形势依然严峻。

4.2 水质监测现状

当前,茅洲河流域共有常规监测站点37个;处于界河的东莞方面,目前在茅洲河干流设置有洋涌大桥、茅洲河中游、共和村等3个常规监测断面,且在三八河口、人民涌、新民排渠和东引运河等内河涌设置了4个常规监测断面。

光明新区共设立有河流监测点18个,其中茅洲河干流从上游至下游依次设置长凤、同观大道、将石大道、楼村和李松荫5个监测断面,以及白花河、鹅颈水、新陂头河、西田水

4 条支流，监测频率为每月 1 次；其他河流监测点设在河流中段，监测频率为逢单月监测 1 次。

4.3 水情监测现状

在茅洲河流域水环境综合治理工程之前，茅洲河流域内并无水文观测站，基本无水位、流量观测资料。茅洲河口曾有茅洲河水文站，观测时间 1955 年 3 月—1956 年 6 月，但之后撤销。茅洲河流域内主要设有 2 个雨量观测站，分别是石岩、罗田雨量站；此外，河口附近有 3 个潮位站，分别是舢舨洲站、赤湾站和南沙站，各站点基本情况见表 25-1。

表 25-1 茅洲河流域水文基本情况表

站名	站别	设立时间	资料情况
石岩	雨量站	1960 年	观测至今
罗田	雨量站	1959 年	观测至今
舢舨洲	潮位站	1956 年	1993 年后停测
赤湾	潮位站	1964 年	观测至今
南沙	潮位站	1965 年	观测至今

4.4 系统初步建设

茅洲河流域水环境综合整治工程开工后，在充分调查和系统研究区域现状的基础上，水文自动监测预报预警响应系统建设在流域关键节点位置开始实施，当前流域内已建立洋涌河水情站和新桥河水情水质站。其采用 B/S 结构设计，用户可通过互联网进行远程访问。系统主界面以茅洲河流域分布图为背景，直观显示各监测站点分布位置、各监测项目数据以及设备运行状态。系统初步建设成果见图 25-5。

图 25-5 水文监测站布置图(2016 年 8 月)

此外，该两处测站实现对监测断面全天候远程自动监测，且已实现水位、流量、流速、雨量、水温、溶解氧等基本水文参数的动态变化过程记录及连续自动测报。系统监测信息见图 25-6 和图 25-7。

综合当前监测数据分析及其服务于茅洲河项目建设开展的效果，其数据准确、有效，为茅洲河流域水文自动监测预报预警响应系统的后续建设奠定了坚实基础。

但是，当前初步建设成果暂时仅实现基本监测数据采集与处理，存在流域遥测范围覆盖不全、监测项目不够完善、预报预警响应功能还未实现等问题。流域水环境综合整治项目的快速推进，对流域水文自动监测预报预警响应系统的完善建设提出了迫切要求。

多站实时水情信息 | 水情信息曲线图

多站实时水情水质数据

测站编码	测站名称	当日雨量(mm)	水位(m)	流量(m³/s)	平均流速(m/s)	水温(℃)	溶解氧(mg/L)
60000001	洋涌河水情站	5	4.77	26.49	0.423	0	0
60000002	新桥河水情水质站	3	8.37	17.97	0.295	29.8	0.09

图 25-6　多站实时水文信息(2016 年 8 月 12 日 16 时)

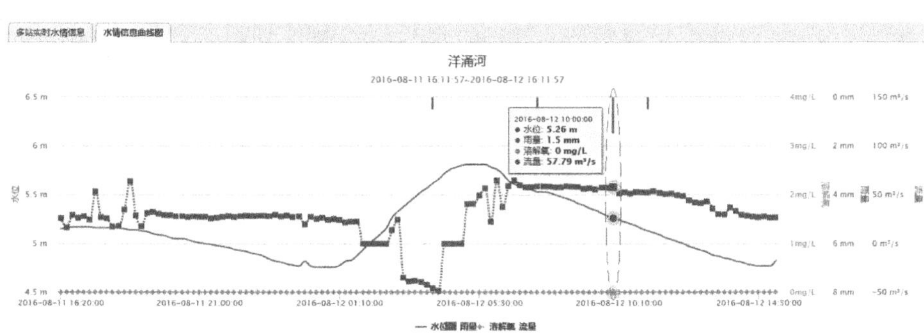

图 25-7　洋涌河水情信息曲线图(2016 年 8 月 11 日 16 时至 8 月 12 日 16 时)

5　结语

本文从茅洲河水资源与水环境管理思路出发，综合水质、水文及城市防洪防涝等方面，对茅洲河流域水情水质自动监测预报预警系统总体设计要点进行分析。

通过对当前系统初步建设成果分析，说明其能够实现水情水质主要参数的自动、实时、连续监测，且得到准确有效的数据，能够服务于茅洲河水环境治理项目及流域水文水环境的综合管理。后期应在测站布置、监测项目、预报预警响应功能等方面进一步完善茅洲河流域水文自动监测预报预警响应系统建设。

参考文献

[1] 中华人民共和国水利部. 水环境监测规范:SL 219—2013[S]. 北京:中国水利水电出版社,2013.

[2] 中华人民共和国水利部. 水文自动测报系统技术规范:SL 61—2015[S]. 北京:中国水利水电出版社,2015.

[3] 中华人民共和国国家质量监督检验检疫总局,中国国家标准化管理委员会. 江河流域面雨量等级:GB/T 20486—2006[S]. 北京:中国标准出版社,2006.

[4] GASTON A Gaston, LOZANO I, REREZ F. Evanescent Wave Optical-Fiber Sensing (Temperature, Relative Humidity, and pH Sensors) [J]. IEEE Sensors Journal, 2003, 3(6): 806-811.

[5] 武万峰，徐立中，徐鸿. 水质自动监测技术综述[J]. 水利信息化，2004(1): 14-18.

[6] 邢瑞. 水质自动监测系统的研究[D]. 北京:华北电力大学，2015.

[7] 齐文启，孙宗光，陈伟军,等. 水中的总磷及其自动在线监测仪的研制[J]. 现代科学仪器 2005(5): 26-34.

[8] 王妍. 污染源水质监测信息系统的设计[D]. 南京:南京农业大学，2012.

[9] 康玲，傅俊锋，王怀清，等. 基于 ArcGIS Server 的 WebGIS 应用系统开发[J]. 水电能源科学，2007(1):26-29.

[10] 何强. 基于地理信息系统(GIS)的水污染控制规划研究[D]. 重庆: 重庆大学，2001.

[11] 刘震. 水环境自动监测与预警预报技术研究[D]. 南京:河海大学，2008.

[12] 杨忠山，武佃卫，赵盼. 北京市水体水质自动监测与评价系统建设[J]. 北京水务，2002(6):29-32+48.

26

解读六大系统，读懂茅洲河

该篇论文发表于《水环境治理》2017 年第 3 期。王正发是第一作者，第二作者是张振洲，第三作者是刘双龙。

摘　要：通过对我国水利部、生态环境部、住房和城乡建设部有关治水理念的梳理，本文对水环境治理"六大技术系统"（简称"六大系统"）进行了解读。该体系全面吸收了水利部、生态环境部、住建部治水理念的优点，并结合企业自身优势进行融合升级，采取了"全流域统筹、系统化治理"的整体性、全局性治理模式，创造性地把"六大系统"运用于茅洲河 46 个子项 6 大类工程实践中。该技术体系在茅洲河项目中的成功应用实施，充分验证了"全流域统筹、系统化治理"理念下的"六大系统"治理理念在水环境治理领域的适用性和可实施性，对我国治水模式的变革和转型有积极的促进作用。

关键词：治水理念　全流域统筹　系统化治理　六大系统　茅洲河

Analyzing the Six Technical Systems, Understanding the Maozhou River Project

Wang Zhengfa[1], Zhang Zhenzhou[1], Liu Shuanglong[1]

(1. PowerChina Water Environment Governance, Shenzhen 518102, China)

Abstract: Based on arranging the current water environment governance ideas of the Ministry of Water Resources, Ministry of Ecology and Environment and Ministry of Housing and Urban-Rural Development, this paper makes an in-depth analysis on the Six Technical Systems. The advantages of three departments' water environmental governance ideas have been fully absorbed in the Six Technical Systems. Additionally, it have been made an integration and upgrade on the ideas combining with the advantages of enterprises. The systems have fully embodied the idea of "Basin-wide integrated planning, Systematic governance", and have been successfully applied to the Maozhou River Projects. The application of the Six Technical Systems in Maozhou River Project has fully verified the practicability and feasibility of the Six Technical Systems under the idea of "Basin-wide integrated planning, Systematic governance". That would have a positive role in promoting the reform and transformation of China's water environment governance mode.

Key Words: water environment governance ideas; basin-wide integrated planning; systematic governance; the Six Technical Systems; Maozhou River

1　前言

中国是一个治水大国，治水历史源远流长。从上古时代的"大禹治水，三过家门而不入”，到秦朝蜀郡太守李冰基于“道法自然、天人合一”的治水理念修建都江堰，到东汉时期“王景治河，千载无恙”，以及自春秋至隋唐历经数个朝代修建的大运河，再到中国近代“李仪祉凿泾引渭，治黄导淮”，再到 1998 年的全民抗洪抢险，2000 年代初开工建设的南水北调工程，中国的历史几乎是一部治水史[1][2][3]。

古代中国的治水，大体上有三件事情：防洪、灌溉和漕运[4]。我国自 20 世纪 80 年代初改革开放以来，随着社会经济和城市化快速发展，当今面临的水问题呈现出复杂化、多元化特点，经济、社会发展与资源、环境的矛盾日益突出，洪涝灾害频发、水资源短缺、水环境污染、水生态退化形势严峻，严重威胁了国家的水安全。

此外，水环境问题已经从区域性问题演变成为流域性或全局性问题，从单一问题衍生为复合性问题，并且每一个问题都呈现出高度的复杂性[5]。发达国家近百年发展出现的水环境污染问题在我国近三十年来集中暴发，与土地、淡水、能源、矿产资源的短缺一样成为严重制约我国经济和社会可持续发展的重要因素。如何保障水安全、保护水环境、维护水生态，已经成为 21 世纪中国的热点问题之一，关系到国家生态文明建设，关乎人民幸福和实现中华民族伟大复兴。

2　国家有关治水理念

为贯彻落实国家“五位一体”总体布局和“四个全面”战略布局，大力推进生态文明建设，切实加大水污染防治力度，保障国家水安全，保护水环境，维护水生态，国家制定实施了一系列治水政策，以指导地方各级人民政府加快推进治水工作，其中以水利部、生态环境部、住房和城乡建设部最为突出。国家水问题相关政策的发布实施，为河湖水环境治理工作的开展提供了可靠的政策保障和良好的社会氛围。

2.1　水利部治水理念

2016 年 12 月，水利部联合其他部委发布《水利改革发展“十三五”规划》[6]（以下简称《规划》），提出了自己的治水思路。

《规划》提出要坚持节水优先、空间均衡、系统治理、两手发力，以全面提升水安全保障能力为主线，突出目标和问题导向，以落实最严格水资源管理制度、实施水资源消耗总量和强度双控行动为抓手，全面推进节水型社会建设；以全方位推动水利体制机制创新为突破口，深化水利改革、强化依法治水、加强科技兴水；以推进重大水利工程建设、增强防汛抗旱减灾和水资源配置能力为重点，加快完善基础设施网络；以江河流域系统整治和水生态保护修复为着力点，把山水林田湖作为一个生命共同体，大力推进水生态文明建设，为经济社会持续健康发展、如期实现全面建成小康社会目标提供更加坚实的水利支撑和保障。

2.2　生态环境部治水理念

早在 2015 年，生态环境部就积极探索新的治水模式和新的治水理念，取得了一定的突破，提出了新的治水技术路线。

2015 年 7 月，生态环境部科技标准司司长曾提出，城市河道的黑臭治理要遵循“外源减排、内源清淤、水质净化、清水补给、生态恢复”的技术路线。其中外源减排和内源清淤是基础与前提，水质净化是阶段性手段，水动力改善技术和生态恢复是长效保障措施[7]。

2015 年 9 月，生态环境部发布了《黑臭水体治理技术政策》[8]，提出了黑臭水体治理的技术路线，即开展黑臭水体环境问题诊断，分析黑臭成因，核定污染物负荷，确定控制目标，制定黑臭水体治理实施方案；实施污染源控制及治理、水动力改善及水力调控及生态修复，加强综合管理及工程运行与维护。

尽管这两条技术路线略有不同，但都是以防治水污染、保护水环境、维护水生态为主要任务和目标。

2.3 住房和城乡建设部治水理念

2015 年 8 月，住房和城乡建设部会同生态环境部、水利部等发布了《城市黑臭水体整治工作指南》[9]（以下简称《指南》），明确提出了城市黑臭水体治理技术路线。

《指南》提出要坚定不移地走四大技术路线，即“控源截污、内源治理、生态修复及其他措施”。控源截污主要通过截污纳管、面源控制的手段控制污染物向水体排放；内源治理则是通过垃圾清理、生物残体及漂浮物清理、清淤疏浚的手段实施内源污染物的控制与内源污染治理；生态修复是通过岸带修复、生态净化、人工增氧等技术措施来改善生态环境和景观；其他措施主要包括活水循环、清水补给、就地处理和旁路治理。该技术路线以消除城市黑臭水体、提升人居环境质量、改善城市生态环境为主要目标。

2.4 国家有关治水理念对比分析

从上文的技术路线可知，水利部、生态环境部、住房和城乡建设部治水理念侧重点各有不同。水利部较侧重于“保护水资源，保障水安全”；生态环境部较侧重于“改善水体质量，保障水质达标”；住房和城乡建设部较侧重于“消除城市黑臭水体，提升人居环境”。但是，这些治水理念的提出均为水环境治理工程的开展提供了极大的技术保障和支持。

3 水环境治理六大技术系统

我国水危机的实质是治理危机，是治水体制长期滞后于治水需求所累积的结果。在计划经济体制下，我国的水资源管理存在着城乡、部门、地区间的分割局面，水资源利用与保护的统一属性被人为分割、肢解，水源工程由水利部门管理，供水与排水由城建部门管理，污水排放由环境部门管理。这种管理体制，造成管水量的不管水质，管水源的不管供水，管供水的不管排水，管排水的不管排污，管排污的不管污水回用[10]。“多龙管水，条块分割”的模式，造成片段化、碎片化治理现象，导致管理权分散，各自为政，不利于统筹、协调整体治理，不仅浪费人力物力，也容易造成相互推诿扯皮的现象。

水危机的根本出路在于管水与治水模式的变革和转型。就当前而言，政府部门虽已经加快了治水变革的探索，提出了新的治水思路，但各部门因权属职责分工的不同，导致侧重点也不同，因而很难做到系统化治理。

3.1 水环境治理的系统性

目前，我国水环境污染所呈现出的区域性、复合型、长累积、多层次的新特性及发展趋势，要求水环境污染防治路线要从单污染物、单介质、高浓度控制与局部地区防治，向复合污染物、多介质、多途径、低浓度防治和区域整体性联防联控联治方向转变。即水环境治理不能继续采取“头痛医头、脚痛医脚”的单一性、碎片化治理方式，而是要采取“全流域统筹、系统化治理”的整体性、全局性治理模式。

水环境治理是一项复杂的系统性工程，涉及上下游、左右岸、干支流，不同行政区域和行业。要做好相关工作，必须坚持“山水林田湖生命共同体”理念，按照系统工程的基本原理有序开展治理工作，以“河湖（水资源）—流域（土地资源）—社会—经济”复合生态系统为研究对象，依据系统工程的基本原理，将流域上下游、干支流、左右岸视为相互依存的整体，利用污染控制技术和水土资源保护技术，采用科学的、综合性的工程措施和非工程措施，进行全流域统筹、系统化治理，按照“控源截污—工程治理—监测管理—法规控制”的水环境综合治理技术路线，有序开展水环境综合治理，协同解决水安全、水资源、水环境、水生态、水景观、水文化、水经济问题，全面促进水环境治理取得根本性实效。

3.2 六大技术系统的提出

中电建水环境治理技术有限公司基于电建集团懂水熟电、擅规划设计、长施工建造、能投资运营的优势，成立之初，便在深入分析我国流域治理现状、国内外流域治理模式的基础上，提出了“全流域统筹、系统化治理”的水环境治理理念，更基于该理念提出了“六大技术系统”，即“防洪防涝与水质提升监测系统、污水截排管控系统、污泥处理再生利用系统、工程补水增净驱动系统、生态美化循环促进系统、水环境治理管理信息云平台系统”。“六大系统”示意见图 26-1。

防洪防涝与水质提升监测系统

污水截排管控系统

污泥处理再生利用系统

工程补水增净驱动系统

生态美化循环促进系统

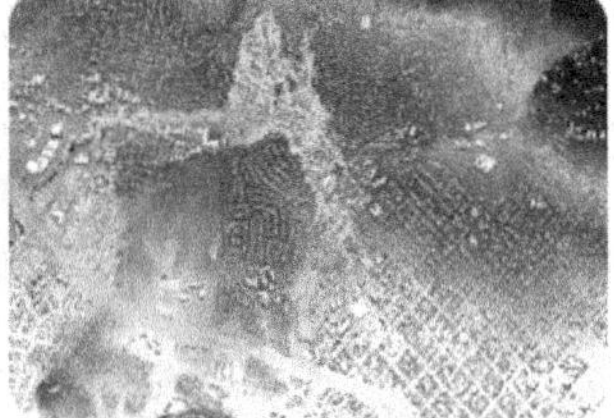

水环境治理管理信息云平台系统

图 26-1 “六大系统”示意图

该"六大系统"全面吸收了水利部、生态环境部、住房和城乡建设部的治水理念优点，并充分结合了企业自身优势及特长，提出了保障水安全、防治水污染、保护水环境、维护水生态、提升水景观、促进水管理、彰显水文化、发展水经济的水环境综合治理目标。

防洪防涝与水质提升监测系统，通过水安全监测、水资源监测、水环境监测、水生态监测、排水防涝监测、入河污染源监测、监控预警系统等措施，达到实时监控城市防洪、排水、防涝与水质状况，为城市水安全、水环境决策提供水信息依据和支撑。

污水截排管控系统，通过截污纳管、面源控制、入河污染源管控、海绵城市建设、雨水控制与利用等措施，从源头控制各类污废水、污染物入河，防止水污染加剧，为后续施治提供基础保障。

污泥处理再生利用系统，通过环保清淤、工业化处理、资源化利用、环保处置等措施，实施内源污染物的控制和内源污染治理，相对快速地改善水质，提升河湖内源环境质量。

工程补水增净驱动系统，采取引水调水、水力调控、清水补给、活水循环等手段，增加生态基流，提高水动力和水环境容量，促进污染物稀释净化，驱动水环境改善。

生态美化循环促进系统，采用基质构建、水生动植物系统构建、生态护岸、岸带修复、曝气增氧、生态修复、生境改善、景观提升等手段，恢复水体生态系统，持续去除水体剩余污染物，进一步改善生态环境，提升水景观，发展水文化和水经济。

水环境治理管理信息云平台系统，采用水环境信息化管理、信息公开与共享平台、常态化监管平台、信息化云平台等手段，加强水安全、水资源与水环境的信息化管理，保障水环境治理工程的监管与永续利用。

"六大系统"全面贯彻了"全流域统筹、系统化治理"的治水理念，全面涵盖了水安全、水资源、水环境、水生态、水文化、水经济，是治水模式变革的一种大胆尝试和积极探索，对我国治水模式的变革和转型有积极促进作用。

4 六大系统在茅洲河项目中的应用

4.1 茅洲河流域概况

茅洲河流域属珠江口水系，位于深圳市西北部宝安区和光明新区五个街道社区内，发源于深圳市境内的羊台山北麓，自东南向西北流经石岩、公明、光明、松岗、沙井五个街道社区[11]。茅洲河总流域面积 344.23 km^2（不含石岩水库集水面积），其中深圳市境内流域面积 266.85 km^2，东莞市境内流域面积 77.38 km^2，茅洲河流域干流全长 30.69 km。茅洲河流域区位见图 26-2。

茅洲河宝安区境内流域面积 112.65 km^2，涵盖松岗、沙井街道两个行政区，河道总长 96.56 km。其中宝安区境内河长 19.71 km，感潮河段长 13.00 km，下游河口段 11.40 km，为深圳与东莞的界河。茅洲河光明新区境内流域面积 154.20 km^2，涵盖光明、公明街道两个行政区。

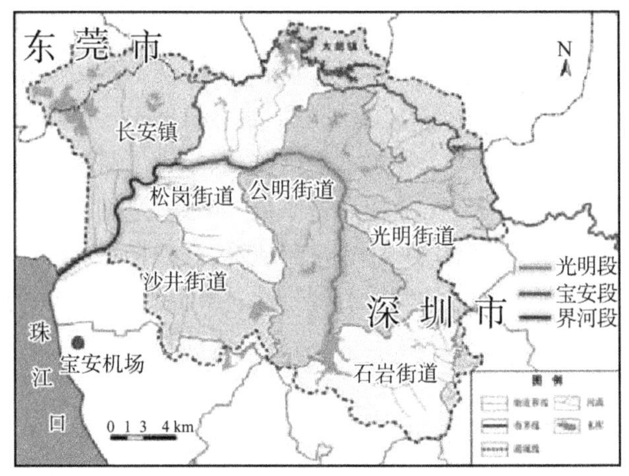

图 26-2　茅洲河流域区位图

4.2　茅洲河污染现状

茅洲河作为深圳最长的河，却因"污黑发臭"而名声在外，被称为珠江三角洲污染最严重的河流，已经严重影响着深圳市社会和经济发展。由于大量生活污水和工业废水以及生产生活垃圾等直接排入河道，使得茅洲河流域污染问题突出，各干支流现状水质类别为劣Ⅴ类，流域处于严重污染状态。根据资料收集和现场调研，茅洲河流域水环境存在以下几个方面的主要问题：

(1) 光明区大截排系统属于初小雨收集系统，未配备相应的末端初小雨处理设施，造成污水厂水质水量波动大。

(2) 片区污水排放量逐年加大，但此前一直没有进行系统治理，治污设施特别是污水二三级管网建设相对滞后。

(3) 污水厂规模不足，出水水质低。流域内沙井污水处理厂、松岗水质净化厂现有规模均为 15 万 m^3/d，无法处理全部收集的污水，且处理厂出水水质均低于地表水Ⅴ类标准。

(4) 河道底泥污染严重。根据《宝安区土壤(河流底泥)重金属和有机物污染调查报告》显示，流域内河道底泥污染严重，主要污染物为重金属和有机污染物。

(5) 工业污染比较严重。流域内除市管、区管企业外，尚有众多小企业存在，且混杂在居民区中，治理难度大，偷排漏排现象普遍。

(6) 流域缺乏生态补水统筹规划。本区域由于经济快速发展(用水供水总量高)和天然流域特征(调水蓄水工程少)造成的河流水环境容量严重偏小，需要进行生态补水，防止水质反弹或者恶化。

(7) 潮水回灌。茅洲河下游界河段为感潮河段，入海口位于珠江口的凹岸回流区，水体交换动力不足，污染带聚集在河口外 1.5 km 范围内，涨潮期间随潮流上溯，给茅洲河下游界河段水质带来负面影响。

(8) 大部分河道防洪不达标。

(9) 河道暗渠率高，淤积严重，导致过流能力减小。全流域河道暗渠率较高，茅洲河宝安区境内段有18条支流，其中有暗渠的支流达到11条，占61%，有些暗渠淤积严重，且清淤困难。

（10）巡河道路不畅通。河道两岸尤其是支流，建筑物密集、紧邻岸边，拆迁困难，导致道路时有断头，不畅通，汛期抢险困难。

（11）部分河道硬质渠化，没有配套的河道景观。

（12）城市内涝严重。排水管网连通情况复杂、部分封闭涝片的闸维护不当，导致局部涝片不封闭，排涝达不到预期效果。

4.3 六大系统在茅洲河治理中的应用

茅洲河流域涉及深圳市宝安区、光明区及东莞市长安镇，“两岸三地”的流域特征，造成流域上下游、左右岸、干支流保护和开发建设缺乏系统性思考，入河污染物监管力度不一，水环境治理措施分散，未能形成合力。茅洲河水环境治理必须从全流域的高度进行统筹谋划，提高工程实施的系统性、科学性、可操作性，推进茅洲河流域整体实施，确保达成2017年和2020年考核目标。

电建集团不断创新和优化茅洲河流域水环境治理模式，提出了“全流域统筹、系统化治理”的水环境治理“六大系统”，遵循“流域统筹，系统治理；远近结合，标本兼治；水陆兼顾，污涝统治；治管结合，长效保持”的原则，采用“一个平台、一个目标、一个系统、一个工程包”的工程模式，贯彻“全流域统筹、全打包实施、全过程控制、全方位合作、全目标考核”，力争全面实现茅洲河流域水环境综合整治考核目标。

在茅洲河流域水环境综合整治项目中，通过分散与集中处理结合实现水环境优良；通过洪、潮、涝共同治理实现水安全保障；通过多水源配水实现水资源优化配置；通过底泥清淤、引配水等多元化手段实现水生态修复；通过挖掘南粤文化和茅洲河滨河工业文化提升水文化；通过产业创新升级、滨水景观营造和城市有机更新发展水经济。通过以上一系列综合治理措施，争取实现茅洲河流域“保障水安全、防治水污染、保护水环境、维护水生态、提升水景观、促进水管理、彰显水文化、发展水经济”的综合治理目标，将茅洲河流域建设成为水环境治理、水生态修复的标杆区、人水和谐共生的生态型现代滨水城区，为广东全省乃至全国的水环境综合整治提供可复制、可推广的实践经验。茅洲河流域水环境综合整治项目实施技术路线见图26-3。

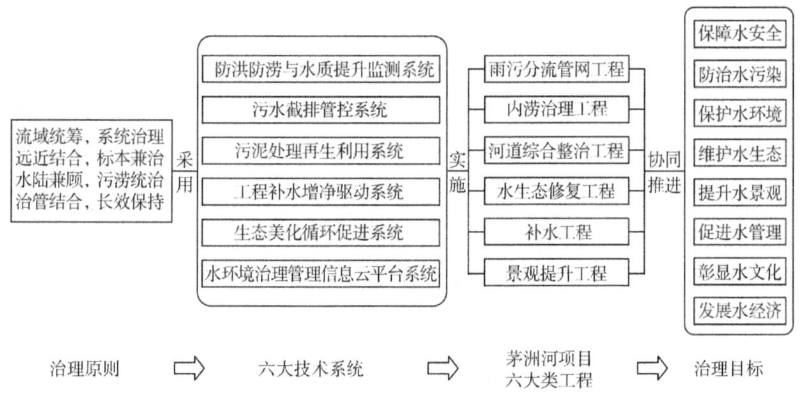

图26-3 茅洲河流域水环境综合整治项目实施技术路线

茅洲河项目采用EPC总承包，坚持问题导向和目标导向，全面规划、流域统筹，通过整合、优化已有工程措施，精心设计了水环境综合整治实施方案，重点推进六大类工程，即雨污分流管网工程、内涝治理工程、河道综合整治工程、水生态修复工程、补水工程、景观提升工程。

为全面实现茅洲河全流域综合整治目标，公司将“六大系统”治水思路创造性地运用到46个子项6大类工程之中。在46个子项中，涉及防洪防涝与水质提升监测系统、污水截排管控系统、污泥处理再生利用系统、工程补水增净驱动系统、生态美化循环促进系统、水环境治理管理信息云平台系统的子项数目分别为6项、37项、2项、1项、8项、46项。“六大系统”在茅洲河项目46个子项中的应用统计见图26-4。

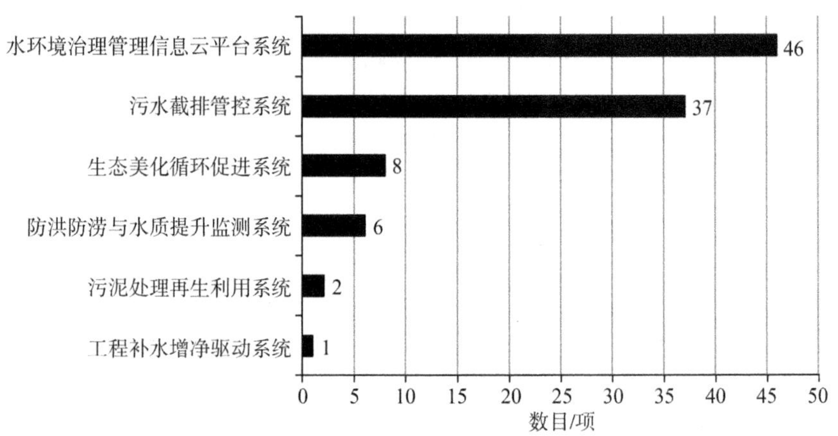

图26-4 “六大系统”在茅洲河项目46个子项中的应用统计

经过统计与分析可知，茅洲河流域水环境综合整治项目的实施，深入应用了基于“全流域统筹、系统化治理”治水理念的“六大技术系统”治水思路，这是我国治水模式的一种积极探索和大胆尝试。综合当前茅洲河项目中已实施开展的46个子项6大类工程情况可知，流域治水成效正逐步显现，这也充分验证了“六大技术系统”的科学适用性和在工程项目中的可实施性。

5 结语

通过对我国水利部、生态环境部、住房和城乡建设部有关治水理念的梳理，本文对水环境治理“六大技术系统”(简称“六大系统”)进行了解读。该体系全面吸收了水利部、生态环境部、住房和城乡建设部治水理念的优点，并结合企业自身优势进行融合升级，采用了“流域统筹、系统治理”的整体性、全局性治理模式，并成功地应用于茅洲河项目46个子项6大类工程实践中。这充分验证了“六大系统”治水思路在水环境治理领域的适用性和可实施性，对我国治水模式的变革和转型有积极的促进作用。

但是，“六大系统”与工程项目(如茅洲河项目)之间是理论与实践的关系，理论来源于实践，又返过来指导实践，并接受实践的检验，二者之间相辅相成、相互促进，形成一个良性循环，不断向前推进。因此，“六大系统”也应在工程实践中不断地进行丰富和完善。

参考文献

[1] 许莉莉. 浅谈大禹治水的故事流变——以“三过家门而不入”为中心的分析[J]. 北方文学：中，2016(1)：176.

[2] 卞吉. 王景治河千载无患[J]. 中国减灾，2008(8)：46-47.

[3] 刘璇. 李仪祉与泾惠渠[J]. 陕西水利，2013(6)：182-184.

[4] 王亚华. 中国治水转型：背景、挑战与前瞻[J]. 水利发展研究，2007(9)：4-9.

[5] China's Continued Economic Progress: Possible Adversities and Obstacles. Rand. 5th Annual CRF-RAND Conference, 2002

[6] 国家发改委，水利部，住建部. 水利改革发展“十三五”规划[EB/OL]. http://www.sdpc.gov.cn/gzdt/201612/W020161227416461139579.pdf.

[7] 黑臭水体治理应走什么路线？[J]. 环境经济，2015(Z3)：38.

[8] 生态环境部. 黑臭水体治理技术政策[EB/OL]. http://www.mep.gov.cn/gkml/hbb/bgth/201509/W020150906552042443247.pdf

[9] 住建部，生态环境部. 城市黑臭水体整治工作指南[EB/OL]. http://www.mohurd.gov.cn/wjfb/201509/W020150911050936.pdf

[10] 左一鸣，崔广柏，王振龙，等. 我国水资源可持续利用探索[J]. 人民黄河，2005(9)：41-42+53.

27

流域水环境治理创新理念与实践研究——流域统筹、系统治理

该篇论文发表于《水环境治理》2017 年第 4 期。王正发是第一作者，第二作者是张振洲，第三作者是韩景超。

摘　要：通过分析研究流域复合生态系统、我国流域治理现状、国内外流域治理模式、我国水环境治理模式转变等，本文提出“流域统筹、系统治理”的水环境治理创新理念，将其应用到茅洲河流域治理中。以流域为单元对水资源与水环境实施统一管理，开展水环境系统综合整治，全面统筹流域上下游、左右岸、干支流之间的关系，打破区域划分限制，建立水污染联防联控联治制度，促进流域整体的社会经济与环境生态的协调发展。

关键词：流域　复合生态系统　水环境　流域统筹　系统治理

Innovative Concept of Water Environment Governance—Basin-wide Integrated Planning and Systematic Governance

Wang Zhengfa[1], Zhang Zhenzhou[1], Han Jingchao[1]

(1. PowerChina Water Environment Governance, Shenzhen 518102, China)

Abstract: Based on the analysis of the basin composite ecosystem, the present situation of the basin management in China, and the governance method of the basin at home and aboard, and the transformation of water environmental governance method, this paper puts forward the innovative concept of basin-wide integrated planning and systematic governance, which is applied to the governance of Maozhou River Basin. At first, we must base the overall basin as a unit to implement a unified management of water resources and water environment and carry out comprehensive improvement of the water environment system. Next, we should co-ordinate comprehensively the relationship of the upstream and downstream, left and right bank, mainstream and its tributaries to break the regional restrictions. Then we need to establish a water pollution system of united prevention, controlment and governance. The ultimate goal of taking all measures is to promote the coordinated development of the socio-economic and environmental ecology of the overall basin.

Key Words: basin; composite ecosystem; water environment; basin-wide integrated planning; systematic governance

1 前言

随着经济的高速发展和工业化进程的不断加快，我国水污染态势越来越严峻，以水资源紧缺和水污染严重为特征的水危机已成为制约经济发展、危害群众健康、影响社会稳定的重要因素。特别是我国目前正处于城市化快速发展阶段，城市水问题如洪涝灾害频发、黑臭水体普遍、缺水、突发性水体污染事件等，导致流域水体污染问题日益严重，已严重威胁城市居民的饮水安全和身体健康，影响城市居民的人居环境，制约城市社会经济的发展。随着十八大明确提出大力推进生态文明建设，《关于加快推进生态文明建设的意见》、《水污染防治行动计划》(水十条)、《"十三五"生态环境保护规划》、《关于全面推行河长制的意见》等一系列国家重大决策部署的逐步实施，水环境治理行业的发展和水污染防治新机制的形成得到了积极推动。

随着全国上下对流域水污染防治实践与认识的逐渐深入，原有的流域水污染防治体系、流域水环境治理理念与当前地表水环境质量改善诉求不相适应的状况愈发凸显，急需改变和拓展流域水环境治理思路，以全面提升和保障水环境治理成效。

2 流域复合生态系统分析

2.1 复合生态系统理论

在生态系统管理理论基础上发展起来的复合生态系统管理理论，成为优化"人口—资源—环境—经济—社会"巨系统的重要突破口之一。20 世纪 80 年代，我国生态学家马世骏、王如松(1984 年)提出，复合生态系统是指人与自然相互依存、共生的复合体系，以人为主体的社会、经济系统和自然生态系统在特定区域内通过协同作用而形成的复合系统(见图 27-1)，并从复合生态系统的角度提出了可持续发展的思想，而生态工程是实现复合生态系统可持续发展的途径[1]。袁旭梅、韩文秀(1998 年)认为"复合系统由多个独立

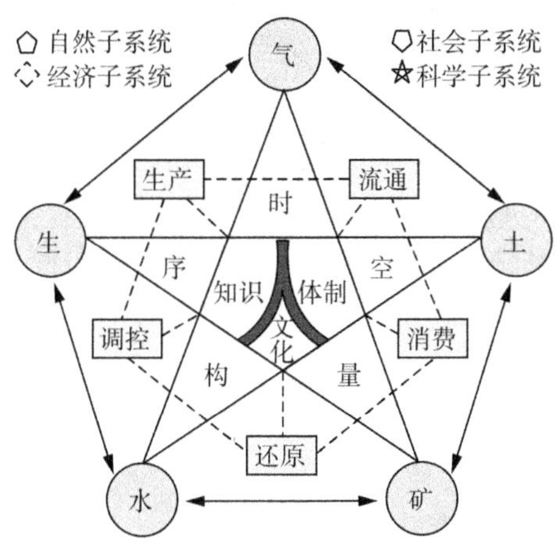

图 27-1 "社会—经济—自然"复合生态系统

的子系统组成，各子系统按一定方式存在着并相互作用，既相互协同又相互竞争，产生协调效应，使系统构成一个有机整体，处于动态平衡，而不是多个子系统的简单叠加”，“自然—社会—经济”系统就是一个复合生态系统”[2]。叶文虎(2005 年)指出建立在自然生态基础上的人类社会是一个高级的复杂系统，由生物、环境和人口组成的人工生态系统是依赖能量的转换和供需而共存的[3]。

水是生态与环境系统的核心要素，水资源是关键性自然资源和战略性经济资源，以“降水—坡面—河道—地下”为基本过程的自然水循环结构和进程被打破，以“供水—用水—排水”为基本过程的社会水循环的通量、路径和结构不断成长演变，形成“自然-人工”二元驱动力及结构的复合水循环系统[4]。随着全球经济总量迅速增加，人类用水规模和干扰自然水系统的深度得到前所未有的提高，不合理的水资源利用引发一系列水短缺、水污染和水生态系统退化等诸多水问题，成为人类社会发展的瓶颈[4]。因此为解决日益严峻的水环境治理问题，须采用复合生态系统理论全面理解影响水环境的因素，综合分析水资源运动发展规律，剖析水污染原因，为水环境综合整治提供依据。

2.2 流域复合生态系统

蔡庆华(2003 年)等多位学者将流域作为一个“社会—经济—自然”复合生态系统进行研究，探讨了河流生态学中生态系统管理问题[5]；刘青、胡振鹏(2007 年)分析研究了江河源区复合生态系统具有三大服务功能：生态功能、经济功能和社会功能[6]。流域是一个以水系为中心的完整的生态系统，流域内的水环境是动态的、有自净能力的循环体，流域的上下游、左右岸、干支流之间的联系十分密切，是生态关联性很高的有机整体。因此在复合生态系统基础上，提出流域复合生态系统概念，其是以流域为单位组成的“社会—经济—自然”复合生态系统，包括流域的陆域与水域，河流的上游与下游、干流与支流、左岸与右岸，除具有自然、社会、经济基本构成要素外，还具有复杂的层次结构和整体功能。

从流域环境与发展统一的角度考虑基于流域生态系统、流域经济系统和流域社会系统的复合巨系统管理，实现流域的全面、协调和可持续发展，成为世界各国政府和学术界长期关注的热点和难点问题。国外流域治理案例如美国田纳西河、法国塞纳河、英国泰晤士河等为流域生态系统管理理论与实践的发展奠定了重要基础。近年来，我国对太湖流域、辽河流域、长江流域等开展了大规模水污染治理，却难以有效改变流域水污染的严峻形势，鲜有成功案例。我国流域污染难治理的原因是多方面的，除了流域水污染治理的艰巨性、复杂性与长期性外，也应该深刻分析流域水污染防治管理体制与机制存在的问题，如不注重水资源的自然流动性与流域生态系统的平衡性，简单地按照行政区划或者部门管理的思路确立管理体制。

3 流域统筹、系统治理

3.1 国外流域水环境治理模式

由于各国国情不同、流域具体情况各异，国外各国对本国流域治理机构的设置和采取的流域治理模式也各有特色[7]（见图 27-2），三种模式具体如下：

（1）集中治理模式

以美国为代表，主要由国家设置或指定专门机构进行整体流域治理。美国是联邦国家，各州在立法上与联邦政府平权，因此各州都根据实际情况对水资源保护、开发、利用等制定了不同标准的法律法规，由各州相应的水资源部门负责组织实施。流域水资源管理从组织形式上分为两类，分别为流域管理局模式和流域委员会模式。田纳西流域管理局是美国流域统一管理机构的典型代表，也是世界上第一个流域管理机构。另外，为解决跨州的水资源管理问题，美国建立了一些基于流域的水资源管理委员会，由代表流域内各州和联邦政府的委员组成，负责制定流域水资源综合规划，协调处理全流域的水资源管理事务，如特拉华流域委员会、切萨皮克湾流域委员会等。

（2）分散治理模式

以日本为代表，采用典型的分部门行政的分散治理模式。中央政府主要负责制定和实施全国性水资源政策、水资源开发和环境保护的总体规划。中央级水资源管理由 5 个部门承担：环境省负责治污，并下设环境管理局，负责制定环境标准，治理土壤污染、农药对环境的污染及地下水污染等；国土交通省负责治水、水土保持和下水道业务，制定水资源政策、水资源开发基本规划、水源区治理对策；厚生劳动省负责生活用水；农林水产省下设林业厅，负责上游流域的水治理与农业相关的水资源支持；经济产业省的资源能源厅主要负责工业用水、水力发电与规划管理。

（3）集中-分散治理模式

以澳大利亚为代表，实行集中-分散治理模式，分为联邦、州和地方三级。澳大利亚涉及流域治理方面的联邦部门是联邦政府水利委员会，负责统筹全国的涉水研究和发展规划，提供水体信息及治理相关的政策导向，并通过流域部门对流域内的各州治理情况进行协调，其他部门包括流域部长理事会和社区咨询委员会等。各州对州内的流域治理有很大的自主权，拥有自己的流域机构，可适时开展或取消对流域治理进行的各种活动；保持水土平衡；调整资金投入的分配比例；控制流域污染物的排放；公布财务报告和水价，以提高公众参与程度等。

图 27-2　国外流域治理模式

3.2 我国流域水环境治理模式转变

在计划经济体制下，我国的水资源管理长期存在着城乡、部门、地区间的分割局面，水资源利用与保护的统一属性被人为分割、肢解，水源工程由水利部门管理，供水与排水由城建部门管理，污水处理由环保部门管理。“多龙管水，条块分割”的模式，使得治理片段化、碎片化，管理权分散、各自为政，不利于统筹、协调流域整体治理。不仅浪费人力物力财力，而且容易出现相互推诿扯皮的现象，导致有限的水资源不能合理配置和统一监管，造成水资源管理混乱、掠夺性开发、水源污染加重的不良局面。

纵观国外流域水环境治理的发展过程，都经历了从部门各自为政到跨部门、跨地区综合治理的治理模式转变。但所有这些治理模式的实现，都是以流域机构设置为主，法律法规制度为辅。综合考虑我国现阶段国情和水污染治理近三四十年来的大量工程实践及研究成果，结合国外水环境治理成功经验分析，目前水环境污染所呈现出的区域性、复合型、长累积、多层次的新特性及发展趋势，要求水环境污染综合整治路线要从单污染物、单介质、高浓度控制与局部地区防治，向复合污染物、多介质、多途径、低浓度防治和区域整体性联防联控联治方向转变。

在流域水环境综合治理中，不能继续采取“头痛医头、脚痛医脚”的单一性治理方式或在流域污染治理中采取片段化、碎片化治理，而应从流域复合生态系统的功能性、全局性、整体性进行综合考虑，探索流域水环境治理新理念。主要从以下四个方面进行考虑(见图 27-3)：

(1) 政策支撑、理论保障

自十八大以来我国提出一系列生态文明建设政策包括国家“水十条”、《关于全面推行河长制的意见》等，提出治水新理念、新思路、新举措，坚持习近平总书记提出的“节水优先、空间均衡、系统治理、两手发力”的原则，实现治水思路的转变，为治水新理念落实到具体工程实践提供了政策条件和理论保障。

(2) 突破地域限制的综合治理

流域是一个整体，但长久以来政府以行政区划为主，流域只是为了区域内的经济增长服务，存在区域管理与流域管理相排斥、区域机关权限不合理等问题。2002 年新修订的《水法》确定了流域管理和行政区域相结合的流域管理制度，区域规划服从流域规划。从过去的区域管理逐步向流域管理转变，这一点为流域水环境综合治理提供了条件。

(3) 综合治理的治理内容

当前的立法体系和流域机构设置将流域复合生态系统的要素具体化，忽视了流域上下游、左右岸、干支流之间相互影响、相互依赖的关系。仅针对流域内局部的某种要素产生的问题进行权属归类整治，破坏了流域内各资源、环境要素与整个流域内社会和经济发展的内在联系，造成流域各要素得不到优化配置，导致流域综合治理中“拆东墙、补西墙”的现象产生，而真正的流域生态问题并没有得到彻底解决[7]。

(4) 开发利用市场化的综合治理

在防洪减淤、水利工程建设等工程实践中，要在自然资源、生态环境与经济社会发展三者之间寻找到一个平衡点；上级政府应将水环境治理权力逐步下放，通过政企分开的方式传递给下级政府、部门、机构、企业和公众组织等；应充分考虑到流域治理是一个长期工程，很难在短期之内取得成效，因此在治理流域水环境的同时，需要兼顾经济发展和社会发展。

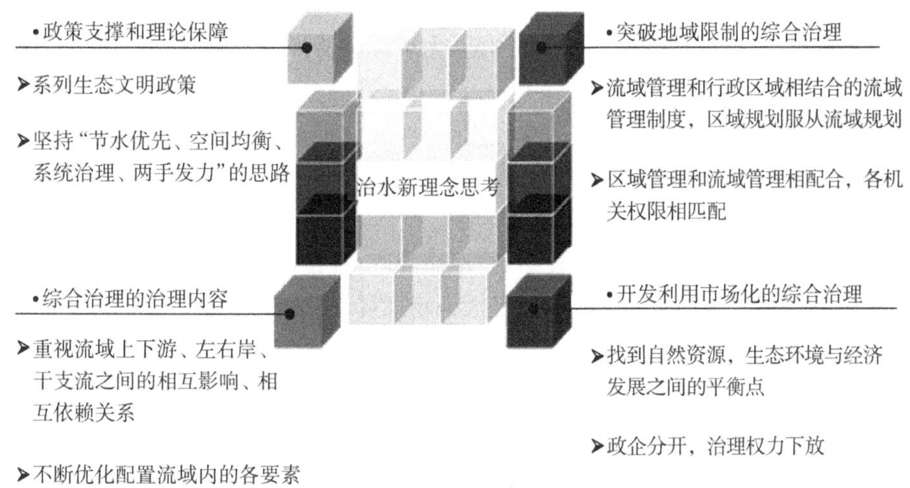
•政策支撑和理论保障
➤系列生态文明政策
➤坚持“节水优先、空间均衡、系统治理、两手发力”的思路
•突破地域限制的综合治理
➤流域管理和行政区域相结合的流域管理制度，区域规划服从流域规划
➤区域管理和流域管理相配合，各机关权限相匹配
治水新理念思考
•综合治理的治理内容
➤重视流域上下游、左右岸、干支流之间的相互影响、相互依赖关系
➤不断优化配置流域内的各要素
•开发利用市场化的综合治理
➤找到自然资源，生态环境与经济发展之间的平衡点
➤政企分开，治理权力下放

图 27-3　我国治水新理念思考

3.3　“流域统筹、系统治理”理念

中电建水环境治理技术有限公司（以下简称“水环境公司”）水环境公司基于电建集团懂水熟电、擅规划设计、长施工建造、能投资运营的优势，在分析我国流域治理现状、国内外流域治理模式，深入思考治水理念的基础上，提出了“流域统筹、系统治理”的水环境治理理念。其内涵是以“河湖（水资源）—流域（土地资源）—社会—经济”复合生态系统为研究对象，依据系统工程的基本原理，将流域上下游、左右岸、干支流视为相互依存的整体，从全局性、关联性、综合性和最优性方面统筹考虑，将人类过去已有的成功治水的知识与经验融合起来，认识流域复合生态系统的结构，揭示流域复合生态系统内各子系统各因素之间的内在联系，利用污染控制技术和水土资源保护技术，采用工程措施和非工程措施，按照“控源截污—工程治理—监测管理—法规控制”的水环境综合治理技术路线，有序开展水环境综合治理，协同解决水安全、水资源、水环境、水生态、水文化、水经济问题，为决策部门决策提供科学依据，全面促进水环境治理取得根本性实效。

以目标和问题为导向，水环境公司通过整合、优化水污染外源控制技术、内源净化技术、雨污分流管网技术、污泥处置及资源化利用技术等已有技术，采用“流域统筹、系统治理”的水环境治理理念、开创性地研究开发出六大技术系统（见图 27-4），分别为防洪防涝与水质提升监测系统、污水截排管控系统、污泥处理再生利用系统、工程补水增净驱动系统、生态美化循环促进系统、水环境治理管理信息云平台系统，并在茅洲河流域综合整治工程中实施应用。六大系统具体如下：

（1）防洪防涝与水质提升监测系统

包括水安全监测、水环境监测、水资源监测、水生态监测、排水防涝监测、入河污染源监测、监控预警系统等，实时监控城市防洪、排水、防涝与水质状况，为城市水安全、水环境决策提供依据和支撑。

(2) 污水截排管控系统

包括截污纳管、面源控制、入河污染源管控、海绵措施、雨水控制与利用等，从源头控制各类污废水、污染物入河，防止水污染加剧，为后续施治提供基础保障。

(3) 污泥处理再生利用系统

包括环保清淤、工业化处理、资源化利用、环保处置等，实施内源污染物的控制与内源污染治理，相对快速地改善水质，提升河湖内源环境质量。

(4) 工程补水增净驱动系统

包括引水调水、水力调控、清水补给、活水循环等，在控源截污、内源治理基础上，增加生态基流，提高水动力和水环境容量，促进污染物稀释净化，驱动水环境改善。

(5) 生态美化循环促进系统

包括生态护岸、岸带修复、曝气增氧、生态修复、生境改善、景观提升等，恢复水体生态系统，持续去除水体剩余污染物，进一步改善生态环境，提升水景观，发展水文化和水经济。

(6) 水环境治理管理信息云平台系统

包括水环境信息化管理、信息公开与共享平台、常态化监管平台、信息化云平台，加强水安全、水资源与水环境的信息化管理，保障水环境治理工程的监管与永续利用。

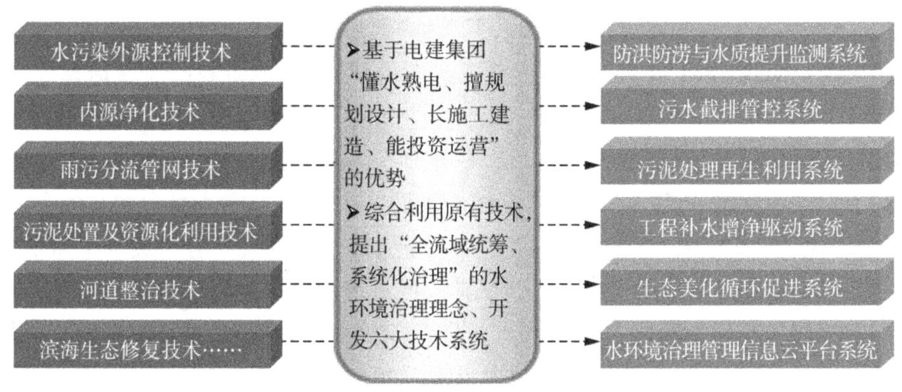

图 27-4 流域治理六大系统

4 茅洲河流域实施应用

4.1 茅洲河流域现状

茅洲河发源于深圳市境内的羊台山北麓，地跨深圳、东莞两市，流经石岩、光明、公明、松岗、沙井和东莞长安镇等，在沙井民主村汇入伶仃洋。茅洲河流域总面积 344.23 km^2(不含石岩水库集水面积)，其中深圳市境内流域面积 266.85 km^2，东莞市境内流域面积 77.38 km^2，茅洲河干流全长 30.69 km，流域水系见图 27-5。茅洲河宝安区境内流域面积 112.65 km^2，涵盖松岗、沙井街道两个行政区域，河涌 19 条，河道总长 96.56 km；茅洲河光明新区境内流域面积 154.20 km^2，涵盖光明、公明街道两个行政区域，河涌 13 条，长 48.60 km；茅洲河东莞市长安镇境内流域面积 77.38 km^2，河涌 23 条，河道总长 53.72 km。

随着社会经济的快速发展，工业经济的兴起，城市人口的急剧增加，沿线两岸工业废水、生活污水等直接排入河道，导致河道淤积严重，行洪能力急剧下降，水质显著恶化，水体发黑发臭，水环境遭受了严重破坏。据广东省环境监测中心和深圳市人居环境委员会 2016 年 1 月的监测结果显示，茅洲河干流河 15 条主要支流水质均劣Ⅴ类，流域处于严重污染状态，流域水生态环境亟须改善。

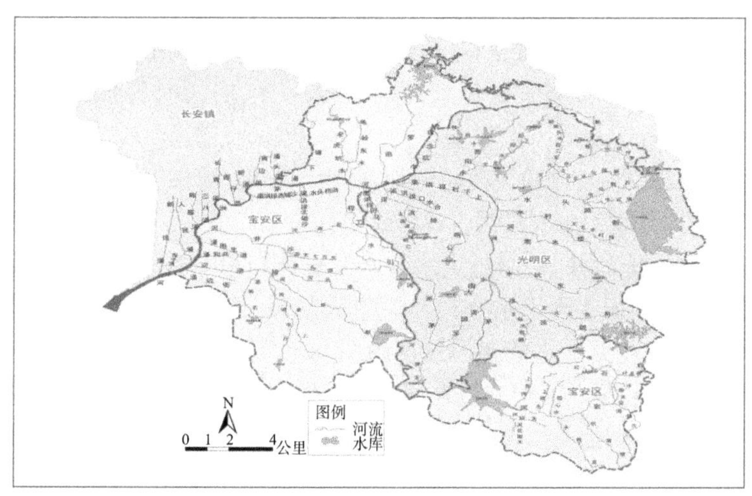

图 27-5　茅洲河流域水系图

4.2 “流域统筹、系统治理”实践

水环境公司基于“流域统筹、系统治理”的水环境创新治理理念，形成全流域综合整治方案，提高工程的综合性、系统性。主要体现在以下两方面：一方面，实行“总体规划、区域联动、目标明确、协同实施、标本兼治、绩效考核”总要求，将“治水、治污、治涝、治城”相结合，把茅洲河流域整治与环境改善、景观提升、城市更新、产业升级、土地增效相结合，实现综合效益最大化；另一方面，贯彻“全流域统筹、全打包实施、全过程控制、全方位合作、全目标考核”方针，全面实现茅洲河流域“保障水安全、防治水污染、保护水环境、维护水生态、提升水景观、促进水管理、彰显水文化、发展水经济”水环境综合整治考核目标。

通过茅洲河项目 EPC 工程包，全面综合宝安片区、光明片区、东莞片区的茅洲河流域水环境综合整治工程，提出“全流域统筹、系统化治理”的治理技术路线（见图 27-6），遵循“流域统筹，系统治理；远近结合，标本兼治；水陆兼顾，洪涝统治；治管结合，长效保持”原则，开创性地提出六大技术系统，全面规划设计了全流域水环境治理的整体实施方案，重点实施六大工程，包括雨污分流管网工程、内涝治理工程、河道综合整治工程、水生态修复工程、补水工程、景观提升工程。六大工程[以茅洲河流域（宝安区）为例]具体措施如下：

（1）雨污分流管网工程：针对二、三级管网建设滞后问题，根据现状排水体制、排水水量、排污口及水质情况，在片区干管工程基础上，完善以社区污水支管网建设为重点的排水管网系统，构建完整的污水收集体系，提高社区污水管网覆盖率和收集率。项目共计14项，片区总面积45 km^2，管道总长804 km。

（2）内涝治理工程：根据涝片面积，复核泵站规模；完善与市政雨水管网的衔接，实现涝片封闭。项目共包含5项排涝工程，新建泵站7座，扩建泵站1座，设计规模合计163.83 m^3/s。排涝工程建设完成后，片区排涝标准可达到20年一遇，24小时降雨所产生的洪水，24小时排干不成灾。

（3）河道综合整治工程：河道清淤及底泥处置工程与河道综合整治工程同步实施，河道综合整治完成后，茅洲河支流防洪标准可达到20～50年一遇不受涝，并通过新建沿河初（小）雨截流管及完善市政污水管，收集沿河所有的漏排口（污水口、混排口）排放的污水，以解决河道水质受污水及面源污染的问题，减少汛期入河污水。项目共计17项，16条支流整治长度88.7 km。

（4）水生态修复工程：计划建设燕川湿地、排涝河湿地、潭头河湿地，总面积13.6 hm^2，处理污水量6万t/d，处理部分漏排污水，消减污染负荷。

（5）补水工程：实施沙井、松岗再生水补水及珠江口取水补水工程，改善茅洲河流域水动力条件以及河道水质。再生水补水工程规模达80万t/d，补水管道总长约40 km，珠江口取水补水规模达54万t/d，管道总长度约29 km。

（6）景观提升工程：茅洲河干支流在现状河道绿地空间基础上，对沿河两岸的景观环境改造提升，实施滨水绿地休憩空间营造、绿道修复工程、环境设施工程、河道配套设施工程、绿化工程、夜景照明、低影响开发生态措施工程等，整体提升茅洲河流域沿线景观环境，削减面源污染，改善水生环境，提升城市发展质量、优化人居环境。

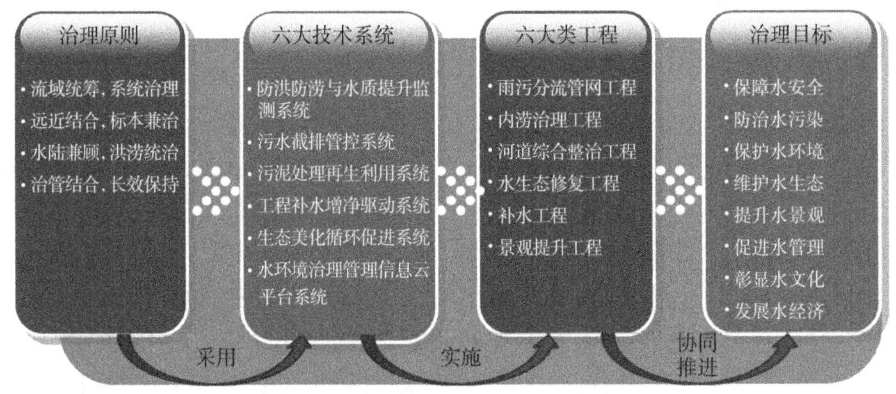

图27-6　茅洲河流域水环境综合整治技术路线

5　结语

流域是具有层次结构和整体功能的“社会—经济—自然”复合生态系统。在国家全面推进生态文明建设，大力开展水环境治理的背景下，在流域水环境综合治理工程中应坚持“流域统筹、系统治理”的创新治理理念，以流域为单元对水资源与水环境实施统一管理，开展流域水环境综合整治；全面统筹流域上下游、左右岸、干支流之间的关系，打破区域划分限制；以河长制为抓手，成立统筹部门，建立水污染联防联控联治制度，从而全面取得流域水环境治理成效，促进流域整体的社会经济与环境生态的协调发展。

参考文献

[1] 马世骏，王如松. 社会—经济—自然复合生态系统[J]. 生态学报，1984,4(1)：1-9.

[2] 袁旭梅，韩文秀. 复合系统的协调与可持续发展[J]. 中国人口·资源与环境，1998(2)：53-57.

[3] 叶文虎. 建设一个人与自然和谐相处的社会[J]. 马克思主义与现实，2005(4)：6-8.

[4] 王浩，龙爱华，于福亮，等. 社会水循环理论基础探析 I：定义内涵与动力机制[J]. 水利学报，2011(4)：379-387.

[5] 蔡庆华，唐涛，刘建康. 河流生态学研究中的几个热点问题[J]. 应用生态学报，2003,14(9)：1573-1577.

[6] 刘青，胡振鹏. 江河源区复合生态系统研究[J]. 江西社会科学，2007(2)：250-253.

[7] 范兆铁，刘莉. 国外流域水环境综合治理经验及启示[J]. 环境与可持续发展，2013(1)：81-84.

28

水环境治理工程定额体系构建研究

这是一篇研究性文章，没有对外发表。王正发是第一作者，第二作者是王佳佳。

摘　要：本文通过对我国现有国家定额体系和相关行业定额体系的全面系统梳理，结合水环境治理工程专业特点，对水环境治理工程定额体系构建进行研究。通过对两种构建方案的对比分析，提出了基于专业层面进行水环境治理工程定额体系构建的思路。该体系更能适应水环境治理工程特点，定额水平相对均衡，便于统一编码、统一管理，对于指导行业内企业报价和市场形成价格，合理控制社会平均成本，完善水环境治理行业定额体系建设具有积极促进作用。

关键词：水环境治理工程　定额体系　工程定额

Study on Construction of Quota System for Water Environment Governance Projects

Wang Zhengfa[1], Wang Jiajia[1]

(1. PowerChina Water Environment Governance, Shenzhen 518102, China)

Abstract: Based on the comprehensive analysis of the existing national quota system and related industries quota systems in China, this paper studies the construction of the quota system for water environment governance projects on the basis of the characteristics of water environmental governance engineering. Through the comparison analysis of two construction schemes, this paper proposed the idea of building a quota system for water environment governance projects based on the professional level. The quota system can adapt to the characteristics of water environmental governance projects, level balancing, unified coding and unified management. This technical standard system will have a positive role in guiding the water environment governance enterprise quotation and market formation price, reasonable control of social average cost, and improving the construction of quota system of water environment governance industry.

Key Words: water environment governance projects; quota system; engineering quota

1　前言

当前，我国水环境治理行业正处于快速发展的成长机遇期，随着《关于加快推进生态文明建设的意见》《水污染防治行动计划》《“十三五”生态环境保护规划》《关于全面推行河长制的意见》等一系列国家重大决策部署的逐步实施，水环境治理行业的发展和水污染防治新机制的形成得到了积极推动，水环境综合治理市场加速释放。

水环境治理行业作为环保公共服务产业之一，其资金主要来源于政府财政投资，要准确地计算工程的投资、用好公共财政款项，需建立公开、透明、规范、科学的工程造价管理体系和完善的定额体系，以满足水环境治理工程规划设计、招标、投标及建设管理各阶段需要。而目前我国水环境治理工程概、预算定额配套工作相对滞后，针对水环境治理工程管理特点的全国性或地方性的概、预算定额标准尚未出台，各项工程费用的计取基本是借助市政、水利、园林绿化等行业定额和造价资源，虽然可以暂时解决水环境治理工程概预算编制问题，但因不同行业定额彼此差异性较大，存在费用标准偏低、定额水平落后、工程预算不合理等问题，不能充分体现水环境治理工程特点，无法有效指导企业报价。

为了合理确定和有效控制水环境治理工程基本建设投资，真实反映当前水环境治理工程设计、施工技术和管理水平，满足水环境治理工程投资控制和造价管理需要，亟需开展水环境治理工程定额体系研究，提出水环境治理工程定额体系构建方案，形成定额体系框架，全面系统地构建水环境治理工程定额体系，从而提高水环境治理工程建设定额管理，促进水环境治理工程建设市场健康发展。

2 定额体系概述

建设工程定额体系是指所有工程定额按照一定的秩序和内部联系构成的一个或若干个科学的有机整体。我国的工程建设定额体系是从新中国成立以后逐步建立和日趋完善的，经过几十年的不断建设，现行的工程建设定额体系已基本建立，与建设程序分阶段工作深度相适应，层次分明，分工有序。建设工程定额体系按照管理层次和执行范围划分，可以分为国家定额体系、行业定额体系、地区定额体系、企业定额体系等，通常可按照定额的专业、管理和用途等方面进行构建，其总体框架如图 28-1 所示。

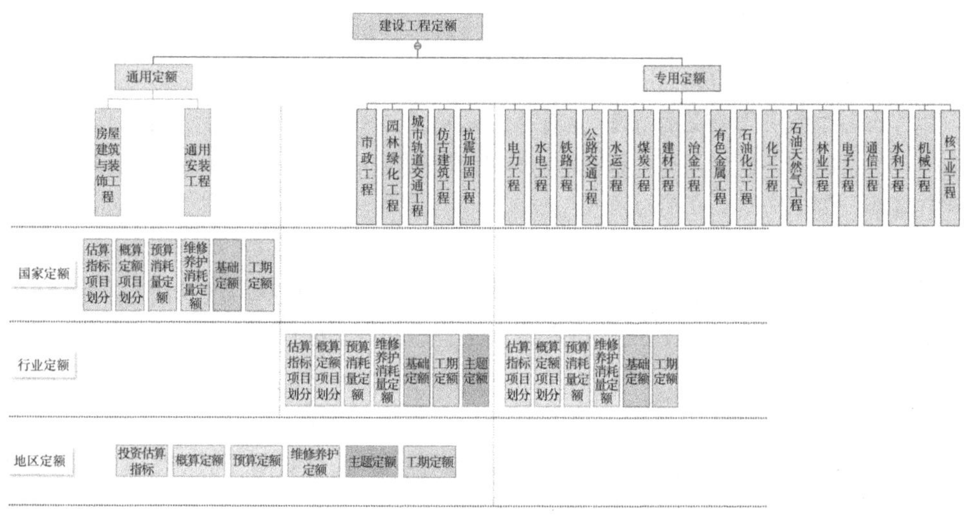

图 28-1　建设工程定额体系总框架示意图

2.1 国家定额体系

国家定额体系是定额体系的子体系，包括房屋建筑与装饰工程、通用安装工程两个专业。国家定额由国家建设行政主管部门统一管理，在全国全行业范围内实施。其体系框架如图 28-2 所示。

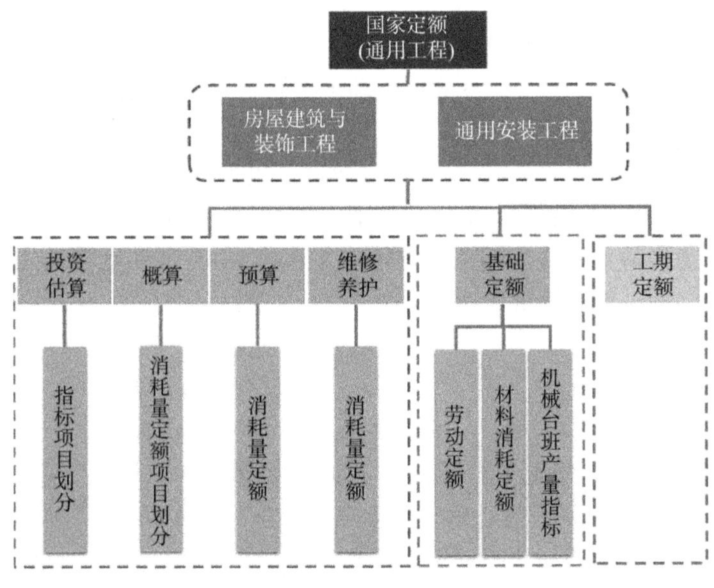

图 28-2 国家定额体系框架

2.2 行业定额体系

行业定额体系是对国家定额中未包括的，属于本行业特有的工程定额，对本行业中已适用国家定额的工程不再重复编制行业定额。行业定额由相应行业建设行政主管部门管理，在全范围本行业内实施。

目前我国编制和发布定额的行业有：建筑、电力、铁路、公路交通、水利、有色金属、建筑材料、水运、冶金、化工、石油、石化、电子、通信、林业、煤炭、核工业等，以下列举两个行业定额体系示例。

(1) 城建建工行业定额体系

城建建工行业定额是由国务院住房和城乡建设主管部门主管，现阶段包括市政工程、园林绿化工程、城市轨道交通工程、仿古建筑工程、抗震加固工程等 5 个专业，其体系框架如图 28-3 所示。

(2) 铁路行业定额体系

铁路行业定额现阶段包括路基工程、桥涵工程、隧道及明洞工程、轨道工程、通信工程、信号工程、信息工程、电力工程、电力牵引供电工程、房屋工程、给排水工程、机务车辆机械工程、站场工程 13 个专业，其体系框架如图 28-4 所示。

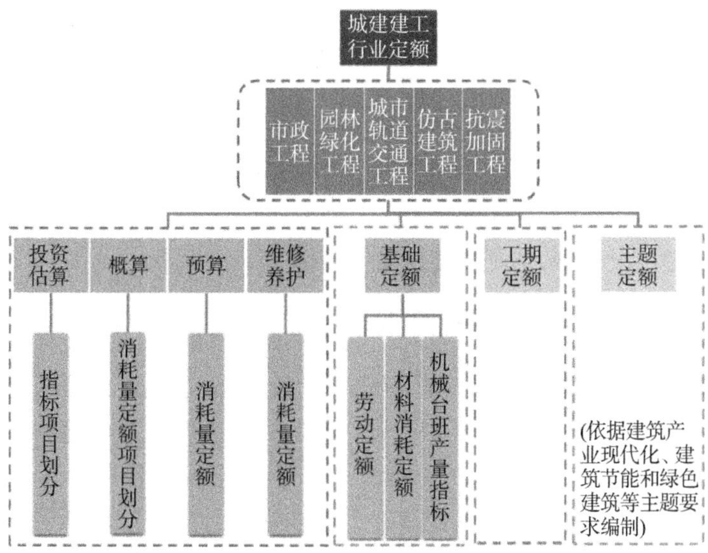

图 28-3　城建建工行业定额体系框架图

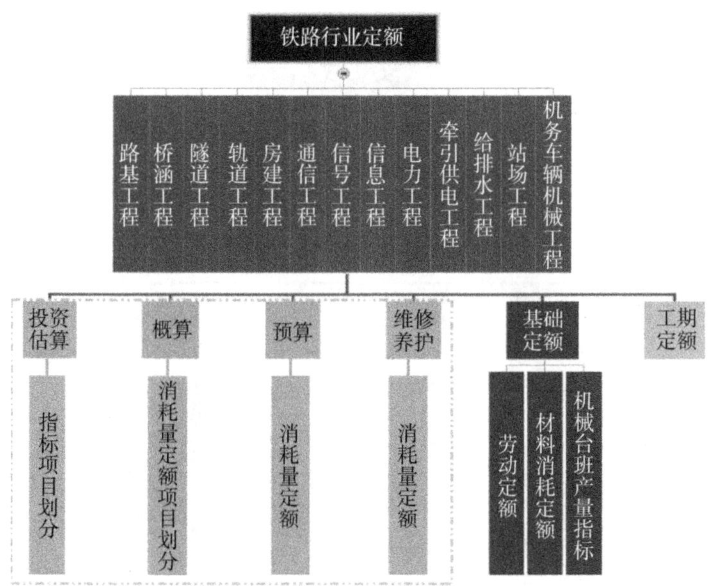

图 28-4　铁路行业定额体系框架图

2.3　地区定额体系

地区定额体系是在国家定额或行业定额的基础上，结合各地区工程特点，对国家定额或行业定额进行的调整和补充。对本地区中适用于国家定额或行业定额的，不再重复编制地区定额。地区定额由地区建设行政主管部门管理，在本地区范围内实施。地区定额反映了各地区工程的特殊性，在各地区工程建设计价工作中发挥着重要作用。

3　水环境治理工程定额体系构建方案研究

基于目前相关行业定额发展现状，针对水环境治理工程涉及行业面广、专业面多的特点，本文初步提出以下两个水环境治理工程定额体系构建方案：

方案一，基于行业层面构建定额体系框架结构；

方案二，基于专业层面构建定额体系框架结构。

3.1　方案一——基于行业层面构建定额体系框架

水环境治理定额主要涉及市政工程、园林绿化工程、城市轨道交通工程、水利工程、房建工程5个行业定额，目前以上各行业定额已基本构建完善，且满足各自建设工程全过程计价的需要。水环境治理工程可在现有行业定额的基础上，全面吸取已有行业定额的成果数据，直接引用适用定额内容；并基于水环境治理工程特点和设备、材料状况，对部分定额内容和数量进行重新测算、调整优化，形成适应工程量清单计价管理需要的水环境治理工程定额体系。初步提出基于行业层面构建的水环境治理工程定额体系框架如图28-5所示。

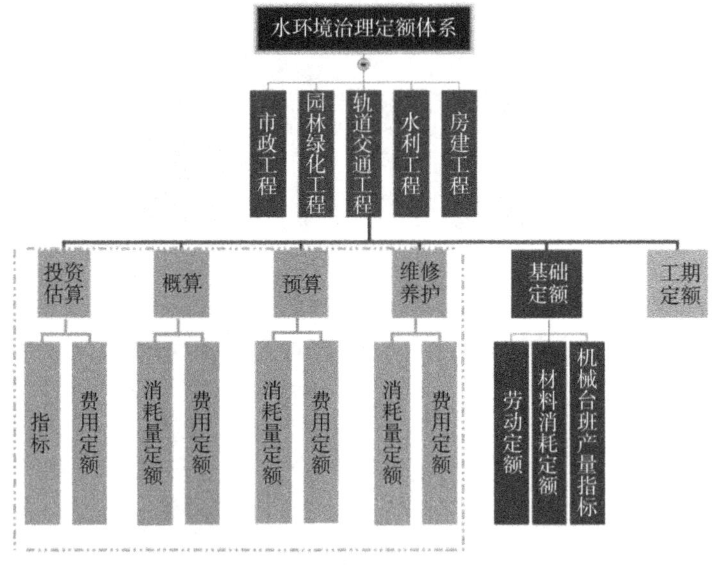

图28-5　基于行业层面构建水环境治理工程定额体系框架图

基于行业层面构建定额体系框架结构，则可参考引用各行业成熟的造价资源和定额数据指标，体系构建工作量相对较小，但存在以下不足：

(1) 定额水平参差不齐：因各行业定额在管理上“各自为政”，缺乏统一规划和协调，将直接影响水环境治理定额水平。

(2) 修编机制和调价机制无法明确：因各行业有其独立的补充、修编机制和调价机制，水环境治理定额将受其他行业定额制约，定价机制无法明确。

(3) 定额表现形式各不相同:各行业定额表现形式、编码规则各不相同,给水环境治理工程定额体系构建造成不便。

3.2 方案二——基于专业层面构建定额体系框架

按照专业划分,水环境治理工程主要包括道路工程、桥涵工程、堤岸工程、房建工程、堰闸工程、管网工程(含顶管)、污水处理工程、污染底泥处理工程、水生态修复工程、生物工程、垃圾处理工程、绿化工程、园林景观工程、调蓄补水工程、地下结构工程、电气工程、环保清淤工程、信息管理工程、通信工程、设备安装工程等共20个专业工程。

经过研究提出:对各专业项目按照《建设工程工程量清单计价规范》附录章节及编码排序原则进行重新编码,按分部分项工程插入补充定额及相关定额子目,确定水环境治理工程的定额子目,并统一编码、统一计算规则,形成水环境治理定额架构,最终构建水环境治理工程定额体系。初步提出基于专业层面构建水环境治理工程定额体系框架如图28-6所示。

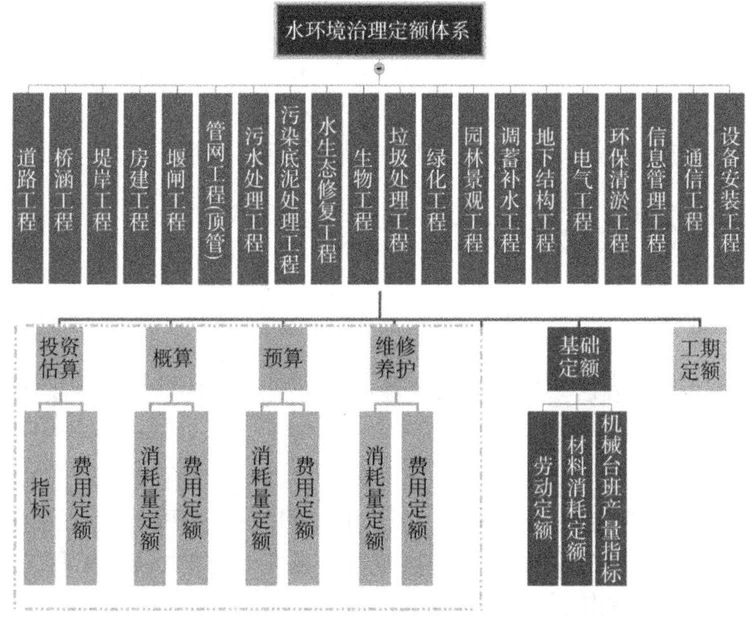

图28-6 基于专业层面构建水环境治理工程定额体系框架图

基于专业层面构建水环境治理工程定额体系,具有如下特点。

优点:

(1) 定额体系更具有系统性、目标性、预见性:建立相对独立的水环境治理工程定额体系,定额管理权限、职责更加清晰。

(2) 定额水平相对均衡,更适应水环境治理工程特点:避免了行业定额交叉重复,可以结合水环境治理工程特点,建立适应工程量清单计价管理需要、切实可行的定额体系。

(3) 便于统一编码规则:可以形成水环境治理定额统一的定额表现形式,制定统一的工程项目划分标准和工程量计算规则,统一编码、统一管理。

(4) 引领水环境治理行业良性发展:可以建立统一的补充、修编机制和调价机制,更好地引领水环境治理行业发展。

缺点:

(1) 整个体系构建繁杂:需针对工程前期可行性研究、初步设计、实施及维修养护等各个阶段开展针对性的定额研究,体系构建复杂。

(2) 构建工作量大:需对水环境治理中各专业架构进行重新梳理,重新确定水环境治理定额子目,并通过定额换算、经验统计、观察测定等方法配合完成定额体系构建工作,工作量较大。

3.3 确定水环境治理工程定额体系框架构建基本思路

综合对比两个构建方案,认为:方案一仅仅是对现有成熟的多行业定额进行资源整合,很难形成科学完整且适合水环境治理工程专业特点的权威性系统,水环境治理定额将受多行业定额的计量、计价规则影响,在市场竞争中处于依存状态。方案二相对独立,专业工程可随水环境治理工程实践不断扩充,适应水环境治理工程特点,定额水平相对均衡,便于统一编码、统一管理。

为此,确定采用基于专业层面构建水环境治理工程定额体系的方案,针对水环境治理工程中的专业分类,合理筛选确定定额子目,统一编码规则,充分考虑不同定额体系共性与个性特点,制定与水环境综合治理业务协调配套的定额体系,引领行业发展。

4 水环境治理工程定额体系构建

4.1 构建原则

水环境治理工程定额体系依据方案二进行构建,遵循切实可行、长期稳定、便于调整的原则,即:

(1) 理论与实际相结合原则:在系统工程理论、工程建设标准化理论的指导下,结合国家、行业和地区的现有定额,建立科学、合理、切实可行的水环境治理工程定额体系。

(2) 继承与发展相结合原则:结合我国定额发展现状,建立适应工程量清单计价、全过程造价管理需要的定额体系。

(3) 共性与个性相结合原则:由国家统一发布的定额体现的是定额共性特点;各行业、各地区发布的定额体现的是行业、地区定额个性特点。编制水环境治理工程定额体系时,应充分考虑不同定额体系共性与个性特点,制定与水环境综合治理业务协调配套的定额体系。

(4) 稳定和开放相结合原则:基于现状和发展需要,建立一定时期相对稳定的定额体系,体系内的定额内容和数量可以根据需要适时调整,形成一定时期内稳定、长期发展中动态调整的水环境治理工程定额体系。

4.2 体系编码规则

参照标准的编码方法及国家、行业、地区定额的编码习惯,本体系中定额的编码规则如下：

X　　XX　　X_X　　XX_XXXX

范围　行业/地区　阶段　性质　工程　年份

（1）第一部分：由四位字母及数字组合而成，其中：

范围——用一位大写字母表示。G全统定额、H行业定额、D地方定额、Q企业定额；

行业或地区——用数字或字母表示（参考国家市场监督管理总局发布的国家标准GB/T 4754—2011所规定的行业代码）；

阶段——用1—4分别表示估算定额（指标）、概算定额、预算定额、修缮定额。

（2）第二部分：由三位数字组成，其中：

性质——用1代表消耗量定额或计价定额，2代表费用定额；

工程——用两位数字表示。水环境治理工程各专业工程编码如下：01道路工程；02桥涵工程；03堤岸工程；04房建工程；05堰闸工程；06管网工程（含顶管）；07污水处理工程；08污染底泥处理工程；09水生态修复工程；10生物工程；11垃圾处理工程；12绿化工程；13园林景观工程；14调蓄补水工程；15地下结构工程；16电气工程；17环保清淤工程；18信息管理工程；19通信工程；20设备安装工程。

（3）第三部分：由四位数字表示定额发布的年份。

4.3　定额体系表

按照水环境治理工程专业分类和定额体系架构，初步形成水环境治理工程定额体系表，见表28-1。

表28-1　水环境治理工程定额体系表　　单位：部

名称	消耗量定额				费用定额				基础定额
	预算定额	概算定额	估算定额	修缮定额	施工图预算费用定额	设计概算费用定额	投资估算费用定额	修缮费用定额	
水环境治理工程定额体系	20	20	20	20	1	1	1	1	3

5　结语

本文通过对现有国家、相关行业定额体系的全面系统梳理，结合水环境治理工程特点，提出了基于专业层面进行水环境治理工程定额体系构建的思路，初步划分为20个专业工程，形成了覆盖全行业、全过程的水环境治理工程定额体系，用以满足不同设计深度、不同复杂程度、不同承包方式及不同管理需求下的工程计价的需要。建立相对独立的水环境治理工程定额体系，将为该行业领域内工程项目造价计价提供依据，有利于建立行业统一的定额补充、修编机制和调价机制，定额管理权限、职责更加清晰，从而更好地引领水环境治理行业健康发展。

参考文献

[1] 王立勇.城市轨道交通概预算编制定额体系研究[J].中国铁路,2011(5):66-69.

[2] 戴一璟.工程量清单计价模式下计价定额体系的重新认识[J].武汉工程大学学报,2010(9):98-101+104.

[3] 孙业军.浅议环境工程的造价管理与控制[J].能源与节能,2013(4):62-63+72.

[4] 陈兰枝.我国工程造价管理的发展及应对措施[J].中国新技术新产品,2010(1):73-74.

[5] 贺宇红.水利水电工程建设项目造价管理与控制[J].中国农村水利水电,2009(9):163-165.

[6] 黄伟典.工程定额原理[M].北京:中国电力出版社,2008:56-88.

[7] 孙忠强,杨广杰,王宝生,赵晓明,等.工程定额在工程造价管理中的地位与作用[J].水利经济,2009,27(4):55-57+77.

[8] 何辉.工程建设定额原理与实务[M].北京:中国建筑工业出版社,2004:20-35.

29

河长制法律依据研究

该篇论文发表于《水环境治理》2018 年第 2 期。王正发是第一作者，第二作者是韩景超，第三作者是刘双龙。

摘　要：本文主要通过对国家相关法律的解读及文献资料的梳理，概述河长制提出的背景及发展过程，从《中华人民共和国宪法》《中华人民共和国刑法》《中华人民共和国环境保护法》等现行法律、部门条例为切入点，探究全面推行河长制的法律依据和实践基础，并提出落实建议。通过对河长制法律依据的研究，表明全面推行河长制符合现行法律要求，契合生态文明建设内在要求，各地应全面保障河长制有效运行，加强河湖管理工作，落实属地责任，全力解决当前突出的水污染问题，推进生态文明建设。

关键词：河长制　法律依据　水污染　生态文明建设

Study on the legal basis of the River Governor System

Wang Zhengfa, Han Jingchao, Liu Shuanglong

(PowerChina Water Environment Governance, Shenzhen 518102, China)

Abstract: Through the interpretation of the relevant laws and combing the literatures, this paper gives an overview of the background and the history of the River Governor System, explores the legal basis and practice of the River Governor System from the Constitution, Criminal Law, Environmental Protection Law and other existing legal system, and puts forward the implementation of recommendations. Through the study of the legal basis of the River Governor System, it is shown that the full implementation of the River Governor System is in line with the existing legal requirements, and fits the inherent requirements of ecological civilization construction. All localities should fully guarantee the River Governor System is effectively run, strengthen the river management, implement the territorial responsibility to solve the outstanding problems of water pollution and promote the construction of ecological civilization.

Keywords: River Governor System; legal basis; water pollution; ecological civilization construction

1　前言

水是生命之源、生产之要、生态之基，河湖水系是水资源的重要载体，具有重要的资源功能、生态功能和经济功能，对于支撑区域发展、保护生态环境具有十分重要的作用。随着经济的高速发展和工业化进程的不断加快，我国水污染态势越来越严峻，以水资源紧缺和水污染严重为特征的水危机已成为制约经济发展、危害群众健康、影响社会稳定的重要因素，而我国河湖管理保护工作出现了一些问题。长期以来，我国对河湖管理实行的流域管理与行政区域管理相结合、统一管理与分级管理相结合的“多龙管水”模式，形成了流域上“条块分割”、地域上“城乡分割”、职能上“部门分割”、制度上“政出多门”的局面[1][2]。

目前原有的河湖管理体制、政策与当前水环境质量改善诉求不相适应的状况愈发凸显，亟需政策与制度上的创新、引导和支持，以全面提升和保障水环境治理成效。河长制正是在此背景下应运而生，在领导负责、目标分解、分级传递的行政治水网络体系下，河长制在水治理方面的程序性、效率性、问责性得到了充分发挥。但部分政府与公众对河长制的认知仍有不足，河长制的监督管理与配套实施的法律体系尚不健全，制约着河长制的有效贯彻落实[3]。因此，从我国现行法律体系角度去解读河长制，探究河长制的法律依据和实践基础，对保障河长制在各地的有效运行，从而加强河湖管理保护、解决当前突出的水污染问题，具有重要的现实意义和指导意义。

2 河长制的由来及推广

2007 年 4 月，太湖暴发大规模蓝藻污染事件，无锡市紧急启动应急预案应对突发环境事件，在环境司法层面增设无锡市中级人民法院环境保护审判庭，在环境执法层面实行“河(湖、库、荡、氿)长制”，即开始探索推行“河长制”[4]。至 2010 年，无锡市实行“河长制”管理的河道数量迅速增加，覆盖到村级河道，为全国各地探索河长制起到了引领和示范作用。昆明、黄冈、沈阳、大连、周口、长兴等县市也陆续探索试点和推广河长制，以推进各地区的河湖污染减排与水质保护工作[5]。这些地区的先行先试，为全面推行“河长制”进行了有益探索，并形成了诸多可复制、可推广的成功经验。

到 2016 年 12 月 11 日，中共中央办公厅、国务院办公厅印发并实施了《关于全面推行河长制的意见》(以下简称《意见》)，标志着我国河长制建设由地方自由探索阶段向国家建章立制阶段转变。《意见》提出，在部分省区市近十年实践基础上，各级党政主要领导负责制的“河长制”将由点及面地在全国全面推行，表明了党和国家重视环保、强化责任的鲜明态度。推行河长制是落实绿色发展理念、推进生态文明建设的内在要求，是解决我国复杂水问题、维护河湖健康生命的有效举措，是完善水治理体系、保障国家水安全的制度创新。

3 河长制法律依据研究

“河长制”是由各级党政主要负责人担任“河长”负责辖区河湖治理的制度，由各级党政主要负责人分级担任各自辖区内河湖的河长，通过目标分解、分级传递进行水资源保护、水域岸线管理、水污染防治、水环境治理等工作，并通过严格的评价考核机制予以奖惩[6]。

从河长制的由来、试点探索、全面推行以及各地出台的相关政策规定可以看出，河长制并不是凭空产生的，而是我国当前政治、经济和社会发展的产物，是我国生态文明建设中的一项重要制度创新，内生于现有的行政管理体制和环境法律法规体系[5]。基于对河长制的认识及内涵的理解，本文分析河长制的主要任务，构建河长制的法律依据框架(见图 29-1)。本文主要从我国宪法、刑法、环境保护法等现行法律、部门条例出发，研究分析全面推行河长制的法律依据和实践基础。

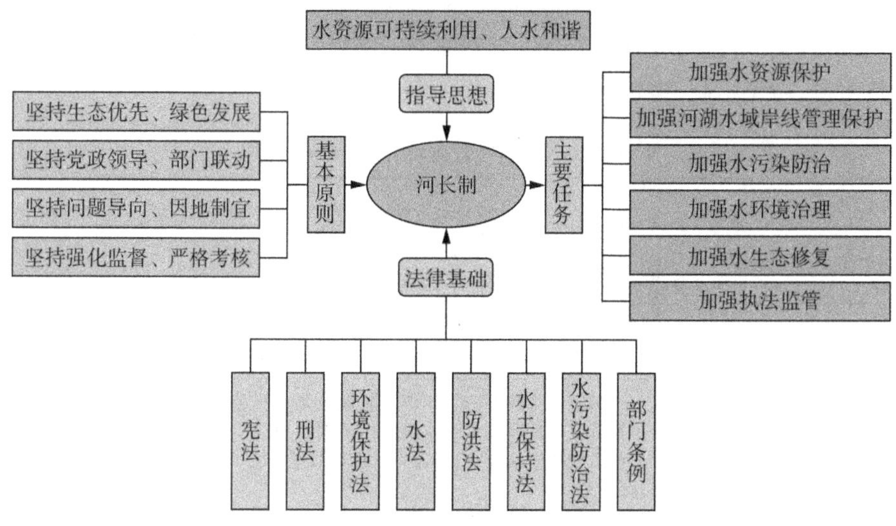

图 29-1 河长制法律依据框架

3.1 宪法

《中华人民共和国宪法》是我国的基本大法，关于环境保护的规定是国家关于环境保护的根本性要求，为制定环境保护基本法和专项法奠定了基础。《宪法》第二条规定“人民依照法律规定，通过各种途径和形式，管理国家事务，管理经济和文化事业，管理社会事务”，从根本上赋予了公众参与监督环境保护公共事务的权利；第二十六条规定“国家保护和改善生活环境和生态环境，防治污染和其他公害”，从根本上强调国家有保护和改善生态环境、防治水污染的责任；第一百零五条规定“地方各级人民政府是地方各级国家权力机关的执行机关，是地方各级国家行政机关。地方各级人民政府实行省长、市长、县长、区长、乡长、镇长负责制”，表明全面建立省、市、县、乡四级河长体系是遵循我国现行行政制度的，通过建立健全以各级党政领导负责制为核心的责任体系，强化工作措施，协调各方力量，形成一级抓一级、层层抓落实的工作格局，从而保障水环境治理措施贯彻实施。

3.2 刑法

环境的管理和调控需要建立科学的环境保护法律机制，而《中华人民共和国刑法》是环境保护法律体系中重要的一环。《刑法》第六章第六节明确列举了我国破坏环境和自然资源的罪名，如污染环境罪、非法占用农用地罪、非法采矿罪、破坏性采矿罪等，同时对单位破坏环境资源保护的刑事责任进行了规定，并强调国家机关人员负有环保责任，须履行“一岗双责”，做到守土有责、守土负责、守土尽责，充分体现了我国保护生态环境的特点和要求，便于在司法层面的实践中操作和执法管理，对惩治环境犯罪更有针对性。

3.3 环境保护法

《中华人民共和国环境保护法》是环境保护综合法，在环境法律法规体系中占有核心和最高地位，是为保护和改善环境，防治污染和其他公害，保障公众健康，推进生态文明建设，促进经济社会可持续发展而制定的。《环境保护法》中与河长制相关的条款主要有环境质量负责制、协调机制、考核问责制等方面内容，见表 29-1。

表 29-1 《环境保护法》相关的条款规定

序号	河长制相关内容	对应法律条款
1	环境质量负责制	第六条　一切单位和个人都有保护环境的义务。 地方各级人民政府应当对本行政区域的环境质量负责
2	协调机制	第二十条　国家建立跨行政区域的重点区域、流域环境污染和生态破坏联合防治协调机制，实行统一规划、统一标准、统一监测、统一的防治措施
3	考核问责制	第二十六条　国家实行环境保护目标责任制和考核评价制度。县级以上人民政府应当将环境保护目标完成情况纳入对本级人民政府负有环境保护监督管理职责的部门及其负责人和下级人民政府及其负责人的考核内容，作为对其考核评价的重要依据。考核结果应当向社会公开
4	生态保护红线	第二十九条　国家在重点生态功能区、生态环境敏感区和脆弱区等区域划定生态保护红线，实行严格保护
5	生态保护补偿制度	第三十一条　国家建立、健全生态保护补偿制度。 国家加大对生态保护地区的财政转移支付力度。有关地方人民政府应当落实生态保护补偿资金，确保其用于生态保护补偿
6	公众参与	第五十三条　公民、法人和其他组织依法享有获取环境信息、参与和监督环境保护的权利

3.4 水法

《中华人民共和国水法》是为合理开发、利用、节约和保护水资源，防治水害，实现水资源的可持续利用，适应国民经济和社会发展的需要而制定的。《水法》中的部分条款规定为推行河长制提供了客观的施行依据和思路，见表 29-2。

表 29-2 《水法》相关的条款规定

序号	河长制相关内容	对应法律条款
1	水资源管理制度	第七条　国家对水资源依法实行取水许可制度和有偿使用制度。 国务院水行政主管部门负责全国取水许可制度和水资源有偿使用制度的组织实施
2	流域管理与行政区域管理相结合	第十二条　国家对水资源实行流域管理与行政区域管理相结合的管理体制
3	流域规划与区域规划相结合	第十四条　国家制定全国水资源战略规划。 开发、利用、节约、保护水资源和防治水害，应当按照流域、区域统一制定规划。规划分为流域规划和区域规划
		第十五条　流域范围内的区域规划应当服从流域规划，专业规划应当服从综合规划

3.5 防洪法

《中华人民共和国防洪法》是为防治洪水，防御、减轻洪涝灾害，维护人民的生命和财产安全，保障社会主义现代化建设顺利进行而制定的，其部分法律条款为河长制全面推行提供了指导,与河长制的相关规定相互契合,见表 29-3。

表 29-3 《防洪法》相关的条款规定

序号	河长制相关内容	对应法律条款
1	流域管理与行政区域管理相结合	第五条　防洪工作按照流域或者区域实行统一规划、分级实施和流域管理与行政区域管理相结合的制度
2	坚持问题导向、因地制宜	第十一条　编制防洪规划,应当遵循确保重点、兼顾一般,以及防汛和抗旱相结合、工程措施和非工程措施相结合的原则,充分考虑洪涝规律和上下游、左右岸的关系以及国民经济对防洪的要求,并与国土规划和土地利用总体规划相协调
3	首长负责制	第三十八条　防汛抗洪工作实行各级人民政府行政首长负责制,统一指挥、分级分部门负责

3.6 水土保持法

《中华人民共和国水土保持法》为预防和治理水土流失,保护和合理利用水土资源,减轻水、旱、风沙灾害,改善生态环境,保障经济社会可持续发展而制定,其部分条款对水土流失预防监督和综合整治进行规定,为河长制具体要求提供法律依据,见表 29-4。

表 29-4 《水土保持法》相关的条款规定

序号	河长制相关内容	对应法律条款
1	考核问责制	第四条　国家在水土流失重点预防区和重点治理区,实行地方各级人民政府水土保持目标责任制和考核奖惩制度
2	公众参与	第八条　任何单位和个人都有保护水土资源、预防和治理水土流失的义务,并有权对破坏水土资源、造成水土流失的行为进行举报
3	监督检查	第四十三条　县级以上人民政府水行政主管部门负责对水土保持情况进行监督检查。流域管理机构在其管辖范围内可以行使国务院水行政主管部门的监督检查职权

3.7 水污染防治法

《中华人民共和国水污染防治法》主要针对水污染相关的环境保护内容进行规定,适用于江河、湖泊、运河、渠道、水库等地表水体以及地下水体的污染防治。《水污染防治法》中与河长制相关的条款规定见表 29-5。

表 29-5 《水污染防治法》相关的条款规定

序号	河长制相关内容	对应法律条款
1	环境质量负责制	第四条　地方各级人民政府对本行政区域的水环境质量负责,应当及时采取措施防治水污染
2	组织形式	第五条　省、市、县、乡建立河长制,分级分段组织领导本行政区域内江河、湖泊的水资源保护、水域岸线管理、水污染防治、水环境治理等工作
3	考核问责制	第六条　国家实行水环境保护目标责任制和考核评价制度,将水环境保护目标完成情况作为对地方人民政府及其负责人考核评价的内容
4	公众参与	第十一条　任何单位和个人都有义务保护水环境,并有权对污染损害水环境的行为进行检举

续表

序号	河长制相关内容	对应法律条款
5	联合协调机制	第二十八条　国务院环境保护主管部门应当会同国务院水行政等部门和有关省、自治区、直辖市人民政府，建立重要江河、湖泊的流域水环境保护联合协调机制，实行统一规划、统一标准、统一监测、统一的防治措施

3.8　部门条例

部门条例是国家环境法律体系的重要组成部分，对环境立法具有重要的执行和补充作用，为河长制提供了重要的法理依据。《意见》的部分具体规定均可在相关的部门条例中找到依据，是部门条例在水资源保护、水域岸线管理、水污染防治以及水环境治理等领域的细化规定和升级管理，见表 29-6。

表 29-6　部门条例相关规定

序号	河长制相关内容	发布部门	部门条例	条例解读
1	考核问责制	监察部 国家环境保护总局	《环境保护违法违纪行为处分暂行规定》	详细规定了环境保护问责制的相关内容，是我国针对环保问责制最早最直接的有关规定
		中共中央办公厅 国务院办公厅	《开展领导干部自然资源资产离任审计试点方案》	根据不同河湖存在的主要问题，实行差异化绩效评价考核，将领导干部自然资源资产离任审计结果及整改情况作为考核的重要参考
		中共中央办公厅 国务院办公厅	《党政领导干部生态环境损害责任追究办法(试行)》	要求地方各级党委和政府对本地区生态环境和资源保护负总责，同时实行生态环境损害责任终身追究制
2	生态保护红线制度	生态环境部	《生态保护红线划定技术指南》	指导全国生态保护红线划定工作，保障国家和区域生态安全
		中共中央办公厅 国务院办公厅	《关于划定并严守生态保护红线的若干意见》	明确指出地方各级党委和政府是严守生态保护红线的责任主体，要将生态保护红线作为相关综合决策的重要依据和前提条件，履行好保护责任
3	公众参与	国务院	《国务院关于环境保护若干问题的决定》	明确规定建立公众参与机制，发挥社会团体的作用，鼓励公众参与环境保护工作，检举和揭发各种违反环境保护法律法规的行为
		生态环境部	《环境保护公众参与办法》	明确规定公民、法人和其他组织可以通过电话、信函、传真、网络等方式向环境保护主管部门提出意见和建议等

4　全面落实河长制的建议

通过上文分析不难看出，河长制中各级河长相关职责和主要任务的确立，是与国家一系列法律法规一脉相承的。河长制从无到有，从试点探索再到全面推行，是国家落实绿色发展理念、推进生态文明建设的必然之路，是扎实推进环境保护工作、落实各级地方主体责任的重要举措，是全面贯彻落实国家各项法律法规和部门条例规定的具体行动体现。

根据对河长制法律依据的分析研究，建议从完善法制建设、打破地方限制、细化考核问责、加强信息公开、强化公众参与5个方面加强工作(见图29-2)，以全面破解落实难题。

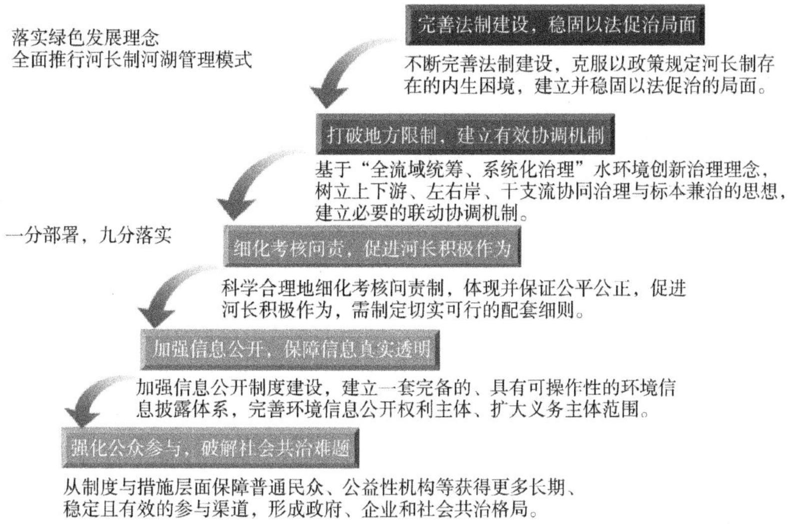

落实绿色发展理念
全面推行河长制河湖管理模式

完善法制建设，稳固以法促治局面

不断完善法制建设，克服以政策规定河长制存在的内生困境，建立并稳固以法促治的局面。

打破地方限制，建立有效协调机制

基于“全流域统筹、系统化治理”水环境创新治理理念，树立上下游、左右岸、干支流协同治理与标本兼治的思想，建立必要的联动协调机制。

一分部署，九分落实

细化考核问责，促进河长积极作为

科学合理地细化考核问责制，体现并保证公平公正，促进河长积极作为，需制定切实可行的配套细则。

加强信息公开，保障信息真实透明

加强信息公开制度建设，建立一套完备的、具有可操作性的环境信息披露体系，完善环境信息公开权利主体、扩大义务主体范围。

强化公众参与，破解社会共治难题

从制度与措施层面保障普通民众、公益性机构等获得更多长期、稳定且有效的参与渠道，形成政府、企业和社会共治格局。

图29-2 全面落实河长制的建议

5 结语

全面推行河长制是时代之需，是倡导“生态优先、绿色发展”理念的体现。长期以来，在我国经济社会取得快速发展的同时，河湖生态环境遭受严重破坏，国家适时全面推行河长制，表明了对河湖管理与保护工作的重视。本文系统梳理了河长制提出的背景及发展过程，从宪法、刑法、环境保护法等现行法律、部门条例分析河长制的法律依据和实践基础，并提出全面落实河长制的建议，推动河长制的各项任务与措施贯彻到实处，从而加强河湖的管理与保护，维护河湖的健康生态，以支撑和保障经济社会的可持续发展。

参考文献

[1] 张闻笛. 河湖横向管理体制立法问题研究[J]. 水利发展研究，2012(10)：24-31+39.

[2] 王洪霞，柳璐，单卫国. 我国河湖管理存在的问题及解决途径[J]. 安徽农业科学，2012，40(3)：1684-1686.

[3] 左其亭，韩春晕，韩春晖，等. 河长制理论基础及支撑体系研究[J]. 人民黄河，2017，39(6)：1-6+15.

[4] 黄俐. 我国全面推行河长制中的难点问题及对策建议[J]. 小品文选刊：下，2017(5)：1.

[5] 刘超. 环境法视角下河长制的法律机制建构思考[J]. 环境保护，2017，45(9)：24-29.

[6] 何琴. “河长制”的环境法思考[J]. 行政与法，2011(8)：78-82.

30

水环境治理政策与行业培育

该篇论文发表于《水环境治理》2018 年第 3 期。王正发是第一作者，第二作者是张振洲，第三作者是刘双龙。

摘　要：本文通过对我国现有的水环境治理政策进行梳理和解读，得出水环境治理政策对行业培育起着极大的推动作用。在命令控制类、经济刺激类和鼓励劝说类手段的调控作用下，水环境治理政策能够有效运转，形成行业发展的制度环境，推动科技创新、促进成果转化，引导和规范市场，最终实现行业跨越式发展。

关键词：水环境治理政策　政策手段　行业培育

Study on the Legal Basis of the River Governor System

Wang Zhengfa, Zhang Zhenzhou, Liu Shuanglong

(PowerChina Water Environment Governance, Shenzhen 518102, China)

Abstract: This paper combs and interprets the existing water environment governance policies in China, and it is obtained that the policy of water environment governance plays a great role in promoting the cultivation of the industry. Under the action of command control, economic stimulation and persuasion, the policy of water environment governance can operate effectively, forming the system environment of industry development, promoting the technological innovation, promoting the transformation of achievements, guiding and standardizing the market, and finally realizing the great-leap-forward development.

Key Words: the policy of water environment governance; policy measures; industry cultivation

1　前言

水是生命之源、生产之要、生态之基，但我国当前水污染、水质恶化等问题日益突出，影响和危害群众健康，制约着经济社会可持续发展。近几年中国环境状况公报显示[1]，我国水环境状况正在逐步改善，但形势依然严峻。我国水环境污染现状如图 30-1 所示。

我国水环境问题主要集中存在于河道和湖泊。

河道存在的典型水环境问题为：污染物入河，不仅降低了河流的整体输运能力，还对河流水质造成严重污染，导致水体自净能力不断减弱；城市扩张占用泄洪设施，再加上人口、自然因素的影响，河道泄洪能力大幅度减弱；污染物沉积，不但对河流水质产生不可逆的危害，还造成水生植物大量减少和死亡，导致河道生物多样性降低[2]。

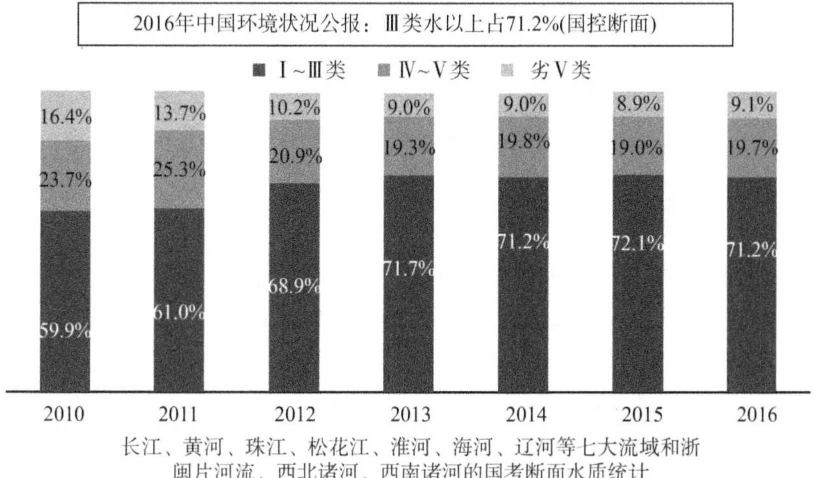

图 30-1　我国水环境污染现状

湖泊存在的典型水环境问题为：总氮、总磷含量普遍超标；湖泊水面缩小，水资源量下降；湖泊泥沙淤积严重，生态环境受到破坏；各类污染源威胁湖泊生态安全[3]。

由此可见，上述问题和城市、城乡结合部、农村多源差异，以及污水、垃圾、生态交互影响，形成水环境的四个主要问题，即水环境质量差、水环境保障能力脆弱、水生态受损重，环境风险和隐患也日益增多[4]。

为了促进各地水环境问题的缓解和治理，各级政府纷纷出台相关政策，指导地方加大水污染防治，保障国家水安全。在国家一系列政策的刺激下，水环境治理行业迎来了巨大发展机遇期。

2　水环境治理政策

2.1　政策定义与制定

政策是指国家机关、政党及其他政治团体在特定时期内为实现或服务于一定社会政治、经济、文化目标所采取的政治行为或规定的行为准则，它是一系列谋略、法令、措施、办法、方法、条例等的总称[5]。政策的制定，是为了回应一些社会问题，规范某些行为，它的制定过程 30-2 所示。

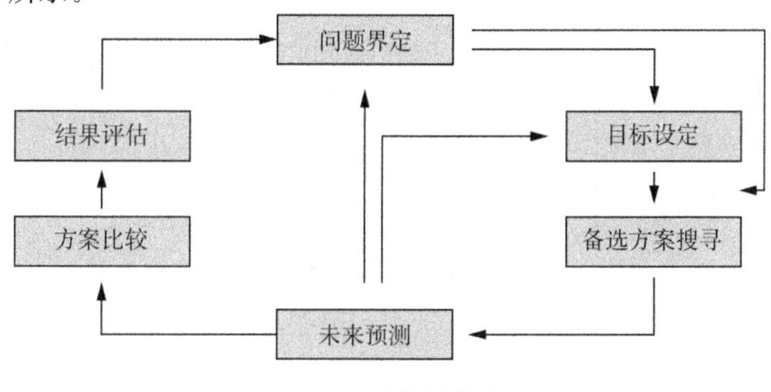

图 30-2　政策制定过程

一个完整的政策制定应包含以下六个步骤:第一,通过对问题情景的分析,界定政策问题;第二,在明细政策问题的基础上,确立政策目标;第三,根据目标,寻找备选方案,对其进行设计和筛选;第四,对各备选方案的前景和后果进行预测;第五,根据预测结果,评估各方案的优劣并做出抉择;第六,对政策实施后所产生的效果进行评估[6]。

2.2 我国水环境治理政策解读

环境政策是指国家为了保护环境,采取的一系列管理、控制、调节措施等。从性质和作用看,环境政策包括基本环境政策和一般环境政策;从内容范围看,环境政策包括综合环境政策和具体环境政策;从具体内容看,环境政策包括污染防治政策和生态防治政策。

环境政策的本质是利益或价值分配,体现国家为了保护环境而做出的各种努力,水污染防治政策的目标是控制水环境污染物排放,具有公共政策的一般特性[7][8]。水环境治理政策属于环境政策的一种,因此也具备环境政策的特性。

为切实加大水污染防治力度,保障国家水安全,保护水环境,维护水生态,提升水景观,促进水管理,彰显水文化,发展水经济,国家制定了一系列水环境治理政策。水环境治理政策解析情况见表 30-1。

表 30-1 水环境治理政策解析

序号	日期	印发单位	政策	主要内容
1	2007/10/15	—	中国共产党第十七次全国代表大会报告	基本形成节约能源资源和保护生态环境的产业结构、增长方式、消费模式。循环经济形成较大规模,可再生能源比重显著上升。主要污染物排放得到有效控制,生态环境质量明显改善。生态文明观念在全社会牢固树立
2	2012/11/8	—	中国共产党第十八次全国代表大会报告	提出“五位一体”总布局,即将生态文明建设与经济建设、政治建设、文化建设、社会建设并列提出,建设中国特色社会主义。提出优化国土空间开发格局、全面促进资源节约、加大自然生态系统和环境保护力度、加强生态文明制度建设的四条建设生态文明途径
3	2015/4/2	国务院	《水污染防治行动计划》(国发〔2015〕17 号)	提出了“到 2020 年,长江、黄河、珠江、松花江、淮河、辽河等七大重点流域水质优良(达到或优于Ⅲ类)比例总体达到 70%以上,地级及以上城市建成区黑臭水体均控制在 10%以内,地级及以上城市集中式饮用水水源水质达到或优于Ⅲ类比例总体高于 93%,全国地下水质量极差的比例控制在 15%左右,近岸海域水质优良(一、二类)比例达到 70%左右”的奋斗目标
4	2015/4/25	中共中央 国务院	《关于加快推进生态文明建设的意见》	明确了加快推进生态文明建设的指导思想、基本原则、主要目标等总体要求,提出“到 2020 年,资源节约型和环境友好型社会建设取得重大进展,主体功能区布局基本形成,经济发展质量和效益显著提高,生态文明主流价值观在全社会得到推行,生态文明建设水平与全面建成小康社会目标相适应”

续表

序号	日期	印发单位	政策	主要内容
5	2015/8/28	住房和城乡建设部 生态环境部	《城市黑臭水体整治工作指南》 （建城〔2015〕130号）	旨在贯彻落实国务院颁布实施的《水污染防治行动计划》，指导地方各级人民政府组织开展城市黑臭水体整治工作，提升人居环境质量，有效改善城市生态环境。在水污染防治行动计划目标的基础上，新增一档"2017年底前，地级及以上城市建成区应实现河面无大面积漂浮物，河岸无垃圾，无违法排污口；直辖市、省会城市、计划单列市建成区基本消除黑臭水体"
6	2015/10/11	国务院办公厅	《关于推进海绵城市建设的指导意见》 （国办发〔2015〕75号）	进一步加快推进海绵城市建设，修复城市水生态、涵养水资源，增强城市防涝能力，扩大公共产品有效投资，提高新型城镇化质量，促进人与自然和谐发展。通过综合采取"渗、滞、蓄、净、用、排"等措施，最大限度地减少城市开发建设对生态环境的影响，将70%的降雨就地消纳和利用。提出"到2020年，城市建成区20%以上的面积达到目标要求；到2030年，城市建成区80%以上的面积达到目标要求"
7	2016/9/22	国家发展改革委 生态环境部	《关于培育环境治理和生态保护市场主体的意见》 （发改环资〔2016〕2028号）	旨在加快培育环境治理和生态保护市场主体，进一步推行市场化环境治理模式，大力培育50家以上产值过百亿的环保企业，打造一批技术领先、管理精细、综合服务能力强、品牌影响力大的国际化环保公司，建设一批聚集度高、优势特征明显的环保产业示范基地和科技转化平台
8	2016/11/24	国务院	《"十三五"生态环境保护规划》 （国发〔2016〕65号）	提出以提高环境质量为核心，实施最严格的环境保护制度，打好大气、水、土壤污染防治三大战役，加强生态保护与修复，严密防控生态环境风险，加快推进生态环境领域国家治理体系和治理能力现代化，不断提高生态环境管理系统化、科学化、法治化、精细化、信息化水平，为人民提供更多优质生态产品，为实现"两个一百年"奋斗目标和中华民族伟大复兴的中国梦作出贡献
9	2016/11/29	国务院	《"十三五"国家战略性新兴产业发展规划》（国发〔2016〕67号）	提出加快发展先进环保产业，大力推进实施水、大气、土壤污染防治行动计划，推动区域与流域污染防治整体联动，海陆统筹深入推进主要污染物减排，促进环保装备产业发展，推动主要污染物监测防治技术装备能力提升，加强先进适用环保技术装备推广应用和集成创新，积极推广应用先进环保产品，促进环境服务业发展，全面提升环保产业发展水平。到2020年，先进环保产业产值规模力争超过2万亿元

续表

序号	日期	印发单位	政策	主要内容
10	2016/12/11	中共中央办公厅 国务院办公厅	《关于全面推行河长制的意见》	为进一步加强河湖管理保护工作，落实属地责任，健全长效机制，就全面推行河长制提出指导性意见。其中，确立了“各级河长负责组织领导相应河湖的管理和保护工作，包括水资源保护、水域岸线管理、水污染防治、水环境治理等，牵头组织对侵占河道、围垦湖泊、超标排污、非法采砂、破坏航道、电毒炸鱼等突出问题依法进行清理整治，协调解决重大问题；对跨行政区域的河湖明晰管理责任，协调上下游、左右岸实行联防联控；对相关部门和下一级河长履职情况进行督导，对目标任务完成情况进行考核，强化激励问责。河长制办公室承担河长制组织实施具体工作，落实河长确定的事项。各有关部门和单位按照职责分工，协同推进各项工作”的主要职责
11	2016/12/22	国家发展改革委 科技部 工信部 生态环境部	《“十三五”节能环保产业发展规划》	确定了发展节能环保产业的指导思想、基本原则、主要目标等总体要求，提出“到 2020 年，节能环保产业快速发展、质量效益显著提升，高效节能环保产品市场占有率明显提高，一批关键核心技术取得突破，有利于节能环保产业发展的制度政策体系基本形成，节能环保产业成为国民经济的一大支柱产业”
12	2016/12/25	第十二届全国人民代表大会常务委员会	《中华人民共和国环境保护税法》	这是我国第一部专门体现“绿色税制”、推进生态文明建设的单行税法，该法的总体思路是由“费”改“税”，即按照“税负平移”原则，实现排污费制度向环保税制度的平稳转移，有利于解决排污费和提高环保意识，规范了政府的分配，转变成了绿色税制体系
13	2017/10/12	生态环境部 水利部 国家发展改革委	《重点流域水污染防治规划(2016—2020 年)》	规划将“水十条”水质目标分解到各流域，明确了各流域污染防治重点方向和京津冀区域、长江经济带水环境保护重点，第一次形成覆盖全国范围的重点流域水污染防治规划
14	2017/11/20	中共中央办公厅 国务院办公厅	《关于在湖泊实施湖长制的指导意见》	提出建立省、市、县、乡四级湖长体系。实行网格化管理，确保湖区所有水域都有明确的责任主体。各省(自治区、直辖市)要将本行政区域内所有湖泊纳入全面推行湖长制工作范围，到2018 年年底前在湖泊全面建立湖长制，建立健全以党政领导负责制为核心的责任体系，落实属地管理责任

2.3 政策分类及其表现形式

一般而言，行业的形成与规范化发展，往往与政府的政策调控具有密不可分的联系。按照政府直接管制程度的高低，可将水环境治理政策分为三类，即命令控制类政策、经济刺激类政策和劝说鼓励类政策，且每种手段的表现形式各不相同。

命令控制类政策是国家行政部门根据相关法律、法规、标准等，对生产者的生产工艺或使用产品进行管制，禁止或限制某些污染物的排放，限制部分活动的开展，最终达到影响排污者行为的目的，具有强制性和确定性。

经济刺激类政策是政府管理部门从影响成本效益入手，引导经济当事人进行选择，以便最终有利于环境改善的一种政策，具有高效性和持续改进性。

劝说鼓励类政策是通过意识转变和道德规劝，影响人们进行环保行为的政策，其成本低，具有预见性。

水环境治理政策分类及其表现形式见表 30-2。

表 30-2 政策的分类及其表现形式

政策分类	表现形式	水环境治理政策
命令控制类政策	标准、禁令、行政许可制度、区划、配额、使用限制等，如污染物排放标准、污染物排放总量控制、环评制度、"三同时"、限期整治、排污许可证、污染物集中排放、环境规划、达标排放、关停并转	《水污染防治行动计划》 《"十三五"国家战略性新兴产业发展规划》 《城市黑臭水体整治工作指南》 《"十三五"生态环境保护规划》 《"十三五"节能环保产业发展规划》 《重点流域水污染防治规划(2016—2020 年)》
经济刺激类政策	可交易的许可证、生态补偿制度、财产权、排污收费、税收制度、削减市场壁垒、罚款、信贷制度、环境基金、赠款和补贴、降低政府补贴、加速折旧、环境责任保险、押金返还、环境行为证券和股票	《中华人民共和国环境保护税法》
劝说鼓励类政策	环境宣传教育(教育、宣传、培训等)、信息公开、公众参与、鼓励、自愿协商、表彰考核	《关于加快推进生态文明建设的意见》 《关于推进海绵城市建设的指导意见》 《关于培育环境治理和生态保护市场主体的意见》 《关于全面推行河长制的意见》 《关于在湖泊实施湖长制的指导意见》

水环境治理政策分类的不同，体现出政府对于水环境治理干预及市场行为引导的差异性和协同性。其差异性主要体现为干预介入程度的大小和政策效力的不同，而协同性则体现在其对于市场主体行为循序渐进的引导过程，以及水环境治理目标的一致性。基于这三类政策的差异化效力及协同化作用，使得政府对于水环境管理与水环境治理行为起到良好的约束与引导作用，从而不断促进水环境治理市场规范化发展。

3 水环境治理行业培育

市场热度的起落，总是随着政府政策的走势而波动不止。在《水污染防治行动计划》《城市黑臭水体整治工作指南》《关于全面推进河长制的意见》等一系列国家政策的刺激下，各级地方政府对水环境治理愈加重视，我国水环境治理市场容量加速释放，催生了众多水环境治理项目的落地，而这也促进着各类建设市场主体向水环境治理领域的集群化发展，为水环境治理行业的形成起到了良好的推动作用。

3.1 水环境治理政策对行业培育的促进作用

水环境治理系列政策的刺激与水环境治理市场的迅速崛起，为水环境治理行业的培育和形成创造了有利条件。主要体现在以下几个方面：

(1) 形成行业发展的制度环境

健全的制度，不仅有利于刺激有资质的企业进入市场经营，形成有序的竞争环境，降低交易成本，还能通过市场准入制度的"筛选"功能，达到优化资源配置、减少资源浪费的目的[9]。

我国水环境治理行业发展中制度环境的缺失，必然导致市场运行混乱、效率低下，引发高昂的经济和社会成本，以至于造成整个行业无章可循。而出台相关政策，正好可以解决上述问题。通过制定政策，明确水环境治理市场准入条件、工作流程以及管理办法，形成行业健康、有序发展所依托的制度环境。

(2) 推动科技创新，促进成果转化

通过国家发布实施的各类强制、导向、鼓励、支持等政策，往往可以集中市场中的优势力量以加强水环境治理领域的投入，促进水环境治理技术研发、设备制造、工艺优化等科技创新，加快技术成果和实践经验的提炼和固化，从而在政策的导向下形成水环境治理"创新-应用-再创新"的良性循环。

(3) 引导和规范市场

政策的实施，统一了技术门槛，约束行业必须按照一套相同的行为准则去进行市场竞争，避免了无序竞争和恶性竞争，从而引导和规范市场。

(4) 实现行业的内涵式发展

所谓"内涵式发展"就是要抓住事物的本质属性，强调事物"质"的发展[10]。水环境治理政策出台就是秉承该理念，通过内部深入改革，激发活力，增强实力，提高竞争力，在量变引发质变的过程中，实现行业跨越式发展。

3.2 水环境治理政策与行业培育的关系

由前文可知，水环境治理政策可以指导、支撑和引领行业培育，实现行业内涵式发展。但是，行业培育也可以反过来丰富和完善水环境治理政策，验证政策的可行性、适用性。两者之间相辅相成、互相促进，形成一个良性循环，不断向前推进。

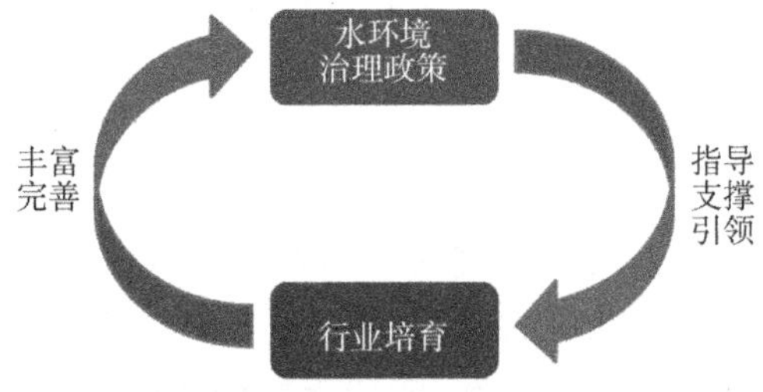

图 30-3 水环境治理政策与行业培育的关系

在"水十条"、《城市黑臭水体整治工作指南》、《关于全面推行河长制的意见》等一系列政策刺激下，水环境综合治理市场加速释放，全国水环境质量得到明显改善。2016 年年底，在 1940 个地表水国家考核、评价断面中，水质为Ⅰ～Ⅲ类的断面比例为 67.8%，同比上升 1.8 个百分点；劣Ⅴ类断面比例为 8.6%，同比下降 1.1 个百分点。

2017年上半年，全国地表水水质优良（Ⅰ～Ⅲ类）水体比例为70.0%，同比上升1.2个百分点；丧失使用功能（劣于Ⅴ类）水体比例为8.8%，同比下降1.7个百分点。

4 结语

本文通过对我国现有的水环境治理政策进行梳理，在全面解读的基础上，得出了水环境治理政策对行业培育发挥着至关重要的作用。政府通过命令控制类、经济刺激类和鼓励劝说类政策的发布实施，对行业的形成与规范化发展进行调控，从而保障水环境治理政策能够高效、有序地运转，形成水环境治理行业发展的良好制度环境，推动科技创新、促进成果转化，引导和规范市场，最终实现行业内涵式发展。

参考文献

[1] 生态环境部. 中国环境状况公报[EB/OL]. http://www.zhb.gov.cn/hjzl/zghjzkgb/lnzghjzkgb/.

[2] 张娟. 水利工程河道治理存在问题及管理[J]. 建筑工程技术与设计，2017(3):794.

[3] 程希雷. 浅析辽宁省湖泊环境问题及保护治理对策[J]. 河南科技，2015(2):148-150.

[4] 杭世珺. 国内外水环境治理典型案例及思考[J]. 水工业市场，2017(4):3.

[5] 陈振明. 政策科学——公共政策分析导论(第二版)[M]. 北京:中国人民大学出版社，2003: 50-61.

[6] 王象链. 九龙江水污染整治政策分析[D]. 厦门:厦门大学，2014.

[7] 金书秦. 流域水污染防治政策设计:外部性理论创新和应用[M]. 北京:冶金工业出版社，2011: 37.

[8] 宋国君. 环境政策分析[M]. 北京:化学工业出版社，2008: 32-45.

[9] 柳成洋，左佩兰，冯卫. 我国服务标准化的现状和发展趋势[J]. 中国标准化，2007(3): 17-19.

[10] 韩晓静. 以高等教育质量提升为核心的内涵式发展探讨[J]. 科技创业月刊，2013,26(4):95-97.

31

城市水环境综合整治“大 EPC”模式构建与实践——以深圳茅洲河水环境整治为例

这篇文章没有公开发表。

1 实施背景

河流作为城市的重要组成部分，不仅起到美化环境的作用，还影响着水体动植物的生存，同样制约着城市环境与居民生活水平和幸福感的提升。2015 年 4 月 16 日国务院发布《水污染防治行动计划》(简称“水十条”)前，我国城市水环境严重恶化，主要是由于人类活动频繁，又缺乏系统的、统一的规划，加上管理的缺失，主要表现为水资源管理与保护被条块分割、治污规划缺乏系统性和全面性、治污技术和管理措施效力不足等问题。城市水环境综合整治项目特点体现为需多政府部门联动合作，协同推进；需多功能维度全面统筹，系统规划；需多专业技术融合运用，长治久清。

自 1979 年改革开放 40 多年来，深圳从一个小渔村变成现代化大都市，取得令世人瞩目的成绩，但是城市的快速发展也给境内河流水环境带来了严重污染，导致水生态环境严重退化。城市河流水体黑臭，水环境污染严重成了深圳的“痛”，极大地制约了深圳市社会经济的可持续发展，影响和损害群众身体健康，成为深圳市城市生态文明建设的短板。深圳治污水经过了艰难推进雨污分流、合流制及沿河节点接入、沿河大截排等三个主要阶段，历经十余载，不可谓投入不大，不可谓不努力，但治理效果仍不够理想。

党的十八大把生态文明建设确立为国家战略，统筹推进“五位一体”总体布局，协调推进“四个全面”战略布局，大力推进生态文明建设，切实加大水污染防治力度，2015 年 4 月国务院发布“水十条”。深圳市发布《深圳市治水提质工作计划(2015—2020 年)》，全面打响治水攻坚战，提出要“让碧水和蓝天共同成为深圳亮丽的城市名片”，并积极探索寻找城市水环境治理新模式，努力开启治水新局面。根据适应项目特点的治理模式要求，在组织管理、规划设计、建设施工的各方需求下，通过茅洲河治理实践，深圳市逐渐采用以地方政府为主导、以优势设计为引领、以大型央企为保障的“政府＋大 EPC＋大央企”的项目模式，有效适应当前我国城市水环境管理体制，满足城市水环境治理需求。

2 主要做法

2.1 项目概况

茅洲河流域属珠江口水系，跨深圳、东莞两市，位于深圳市西北部宝安区、光明新区、东莞市长安镇境内，发源于深圳市境内的羊台山北麓，下游与东莞市接合。茅洲河流域面积 388.23 km^2，干流长 30.69 km，河涌 19 条，干支流河道总长 96.56 km。宝安区境内干流全长 19.71 km，下游河口段 11.40 km，为深圳市与东莞市界河，为感潮河段。

茅洲河是深圳市第一大河，也是深圳的母亲河。1981 年，改革开放初期，茅洲河水清岸绿，鱼翔浅底，生机盎然，曾是两岸人民的生活饮用水源，哺育着两岸勤劳的人民。随着茅洲河流域社会经济的快速发展，工业经济的兴起，城市人口的急剧增加，沿线两岸工业废水、生活污水等直接排入河道，导致河道淤积严重，行洪能力急剧下降，水质显著恶化，水体发黑发臭，水生态环境遭受了严重破坏。据广东省环境监测中心和深圳市人居环境委员会 2016 年 1 月的监测结果显示，茅洲河干流和 15 条主要支流水质均为劣Ⅴ类，流域处于严重污染状态，流域水生态环境亟须改善。茅洲河作为生态环境部、广东省重点督办的黑臭水体，水环境污染之严重，治理难度之大，备受社会各界关注。

2.2 项目治理模式

茅洲河流域水环境治理工程投资规模大，时间紧、任务重、战线长、局面杂、工序难、协调多、要求高、监督严、社会关注度高，是一项复杂的、艰巨的、庞大的系统工程，要想取得治理实效，必须在建设工程项目管理模式方面进行大胆创新，寻求突破，努力为城市水环境整合治理闯出一条新路。茅洲河难治，除了先天“不足”(体现在该河属于雨源型河流，上游无足够水源补充，主要靠雨水增加容量)和后天“不良”(体现在流域内排水管网建设严重滞后、雨污混流现象普遍存在等)外，就是缺乏有效的治理模式。

为实现高效的项目管理，深圳市政府和中国电建系统谋划，根据深圳市现有的相关部门涉水管理职责，以及中国电建强大的治水优势，并考虑茅洲河水环境治理的复杂性、艰巨性、长久性，提出采用以地方政府为主导、以优势设计为引领、以大型央企为保障的“政府＋大 EPC＋大央企”的城市水环境综合整治项目治理模式，按“流域统筹、系统治理”理念实施茅洲河流域水环境综合整治项目。其治理模式总体路线见图 31-1。

2.3 政府在城市水环境综合整治“大 EPC”工程治水新模式中的创新管理

围绕项目的近远期目标，深圳市和宝安区两级政府创新管理，超常规、全流域、快节奏强力推进茅洲河流域综合整治，充分发挥地方政府在城市水环境综合整治 EPC 工程中的主导作用。

(1) 创新建设管理模式和协调机制

在组织领导上，深圳市和宝安区成立了市区两级治水提质指挥部，统筹协调管理；在项目管理上，除总承包单位外，地方政府还引进了项目管家、监理、造价咨询、检测监测单

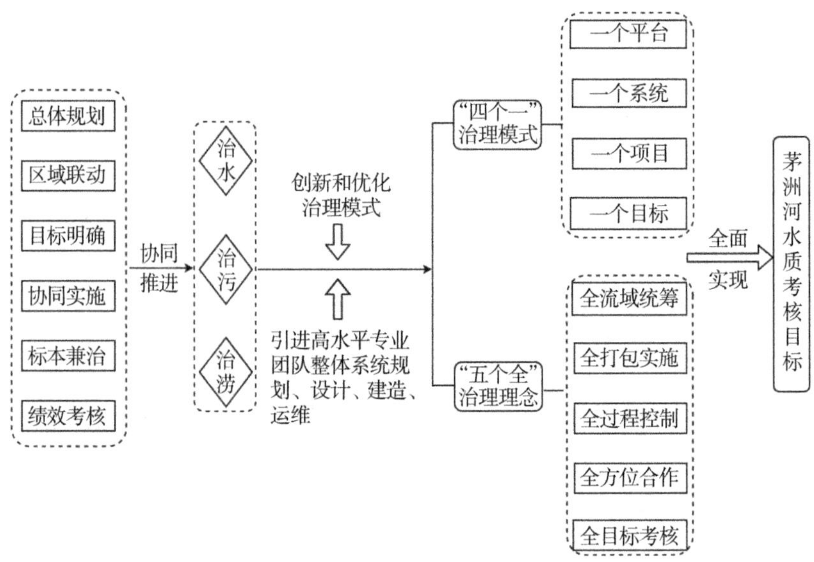

图 31-1 茅洲河流域水环境治理工程治理模式总体路线图

位，采取 1+1+4 管理模式(甲方+总承包单位+管家、监理、造价咨询、检测监测单位)，实行全程跟踪管理。为有效推进治水提质 EPC 项目的工程进度，保证项目建设和管理工作的高效廉洁，确保项目目标的实现，地方政府制定了治水提质 EPC 项目“提速增效”管理 1+7 工作机制。投资控制上，实行控投资规模、控建设规模、控支付额度、控最终规模、全过程控制“五控制”和由市水务主管部门进行技术把关“一把关”，加强投资控制。

(2) 创新责任体系

在茅洲河流域水环境治理方面，地方政府严格落实“党政同责、一岗双责、失职追责”制度，抓紧补短板、还欠账、推整治。组建 17 个专项工作小组，由各部门“一把手”担任组长，强化“一把手”责任，实行包干责任制。由建设单位、施工单位、监理单位、项目管家等签署茅洲河流域水环境治理廉政共建承诺书，政企携手打造阳光廉政大平台。

(3) 创新征地拆迁和监管执法

强化组织领导，成立四级征地拆迁及土地整备指挥部，由“一把手”挂帅；加强拆迁统筹，将茅洲河流域征地拆迁作为全区 26 个重点拆迁项目的重中之重，从全区抽调 73 名干部全脱产协助街道开展征地拆迁；大胆创新攻坚，逐一梳理各子项目，优化拆迁方案，减少拆迁面积；打破常规，按紧急项目、集体资产项目、个人项目分类分级推进。坚持源头把关，严格执行《茅洲河流域工业污染源限批导向》；出台《2015 年非法畜禽养殖场清理清拆工作方案》，清理整治流域内非法畜禽养殖场，并开展小废水企业监管试点；实施流域综合监管，精心编制工作方案，在茅洲河流域全面实施正流清源、天网监控等专项行动；加快环境生态园建设，推动全区 330 家电镀线路板企业集中入园，着力打造涉重污染企业绿色发展转型示范区。

2.4 大型央企在城市水环境综合整治“大 EPC”工程治水新模式中的系统作战

中国电建基于“懂水熟电，擅规划设计，长施工建造，能投资运营”技术优势，在茅洲河流域水环境综合整治项目中，坚持流域统筹，系统治理，以“大兵团作战”思路，集中各子公司的优势资源，采取集团式项目管理新模式，开展治水攻坚的系统作战。

（1）坚持流域统筹，系统治理，从全局高度顶层设计，做好大“EPC”中的大“E”，系统谋划治水方略

传统的 EPC 中的“E”主要指具体的设计工作，而“政府＋大 EPC＋大央企”的项目治理模式中的“E”包含的工作范围更广，对“E”的要求更高，主要包括全流域治理目标统筹策划，各建设工程项目总体策划、综合规划、实施策划、组织管理以及具体工程项目的勘测设计工作。中国电建坚持从流域治理出发，从全局高度顶层设计，提交治理方案，提出治理建议，提供治理技术，提高了工程实施的系统性、综合性和可操作性，推动了茅洲河流域水环境综合整治工程整体实施，设计采用“一个平台、一个目标、一个系统、一个项目、三个工程包”和“全流域统筹、全打包实施、全过程控制、全方位合作、全目标考核”的创新治理模式，提出“一个方案、三地联动、五位一体、七类工程”的总体解决方案，系统谋划治水方略。

（2）实施集团化管理和“大兵团作战”建设管控模式，确保战略精准，战术有效

中国电建以集团化优势协同推进，发挥规划、设计、施工、管理协调一体化优势，站在流域全局，立足系统治理，实施全方位、全过程统一管理。以目标为引领协同实施，将流域综合整治系统化为一个整体项目，涉及的宝安、光明、东莞三地各自系统化为单独的区域子系统，把不同河道河段、不同区域管网等系统化为独立的作战单元，在时间紧、任务重、战线长、作战点多的复杂局面下，明确相应的责任主体和管控体系，统筹设计、施工管理，统一行动步骤，推动织网成片、理水梳岸、正本清源、生态补水等技术方案的协同推进。以综合管控平台协同管控，量身打造了系统治理的信息化综合管理平台，实现了工程进度管理协调标准系统化，人员网格管理系统化、物资设备调度管理系统化、质量监督管理系统化、安全监督管理系统化的综合目标。

在“大兵团作战”模式实施过程中，中国电建 20 多家设计、施工、科研、装备企业的 3 000 多名管理人员和累计组织近 30 000 名施工人员，跑步进场，快速打响攻坚战，在茅洲河全流域先后成功组织了“百日大会战”“治水提质百日攻坚战”“2017 · 1130 冲刺大决战”，高效有序推进了整个工程建设。“大兵团作战”模式曾创下单日铺设 4.18 km、单周铺设 24.10 km 管网的纪录，跑出了管网建设的“深圳速度”。“大兵团协同作战”的管控模式架构示意见图 31-2。

3 实施效果

中国电建在茅洲河水环境综合整治项目中，通过采用“政府＋大 EPC＋大央企”的城市水环境整合整治项目治理模式，坚持政府主导，密切协同参建各方，有序互动，互促共进，按政府要求，主动作为，肩负起“大 EPC”的主体责任，落实统一指挥，发挥设计施工一体化优势，实施大兵团作战，为深圳市治水提质贡献了中国电建智慧和力量。

截至 2017 年年底，生态环境部对茅洲河水质检测结果显示，茅洲河共和村、燕川、洋涌河大桥三个断面的氨氮指标已达到不黑不臭标准，分别同比下降 84%、77%、55%，顺利通过了 2017 年首次国家环保大考。2019 年 11 月 5 日监测结果显示，茅洲河下游共和

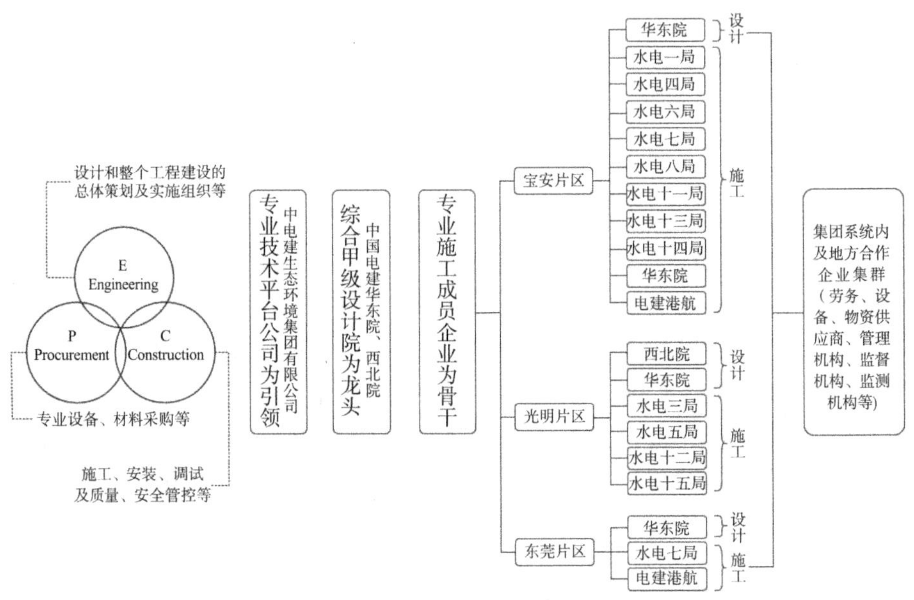

图 31-2 茅洲河水环境治理工程“大兵团协同作战”的管控模式架构示意图

村国考断面氨氮、总磷含量相比 2015 年分别下降 96.78%和 88.92%，提前两个月达地表水Ⅴ类标准。2020 年 1—10 月，茅洲河共和村国考断面水质达Ⅳ类，水质状况总体明显好转，实现了水清、岸绿、景美，探索出一条人与自然和谐共生、流域经济高质量发展的新路径。

4 结论

城市水环境综合整治项目涉及多部门、多行业、多专业，问题复杂、治理难度大，采用传统零打碎敲的“小 EPC”模式实施城市水环境治理，往往效果不佳。通过对城市水环境综合整治项目特点分析，提出了能适应城市水环境综合整治项目特点要求的“政府＋大EPC＋大央企”的城市水环境整合整治项目治理模式，并将其成功应用于全国最大的城市水环境整合整治项目——深圳茅洲河水环境综合整治项目，取得了良好的实践效果。

工程实践表明，“政府＋大 EPC＋大央企”的城市水环境整合整治项目治理模式，既能大大减轻地方政府作为业主方的组织和管理工作量，又有利于工程项目投资控制；能够为城市水环境治理预期目标的快速实现和长久保持提供更加有力的保障，能够有效保证项目质量、进度、投资、安全目标的全面实现；是一种很好的可复制、可推广的建设工程项目采购模式，可推广到全国城市水环境综合整治中去，为国家生态文明建设作出积极贡献。

32

水环境治理技术标准体系研究

该篇论文是在完成电建集团科技项目“水环境治理技术标准体系研究”后撰写的一篇专业技术论文，发表于中国电力建设集团有限公司“2020年科技创新工作会议”论文集。该论文集围绕水利水电工程勘测设计与施工、新能源、水环境治理、基础设施建设、火力发电工程、装备制造、科技创新与项目管理等七大领域中的前沿科学和热点问题，介绍了近年来我国水电工程建设实践中的新理论、新技术、新材料、新工艺等方面所取得的巨大成果。全书内容丰富、涵盖面广、实用性强，对今后我国电建领域的相关研究具有较高的参考价值和借鉴意义。

摘　要：本文对国内外水环境治理相关行业技术标准体系进行全面梳理，充分考虑近年来我国在水环境治理领域大量工程实践积累的丰富经验，基于系统论，按照国家技术标准体系编制原则和要求，从防洪、治涝、外源治理、内源治理、水力调控、水质改善、生态修复、景观提升等八大类工程全生命周期技术活动对技术标准的需要，依据水环境治理工程“功能模块序列＋全生命周期”理念首次构建了水环境治理技术标准体系框架，汇集规划、勘察、设计、建造、验收、运行、管理、维护、改造等水环境治理工程技术标准，编制了《水环境治理技术标准体系表》，提出了较为全面的水环境治理技术标准清单，为我国水环境治理工程建设和运行管理提供了技术保障和支持。

关键词：水环境治理　技术标准　标准体系　技术标准体系　标准体系框架　标准体系表

引言

目前我国正处在国民经济和城市化快速发展阶段。经济、社会发展与资源、环境的矛盾日益突出，水资源短缺、洪涝灾害频发、水环境污染、水生态退化形势严峻，严重威胁了国家的水安全。

党的十八大把生态文明建设确立为国家战略。水生态文明建设是生态文明建设的重要组成部分。党的十八大以来，随着《水污染防治行动计划》《关于加快推进生态文明建设的意见》《关于全面推行河长制的意见》等一系列文件发布后，全国各省市积极开展水环境治理，打响了水污染治理攻坚战，取得了良好的效果。但是我国水环境治理长期处于“多龙治水”状态，还没有形成能够支撑水环境治理工程全生命周期过程技术活动的技术标准体系。在工程建设实践中，水环境治理多借用水利、城建、环保等行业的技术标准。由于新技术、新工艺、新材料和新装备的大量采用，技术标准缺失问题比较明显，有时甚至处于无标可依的窘况。

为满足水环境治理工程勘测设计、施工建造、运行管理和改造退役等全生命周期过程中的相关工程技术活动开展的需要，基于系统论，按照可持续发展理论的相关要求，结合水环境治理工程建设涉及多行业、多专业的特点，利用已积累的大量水环境治理工程建设实践经验，建立科学、合理、相对独立且自成体系的水环境治理技术标准体系面临挑战，也非常迫切。

1 国内外水环境治理相关行业技术标准体系

（1）我国水环境治理相关行业技术标准体系情况

我国政府非常重视标准化工作，我国标准化工作实行统一管理与分工负责相结合的管理体制。《中华人民共和国标准化法》和《中华人民共和国标准化法实施条例》规定了我国各级标准化管理机构和各自的职责范围。

我国工程建设标准的范围涵盖了市政、水利、农业等 20 多类建设工程及其项目建设，涉及了不同地域各类建设工程的勘察、规划、设计、施工、安装、验收、维护加固、拆除以及使用管理、服务等环节和各类相关产品的应用。近年来，我国在工程建设标准体系框架的研究和编制方面已取得较好成果，完善了国家工程建设标准体系，提高了标准编制的科学性、系统性和前瞻性。但是，我国国家工程建设标准体系专业领域不包括水环境治理工程。

根据水环境治理工程实践，与水环境治理密切的行业主要包括水利、市政、生态环境等。本研究重点对水利、城镇给水排水、水环境、水生态系统保护与修复、城镇园林等技术标准体系现状进行了梳理，从体系现状、标准数量、时效性和适用性、存在的问题以及可借鉴的经验等方面进行分析，为水环境治理技术标准体系构建和确定标准清单提供参考。

我国水环境治理相关行业技术标准数量统计情况见图 32-1，各相关行业技术标准体系的框架结构形式主要为三维和二维，存在的问题和可借鉴的经验见表 32-1。

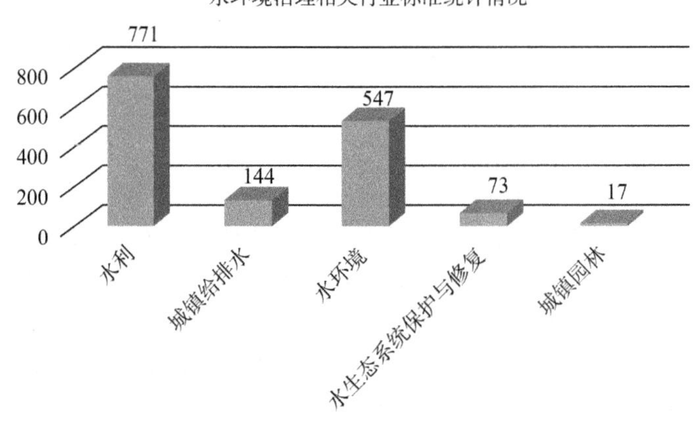

图 32-1 我国水环境治理相关行业技术标准数量统计

表 32-1 水环境治理相关行业技术标准体系分析

项目	水利技术标准体系	城镇给水排水工程建设标准体系	水环境标准体系	城镇园林技术标准体系	水生态系统保护与修复技术标准体系
存在的问题	存在一定程度的标准交叉重复、部分标准缺失、与国际标准接轨不够等问题	在一定程度上存在标龄偏大、层级不清、结构失衡等问题	存在部分国家标准制定或修订较为滞后、水环境标准与水环境管理制度不匹配、水环境监测方法问题较为突出等问题	存在体系结构不够完善、标准覆盖面相对较窄、标准数量偏少等问题	存在缺乏统一的标准体系、标准数量偏少、标准标龄偏大、标准技术内容先进性不足等问题
可借鉴的经验	水利技术标准体系中的水文、水资源、防汛抗旱、水土保持、水工建筑物等专业的现行技术标准或根据水环境治理工程的特点适当修改后采用,可以促进水环境治理工程技术标准化工作	城镇给水排水工程建设标准体系中的给水排水工程、给水排水管道工程、节约用水再生水工程等专业的现行技术标准或根据水环境治理工程的特点适当修改后采用,可以促进水环境治理工程技术标准化工作	现行水环境标准体系中的水环境质量、水污染物排放、水环境监测方法、水环境标准样品、水环境基础等技术标准或根据水环境治理工程的特点适当修改后采用,可以促进水环境治理工程技术标准化工作	现行城镇园林技术标准体系中的公园设计、绿地设计等技术标准或根据水环境治理工程的特点适当修改后采用,可以促进水环境治理工程技术标准化工作	现行水生态系统保护与修复技术标准体系中的河湖生态需水评估导则、生态风险评价导则等技术标准或根据水环境治理工程的特点适当修改后采用,可以促进水环境治理工程技术标准化工作

(2) 国外水环境治理相关行业技术标准体系情况

重点对在国际标准化领域影响比较大的国际标准化机构(如 ISO)和主要发达国家或区域组织(如美国、英国、欧盟、德国、日本、新加坡等)水环境治理相关行业标准体系进行了梳理,从体系现状、标准数量等方面进行分析,为我国水环境治理技术标准体系构建和确定标准清单提供参考。

通过梳理发现,主要发达国家或区域组织都没有形成独立的水环境治理技术标准体系。水环境治理相关标准分布在市政、建筑与土木工程、环境等相关行业标准体系内,内容丰富,适用性强,具有良好的借鉴意义。国外水环境治理相关行业技术标准体系情况见表 32-2。

表 32-2 国外水环境治理相关行业技术标准体系情况

项目	国际标准化组织	美国	英国	欧盟	德国	日本	新加坡
标准体系构成	达成一致意见的国际标准体系	技术法规和自愿性标准组成的多元化标准体系	法律、法规、技术准则和标准构成技术管理体系	欧盟水框架指令+水环境治理相关技术标准模式	法律法规+水环境治理相关技术标准模式	法律法规+水环境治理相关技术标准模式	法律法规+水环境治理相关技术标准模式
水环境治理技术标准体系	无独立的水环境治理技术标准体系,相关标准主要分布在建筑与土木工程、水文测验、水质、供水、排水、水回用等专业领域	无独立的水环境治理技术标准体系,相关技术标准分散在国家相关部门、行业协会/学会组织、联盟组织、企业等技术标准体系内	无独立的水环境治理技术标准体系,相关技术标准主要分散在建筑与土木工程、环境等技术标准体系内	无独立的水环境治理技术标准体系,相关技术标准主要分散在建筑、环境、供水、排水等技术标准体系内	无独立的水环境治理技术标准体系,相关技术标准主要分散在建筑与土木工程、环保、水务等技术标准体系内	无独立的水环境治理技术标准体系,相关技术标准主要在土木工程与建筑、环保等技术标准体系内	无水环境治理技术标准体系,相关技术标准主要在建筑与施工、环境与资源、质量与安全等技术标准体系内

2 水环境治理技术体系分析

水环境治理工程是一项综合性的系统工程，主要跨水利、市政、环保等多个行业，涉及众多专业。只有融合各行业特性，采用集成技术进行综合整治，才能取得良好的治理效果。

水环境治理技术体系与水环境治理技术标准体系二者之间相互联系，密不可分。前者是对水环境治理从前端到末端的各方面治理措施及工程技术的科学而系统的集成，而后者则是在前者的系统理论基础上，针对所涉及的各种工程技术方面的技术的总结和规定。

从科学方法论的角度而言，在构建水环境治理技术标准体系时，必须先对水环境治理理论、水环境治理技术及其体系进行梳理分析和研究。只有在充分了解不同水环境治理工程个性与共性技术措施的基础上，系统全面地理清水环境治理技术及其体系架构关系，为技术标准体系构建奠定前提条件，才能制定出科学合理、对工程建设具有指导意义的水环境治理技术标准体系。

根据习近平新时代“节水优先、空间均衡、系统治理、两手发力”治水思路和习近平生态文明思想，在分析总结水环境治理理论与技术的基础上，践行电建“流域统筹、系统治理”治水理念，以“河湖流域—生态环境—经济社会”复合生态系统为研究对象，利用污染控制技术、水土资源和生态环境保护技术，采用工程措施和非工程措施对水环境进行综合整治，依据水环境治理所涉及的行业及相关技术，从污染源控制、工程治理、管理控制和法律法规控制四个方面，初步构建水环境治理技术体系，见图 32-1。

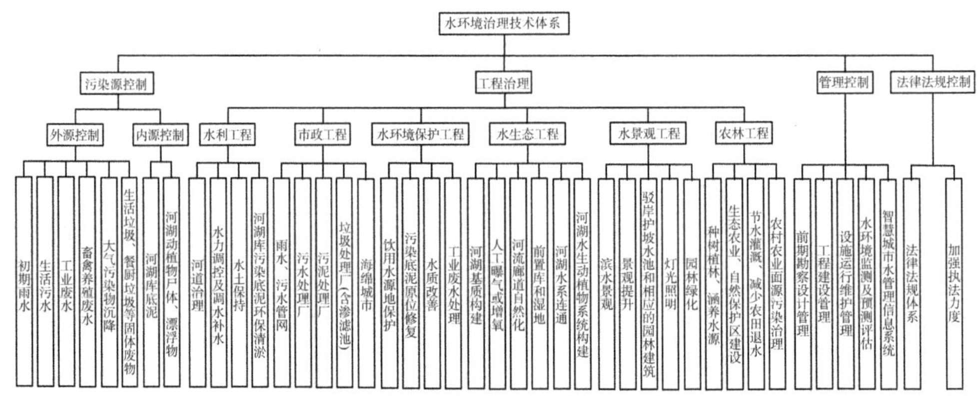

图 32-1 水环境治理技术体系框架图

3 标准体系构建方法研究

标准体系是一定范围内的标准按其内在联系形成的科学的有机整体，其最大的特征要素是系统性，体现在标准体系内的标准全面配套、形成具有内在联系的科学的有机整体，共同实现建立标准体系的目的。

从系统论理解标准体系，标准体系可以被看成一个系统，因此标准体系具有系统的特点，标准体系可以包含标准体系，大的标准体系中可包含分标准体系或子标准体系，因此可以利用系统工程方法论的基本原理研究标准体系构建问题。

将某一领域的标准化工作当作系统，运用系统工程方法论来开展标准化工作是许多国家的流行做法，包括德国、英国、美国等都采用系统工程方法论研究标准化系统及标准体系，尤其是在国家标准化系统的研究和实践方面。

应用系统工程方法论研究某领域或专业的标准体系构建，就是在对标准体系建设的目标、分类、结构关系进行分析研究的基础上，按照拟定的某领域或专业标准体系的目标，选定标准体系框架，采用系统工程方法，研究选定或制定最少的标准数量，使标准之间相互衔接、协调、支撑，系统配套，达到构建标准体系的目的。标准体系包括标准体系框架、标准体系表和标准实体。标准体系可用标准体系表来表示，标准体系表通常包括标准体系结构图、标准明细表、标准统计表和标准体系编制说明。标准体系建设宜遵循 PDCA 循环，以实现标准体系质量的螺旋式上升。

根据国家现行标准《标准体系构建原则和要求》[1]和麦绿波的专著《标准学——标准的科学理论》[2]，应用系统论方法构建技术标准体系一般可按以下步骤构建某领域或专业或行业的标准体系：

(1) 标准体系目标分析；

(2) 标准体系结构设计；

(3) 标准需求分析；

(4) 标准体系表编制；

(5) 标准制定和修订规划表编制；

(6) 标准体系实体集成；

(7) 撰写标准体系研究报告；

(8) 启动标准体系需求标准的制定；

(9) 发布和宣讲标准体系的建设成果；

(10) 标准体系的实施和信息反馈；

(11) 标准体系的复审。

4 水环境治理技术标准体系构建

水环境治理技术标准是以水环境治理——保障水安全、防治水污染、改善水环境、修复水生态、提升水景观为总体目标，以水环境治理工程全生命周期过程中的技术活动为对象的标准，是对水环境治理工程全生命周期过程中重复性事物和概念所作的统一规定。

构建水环境治理技术标准体系就是策划、规划水环境治理工程专业领域要共同遵守和执行的技术组成关系方案(技术框架)与技术对象依据方案，其建设将发挥对于需要执行的水环境治理技术准则、技术依据的规划作用。

根据本文第 3 节所介绍的标准体系构建方法理论，研究探讨构建水环境治理技术标准体系。

经对我国国家标准体系，工程建设标准体系，水电、风电及水环境治理相关行业技术标准体系结构方案的系统梳理和对比研究，从防洪、治涝、外源治理、内源治理、水力调控、水质改善、生态修复、景观提升等八大类工程全生命周期技术活动对技术标准的需要，依据水环境治理工程“功能模块序列＋全生命周期”理念构建水环境治理技术标准体系框架，采用三层框架结构建立水环境治理技术标准体系层次结构。第一层次是水环境治理技术的通用及基础标准，是指导整个水环境治理工程全阶段的技术标准；第二层次是按水环境治理工程功能模块序列展开的技术标准，包括工程综合与管理、土建、装备、材料与产品四个部分；第三层次是水环境治理工程不同功能模块序列按专业门类或建筑物类别、设备类别展开的技术标准。此框架结构层次清晰、结构合理、分类较为科学，具有一定的可分解性和可扩展空间，内容涵盖水环境治理工程规划、工程勘察设计、工程建造与验收、工程运行维护、工程管理、工程安全等环节。

水环境治理技术标准体系总框架如图 32-3 所示。

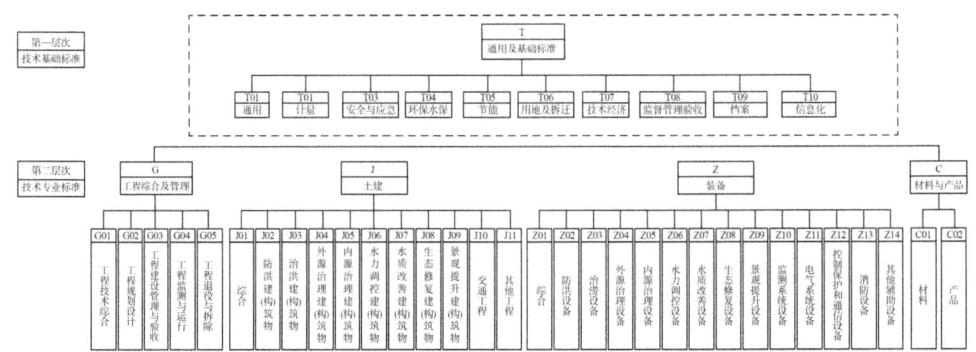

图 32-3　水环境治理技术标准体系总框架图

根据确定的水环境治理技术标准体系总框架，汇集规划、勘察、设计、建造、验收、运行、管理、维护、改造等水环境治理工程技术标准，编制《水环境治理技术标准体系表》，共包括技术标准 549 项，其中现行有效标准共 253 项，正在编制标准共 16 项，拟制定标准共 280 项。

5　结语

以习近平新时代“节水优先、空间均衡、系统治理、两手发力”治水思路和习近平生态文明思想为指引，践行电建“流域统筹、系统治理”治水理念，以“河湖流域—生态环境—经济社会”复合生态系统为研究对象，利用污染控制技术、水土资源和生态环境保护技术，采用工程措施和非工程措施对流域水环境进行综合整治，从污染源控制、工程治理、管理控制、法律法规控制四个方面，构建水环境治理技术体系，为构建水环境治理技术标准体系奠定基础。

应用系统工程方法论，按照国家技术标准体系编制原则和要求，从防洪、治涝、外源治理、内源治理、水力调控、水质改善、生态修复、景观提升等八大类工程全生命周期技术活动对技术标准的需要，依据水环境治理工程“功能模块序列＋全生命周期”理念构建水环境治理技术标准体系框架，汇集规划、勘察、设计、建造、验收、运行、管理、维护、改造等水环境治理工程技术标准，编制《水环境治理技术标准体系表》，提出较为全面的水环境治理技术标准清单，为我国水环境治理工程建设和运行管理提供了技术保障和支持。

参考文献

[1] 中华人民共和国国家质量监督检验检疫总局，中国国家标准化管理委员会. 标准体系构建原则和要求：GB/T 13016—2018[S]. 北京：中国标准出版社，2018.

[2] 麦绿波. 标准学——标准的科学理论[M]. 北京：科学出版社，2019.

三 生物天然气

33

城市生活垃圾制气技术研究

该篇论文发表于《水环境治理》2018 年第 1 期。王正发是第一作者，第二作者是韩景超，第三作者是刘双龙。

摘　要：城市生活垃圾的处理已成为困扰城市发展的一个严重问题，但城市生活垃圾也是一种可利用的资源，且利用价值很高。本文主要概述了我国城市生活垃圾处理现状及传统垃圾处理方式的特点，重点介绍了国内外城市生活垃圾制气技术进展，并结合深圳市生活垃圾的特性，对垃圾制气技术应用的可行性进行分析，为城市生活垃圾减量化、无害化、资源化综合处理提供指导。

关键词：城市生活垃圾　制气技术　厌氧消化　热解气化

Research on gasification technology of municipal solid waste

Wang Zhengfa, Han Jingchao, Liu Shuanglong

(PowerChina Water Environment Governance, Shenzhen 518102, China)

Abstract: The treatment of municipal solid waste (MSW) has become a serious problem that has troubled the urban development. However, MSW is also an available resource and its utilization value is very high. This paper summarizes the present situation and traditional treatment approach of MSW in China, introduces mainly the development of gasification technology of MSW at home and abroad, and combined with the characteristics of MSW in Shenzhen, the feasibility of the application of gasification technology is analyzed to provide guidance for reduction, harmless and recycling treatment of MSW.

Keywords: municipal solid waste; gasification technology; anaerobic digestion; pyrolysis gasification

1　前言

随着城市化进程的不断加快，城市生活垃圾数量急剧上升，其造成的环境污染已成为各国所共同面临的问题，“垃圾围城”已成为亟待解决的城市顽疾之一，对其无害化处理和资源化利用已成为促进经济和生态环境达到可持续发展的重要措施之一[1]。目前我国传统垃圾处理方式以填埋为主、堆肥和焚烧为辅[2]，但三种处理方式各有优劣，已不能满足日益增长且复杂的城市垃圾处理要求。因此，探索适合我国城市生活垃圾特性并效果显著的新型垃圾处理技术，对于解决我国日益严峻的垃圾处理问题尤为重要。合理确定生活垃圾处理的技术发展路线，为城市环境卫生规划和政府在环卫上的投资方向，以各级领导决策作参考，为城市生活垃圾资源化、无害化处理提供指导。

2 我国城市生活垃圾处理现状

城市生活垃圾是指城市居民在日常生活中或者为城市日常生活提供服务的活动中产生的，在一定时间和地点无法利用而被丢弃的污染环境的固体、半固体废弃物质[3]。随着我国经济的高速发展，城市化进程不断加快，垃圾产生量与日俱增，处理处置问题日益严峻。据统计，全国城市生活垃圾的累计堆存量已达到 70 亿 t，占地面积 80 多万亩①，且以每年 8%～10%的速度持续增长[4]。目前，我国 600 多座大中城市中，已有 2/3 陷入垃圾包围之中，“垃圾围城”已经成为严重的社会问题，严重影响我国城市居住环境，制约着我国经济和社会可持续发展。

我国的垃圾在源头基本没有实行分类收集，而是混合收集和混合运输，处理方式上主要以填埋为主，堆肥和焚烧为辅。根据 2012—2016 年的中国统计年鉴可知，我国城市生活垃圾卫生填埋比例在逐年递减，焚烧比例在逐年递增。2015 年全国生活垃圾卫生填埋占比为 63.7%，焚烧占比 34.3%，其他方式占比为 2.0%，见图 33-1。

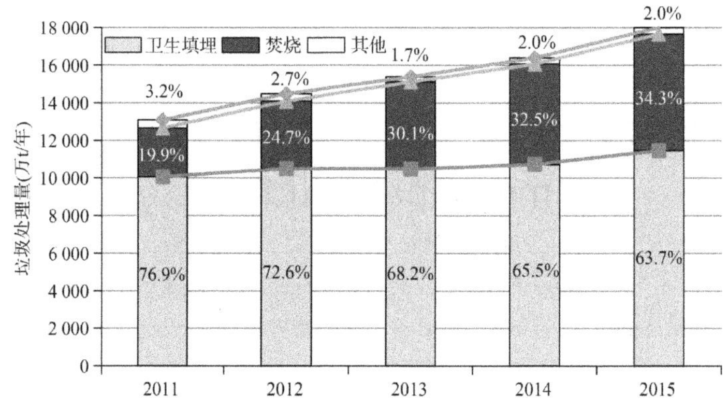

图 33-1 2011—2015 年我国城市生活垃圾不同处理方式占比

鉴于单一的垃圾处理工艺不能满足混合收集生活垃圾的处理需要，生活垃圾综合处理工艺已成为国内外研究的热点，而生物垃圾综合处理工艺主要的技术是机械生物处理技术。本文主要从定义、适用对象、减量化效果、资源化效果、技术优势、技术缺陷等方面，对卫生填埋、堆肥、焚烧和机械生物处理技术 4 种处理方式进行对比，见表 33-1。

表 33-1 城市生活垃圾处理方式对比

处理方式	卫生填埋	堆肥	焚烧	机械生物处理技术
定义	参照环境卫生工程标准，利用工程技术对生活垃圾进行分层覆盖、堆填、压实并最终覆土，垃圾经微生物长期分解，转化为无害化合物的过程	在人工控制条件下，利用微生物对垃圾中的有机物进行代谢分解，将其转化为稳定性良好的土壤改良剂或有机肥料的过程	利用空气中的氧与垃圾中的可燃成分通过燃烧反应，转化为无机残渣的过程	采用机械或其他物理方法（切割、粉碎或分拣等）与生物工艺（好氧或厌氧发酵）相结合，对生活垃圾中的可生物降解组分进行处理和转化，并达到稳定化的过程

① 1 亩≈666.7 m^2

续表

处理方式	卫生填埋	堆肥	焚烧	机械生物处理技术
适用对象	所有垃圾	易腐垃圾	高热值垃圾	原始垃圾
减量化效果	压实减量	减量30%~50%	减量85%~90%	减量40%~50%
资源化效果	沼气发电、再生土地资源	肥料、饲料、沼气	发电供热、炉渣综合利用	可回收材料、沼气发电、肥料等
技术优势	简单易行;成本低廉;处理量大;技术成熟	成本低廉;操作简单;改良土壤	占地面积少;减量减容明显;适用性广;不受天气影响	技术组合多样;增加资源的回收率;降低垃圾中可利用有机物的含量,增加填埋处理垃圾的稳定性;产生并回收沼气进行资源化利用
技术缺陷	占用宝贵的土地资源;产生渗滤液,容易造成地下水污染;受水文、地质条件影响,选址比较困难	占地面积大;处理周期长,肥效低;无法彻底灭杀病原体,造成二次污染	易产生重金属、二噁英污染问题;易产生HCl、HF、SO_2等酸性气体污染和高温腐蚀问题;产生大量烟气	投资费用高;实践尚不十分成熟,实际应用中该技术缺乏顶层设计和行业调试;缺少相应的标准法规

3 城市生活垃圾制气技术研究

通过以上分析可知,卫生填埋操作简单、技术成熟,但占地面积大,容易滋生病菌;堆肥成本低廉,能改良土壤,但处理周期长、肥效低;焚烧减量减容明显、适用性广,但存在二噁英、重金属污染等问题;机械生物处理技术可作为生活垃圾预处理技术提高垃圾处置效率,但目前在我国还未大规模化应用及推广,因此为解决日益严峻的垃圾问题,有必要寻找适应社会发展的新的替代技术。垃圾制气技术便应运而生,比较成熟的技术主要有厌氧消化制气和热解气化制气,特别是热解气化制气以其控污效果好、减量减容明显、资源回收利用率高,被誉为最为行之有效的垃圾处理方式,是焚烧最具潜力的替代技术之一[1]。

3.1 厌氧消化制气

3.1.1 工作原理

厌氧消化制气是指在无氧条件下,垃圾中的有机物在厌氧菌作用下转化为甲烷的生物化学过程。在消化过程中,大分子有机物被降解,转化为简单、稳定的物质,同时释放能量,最终转化为甲烷和二氧化碳,还有少量的NH_3、H_2、H_2S、N_2。厌氧消化制气过程可分为四个阶段:水解阶段、酸化阶段、产氢产乙酸阶段和产甲烷阶段[5],见图33-2。

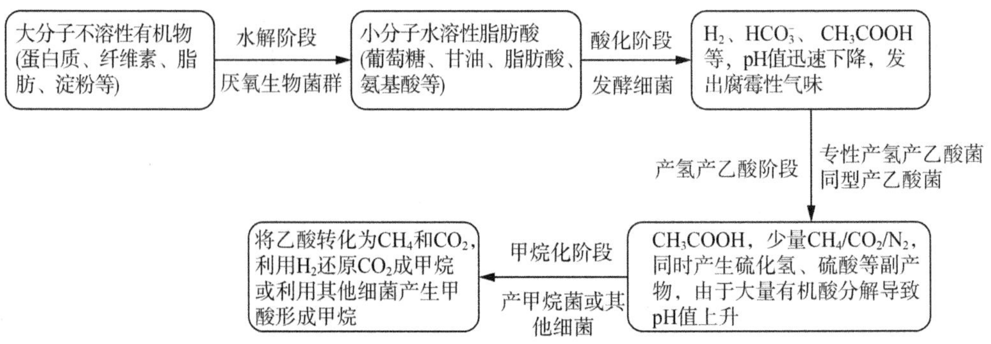

图 33-2　厌氧消化制气主要阶段

3.1.2　主要工艺

厌氧消化制气在国外已得到广泛应用，据统计，截至目前已有 100 多家垃圾处理厂采用厌氧消化工艺，并且年处理能力都在 2 500 t 以上，主要分布在德国、丹麦、澳大利亚等国家。典型工艺包括 VALORGA 干法厌氧消化工艺、BRV 干法厌氧消化工艺、Kompogas 工艺等，典型工艺主要技术对比见表 33-2。

表 33-2　厌氧消化制气主要工艺对比

工艺名称	工艺介绍	主要技术指标	优缺点
VALORGA 干法厌氧消化工艺	法国 Steinmueller Valorga Sarl 公司开发的一项较为成熟的工艺，采用的是垂直圆柱形消化器	反应器内垃圾固含率为 25%～35%，停留时间为 22～28 d，产气量为 80～180 Nm^3/t；消化后的固体需要好氧堆肥进行稳定化，持续时间 10～21 d	采用渗滤液部分回流与沼气压缩搅拌技术，具有很好的经济与环境效益
BRV 干法厌氧消化工艺	最早是由瑞士一家环保公司研制的，后来被德国 LINDE 公司收购并进行整合，使该工艺的适用性得到进一步完善	消化物料固含率在 20%～35%，反应器内的物料可借助气体或机械等方式进行搅拌，经过 25～30 d 的厌氧消化后，由出料系统排出罐体，送入脱水系统内进行脱水	已在欧洲多个垃圾处理厂进行应用，并运行良好，约有 60% 的有机物被转化为生物气，可进行能源利用
Kompogas 工艺	瑞士 Kompogas AG 公司研发的干式、高温厌氧消化技术，现处于发展阶段	有机垃圾经过预处理后，固含率要达到 30%～45%，挥发性固体含量要达到 55%～75%；粒径 d<40 mm，pH 值为 4.5～7，凯氏氮 KN < 4g/kg，碳氮比 C/N>18	每处理 10 000 t 有机垃圾可产生 118 万 Nm^3 KOMPO-GAS 气体，蕴含的总能量为 684 万 kW·h，可供车辆行驶 1 000 万 km
LINDE 湿法处理工艺	德国 LINDE 公司研发的单级厌氧消化技术，采用的是完全混合消化反应器	消化罐内总固体浓度为 8%～15%，可进行高温或中温消化，反应器中心设有一个管道，可用于气体循环；消化残渣的污染物已在前处理环节分离，回收残渣可用于生产高质量有机肥	工艺适用于处理泔水、生活污水处理厂的污泥、园林绿化垃圾以及有机垃圾等

3.1.3 应用情况

厌氧消化制气技术在国外应用已相当广泛。在日本，有机垃圾的厌氧消化处理成为有机垃圾处理的一种新的趋势；在美国，目前较为成熟的厌氧消化系统日处理能力为 100 t 左右，可产生 12 000 m^3 左右的生物气体、25 t 优质有机肥；由于沼气发电受到上网和电力需求、电价等的限制，欧洲国家对生物气体进行净化处理，提高甲烷含量，利用沼气发电机发电或净化处理后加压装罐，生产天然气汽车燃料，也可接入城市燃气管网用于民用燃气，提高其利用附加值[6]。

国内厌氧消化技术起步较晚，最近 20 多年才有较大发展，主要集中在高浓度有机废水处理、污泥消化、粪便处理等，城市生活垃圾厌氧制气还处于初始阶段，但与国外相比在垃圾的收集和分类意识、技术以及设备等方面都有不小差距。其中北京市董村分类垃圾综合处理厂采用多项国际先进的垃圾厌氧消化处理技术，利用垃圾经厌氧消化处理后产生的沼气发电，其中干式厌氧处理生活垃圾 380 t/d，湿式厌氧处理生活垃圾 400 t/d，具有良好的经济效益、环境效益和社会效益。深圳市下坪生活垃圾填埋气制取天然气项目于 2014 年开始建设，是目前国内建成的最大的生活垃圾填埋气制取天然气项目，已收集填埋气总量超过 3.5 亿 m^3，为国内填埋场填埋气的利用和节能减排提供了典型示范，项目的成功实施将成为中国填埋气制取天然气的标杆。

3.2 热解气化制气

3.2.1 工作原理

热解气化制气是指通过一个特殊设计的专用反应器——气化炉，把城市废弃物转化成一种可燃的混合气体和无害的惰性灰渣（只占原废弃物重量的 15%，减重量主要取决于垃圾中无机物含量），产生的气体可用于发电或其他的清洁能源。气化炉内反应过程大致可分为四个区域[7]，其主要反应过程如图 33-3 所示。

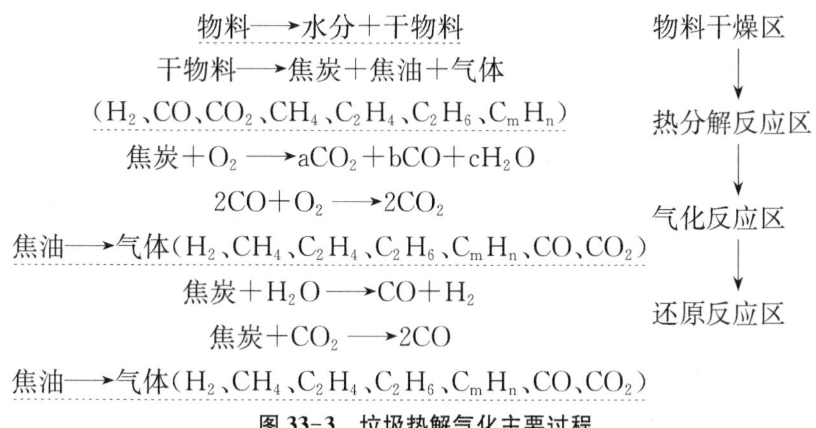

图 33-3 垃圾热解气化主要过程

3.2.2 主要工艺

热解气化制气技术作为一种新型的垃圾减量化、无害化、资源化技术，在发达国家得到了迅速发展，技术日趋成熟。典型工艺有固定床气化工艺、流化床气化工艺、回转窑气化工艺等[8]，主要技术对比见表 33-3。

表 33-3 热解气化制气主要工艺对比

工艺名称	工艺介绍	主要技术指标	优缺点
固定床气化工艺	采用空气作为气化剂，气流方式有上吸式、下吸式或平吸式，其中下吸式固定床气化技术最为成熟，使用较广泛	适用于含水率低于 30%的相对干燥的块状物料以及少量粗糙颗粒的混合物料的混合物料，且运行方便可靠	设备机构简单、易于操作、可实现多种物料的热解气化、投资少等；同时存在炉内易形成空腔、物料处理量较小、可燃气热值低，且焦油量高，容易堵塞管路等缺点
流化床气化工艺	空气和氧气（或富氧空气）可作为流化介质，气化炉内温度均匀，气固接触良好，是一种物料适应性广、转化率高、气化强度高、能耗低的气化工艺	要求物料颗粒粒径必须满足良好的气固接触及传热传质，而且为防止结渣，对床温的控制要求较为严格	有传热传质效率高、处理量大、适用性广等特点，适合连续运转的大规模商业应用，其缺点是对炉体材质有一定要求
回转窑气化工艺	垃圾破碎后在外热式回转窑内热分，产生的燃气和飞灰在后继工艺中做进一步的处理，半焦和不可燃物从回转窑出口排出，经冷却后由分离装置进行分离	主要用于宽筛分、大颗粒混合废物，主要生成焦炭	适应性强，各种形状及尺寸的固体、液体、气体废弃物都能适用；同时操作简单、控制方便；其缺点是若热解反应不充分，出口容易产生燃气泄漏等

3.2.3 应用情况

热解气化制气技术是在垃圾焚烧技术的基础之上进行升级改造，形成的一种新型垃圾资源化处理技术，已经被欧美发达国家应用到商业中。20 世纪 70 年代，美国将《固体废物法》改为《资源再生法》，鼓励从垃圾中回收燃料油和可燃气。与常规的垃圾处理方法相比，垃圾气化具有能源回收率高、二次污染小、烟气量小、后处理设备简单等优点，且气化与熔融技术的结合使得在对垃圾的有机成分加以利用的同时，可对无机成分进行稳定化、无害化和资源化利用，从而根本上解决了二噁英和重金属等二次污染问题，有着广阔的发展前景。但国外发达国家研发的气化技术主要是针对本国热值高、有效分类的垃圾特点，在不添加辅助燃料并用空气助燃的情况下，一般要求生活垃圾的热值高于 6 500 kJ/kg，而我国城市生活垃圾热值普遍在 4 000 kJ/kg 左右，因此国外研发的垃圾气化技术并不完全适合我国垃圾高水分、低热值和未有效分类的特点[1]。

我国垃圾气化方面研究还处于初级阶段，部分大学和研究院已成功研制出了几种垃圾气化处理技术，但偏重机理和基础性研究，不能真正投入实际应用。

据相关报道，北京宝能科技有限公司已成功突破热解技术的世界性难题，在实现热解装置低成本、高效、大容量连续性运转的基础上，将其应用于城市垃圾分级热解气化，废塑料热解制油，褐煤长焰煤热解提质等项目中，其中城市垃圾分级热解气化技术为公司自主知识产权，相较引进国外技术，投资大幅减少，垃圾热解气化经高温熔融分离后产生的灰渣可回收利用，作为建筑材料或冶金工业添加剂，真正实现无污染、无排放，具有极佳的环保、经济、社会效益。

4 深圳市生活垃圾现状与分析

4.1 深圳市生活垃圾现状

根据深圳市统计年鉴及相关生活垃圾基础数据等调查数据，深圳市近年来城市生活垃圾清运量、生活垃圾无害化处理量以及生活垃圾无害化处理率如图 33-4 所示，随着深圳市经济发展水平的提高，生活垃圾清运量逐年上升，到 2015 年清运量达到 575 万 t。另外深圳市在垃圾管理方面取得了显著的成效，生活垃圾无害化处理率都位于 90%以上，从 2014 年开始实现生活垃圾无害化处理率 100%的目标，基本实现全市生活垃圾无害化处理，总体水平位居全国前列，并引领着国内垃圾处理技术应用的发展。

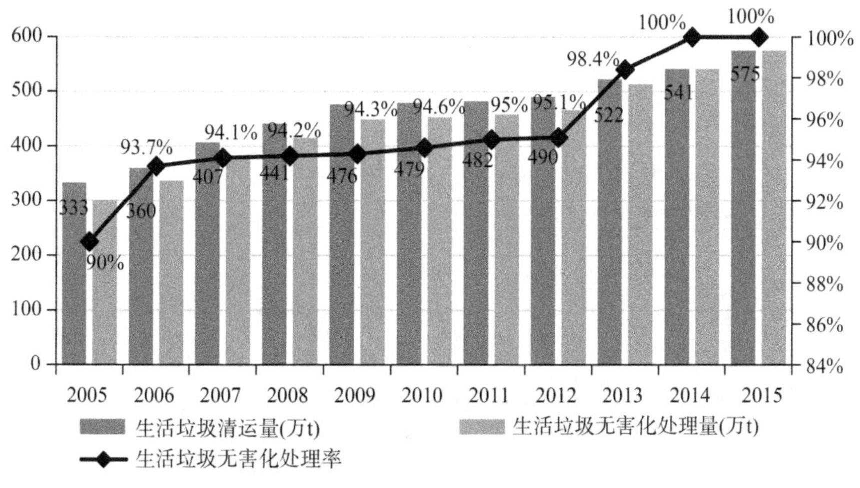

图 33-4 深圳市 2005—2015 年生活垃圾处理现状

4.2 深圳市生活垃圾特性分析

根据深圳市环境卫生管理处、华中科技大学环境学院发布的《2014 年深圳市生活垃圾基础数据统计与分析》报告分析可以发现，深圳市 2010—2014 年垃圾组分主要以厨余、橡塑、纸类、纺织、木竹等为主[9]。厨余类是最主要的组成部分，占垃圾组成的 50%以上，厨余含量的上升与深圳市的经济发展以及人们的消费水平密切相关；橡塑含量明显下降，可能与居民环保素质提高，提倡使用环保购物袋有关；其他组分的含量都比较低，变化不明显，见图 33-5。相对于欧美发达国家以及新加坡、日本等国家来说，深圳市生活垃圾组分具有厨余类垃圾比例大、可回收利用废物含量低等特点。

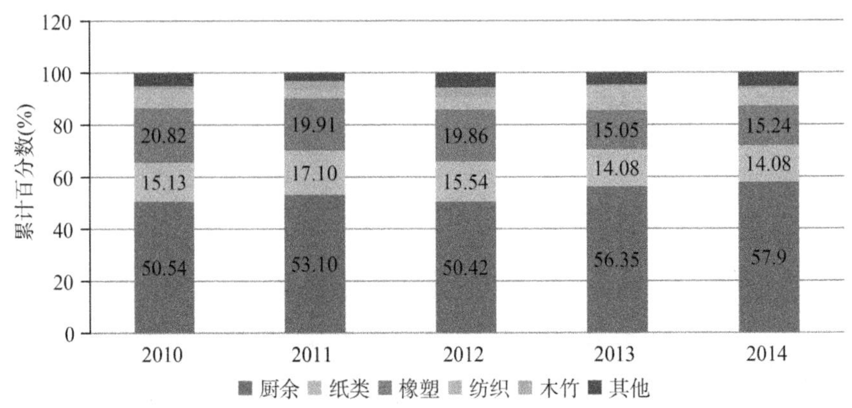

图 33-5　深圳市 2010—2014 年生活垃圾组分含量(%)

从上述成分分析可知，深圳市生活垃圾组分以厨余类垃圾为主，因此生活垃圾总含水率比国外都要偏高，而且有增长的趋势，2014 年总含水率上升至 63.39%；而生活垃圾中可燃分(纸类、橡塑类、纺织类、木竹类等)含量又比国外发达国家的含量少，导致深圳市生活垃圾的热值偏低，2014 年垃圾湿基低位热值仅为 4 450.53 kJ/kg，远低于国外发达国家以及我国的其他城市，且逐年下降，见图 33-6。因此，在参考国外发达城市生活垃圾制气技术方式的同时，必须考虑深圳市生活垃圾本身特性的特殊性，采取符合自身特点的处理方式，提高生活垃圾“减量化、资源化、无害化”效果。

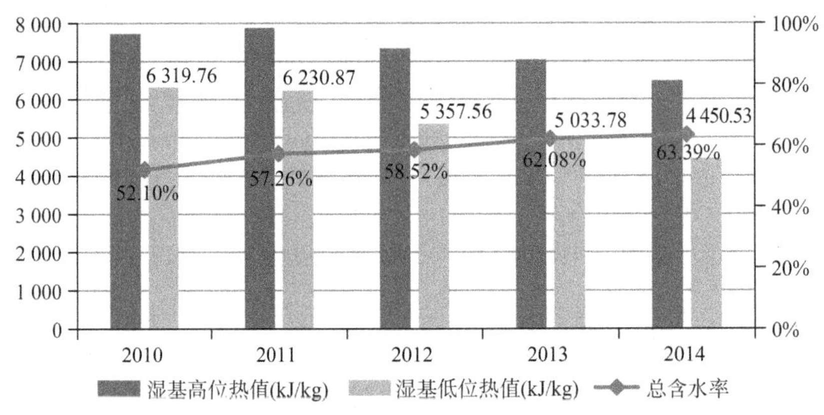

图 33-6　深圳市 2010—2014 年生活垃圾热值及含水率

4.3　深圳市生活垃圾制气可行性分析

据统计，目前深圳市生活垃圾每年以 8%的速度增长，根据现有垃圾量的未来增长趋势，2020 年垃圾处理缺口将达到 1 万 t，生活垃圾焚烧厂和卫生填埋场均超负荷运行，亟需扩建垃圾处理厂。深圳市生活垃圾清运处理的主要问题有：①现有垃圾处理能力严重不足，不低于 90%无害化处理的目标要求压力巨大，垃圾填埋场和大部分焚烧厂均长期超负荷运行；②受已建成的部分焚烧厂运行标准低、臭气扰民严重以及国内反焚烧舆论风气的影响，新建垃圾焚烧设施难以落地；③现有垃圾处理设施分布不合理，全市垃圾无害化处理规模的94%分布在中西部，而东部地区仅有盐田垃圾焚烧厂和龙岗中心城垃圾焚烧厂；④由于土地资源有限，无法扩展垃圾填埋库容，卫生填埋难以持续发展[9]。因此在采用现有垃圾处理技术的基础上，适时探索引进先进的垃圾处理技术显得尤为重要，从而破解垃圾处理困局，保障深圳市生活垃圾全部得到妥善处理，实现并保持生活垃圾无害化处理率达到100%目标，建成可持续城市生活垃圾无害化处理体系。

垃圾厌氧消化制气与垃圾品质极强相关，且生物处理工程恶臭等二次污染严重，控制成本高，选址难度大，混合垃圾厌氧发酵产气效率低、稳定性差，气体品质差等特点，而深圳市生活垃圾以厨余类为最主要的组成部分，且含水率高、热值低。因此深圳市在采取垃圾厌氧消化制气技术时应多方面考虑相关问题，借鉴下坪垃圾填埋气制取天然气项目成功经验，在确保减少二次污染的同时，改进制气工艺，提高产气效率，确保产气品质。

相对于垃圾厌氧消化制气，垃圾热解气化制气具有显著的社会效益，包括从根本上解决二噁英生成问题，杜绝飞灰、铅、汞、镉等重金属二次环境污染，无有毒固体物质生成，有效改善城市居住环境；无垃圾焚烧处理后有毒物质的排放，减少危废垃圾处置成本，为环保部门减轻压力；热解气化制气技术既可处理城市垃圾又可处理难以解决的工业垃圾，减少垃圾远距离输送的同时就近解决生产企业的用气问题；有效解决“垃圾围城”严重态势，缓解资源紧张现状，符合国家可持续发展战略，有利于民生。因此在总结国内外先进垃圾热解气化制气技术基础上，深圳市应重点推广垃圾热解气化制气技术，有效解决生活垃圾处理处置问题，实现垃圾资源化综合利用。

5 结语

生活垃圾处理已成为困扰城市发展的一个严重问题，也是与民生问题息息相关的一个问题。由于我国饮食习惯的特点及垃圾长期未实行源头分类等问题，传统的垃圾处理方式隐藏着严重的社会风险。垃圾焚烧是目前较为流行的垃圾减量化处理技术，但是多地发生过居民抗议垃圾焚烧发电项目事件(即邻避性事件)，因此在推广垃圾焚烧项目时应紧跟环保政策要求，完成“装、树、联”任务，监控并公开污染排放信息，接受群众监督，便于环保部门执法监管，解决项目落地难问题。在完善和改进传统垃圾处理技术的同时，加快推广引进垃圾处理资源化利用新技术，如厌氧消化制气技术和热解气化制气技术；积极探索MBT与垃圾处理技术的有机结合，创新“MBT+”技术模式，切实提高垃圾资源化水平，增强城市生活垃圾科学治理能力。

为保障新技术推广应用，我国应制定出台相应的政策措施，加大科研服务力度，结合我国城市生活垃圾特点，提高生活垃圾处理技术的适用性和技术水平；从源头入手控制和减少垃圾产生量，探索建立包装物强制回收制度；加强垃圾分类宣传和后端管理，提高垃圾资源化利用水平；开发拥有自主知识产权、适合我国垃圾特点的技术和设备等。通过多环节系统化的“组合拳”，切实解决日益严峻的垃圾处理问题，走循环经济发展之路，从而有效提高城市经济效益、稳定内部民生环境，使我国城市的发展向着可持续发展与生态共融的良好方向发展。

参考文献

[1] 张春飞,王希,谢斐. 城市生活垃圾气化技术研究进展[J]. 东方电气评论,2014,28(2):14-19.

[2] 全国城市生活垃圾无害化处理设施建设“十一五”规划[Z]. 国家发展和改革委员会,建设部,生态环境部,2007.

[3] 聂永丰. 三废处理工程技术手册(固体废物卷)[M]. 北京:化学工业出版社,2000.

[4] 肖波,汪莹莹,苏琼. 垃圾气化处理新技术研究[J]. 中国资源综合利用,2006,24(10):18-20.

[5] 要玲. 城市垃圾厌氧消化技术的研究进展[J]. 煤炭与化工,2009,32(12):74-76.

[6] 孙英杰,肖学斌,巩新炜. 城市生活垃圾资源化技术的探讨[J]. 青岛建筑工程学院学报,2000,21(1):57-61+105.

[7] 王亚琢. 基于分选的城市生活垃圾综合处理技术研究[D]. 广州:华南理工大学,2015.

[8] 袁浩然,鲁涛,熊祖鸿,等. 城市生活垃圾热解气化技术研究进展[J]. 化工进展,2012,31(2):421-427.

[9] 2014年深圳市生活垃圾基础数据统计与分析[R]. 深圳市环境卫生管理处,华中科技大学环境学院,2014.

34

生物天然气行业分析及技术标准体系构建初步设想

这份材料是2018年5月中电建水环境治理技术有限公司党委书记兼副总经理孔德安安排我完成的，主要是为公司是否进入生物天然气行业进行机会研究，提供决策依据，同时，为抢占技术制高点，初步构建生物天然气行业技术标准体系，确定急需开展的首批生物天然气技术标准项目清单。我带领技术标准部员工收集大量资料，开展了初步研究，亲自撰写报告，并向公司作了汇报，成果得到了领导的好评。

1 背景

随着全球经济的发展，水、土壤和大气污染等问题日益突出。为此，国务院在2013年、2015年、2016年，先后发布了《大气污染防治行动计划》《水污染防治行动计划》和《土壤污染防治行动计划》，对我国大气、水、土壤污染防治工作做出了全面战略部署。李克强总理在2016年政府工作报告中指出，“十三五”期间我国生态环境建设的任务是“坚持在发展中保护、在保护中发展，持续推进生态文明建设。深入实施大气、水、土壤污染防治行动计划，加强生态保护和修复”。2017年，习近平总书记在十九大报告中指出，“加快生态文明体制改革，建设美丽中国”。

当前我国经济社会发展正面临着环境承载力下降与经济转型的双重压力，经济增长、能源消费和环境保护之间的发展悖论成为制约我国经济结构转型的硬约束条件。如何在这场经济与环境的博弈中，寻找一个平衡，发展环境友好型经济，实现经济环境双赢，是建设生态文明、打造美丽中国道路上不得不面对的重大实际问题。加快发展生物天然气，是规模化处理县域有机废物的主要途径，是治理水、土壤和空气污染，保护县域生态环境的重要举措。

生物天然气是指以畜禽粪便、农作物秸秆、城镇生活垃圾、工业有机废弃物等为原料，经厌氧发酵和净化提纯后与常规天然气成分、热值等基本一致的绿色低碳清洁环保可再生燃气。通俗而言，它是沼气通过净化提纯后得到的绿色、低碳、清洁、环保的可再生燃气。生物天然气与传统沼气有本质区别，首先，它的纯度、热值更高，可并入城市燃气管网或者作为车用燃气，解决了粗制沼气无法液化或压缩，也无法实现经济运输的问题。其次，它的原料发酵效率高、产气量大，更能满足社会经济发展的需求。

生物天然气产业化发展既是减少有机废弃物污染，防治水、土壤和大气污染的环保工程，也是提供清洁生物质能源的能源工程，推动美丽乡村建设的民生工程。因此，加快生物天然气行业发展，既能做好有机废弃物综合利用、增加可再生能源，又能保护生态环境、支持循环农业发展，变废为宝，一举多得，对于促进能源结构调整、保护环境和推动美丽乡村建设具有重要意义。

1.1 国外生物天然气行业

欧洲是全球生物天然气产业的领先者。据欧洲生物天然气协会数据显示，截至2015年年底，欧洲有17 376个沼气加工厂和459个生物甲烷厂。

德国的生物天然气利用处于领先地位，现有185个生物甲烷厂和10 846个沼气厂，其生物天然气主要用于发电。按照德国政府制定的2020年生物天然气年产量达60亿 m^3 的目标，今后8年内将新建沼气提纯厂12 000家。另一个更长期的目标是，到2030年德国天然气总消费量的870亿 m^3 中，生物天然气能提供100亿 m^3，占到11.5%。

瑞典早在1996年就开始将生物天然气作为车用燃料使用，并制定了相关标准。瑞典计划到2020年，50%天然气将由生物天然气替代，预计到2060年，天然气将完全被生物天然气替代。

生物天然气产业之所以在德国、瑞典等欧洲国家获得巨大成功，究其原因有以下几点：

(1) 首先是欧盟国家领导人对减排温室气体和提高能源自给率具有强烈的政治意愿和责任感，不少国家如瑞典、芬兰和德国，先后作出了到2020—2030年"告别石油"及"CO_2 零排放"的郑重承诺；

(2) 强烈的政治意愿转化为相应的法律和强有力的激励政策；

(3) 欧盟国家对生物能源的政策性支持手段多样，如对新上生物能源项目的投资补贴(一般为30%)、对生物能源项目的专项补贴(如建车用生物天然气加气站)、固定的并网优惠电/气价等。

1.2 国内生物天然气行业

相对于瑞典、德国等欧洲国家，我国政府对生物天然气的关注相对较晚。我国的生物天然气发展始于农村沼气，早期的农村分散化小型沼气利用项目逐步向大型沼气发电项目和生物天然气厂发展。截至2015年，全国沼气年生产能力达到158亿 m^3，约为全国天然气消费量的5%，每年可替代化石能源约1 100万t标准煤。2015年，中央安排预算内投资20亿元，重点支持建设了25个规模化生物天然气工程试点项目与386个规模化大型沼气工程项目。现阶段，国内生物天然气生产以城市垃圾、工业废弃物及养殖粪便等为主要原料，以秸秆、农产品加工废弃物等为原料的大型生物天然气项目并不多，特别是结合农业废弃物资源化利用、农村环保与新型城镇化建设的项目更少，有待国家政策的进一步引导和扶持。

1.3 相关联盟介绍

1.3.1 生物质能源产业技术创新战略联盟

生物质能源产业技术创新战略联盟成立于2008年，理事长单位为中国科学院广州能源研究所，2012年获得科技部试点批复。目前，联盟共有66家成员单位(企业20家、研究所19家、大学27所)，设立资源与共性技术、生物燃气、非粮燃料乙醇、生物柴油、成型燃料、生物基产品等6个工作组。

联盟的业务范围：(1)组织企业、大学和科研机构等围绕产业技术创新的关键问题，开展技术合作，突破产业发展的核心技术，形成重要的产业技术体系；(2) 建立公共技术平台，实现创新资源的有效分工与合理衔接，实行知识产权共享；(3)实施技术转移，加速科技成果的商业化运用，提升产业整体竞争力；(4)联合培养人才，加强人员的交流互动，为产业持续创新提供人才支撑。

1.3.2 中国天然气行业联合会

中国天然气行业联合会成立于2013年11月，联合会是以中国天然气上、中、下游企业(包括非常规油气企业)为主体及有关单位自愿参加组成的全国专业性非营利性民间组织，具有社会团体法人资格。协会业务上接受国家发展和改革委员会、国家能源局、生态环境部、住房和城乡建设部、科技部、工业和信息化部指导。

联合会的业务范围包括：(1)向政府主管部门反映会员的愿望和要求，协助政府推行天然气行业经济政策和组织实施有关法律法规，并提出意见和建议事项；(2) 开展对国内外行业基础资料的收集、统计和经营管理的调查研究，为政府制定发展天然气事业的方针、政策、法规等提供依据；(3)总结、交流和推广天然气行业在经营管理、思想政治工作、科研、设计、施工以及改革等方面的经验和成果；(4)开展咨询服务，提供和组织交流国内外有关天然气的技术、经济情报和市场信息，组织天然气器具产品的展评、推广和技术交流；(5)采取多种形式为企业培训各类人员，指导、帮助企业改善经营管理，提高企业素质；(6)代表中国天然气行业参加有关国际组织，发展与国外天然气行业组织的联系，开展国与国间经济、技术、管理等方面的合作与交流活动。

1.3.3 中关村紫能生物质燃气产业联盟

中关村紫能生物质燃气产业联盟于2016年12月正式注册成为独立社团法人，其前身为成立于2010年3月的城市生物质燃气产业技术创新战略联盟，是科技部A级试点联盟。现有成员单位50余家，清华大学为理事长单位。

联盟以“联合、孵化、沟通、服务”为宗旨，在引导产业发展方向、整合科技创新资源、推动生物质燃气产业链形成、整合培育产业骨干队伍等方面发挥十分重要的作用。联盟主要工作包括：编制国家生物质燃气产业发展规划，在“十一五”“十二五”期间，联盟向农业农村部提交“十二五”沼气发展规划以及科技部科技发展专项；生物质燃气工程实施方案，其内容已被废物资源化科技工程“十二五”重点专项实施方案采纳实施；编制生物质燃气产业科技发展技术路线图，以及制定联盟标准，规范产业发展；同时，联盟整合成员单位科技创新资源，建立科技创新共享平台，推动科技成果产业化转化和应用辐射。

1.3.4 中国生物质能源产业联盟

中国生物质能源产业联盟(China Biomass Energy Association)是由中国产业发展促

进会的常务理事单位中国光大绿色环保有限公司、凯迪生态环境科技股份有限公司以及广东长青(集团)股份有限公司 3 家单位于 2017 年 2 月共同发起成立。联盟由石元春院士任联盟理事长,原电监会副主席邵秉仁担任名誉理事长。

生物质能源产业联盟的业务范围:(1) 组织生物质能源行业,参与制订并落实国家生物质能战略、规划、政策,以及环境保护和农业等有关方面的规划政策,促进生物质能可持续健康发展;(2) 代表生物质能行业与国家能源、财政、价格、环保、农业等主管部门建立联系和对接沟通,反映行业呼声和意见;(3) 组织行业研究生物质能源发展重大课题,向国家能源、环保和农业等主管部门提供政策建议;(4) 落实国家创新驱动发展战略,组织行业开展生物质能源关键技术研究、引进先进技术设备和国产化,提高行业技术水平;(5) 组织开展行业标准、检测、认证等体系建设,建成行业支持体系,支撑生物质能源发展。

2 生物天然气行业特性

2.1 概述

生物天然气是沼气通过净化提纯后得到的高品质、高值化的生物质燃气。生物天然气原料取之于当地,产品用于当地的生活燃气、供热及交通等领域,是县域清洁能源体系的重要组成部分。生物天然气的副产物沼渣沼液有机肥用于还田改良土壤,是发展循环农业的重要支撑。

加快发展生物天然气,是规模化处理县域有机废物的主要途径,是治理水、土壤和空气污染,保护县域生态环境的重要举措。发展生物天然气产业具有巨大的综合效益,对于保护环境、促进能源结构调整、发展新能源产业具有重要意义。在环境治理与经济发展的博弈中和能源结构转型的道路中,生物天然气将能够独当一面,并且能够挑起新能源产业发展的大梁。发展生物天然气一举两得,不仅能够治理环境、减少污染,并且能够从战略上增加天然气的供应,保证能源安全。所以,对于转变能源发展结构,促进新能源产业的发展,应该将发展生物天然气提上日程。

2.2 生物天然气行业特点

生物天然气行业是个新兴行业,属于跨界项目,横跨环保、能源、农业、民生四大行业。它的形成是新形势下的产物,也自然具有其独有的特性。

(1) 清洁可再生能源

生物天然气是清洁可再生能源,具有低成本、绿色、清洁、环保、可持续性等优势,是替代汽油、天然气、石油液化气和煤炭等最好的生物质可再生能源。

生物天然气是一种灵活的能源载体,适合于许多不同的应用。生物天然气最简单的应用之一是直接用于烹饪和照明,现在还被用于热电联产(CHP),或者制成压缩天然气(CNG)供用户使用,并入天然气网,用作车辆燃料或燃料电池。

(2) 减少温室气体排放和减缓全球变暖

在减排温室气体方面,生物天然气与传统化石能源相比,具有极显著的优越性。从碳足迹来分析，生物天然气中的碳首先来自动植物，然后经过燃烧产生 CO_2 释放到空气中，最后又通过植物光合作用回归到植物中，形成一个循环，实现零排放；而传统化石能源的碳不能形成循环，是一个净排放过程。

另外，等量 CH_4、N_2O 造成的温室效应是 CO_2 的 25 倍和 298 倍。畜禽粪便和有机废液如果随意露天贮积，其自然厌氧发酵产生的大量沼气、氧化亚氮就会直接进入大气，造成比 CO_2 严重得多的温室气体效应。

因此，发展生物天然气产业可以资源化利用畜禽粪便和有机废液，减排温室气体，缓解全球变暖。

（3）缓解我国天然气的对外依存度

近几年来，我国天然气对外依存度呈现上升趋势。2015 年，我国天然气进口比例高达 32.7%，预计到 2030 年将达到 50%。基于我国丰富的生物质资源，来自厌氧消化（AD）产生的沼气经提纯成生物天然气可以很好地解决我国天然气短缺的难题。前面提到，若将我国每年产生的鲜粪和农作物秸秆进行转化，产生的天然气约 600 亿 m^3，这相当于 2015 年我国天然气消费量的 31.06%、进口量的 96.15%。所以，发展生物天然气能缓解我国能源短缺问题，降低天然气对外依存度，保障能源安全。

（4）有助于我国生态环境建设总目标的实现

研究证明，雾霾的产生与燃煤锅炉使用、汽车尾气排放以及秸秆燃烧有很大关联。而使用生物天然气能源，可以减少燃煤锅炉的使用、露天秸秆的焚烧、汽车尾气的排放，对治理雾霾作用显著。

全国范围内，饮用水完全符合标准的非常少。而对饮用水源污染最严重的就是来自农村的面源污染，主要是化肥、农药和农村垃圾等。生物天然气行业可以收集处理农村的秸秆、粪便、垃圾等废弃物，提高资源化利用水平，减少面源污染，美化农村环境，在一定程度上缓解了水污染。

生物天然气的沼液沼渣可制成有机肥回馈农田，增加了农田有机质的施用比例，并且作为作物营养的补充，替代部分耗能生产的化肥，可以减少或缓解化肥用量，发展生物天然气产业可以资源化利用有机废弃物，防治水、土壤和大气污染，保护了生态环境，践行了可持续发展理念，有助于我国生态环境建设总目标的实现。

（5）创造就业机会

生物天然气原料的收储，技术设备的制造，城乡分布式能源站及燃气输配管网的建造、运行和维护等都需要劳动力。这意味着国家生态环保、能源、农业等部门的发展有助于建立新的产业，一些具有显著经济潜力的企业将会出现，能增加农村地区的收入，并创造新的就业机会。

（6）有助于国家乡村振兴战略的实施

2017 年 10 月 18 日，习近平总书记在党的十九大报告中提出“实施乡村振兴战略。农业农村农民问题是关系国计民生的根本性问题，必须始终把解决好‘三农’问题作为全党工作重中之重”。实施乡村振兴战略，是党的十九大作出的重大决策部署，是决胜全面建成小康社会、全面建设社会主义现代化国家的重大历史任务，是新时代“三农”工作的总抓手。

大力发展生物天然气有助于国家乡村振兴战略的实施，主要表现在：

①提高农产品品质，保障食品安全

生物天然气的副产物沼液沼渣有机肥用于还田改良土壤，有效防治了农作物病虫害，提高农产品品质，保障食品安全。

②增加农民收入

规模化生物天然气工程是发展农村沼气，实现禽畜粪便、农作物秸秆等农业农村废弃物资源化利用的有效途径，促进了生态循环农业发展，既提高农产品质量和品质，又增加了农民收入。

③促进城镇化发展和美丽乡村建设

生物天然气是分布式能源，取之于当地，用之于当地。生物天然气的发展和普及，将促进我国的城镇化进程、促进美丽乡村建设。

④推动循环农业发展

规模化生物天然气工程不仅可以高值化和产业化利用秸秆，副产物沼液沼渣还可以制成有机肥用于还田改良土壤，实现了废弃物资源化利用，推动循环农业发展。

(7) 潜力巨大的新兴行业

生物天然气行业是新兴行业，也是一项潜力巨大的行业。即使只有 20%的秸秆等农村废弃物转化，每年也可以生产 600 亿 m^3 生物天然气，按目前全国 27 个城市平均天然气价格每立方 4.47 元计算，每年产值为 2 700 亿元，这还不包括生物天然气的副产物创造的产值。

(8) 社会效益、环境效益、经济效益显著

根据上述(1)—(7)可知，生物天然气项目不仅具有巨大的社会效益和环境效益，本身还具有较好的经济效益。

3 生物天然气行业相关规划与政策

3.1 生物天然气行业相关规划

近年来，中国政府明确提出大力发展生物质能及生物天然气事业，制定了一系列引导天然气产业发展的规划文件。如《生物质能发展"十三五"规划》在发展目标中明确指出 2020 年将初步形成一定规模的绿色低碳生物天然气产业，年产量达到 80 亿 m^3，建设 160 个生物天然气示范县和循环农业示范县；《可再生能源发展"十三五"规划》中也明确提出加快生物天然气示范和产业化发展；《能源发展"十三五"规划》中明确提出把清洁低碳能源作为调整能源结构的主攻方向，坚持发展非化石能源与清洁高效利用化石能源并举，努力构建清洁低碳、安全高效的现代能源体系；《生物天然气开发利用县域规划大纲》和《生物天然气项目可行性研究报告编制导则》中规范了项目前期工作，推进生物天然气整县开发利用。现对"十三五"以来的规划文件进行梳理，内容如下：

2016 年 10 月 28 日，国家能源局发布《生物质能发展"十三五"规划》，要求"到 2020 年，生物天然气新增投资约 1 200 亿元，初步形成一定规模的绿色低碳生物天然气产

业，年产量达到 80 亿 m^3，建设 160 个生物天然气示范县和循环农业示范县”，重点“推动全国生物天然气示范县建设，加快生物天然气技术进步和商业化，推进生物天然气有机肥专业化规模化建设，建立健全产业体系。到 2020 年，生物质能基本实现商业化和规模化利用”。

2016 年 11 月 24 日，国务院发布《“十三五”生态环境保护规划》，提出“实现化肥农药零增长，实施循环农业示范工程，推进秸秆高值化和产业化利用”，要求“到 2020 年，秸秆综合利用率达到 85%，国家现代农业示范区和粮食主产县基本实现农业资源循环利用”。

2016 年 11 月 29 日，国务院发布《“十三五”国家战略性新兴产业发展规划》，明确“十三五”时期是我国全面建成小康社会的决胜阶段，也是战略性新兴产业大有可为的战略机遇期。提出要“按照因地制宜、就近生产消纳原则，示范建设集中式规模化生物燃气应用工程，突破大型生物质集中供气原料处理、高效沼气厌氧发酵等关键技术瓶颈”。

2016 年 12 月 10 日，国家发展改革委发布《可再生能源发展“十三五”规划》，进一步要求“到 2020 年，生物天然气年产量达到 80 亿 m^3，建设 160 个生物天然气示范县”，提出“加快生物天然气示范和产业化发展，建立原料收集保障和沼液沼渣有机肥利用体系，建立生物天然气输配体系，形成并入常规天然气管网、车辆加气、发电、锅炉燃料等多元化消费模式”。

2016 年 12 月 26 日，国家发展改革委和国家能源局联合发布《能源发展“十三五”规划》，提倡“清洁低碳，绿色发展”，提出“积极发展生物质液体燃料、气体燃料、固体成型燃料。推动沼气发电、生物质气化发电，合理布局垃圾发电。有序发展生物质直燃发电、生物质耦合发电，因地制宜发展生物质热电联产”。

2017 年 1 月 25 日，国家发展改革委、农业农村部发布《全国农村沼气“十三五”规划》，在其发展目标中明确指出“十三五”期间将新建规模化生物天然气工程 172 个，并将“推动规模化生物天然气工程和规模化大型沼气工程加快建设”列为重点任务之一。

2017 年 5 月，为落实中央财经委员会第十四次会议关于发展天然气的要求，国家能源局组织编制了《生物天然气开发利用县域规划大纲》，培育发展县域新兴产业，指导有机废弃物资源大县编制生物天然气开发利用县域规划。

3.2 生物天然气行业相关政策

3.2.1 国家、部委相关政策

我国政府除了在规划方面出台相关文件引导生物天然气行业发展，还在产业、财税、土地等政策方面给予了支持。

2015 年 4 月，农业农村部办公厅和国家发展改革委办公厅联合发布《关于抓紧申报 2015 年农村沼气工程中央预算内投资计划的通知》及《2015 年农村沼气工程转型升级工作方案》，首次提出“生物天然气”的概念，并支持日产生物天然气 1 万 m^3 以上的工程开展试点，同时给予资金补贴：每立方米生物天然气生产能力安排中央投资补助 2 500 元，单个项目的补助额度上限为 5 000 万元。

2015 年 6 月 12 日，财政部、国家税务总局联合发布《资源综合利用产品和劳务增值税优惠目录》，对利用农作物秸秆等生产电力、热力的，实行增值税优惠。

2016 年 1 月 8 日，国家发展改革委办公厅和农业农村部办公厅联合发布《关于申报 2016 年规模化大型沼气工程中央预算内投资计划的通知》，继续支持规模化生物天然气工程试点项目。2016 年的政策将单个项目的补贴上限调整为 4 000 万元。

2016 年 9 月，国家能源局发布《关于促进生物天然气产业化发展的指导意见(征求意见稿)》，明确提出“到 2020 年，生物天然气在示范县天然气总体消费中的比重要超过 30%”，“到 2025 年，生物天然气年产量和消费量达到 200 亿 m^3，到 2030 年，年产量和消费量超过 400 亿 m^3，全国生物天然气开发建设基本完成”。

2016 年 12 月 21 日，中央财经委员会第十四次会议上指出：“要坚持政府支持、企业主体、市场化运作的方针，以沼气和生物天然气为主要处理方向，力争在‘十三五’时期，基本解决大规模畜禽养殖场粪污处理和资源化问题。”

2016 年 12 月 31 日，中共中央、国务院联合发布《关于深入推进农业供给侧结构性改革加快培育农业农村发展新动能的若干意见》，提出“大力推行高效生态循环的种养模式，加快畜禽粪便集中处理，推动规模化大型沼气健康发展”。

3.2.2 省、市级相关政策

为了响应国家、部委号召，多个省、市结合自身区域概况，从秸秆禁烧、综合利用，垃圾分类和治理，畜禽粪污资源化利用等方面先后出台一系列生物天然气相关政策，引导区域生物天然气行业发展。

2015 年 4 月 14 日，安徽省人民政府办公厅发布《关于进一步做好秸秆禁烧和综合利用工作的通知》，在秸秆禁烧方面继续实施以奖代补，即小麦、玉米、油菜按照 20 元/亩，水稻按照 10 元/亩标准进行奖补。奖补资金专项用于秸秆综合利用支出，重点用于农作物秸秆还田农机具购置和作业、秸秆发电财政奖补，对秸秆肥料化、饲料化、基料化、成型燃料利用和归集收储体系建设等也可适当奖补。

2016 年 3 月 8 日，沈阳市人民政府办公厅发布《关于印发沈阳市农作物秸秆综合利用若干政策措施的通知》，鼓励社会资本投资秸秆综合利用项目。对新建秸秆生物质成型燃料、秸秆炭、乙醇和纤维加工企业，年利用秸秆 2 000 t 以上的，按照固定资产投资额的 10%给予补贴，最高补助 1 500 万元。对固定资产投资额超 2 亿元的重大项目，由市政府“一事一议”确定给予支持。

2016 年 6 月，河北省大气污染防治工作领导小组办公室印发《2016 年秸秆禁烧工作实施方案》，要求在全省行政区域内全面禁止露天焚烧秸秆，要求坚持秸秆禁烧和综合利用相结合，对焚烧秸秆要依法处理，同时做到“疏堵结合”，要因地制宜加大秸秆还田、秸秆青贮、秸秆压块、秸秆沼气、秸秆栽培食用菌等综合利用技术的推广应用力度，从源头上促进焚烧秸秆问题的解决。

2016 年 7 月 6 日，内蒙古自治区农牧业厅发布《关于进一步贯彻落实〈畜禽规模养殖污染防治条例〉促进养殖废弃物综合利用加强污染防治的通知》，要求“加强政策创设，积极争取增加对畜禽养殖污染防治和废弃物综合利用的投入，综合运用财政、税收、金融等经济手段，探索政府购买服务和第三方治理等综合利用机制，出台有机肥(液态肥、积造肥等)生产和使用奖补政策,加大废弃物处理设施设备购置补贴力度,在加强污染治理的同时促进畜牧业生产稳定发展"。

2017年2月20日,江苏省人民政府办公厅印发《江苏省"两减六治三提升"专项行动实施方案》,其中畜禽养殖污染及农业面源污染治理专项行动实施方案提出"加快畜禽养殖场(户)治理改造,推进规模养殖场设施设备改造升级,配套建设畜禽养殖废弃物综合利用和无害化处理设施并正常运转;实施节水养殖,实行雨污分离、固液分离,实现源头减量;配套堆粪存储、厌氧发酵和工程处理等设施,实行资源化利用"。

2017年10月3日,黑龙江省人民政府办公厅发布《关于做好生活垃圾分类工作的通知》,要求各地政府加大政策支持力度,多元协同推进生活垃圾分类。按照污染者付费原则,建立完善垃圾处理收费制度,加大财政支持力度,提供必要的资金保障。鼓励社会资本参与生活垃圾分类收集、运输和处理,积极探索特许经营、承包经营、租赁经营、政府购买服务等方式,通过公开招标引入专业化服务公司。

2017年11月20日,河南省人民政府办公厅发布《关于加快推进畜禽养殖废弃物资源化利用的实施意见》,支持规模养殖场和专业化企业生产沼气、生物天然气,促进畜禽粪污能源化,要求各地利用农机购置补贴对畜禽粪污资源化处理机具实行敞开补贴,落实沼气发电、生物天然气入网、土地利用、农业用电等扶持政策。

2017年12月27日,河南省开封市人民政府办公室发布《关于加快推进畜禽养殖废弃物资源化利用的实施意见》,要求各县区利用农机购置补贴对畜禽粪污资源化处理机具实行敞开补贴,落实沼气发电、生物天然气入网、土地利用、农业用电等扶持政策。

2018年3月30日,黑龙江省哈尔滨市人民政府办公厅印发《关于印发哈尔滨市生活垃圾分类工作方案(试行)的通知》,各级政府要加大政策支持力度,多元协同推进生活垃圾分类工作。按照污染者付费原则,建立完善垃圾处理收费制度,各级财政要加大支持力度,对生活垃圾分类工作提供必要的资金保障。

从上述政策可以看出,现阶段我国政府对生物天然气工程的建设环境较为重视,通过补贴方式减轻业主的资金压力,单个项目补贴金额高达4 000万元,以引导社会资金投入建设生物天然气工程。但对终端产品,比如在生物天然气、沼肥的利用等方面,尚未出台鼓励政策。

4 生物天然气行业SWOT分析

4.1 SWOT分析

SWOT分析法,是一种企业的战略分析方法,其方法是根据企业自身的内部条件和外在因素进行综合系统的评定和分析,找出企业发展的优势、劣势及核心竞争力之所在,从而选择出最佳的战略经营方式。其中,S代表Strength(优势)、W代表Weakness(弱势)、O代表Opportunity(机会)、T代表Threat(威胁),S和W属于内部条件,O和T则是外部因素。利用SWOT方法初步分析研究公司在生物天然气行业存在的优势和劣势,初步评估外部的机会与面临的挑战,为公司进入生物天然气行业制定最佳战略提供指导。

生物天然气行业 SWOT 分析成果见表 34-1，SWOT 分析图见图 34-1。

表 34-1　生物天然气行业 SWOT 分析

内部条件		外部条件	
优势(S)	1. 懂水熟电、擅规划设计、长施工建造、能投资运营； 2. 在水电、太阳能、风能等可再生能源领域积累了丰富经验，品牌影响力大； 3. 西北院已开展大量工作； 4. 计划通过收购引进先进的沼气提纯技术； 5. 技术标准体系研究及标准制定经验丰富	机会(O)	1. 生物质资源丰富； 2. 天然气市场需求极大； 3. 缓解我国天然气的对外依存度； 4. 国家出台发布一系列战略规划，加快生物天然气产业化发展； 5. 政府在产业、财税、土地等政策方面，持续出台多项具体政策支持生物天然气行业发展； 6. 是减少水环境面源污染的环保工程，有利于环境保护，契合公司经营宗旨和经营范围
劣势(W)	1. 进入生物天然气行业较晚； 2. 专业技术人才队伍尚未建立； 3. 尚无有代表性的生物天然气项目	威胁(T)	1. 行业在我国尚处于起步阶段； 2. 商业模式不够成熟； 3. 政策不完善； 4. 原料收储困难，制约产业规模化发展； 5. 行业技术标准体系不健全，标准缺失

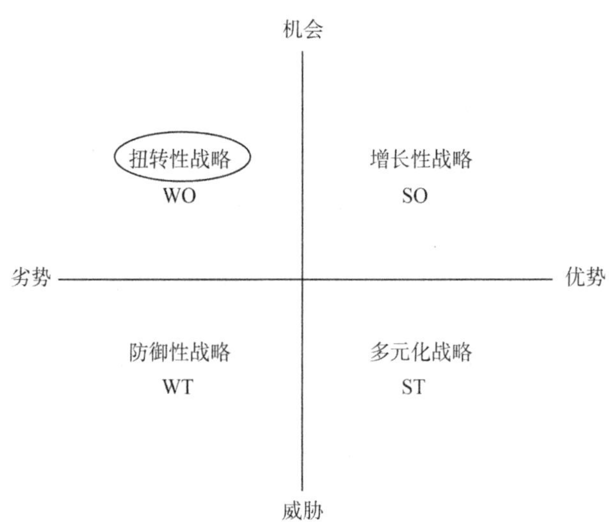

图 34-1　SWOT 分析图

根据生物天然气行业机会威胁分析，公司进入生物天然气行业总体来说机会大于威胁；基于企业自身实力，对比竞争对手，我们在生物天然气行业优势与劣势共存，该行业在我国尚处于起步阶段，但是全国已建设多个规模化生物天然气工程试点项目，相对于竞争对手，我们的劣势非常明显，我们的优势需逐步转化为竞争力，综合来看优势小于劣势，处于 SWOT 分析图第二象限。因此应采取扭转性战略，改变企业内部的不利条件，将现有优势与存在的机遇充分融合与利用，借助集团在可再生能源领域的品牌影响力，积极介入生物天然气行业，开展生物天然气领域技术研发与创新，探索可持续性的商业模式；同时结合公司在行业技术标准体系研究及技术标准制定修订方面丰富的实践经验，研究构建生物天然气行业技术标准体系，制定亟需的生物天然气行业技术标准，占领生物天然气行业技术制高点，奠定集团生物天然气行业技术优势地位，支撑和引领生物天然气行业发展。

4.2 决策风险分析

德国与瑞典的成功案例告诉我们，发展生物天然气是具有可行性的，生物天然气技术亦日趋成熟，技术风险相对较低，但国内生物天然气提纯技术有待进一步提高；诚然，在中国投资生物天然气项目还需要特别关注政策风险，包括财税支持政策的退出或支持力度减弱，过度保护国内技术设备，土地政策有待改善，县域配气管网、配电网不能公平接入，优惠电价、气价政策不落实等。

5 生物天然气技术

生物天然气关键技术主要包括收储技术、原料预处理技术、厌氧发酵技术、沼气提纯技术和电转气技术等。

5.1 收储技术

由于生物质能源利用技术正处于起步阶段，多数企业生产规模小、产业化水平低，缺乏完整的专业化原料收集、运输、储存及供应体系，尚未形成成熟的市场化收储模式，收储运输效率低，可持续发展能力不足。目前对于生物质收储体系的研究主要集中在秸秆，我国秸秆收集模式主要有三种，分为农民分散收集晾晒、由专业秸秆收储公司进行统一收集储存、沼气工程直接进行秸秆收集。秸秆收集后，为运输、利用以及储存方便，需进行预处理和存储，如压块造粒、通风仓干燥储存等。压块造粒设备通常有四种类型：活塞挤压成型、螺旋挤压成型、模压成型(包括平模和环模)、卷扭成型。对于捆型的储藏，通常采用干燥仓或通风仓储藏，利用热风强制循环或空气被动通风对流干燥方式，使热风在捆间或缝隙之间流动进行热交换，使捆型秸秆达到安全储藏水分12%～15%，从而延长储存时间和尽可能保持捆型秸秆品质。

5.2 原料预处理技术

预处理的目的是改变天然纤维素的结构，破坏纤维素-木素-半纤维素之间的连接，降低纤维素的结晶度，脱去木素，增加原料的疏松性以增加纤维素酶系与纤维素的有效解除，从而提高原料的可生物降解性能和消化效率。目前，木质纤维素原料预处理方法主要有：生物法、物理法和化学法等，各方法的主要原理为：①生物法主要是利用具有强木质纤维素降解能力的微生物对秸秆先进行固态发酵，把秸秆中的木质纤维素预先降解成易于厌氧微生物消化的简单物质，以缩短随后的厌氧发酵时间、提高干物质消化率和产气率的方法；②物理法是指采用粉碎，包括切碎和研磨等对原料所进行的处理，破坏植物的纤维素结晶构造，使纤维素、半纤维素和木素的聚合度降低，增大原料中纤维素和半纤维素与微生物的接触面积，从而有利于原料水解反应的进行；③化学法包括用酸、碱、碳酸氢盐等进行浸泡处理以及臭氧处理等方法，主要有酸化、氨化、氧化、碱化等。

5.3 厌氧发酵技术

厌氧发酵技术是指在无氧条件下，发酵原料中的有机物，使其在厌氧菌作用下转化为甲烷的生物化学过程。在厌氧发酵过程中，大分子有机物被降解，转化为简单、稳定的物质，同时释放能量，最终转化为甲烷和二氧化碳，还有少量的 NH_3、H_2、H_2S、N_2。

目前在生物天然气行业内有多种发酵工艺技术，如 CSTR 全混技术、车库式干发酵技术、横推流发酵技术等，各发酵工艺技术特点主要有：①CSTR 全混技术属于湿法发酵工艺，具有能够有效处理高悬浮固体含量的物料、厌氧反应器内物料分布均匀、有效增加物料与微生物之间的接触、可完全对原料进行发酵等特点，适用于畜禽粪便、能源作物、餐厨垃圾、果蔬垃圾等原料；②车库式干发酵技术为非连续性（批示）技术，具有对预处理要求低、建造成本和运行成本低、易出现死角、无法完全发酵原料等特点，适用于家庭垃圾、厨余垃圾、秸秆以及其他杂质较多的有机废弃物；③横推流发酵技术采用横推流反应器，具有有助于微生物与原料接触、运行能耗低、可连续发酵、发酵浓度高、可完全对原料进行发酵等特点，适用于有机固体废弃物和城市生活垃圾等。

5.4 沼气提纯技术

为了提高厌氧发酵工程所获燃气的燃烧性能，使其能够同品质代替化石天然气，必须对厌氧发酵所得沼气进行提纯操作。沼气的净化提纯工艺主要是保留其可燃和助燃成分并对沼气中的二氧化碳、硫化氢、水和其他杂质进行去除。

现有的沼气提纯技术主要有高压水洗法、溶剂物理吸收法、溶剂化学吸收法、深冷法、膜分离法及变压吸附法等，各提纯技术的主要原理分别为：①高压水洗法主要是利用 CO_2 和 CH_4 在水中溶解度不同，通过物理吸收，实现 CO_2 和 CH_4 分离；②溶剂物理吸收法利用酸性气体和 CH_4 在溶剂中的溶解度不同，脱除 CO_2 和 H_2S；③溶剂化学吸收法是利用 CO_2 与溶剂发生化学反应，形成富液，然后富液进入解吸塔加热分解 CO_2，吸收与解吸交替进行，从而实现 CO_2 的分离回收，化学吸收法是采用胺溶液作为吸收液将 CO_2 和 CH_4 分离，溶剂主要有一乙醇胺溶液（MEA），二乙醇胺溶液（DEA）和甲基二乙醇胺溶液（MDEA）；④深冷法是利用沼气中 CH_4 和 CO_2 沸点和露点的显著差异，在低温条件下将 CO_2 转变为液体或固体，并使 CH_4 依然保持为气相，从而实现二者的分离；⑤膜分离法原理是利用各气体组分在膜表面的吸附能力不同，溶解、扩散速率不同，在膜两侧分压差的推动下，大部分 CO_2 等组分和少量的 CH_4 透过膜壁进入渗透侧分离出去，大部分 CH_4 在高压侧作为生物天然气输出；⑥变压吸附法是在加压条件下，利用沼气中的 CH_4、CO_2 以及 N_2 在吸附剂表面被吸附的能力不同而实现分离气体成分的一种方法。

5.5 电转气技术

近年来，能源消费带来的环境压力逐渐加大，能源开发与利用的重心逐步转向风能等可再生能源。然而在可再生能源的转化利用中，弃风、弃光等现象仍然存在，为提升能源转换和利用效率，不同能源系统之间的耦合逐渐受到关注。传统的电力系统通过燃气机组与天然气系统相联系，近年来出现的电转气（Power to Gas，PtG）技术使得二者之间的闭环耦合成为可能。PtG 技术可将电能转换成氢气或天然气，使得电力系统无法消纳的风能、太阳能等可再生能源的发电经转换后被注入天然气网络进行输送和储存，从而明显加大能源优化利用的空间。

电转气技术原理主要包括电解水反应和甲烷化反应，其化学反应式分别见(34-1)和(34-2)。电解水反应是通过电解水产生氢气和氧气，电解水制氢过程是一种能量转换的过程，即将一次能源转换为能源载体氢能的过程。电解水制氢方法主要有碱性电解水制氢、固体聚合物电解水制氢、高温固体氧化物电解水制氢。甲烷化反应是指 CO_2 在一定的温度和甲烷化催化剂作用下，与 H_2 发生反应，生成 CH_4 和水蒸气的过程，是 CO_2 循环再利用的有效途径之一。

$$4H_2O + \text{Electricity} \longrightarrow 4H_2 + 2O_2 \tag{34-1}$$

$$CO_2 + 4H_2 \longrightarrow CH_4 + 2H_2 \tag{34-2}$$

甲烷化反应的反应物 CO_2 来源多，电转气可与沼气厂、污水处理厂、燃煤电厂等工程联产，有效节省投资，实现综合效益优化。比如电转气与沼气厂工程联产，将沼气中的 CH_4 和 CO_2 分离，净化后的 CH_4 注入天然气网络，CO_2 用作电转气的反应物，另外甲烷化反应产生的热量可供沼气厂和沼气净化装置使用。电转气与沼气厂工程联产如图 34-2 所示。

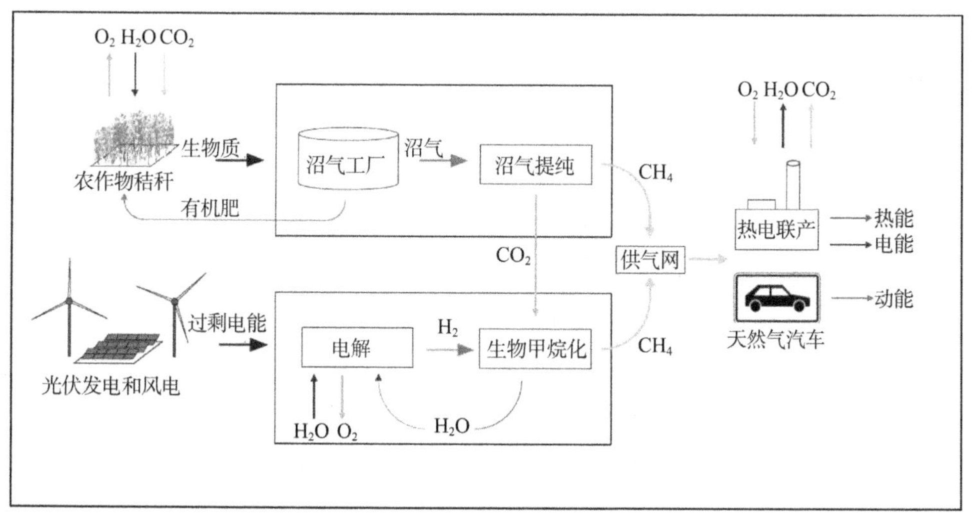

图 34-2 电转气技术与沼气厂联产示意图

6 生物天然气行业技术标准体系构建

6.1 生物天然气行业技术标准体系现状

我国生物天然气行业涉及多个传统行业，工艺路线不尽相同，设备水平也是参差不齐，尚未建立生物天然气行业技术标准体系，严重缺乏针对生物天然气的准入、设备、产品、工程技术等方面的标准规范，影响了生物天然气行业长远、健康发展。因此我国生物天然气行业迫切需要建立一套完整有效、科学合理的生物天然气行业技术标准体系，为行业向规范化、标准化发展指明方向，为生物天然气工程建设和运行管理提供技术保障和支持。

通过梳理分析我国已出台的沼气、生物天然气等相关的国家标准、行业标准、地方标准，可进一步了解我国生物天然气行业技术标准体系现状，为后续构建生物天然气行业技术标准体系提供指导。在总结我国沼气工程建设积累的经验和先进的科研成果基础上，农业农村部出台了一系列沼气工程标准，见表 34-2，规范了沼气工程的工艺设计、施工与验收、运行管理、安全防护及质量评价等。但目前大型沼气工程更多是为处理畜禽场粪便服务的辅助工程，沼气工程面临运行困难、经济性差、产气效率低等诸多挑战，不利于实现规模化、商业化可持续发展，因此现有标准规范无法满足生物天然气行业工艺设计、工程建设、项目运营需要。

同时生物天然气行业相关联盟组织积极发挥平台作用，推动行业政策和标准制定，规范行业有序健康发展。如中关村紫能生物质燃气产业联盟积极研制行业覆盖广泛、技术/装备/产品匹配度高、市场需求响应及时的联盟标准，目前已完成《提纯制备生物天然气技术规程——膜法》《提纯制备生物天然气技术规程——水吸收法》《生物天然气检测方法》等团体标准的制定工作，见表 34-3。

表 34-2　沼气工程相关技术标准

序号	标准名称	标准简介
1	《大中型沼气工程技术规范》GB/T 51063—2014	本规范适用于采用厌氧消化工艺处理农业有机废物、工业高浓度有机废水、工业有机废渣、污泥，以供气为主且沼气产量不小于 500 m^3/d，新建、扩建和改建的沼气工程的设计、施工安装、验收及运行维护
2	《沼气工程技术规范 第 1 部分：工艺设计》NY/T 1220.1—2006	本部分规定了沼气工程工艺设计内容、设计原则及主要工艺设计参数等。 本部分适用于新建、扩建与改建的沼气工程，不适用于农村户用沼气池
3	《沼气工程技术规范 第 2 部分：供气设计》NY/T 1220.2—2006	本部分规定了沼气工程中的沼气净化、储存、输配和利用及安全的技术要求。 本部分适用于新建、扩建或改建的沼气工程供气设计；不适用于农村户用沼气池设计
4	《沼气工程技术规范 第 3 部分：施工及验收》NY/T 1220.3—2006	本部分规定了沼气工程施工及验收的内容、要求和方法。 本部分适用于新建、扩建与改建的沼气工程，不适用于农村户用沼气池
5	《沼气工程技术规范 第 4 部分：运行管理》NY/T 1220.4—2006	本部分规定了沼气工程运行管理、维护保养、安全操作的一般原则以及各个建筑物、仪器设备运行管理、维护保养、安全操作的专门要求。 本部分适用于已建成的沼气工程，不适用于农村户用沼气池
6	《沼气工程技术规范 第 5 部分：质量评价》NY/T 1220.5—2006	本部分规定了沼气工程质量的划分，给出了沼气工程质量的基本评价指标和评分要求，并规定了沼气工程质量评价的方法。 本部分适用于新建、扩建及改建沼气工程的质量评价，不适用于评价农村户用沼气池
7	《沼气工程技术规范 第 6 部分：安全使用》NY/T 1220.6—2014	本部分规定了沼气工程安全使用的基本要求，控制沼气生产及利用过程安全影响因素的一般要求、安全防护技术措施、安全管理措施。 本部分适用于已建成并竣工验收投入使用的沼气工程

续表

序号	标准名称	标准简介
8	《规模化畜禽养殖场沼气工程运行、维护及其安全技术规程》NY/T 1221—2006	本标准规定了“规模化畜禽养殖场沼气工程”运行、维护及其安全技术要求。 本标准适用于规模化畜禽养殖场和规模化饲养小区的“沼气工程”
9	《沼气工程沼液沼渣后处理技术规范》NY/T 2374—2013	本标准规定了从沼气工程厌氧消化器排除的沼液沼渣实现资源化利用或达标处理的技术要求。 本标准适用于以畜禽粪便、农作物秸秆等农业有机废弃物为主要发酵原料的沼气工程，以其他有机质为发酵原料的沼气工程参照执行
10	《沼气工程储气装置技术条件》NY/T 2598—2014	本标准规定了设计压力 $P \leqslant 0.6MPa$，有效容积 V 为 50 m^3～3 000 m^3，用于沼气工程的储气装置分类选择及技术条件。 本标准适用于新建、改建和扩建的沼气工程作为沼气储存、缓冲、稳压等的储气装置
11	《沼气工程发酵装置》NY/T 2854—2015	本标准规定了沼气发酵装置的分类与型号标记、技术要求、检验规则以及标识、包装、运输与储运等要求。 本标准适用于以液体或固体有机废弃物为原料，经过厌氧消化生产沼气的发酵装置，包括钢筋混凝土发酵装置、拼装或焊接钢板发酵装置
12	《秸秆沼气工程施工操作规程》NY/T 2141—2012	本标准规定了秸秆沼气工程施工操作的一般原则，以及主要建(构)筑物的施工、电气设备及仪表设备的安装、给排水及供热工程的施工、消防设施的施工等基本操作规程。 本标准适用于以农作物秸秆为主要原料的沼气工程施工，不适用于农村户用秸秆沼气
13	《秸秆沼气工程工艺设计规范》NY/T 2142—2012	本标准规定了秸秆沼气工程工艺设计的一般规定、设计内容、主要技术参数和工程设计参数。 本标准适用于以农作物秸秆为主要原料(发酵原料中秸秆干物质含量大于50%)沼气工程的工艺设计，不适用于农村户用秸秆沼气
14	《秸秆沼气工程运行管理规范》NY/T 2372—2013	本标准规定了秸秆沼气工程运行管理、维护保养和安全操作等方面的技术要求。 本标准适用于新建、扩建或改建的秸秆沼气工程
15	《秸秆沼气工程质量验收规范》NY/T 2373—2013	本标准规定了秸秆沼气工程建设质量验收的内容和检验方法。 本标准适用于新建、扩建或改建的秸秆沼气工程
16	《秸秆沼气集中供气系统工程设计、施工及验收规范》DB 13/T 1305—2010	本标准规定了秸秆沼气集中供气系统工程设计、施工及验收的内容、要求和方法。 本标准适用于新建、扩建与改建的秸秆沼气工程，不适用于户用沼气及其他类型的沼气工程

表 34-3　生物天然气相关技术标准

序号	标准名称	标准简介
1	《提纯制备生物天然气技术规程——膜法》T/BGLM 0003.03—2017	本标准规定了膜法提纯制备生物天然气的方法，规定了术语和定义、技术要求、工业设备与材料、电气与安全系统
2	《提纯制备生物天然气技术规程——水吸收法》T/BGLM 0003.02—2017	本标准规定了以厌氧发酵产生的沼气(或填埋气)为原料气通过水吸收法提纯制备生物天然气的术语与定义、技术要求、工艺设备与材料、电气与过程控制等。 本标准适用于新建、改建和扩建的水吸收法提纯制备生物天然气设备的设计、安装调试、运行及验收等

续表

序号	标准名称	标准简介
3	《生物天然气检测方法》T/BGLM 0002.05—2017	本标准规定了生物天然气的技术要求、取样要求、检验方法和规则、质量控制。 本标准适用于利用农作物秸秆、林木废弃物、食用菌渣、畜禽粪便等生物质资源作为原料转化成的生物质燃气
4	《车用压缩天然气》GB 18047—2000	本标准规定了车用压缩天然气的技术要求和试验方法。 本标准适用于压力不大于 25 MPa，作为车用燃料的压缩天然气
5	《天然气中水含量的测定 电子分析法》GB/T 27896—2011	本标准规定了用电子水分分析仪测定天然气中水含量的试验方法。 本标准适用于天然气中水含量的测定
6	《城镇燃气分类和基本特性》GB/T 13611—2016	本标准规定了城镇燃气的术语和定义、分类和技术要求、特性指标计算方法、特性指标要求和民用燃气燃烧器具的试验气。 本标准适用于作城镇燃料使用的各种燃气的分类
7	《城镇燃气设计规范》GB 50028—2006	本标准适用于煤的干馏制气、煤的气化制气与重、轻油催化裂解制气及天然气改制等工程设计
8	《城镇燃气输配工程施工及验收规范》CJJ 33—2005	为规范城镇燃气输配工程施工及验收工作，提高技术水平，确保工程质量、安全施工、安全供气，制定本规范。 本规范适用于城镇燃气设计压力不大于 4.0 Mpa 的新建、改建和扩建输配工程的施工及验收

6.2 生物天然气行业技术标准体系构建初步设想

国家发展改革委和农业农村部联合印发了《全国农村沼气发展“十三五”规划》，明确“十三五”时期的农村沼气发展，要以深化农村沼气转型升级作为主线，特别是将政策支持的重点放在生物天然气工程和大型沼气工程上面。而要实现“十三五”农村沼气发展的相关目标，关键要解决当前生物天然气工程和大型沼气工程建设运营中面临的行业壁垒、体制障碍、政策瓶颈、标准缺失等问题。另外，国家能源局发布《关于促进生物天然气产业化发展的指导意见(征求意见稿)》(以下简称《指导意见》)指出，应建立健全行业标准体系，加快制定出台生物天然气系列标准，包括生物天然气产品和并入燃气管网标准、工程设计规范、工程污染物排放标准、有机肥工程规范等。因此开展生物天然气行业技术标准体系研究，形成一套科学合理、适用可行的生物天然气系列标准，可有效解决目前生物天然气行业技术标准体系不健全、标准缺失等问题，提升生物天然气行业技术水平和标准引领能力，满足生物天然气行业技术、安全、健康发展的需要。

生物天然气工程是一项涉及多行业、多专业的综合性系统工程，根据生物天然气工程的项目组成和技术要求，在参考沼气工程、秸秆沼气工程等标准体系基础上，分析现有标准体系与生物天然气有关的技术规范和标准，构建生物天然气行业技术标准体系层次结构，完成生物天然气行业技术标准体系的顶层设计；再根据顶层设计分批有序高效地开展规程规范、技术标准的制定工作。

建议在构建生物天然气行业技术标准体系框架时，充分研究分析生物天然气行业技术标准需求，按照生物天然气工程全生命周期的序列展开，划分为规划设计、建造验收、运行维护、退役 4 个阶段；对于工程全生命周期中各阶段的标准，再进一步按照专业门类、项目组成、建(构)筑物、工艺设计或设备类型等进一步分层展开，从而构建生物天然气行业技术标准体系，为生物天然气工程建设和运行管理提供技术保障和支持，其结构层次组合见图 34-3。

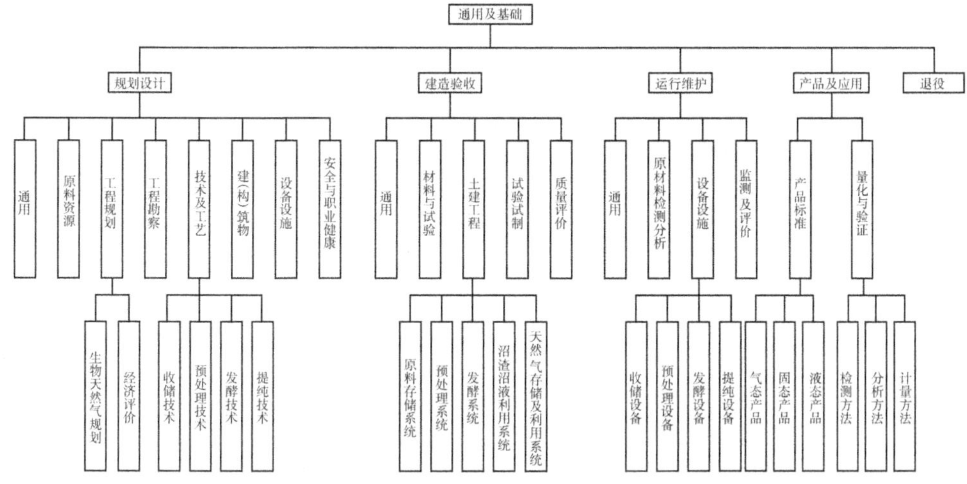

图 34-3 生物天然气行业技术标准体系

6.3 体系各层次标准内容说明

根据标准的内在联系特征及生物天然气行业技术的特点，生物天然气行业技术标准体系采用分层结构，主要由三个层次组成。

第一层次为生物天然气行业的“通用及基础标准”，是指导整个生物天然气工程全生命周期的基础性技术标准，具有广泛的指导性。

第二层次为按生物天然气工程全生命周期不同时序阶段展开的标准，按生物天然气行业的实际情况分为“规划设计”“建造验收”“运行维护”“退役”4 个阶段，考虑到生物天然气行业涉及生物天然气的生产及应用，因此增加“产品及应用”阶段。每个阶段的通用标准是本阶段应普遍遵守的技术标准，除阶段通用技术标准外还包括若干专业分支，见表 34-4。

第三层次为生物天然气工程各时序阶段按专业门类或建筑物类别、设备类别等展开的专业技术标准。

表 34-4 标准体系各层次标准内容说明表

专业序列	标准包括内容及解释说明
通用及基础	
规划设计	
通用	设计阶段划分、工作深度、报告编制规定、综合规划及设计综合性标准
原料资源	畜禽粪便、秸秆、城镇生活垃圾、工业有机废弃物等生物质原料资源调查、分析
工程规划	生物天然气规划(产气量计算等)、经济评价

续表

专业序列	标准包括内容及解释说明
工程勘察	工程勘察综合、工程地质、工程测量、勘探物探等
技术及工艺	收储、预处理、发酵及提纯技术及工艺标准
建(构)筑物	预处理工程、发酵工程及提纯工程等的建(构)筑物
设备设施	收储、预处理、发酵及提纯设备设施的选型、技术要求
安全与职业健康	安全评价、劳动安全与工业卫生设计、安全防护设施设计
建造验收	
通用	竣工文件编制、竣工财务决算编制、施工监理、施工测量等综合性标准
材料与试验	掺合料、添加剂等材料技术规程、试验规程
土建工程	原料存储系统、预处理系统、发酵系统、沼渣沼液利用系统、天然气存储及利用系统等土建工程建设
试验试制	材料、设备等试验,工厂制气试生产等
质量评价	工程质量评价
运行维护	
通用	工艺系统、工厂等运行维护的综合性标准
原料检测分析	秸秆、畜禽粪便等原料检测分析要求
设备设施	收储设备设施、预处理设备设施、发酵设备设施及提纯设备设施的运行维护
监测及评价	工厂运行监测,运行效果评价等
产品及应用	
产品标准	气态产品、固态产品、液态产品等产品质量标准
量化与验证	产品的检测、分析、计量方法等
退役	退役通则

6.4 建议近期开展的标准项目

根据生物天然气行业技术标准体系现状及体系构建初步设想,建议按照逐步调整与不断完善相结合、整体推进与分步实施相结合、协同有序建设与不断推广升级相结合的方法开展生物天然气行业技术标准体系构建。

结合当前生物天然气行业现状和工程建设需要,建议组织开展若干重要且紧缺的技术标准制定工作,见表 34-5。

表 34-5 建议近期开展的技术标准项目清单

序号	标准编号	标准名称
1	Q/PWEG XXX—201X	生物天然气工程建设管理规程
2	Q/PWEG XXX—201X	生物天然气工程设计阶段划分及工作规定

续表

序号	标准编号	标准名称
3	Q/PWEG XXX—201X	生物天然气工程综合规划设计编制规程
4	Q/PWEG XXX—201X	生物天然气工程可行性研究报告编制规程
5	Q/PWEG XXX—201X	生物天然气工程初步设计报告编制规程
6	Q/PWEG XXX—201X	生物天然气工程原料资源调查规范
7	Q/PWEG XXX—201X	生物天然气工程产气量计算规范
8	Q/PWEG XXX—201X	生物天然气工艺设计技术规范
9	Q/PWEG XXX—201X	生物天然气工程预处理技术规程
10	Q/PWEG XXX—201X	生物天然气工程厌氧发酵技术规程
11	Q/PWEG XXX—201X	生物天然气工程提纯技术规程——变压吸附法
12	Q/PWEG XXX—201X	生物天然气产品质量标准

四 其他

35

实施技术标准化战略　提升企业核心竞争力

该篇论文是为管理创新征稿而作，没有公开发表过。王正发是第一作者，第二作者是王佳佳，第三作者是张振洲。

摘　要：本文通过技术标准化对企业竞争优势的影响分析，提出实施企业技术标准引领战略，提升企业核心竞争力和品牌影响力，促进水环境治理行业培育和健康发展。

关键词：水环境治理　　技术标准化　　技术标准体系

Implementing Technology Standardization Strategy to Enhance Core Competitiveness of Enterprises

Wang Zhengfa, Wang Jiajia, Zhang Zhenzhou

(PowerChina Water Environment Governance, Shenzhen 518102, China)

Abstract: Through the analysis of the influence of technology standardization on the competitive advantage of enterprises, the leading strategy of enterprise technical standards is proposed, which will enhance the core competitiveness and brand influence of the enterprises, and promote the cultivation and healthy development of the water environment governance industry.

Key Words: water environment governance; technology standardization; technical standard system

1　前言

随着城市人口总量和密度的增加以及经济的发展，城市生活与生产的污水排放呈现几何倍数增长，水资源短缺、洪涝灾害频发、水环境污染、水生态退化形势严峻，城市水环境问题日益突出。为贯彻落实国家生态文明建设战略，水环境治理行业正迎来巨大的发展机遇期。2016 年 9 月 22 日，国家发展改革委、生态环境部印发《关于培育环境治理和生态保护市场主体的意见》（发改环资〔2016〕2028 号），旨在加快培育环境治理和生态保护市场主体，打造一批技术领先、管理精细、综合服务能力强、品牌影响力大的国际化环保公司，鼓励企业开展环保科技创新，支持环保企业技术研发。这是水环境治理企业崛起的重要契机，是技术创新战略的政策支持。

根据《国务院关于印发深化标准化工作改革方案的通知》（国发〔2015〕13 号），国家鼓励企业制定高于国家标准、行业标准、地方标准，具有竞争力的企业标准。国家标准化工作改革要求发挥标准化在推进国家治理体系和治理能力现代化中的基础性、战略性作用。

现阶段我国环保企业正通过创新经营模式实现企业规模扩张，不断开辟水环境治理工程勘察设计、施工和投资运营市场，试图争取市场主导地位，抢抓市场潜在的爆发性增长机会。环保企业要在激烈的市场竞争中脱颖而出，必须以技术为先导，以资本为依托，以服务为宗旨，整合社会资源和环保产业链；同时必须高度重视技术标准的竞争在市场竞争中的支撑和引领地位，企业能否利用技术标准创造高附加价值，充分发挥"标准化＋"效应，实施有效的企业技术标准化战略将成为打造和经营水环境治理行业领军企业成败的关键。

2 技术标准化对企业竞争优势的影响分析

企业技术标准化是一种围绕技术标准而制定的使企业在竞争中处于有利地位的总体谋划。具体地讲，企业技术标准化是指企业从自身的发展出发，利用标准和标准化这一武器，在技术竞争和市场竞争中谋求利益最大化的方略。其内容涉及面很广，包括标准与科技协调发展，标准与知识产权的结合，标准的制定、使用、管理等多方面的内容。

技术标准作为推动技术与经济结合、参与市场竞争和扩大技术垄断的重要手段，日益成为国内各大企业的竞争焦点。在现代市场经济中，技术标准是水环境治理企业获得市场竞争力的重要体现，它不仅有利于企业推广新技术，提高经济效益，同时有利于企业组织和协调生产活动，推动企业实现科学管理。纵观企业的长远发展，实施技术标准化战略将是水环境治理企业持续发展的硬道理，掌握标准制高点的水环境治理企业将成为行业的主导者，掌握了具有自主知识产权的技术标准，才能使企业在行业中处于难以超越的领先地位。技术标准对企业竞争优势的提升，主要表现为如下几个方面：

（1）获得知识产权，促成规模效益

企业技术标准化建设通常围绕技术标准及知识产权而进行，涉及技术的开发、技术标准制定、专利利用、技术管理与使用等多个方面。企业竞争优势在很大程度上取决于以技术创新为核心的技术标准的"集成"速度，其影响着企业技术创新的进程，也决定了企业能否在技术进步中获得利益。企业利用标准实现价值垄断，从而获得持续发展。从用户需求角度看，标准制定和实施过程将有助于创造规模需求，当技术标准所指向的市场规模增大时，容易形成市场垄断，企业可以获得更大的高额垄断利润。

（2）创造新型生产要素，促进企业相关领域发展

在技术标准化的过程中，水环境治理企业在政府规制、市场竞争等诸多方面因素的促动下，会加快技术创新速度，提高企业技术水平，向社会提供更高标准的产品或服务。这要求企业必须不断对其生产要素加以改良或改善，从而创造出能提高技术水平且能提高其市场竞争力的新型生产要素，对上下游产业及相关领域产生巨大的波及效应，进一步提高其上下游配套产品的技术水平。因此，技术标准化对企业结构调整、推动相关领域的发展具有积极意义。

（3）抓住市场先机，引领行业发展

企业技术标准化战略已成为新经济时代发展的必然产物，当企业拥有先进技术标准，并建立了较大的用户使用基础，企业可以实施标准主导战略，控制标准的形成和发展；掌

握标准制高点的企业才会成为行业中的主导者，通过控制标准来取得企业的竞争优势，抢占市场先机，引领行业发展，使企业在激烈的市场竞争中立于不败之地。

3 实施企业技术标准化战略的创新措施

中电建水环境治理技术有限公司是承接电建集团三大业务板块（能源电力、水资源与环境、基础设施）之一的水资源与环境治理平台公司。为将水环境公司打造成为质量效益型的一流水环境治理集团和行业的领军企业，公司自成立之初，就充分认识到实施技术标准化战略对抢占技术制高点和形成公司核心竞争力的重要意义。因此，确立了技术标准引领战略，采取了以下创新措施实施公司技术标准化战略：

（1）设立技术标准部统领实施企业技术标准化战略

为落实电建集团“科技引领、创新驱动”发展战略，构建企业组织架构时，专门设立了技术标准部，统领实施公司技术标准化战略，积极抢占水环境治理技术制高点。

（2）成立公司技术标准专业委员会

为推进企业标准化建设，加强企业技术标准管理，促进企业技术进步与科学发展，专门成立了技术标准专业委员会，制定公司技术标准化战略和构建技术标准体系。

（3）推进水环境治理技术标准体系研究

坚持“以科技促发展、以发展促效益”的工作思路，大力推进水环境技术标准化体系建设，推进以市场为导向、以行业引领为目标、涵盖水环境治理工程全生命周期的水环境治理技术标准体系构建工作，为抢占水环境治理技术标准制高点奠定基础。

（4）开展水环境治理行业紧缺技术标准编制

坚持以不断适应水环境治理工程建设活动实际需求为出发点和落脚点，联合国内诸多大型设计院、科研院所、工程单位等，开展水环境治理工程急需、行业紧缺的技术标准研究与制定工作，为工程建设项目的推进提供保障。

4 实施技术标准化战略的成效

坚持“科学创新闯市场、精益求精铸企业”的发展思路，积极实施公司技术标准化战略，从组织构建、技术保障等方面，在技术标准化战略一系列创新措施实施下，企业技术标准化工作取得了良好成效，形成了丰富的实践成果，有力支撑了公司的快速发展，并对行业的培育起到了积极促进作用。

（1）科学构建了水环境治理技术标准体系

在广泛搜集、整理我国现有国家、行业及地方的水环境相关标准，以及调研、分析国内相关企业在水环境治理领域积累的工程实践经验和遇见的各方面标准问题基础上，从企业层面持续开展水环境治理技术标准体系研究工作。结合水环境治理工程的一般项目组成和工程特点，建立了一套层次清晰、结构合理、分类科学，具有一定的可分解性和可扩展性的技术标准体系，内容涵盖水环境治理工程规划、工程勘察设计、工程施工与验收、工程运行维护、工程管理、工程安全等环节，对指导水环境治理工程开展和完善国家及行业水环境标准体系建设有积极促进作用。

(2) 发布了水环境治理系列技术标准

在水环境治理技术标准体系研究成果基础上，深入开展技术标准研究与制定工作，形成了涵盖水环境治理工程主要建设环节的系列标准，包括水环境治理工程建设管理程序、设计阶段划分及工作规定、综合规划设计报告编制、可行性研究报告编制、初步设计报告编制、雨污管网工程施工及验收、环保清淤工程设计及施工、河湖污泥处理处置等相关标准。截至 2018 年 6 月，已累计发布实施企业标准 16 项、主编深圳市地方标准 3 项、主编广东省地方标准 1 项。

(3) 有效形成了公司核心竞争力

环保产品的技术创新是环保企业营销战略的核心。公司积极实施企业技术标准化战略所取得的技术标准化成果，填补了国内相关领域的空白，不仅有力地支撑了水环境治理工程建设，同时也提升了企业在国内水环境治理产业中的品牌影响力，对引领水环境治理领域健康发展起到了促进作用，有效形成了公司的核心竞争力之一，为公司开拓市场提供了有力支撑。

(4) 对行业的培育起到良好的促进作用

技术标准是抢占产业制高点的有力手段之一，谁制定的技术标准为外界所认同，谁就会从中获得巨大的市场和经济利益。通过积极实施企业技术标准化战略，形成了水环境治理技术标准体系和技术标准成果，全力推进了公司提质增效发展，凸显了公司在水治理行业内工程建设标准化的示范性和引领性作用，积极促进了水环境治理的行业培育。

5 结语

通过积极实施技术标准引领战略，开展水环境治理技术标准体系研究、技术标准制定等工作取得的标准化建设成果，有效提升了企业的核心竞争力，对支撑公司在水环境治理领域标准化工作方面的引领奠定了良好基础，对提升电建集团水环境治理科技水平和引领水环境治理行业技术发展方向提供了保障。同时，已取得的技术标准成果，也正在逐渐改变水环境治理工程建设各环节无标可依的局面，对水环境治理的行业培育起到了良好的促进作用。

参考文献

[1] 贺朝铸. 环保企业标准化建设存在的主要问题及对策[J]. 中国环保产业，2007(2):32-34+38.

[2] 赵树宽，鞠晓伟，陆晓芳. 我国技术标准化对产业竞争优势的影响机理研究[J]. 中国软科学，2004(1):13-17+78.

[3] 韩新涛. 标准化与创新机制的科学构建对企业持续发展的影响[J]. 工程建设标准化，2017(2):66-71.

36

任职技术研发中心总经理表态发言

2021年4月初，公司董事长、党委书记刘国栋找我谈话，说经党组织研究决定拟让我任公司技术研发中心总经理，问我是否愿意转岗，我没有犹豫地回答了刘书记，我愿意，并感谢领导的信任。我当时任中电建生态环境集团有限公司全资子公司深圳国涚检测技术有限公司支部书记，从2019年11月电建生态公司机构改革由15个部门改为10大中心，技术标准部解散算起，我离开公司总部已有1年5个月，离我改任公司咨询也就1年多一点时间，在这个时间节点让我转岗，任公司技术研发中心总经理，我没有想过，甚感诧异。但我还是从内心感谢领导对我的信任，下决心一定努力做好本职工作，不能辜负党组织和领导对我的信任，要为公司的健康发展贡献力量。下面是我在任职技术研发中心总经理的干部大会上的表态发言。

首先，我要感谢刘董、公司党委、公司领导班子对我的信任，决定让我出任公司技术研发中心总经理一职，我深感荣幸。同时，我也要感谢我的前任晓原总经理及其领导的团队，他这几年的辛勤工作为我今后的工作奠定了较好的基础。

在我国全面建成小康社会和开启全面建设社会主义现代化国家新征程的“两个一百年”历史交汇的关键节点和国家“十四五”开局之年，我国经济社会进入了高质量发展的新阶段。新阶段、新起点、新格局面临一系列新挑战，向我们提出了更高要求，给我们公司发展也带来了再上一个新台阶的机会。挑战和机会并存，作为央企应勇于担起建设社会主义现代化国家的历史使命，为把我国建成富强民主文明和谐美丽的社会主义现代化强国贡献力量。

在这关键时刻，公司主要领导将技术研发中心总经理的重要岗位职责赋予我，我深感责任重大、使命光荣！在此，我郑重表态，我将不忘初心、牢记使命，自觉增强“四个意识”，坚定“四个自信”，坚决做到“两个维护”，以习近平新时代中国特色社会主义思想为指引，认真贯彻十九大系列全会精神，勇于担当，带领团队，以国家生态文明建设和美丽中国建设为团队使命，大胆创新，行胜于言，坚决执行公司发展战略，以国家发展需要和公司发展需要为我的努力方向，以“时不我待，只争朝夕，不负韶华”的精神状态，努力工作，攻坚克难，争创科研佳绩，全方位支持公司各项业务高质量发展。我将重点从以下几个方面做好公司科技创新管理和技术研发工作。

第一，志存高远，对标国际，打造一支创新型研发团队。

新时代，我国经济发展的重要特征，就是已由高速增长阶段转向了高质量发展阶段，急需创新人才。

习近平总书记强调,“发展是第一要务,人才是第一资源,创新是第一动力”。强起来要靠创新,创新要靠人才,国家实力的竞争实质上也是人才的竞争。企业的发展离不开人才,企业的竞争也已变为各个层级人才的全面竞争,创新人才的培养和创新团队的建设是企业健康稳定持久发展的重要保障。

随着人口增长、气候变化、资源环境承载力下降,我们公司从事的水资源与生态环境治理行业,出现了许多新问题、新挑战,需要采用创新思维和人才去攻坚克难。我们处在改革开放的前沿,中国特色社会主义先行示范区的特区深圳市,要以为中华民族伟大复兴事业贡献自己的智慧和力量为荣,志存高远,对标国际,利用一切有利资源将员工培养成行业里的专家能手、领军人才,进一步提高创新能力和团队协作能力,挖掘员工潜力,构建集团人才梯队,打造一支创新型研发团队,为集团发展储备中坚力量和提供人才保障。

第二,紧盯水利、生态环境等政府部门“十四五”发展规划,完善公司“十四五”科技研发子战略。

“十四五”时期是我国开启全面建设社会主义现代化国家新征程的第一个五年,是承前启后的关键发展时期。

党的十九届五中全会通过的《中共中央关于制定国民经济和社会发展第十四个五年规划和二〇三五年远景目标的建议》(以下简称《建议》),为未来五年经济社会发展指明了方向、提供了遵循。

我们要认真学习《建议》精神,紧盯水利部、生态环境部、自然资源部等政府部门“十四五”发展规划,完善公司“十四五”科技研发子战略,为实现公司“十四五”总体战略目标奠定科技研发基础。

第三,持续开展水资源与生态环境治理技术体系和技术标准体系研究,为公司各项业务提供技术支撑。

以习近平新时代中国特色社会主义思想和习近平生态文明思想为指引,坚决贯彻新发展理念,树立和践行绿水青山就是金山银山的理念,统筹山水林田湖草海湾系统治理,贯彻习近平新时代“节水优先、空间均衡、系统治理、两手发力”治水思路,以问题和市场为导向,创新驱动发展,围绕持久水安全、优质水资源、健康水生态、宜居水环境、先进水文化等五个方面的新问题、新挑战,瞄准数字映射、数字孪生、仿真模拟等信息技术在流域水信息模型、水资源智慧管理和水资源与生态环境治理、“水环境+”业务中的应用研究热点问题,持续开展水资源与生态环境治理技术体系和技术标准体系研究,开展科研攻关,不断完善丰富电建生态“流域统筹,系统治理”治理理念的内涵,为公司各项业务提供技术支撑,以引领和支持电建集团水资源与生态环境业务板块健康发展。

第四,有序开展技术标准、工法编制,积极申请专利,为公司市场经营创造良好条件,不断提高公司品牌影响力。

第五,鼓励研发人员积极参与公司市场经营前期方案筹划、投资机会研究和公司项目建设方案技术评审。加强理论联系实际,提高科研为公司市场经营、投资和工程建设生产服务的技术支持能力,为锻炼人才、培养人才提供练兵场。

第六,积极申报电建集团、省市科研课题,加大基础应用研究力度,重点突破制约公司发展的技术瓶颈。

第七，做好公司在建项目研发费用归集，积极开展博士后科研工作站、博士工作站、电建水环境治理工程中心等平台工作，力争取得实质进展，确保公司国家高新技术企业维护。

第八，积极申报各级科研成果奖励，加强科技成果转化力度，形成公司有效生产力，促进公司科技研发健康稳定持续发展。

谢谢大家！

王正发

2021 年 4 月 16 日

37

第一次技术研发中心全体员工大会上的发言

我自2021年4月任公司技术研发中心总经理，当时，研发中心管理岗位有4人，我为总经理，侯志强为副总经理，李金波为高级经理，俞静雯为专业经理；龙舟、徐宏亮、薛信恺、李兴鹏、谭鹏、徐浩、商放泽、余艳鸽、刘禹、韩景超等10人没有岗位，还有从大空港片区水环境综合治理项目部和茅洲河流域水环境（宝安片区）综合治理项目部借调的韩凯御和陈环瑜，电建通上均显示为其他，他们属于公司正式员工，但没有明确的管理工作岗位。管理岗位的员工，思想稳定，工作态度端正；而其他没有岗位的12人，其中6人有博士学位，6人有硕士学位，均属高层次人才，由于他们没有明确的工作岗位已有1年6个月，其工作目标不明确，处于无人管的状态，人心浮动，信心动摇，科技研发人才队伍不稳，都在积极准备离职寻求更好的个人职业发展。面临这样的工作氛围，我急需稳定人心，统一思想，树立信心，打造技术研发管理团队和技术研发团队，才能履行好公司赋予技术研发中心的职责。为此，我在干部大会的第二天，就召开了部门内部的闭门会议。这是我在主持召开的第一次技术研发中心全体员工大会上的讲话，目的是和技术研发中心员工进行交流，打造团队，树立信心，建立目标。

今天是内部会议，我和大家谈谈心，也想听听大家的想法。

我谈六个方面：一是使命；二是态度；三是目标；四是能力；五是方法；六是要求。

一、谈使命

首先，谈使命，我们常说，不忘初心、牢记使命，电建生态公司的使命就是以习近平新时代中国特色社会主义思想为指引，按照“节水优先、空间均衡、系统治理、两手发力”治水思路和习近平生态文明思想的要求，以持久水安全、优质水资源、健康水生态、宜居水环境和先进水文化为目标，勇于担当，努力为国家生态文明建设、美丽河湖建设、美丽中国建设，现代化强国建设、实现中华民族伟大复兴，贡献自己的智慧和力量，正所谓“男儿当自强”，“巾帼不让须眉”，我们应当最大化地实现人生价值！干事创业，在新时代、新阶段、新格局、新起点、新征程中再出发，建功立业，竞放各自生命的精彩，让青春在不懈奋斗中绽放绚丽之花！

二、谈态度

我们常说态度决定一切。在座的各位学历都很高，来公司大多超过3年，对公司情况比较了解。自2019年12月竞聘上岗以来，公司情况发生了很大变化，已竞聘有岗位的人心里相对踏实一些，没有岗位的人员对自己目前的状态是不满意的，大家都希望公司尽快拿出解决方案。从目前情况看，公司还在研究。我想要说的是各位暂不要管公司如何决策，要端正工作态度，积极主动作为，努力证明自己存在的价值，为公司的发展贡献力量。我在任职表态发言中讲到，为做好公司科技创新管理和技术研发工作，要重视人才培养，要志存高远，对标国际，打造创新型研发团队。我本来想说打造一流创新型研发团队，但还是做了一点保留。坦率地说，公司各方面人才都比较缺，更缺高水平的创新人才。我虽然离开本部有一年半了，但还是比较了解你们的工作情况和实际水平。你们有相当的理论基础，但实际工作经验不足，尤其是大多没有工程建设、规划设计、运行管理、技术咨询等方面的经验。以前的事情我不多说，从现在起，希望大家能够积极主动，大胆创新工作，心往一块想，劲往一块使，形成良好的研发氛围，加强团队协作能力，共同打造创新型团队，努力将自己培养为行业专家，成为创新型团队中的一员。我坚信经营企业首先要经营人才，培养人才，我相信你们能行！

三、谈目标

过去我们常讲理想，对于你们这些已经完成学业教育的成人来说，似乎有点过时。但是，我认为，各位抱着各自的目的来深圳，追逐梦想，应有奋斗目标，有追求。深圳是我国改革开放的前沿，是先行示范区，生逢新时代，要干事创业，不要辜负青春年华！

我今年 56 岁了，按公司规定，满打满算，在技术研发中心总经理岗位任职时间也就是两年。公司领导班子让我任职这一岗位，对我是有期望的。我在任职表态发言中，也把我的想法讲了。我是有目标的，我的目标就是要打造一支创新型的研发团队，全方位给公司各项业务提供技术支撑，争创科研佳绩，不辜负公司领导的信任。

各位都是学有所成的人，我想各位对自己应该有较高的要求才对。我要告诉大家的是来深圳就要干点事，而且要尽自己最大努力，干点大事情，千万别想着混日子，辜负美好人生。

要自加压力，没有压力人就会轻飘飘，我的人生经历告诉我，人有点压力没有坏处，有压力才会有动力，要把压力转化为干事创业的动力源泉，脚踏实地，行胜于言，在各自岗位上建功立业。就目前技术研发中心的情况来说，我的建议是不讲条件，真抓实干，干出成绩，证明我们的价值。有价值才会有机会，有岗位。公司缺各方面的人才，尤其缺创新型人才，更缺领军人才。你若是货真价实的人才，还担心没有更好的岗位给你？怕就怕是没有真才实学，时间一长，被打回原形，最终被淘汰。

在座的各位，我希望我们能统一思想，在确立个人奋斗目标的前提下，要以团队目标为导向，共同努力，为打造国际一流创新型研发团队而努力。

四、谈能力

正所谓“闻道有先后，术业有专攻”。就个人而言，由于家庭环境、教育背景、社会经历不同，能力有大有小，这是客观事实。能力是可以通过勤学苦练获得和提高的。“业精于勤荒于嬉”。作为年轻人，不要怕事情多、工作多，作为科技研发人员，只有多干各种各样的科研，科研能力、水平才能提高，出成果、成才的机会也会随之而增多。要以各自主导专业为主，多头延伸，补自己的专业知识短板，强弱项，围绕生态公司发展需要，边干边学，养成终身学习的良好习惯，善于发现问题，提出问题，勇于探索，解决问题，不断提高自己的综合能力。不要以专业不太对口为理由，而放松对自己的要求。我说过国家发展和公司发展的需要就是我们努力的方向。

作为从事水资源与生态环境治理产业的科技研发人员，要努力提高数字化能力、信息化能力、计算能力、建模能力、获取信息的能力。有时间的话，各位要学习地理信息系统及其软件操作，要具备一定的专业软件开发能力。数字映射、数字孪生、仿真模拟等信息化技术在未来智慧城市建设方面将会愈来愈受到重视，应作为近期重点关注方向和学习内容。

五、谈方法

今天主要谈谈科研方法。从事科研，要重视理论与实践相结合。公司作为水资源与生态环境治理产业的领军企业，目前的业务还是比较单一，以工程建设为主，“十四五”期间公司将有相当大的投资业务。因此，我们的科研方法要多从生产实践和投资机会研究出发，强调技术经济比较、优化。

大家要多到项目上去调研，发现工程技术问题和基础应用研究问题，通过研究，联合攻关，解决问题，为公司工程建设服务。

要积极参与公司市场经营和投资业务方案的技术调研、方案策划，为公司生产经营和投资活动提供可靠的技术支撑。

六、谈要求

目前，我们对公司不谈条件，但请各位放心，公司正在用人之际，我在合适的时机一定会为大家说话，根据各自的能力，量才给公司推荐，并努力创造更多岗位量才而用。

大家一周之内提交自己的职业发展规划、专业特长、目前手头的科研任务及进展。近期，我还要和每一位进行一对一谈话，谈思想、工作、学习和生活。你们可以先回去思考思考。另外，强调一下上班纪律，有事外出须按公司要求请假。

好，我就先谈这些。谢谢大家！

王正发

2021 年 4 月 17 日

38

寄语——写在转任技术咨询之时

按照公司有关规定，男员工57岁就改任咨询，这是我在卸任技术研发中心总经理一职，孔德安总经理主持的技术研发中心干部大会上的离任发言。我自2021年4月受公司主要领导信任主持公司技术研发中心工作以来，1年10个月左右的时间里，尽自己最大努力，在科技研发团队建设、体制机制改革、科技项目完成、平台建设、奖项申报等方面取得了很好的业绩。我到岗后面对非常复杂的困难局面，研发中心人心涣散，广东省重点领域科研计划、龙岗面源污染课题等科研项目近乎停滞，面临违约风险，几乎没有申报省部级科技进步奖的计划，我迅速采取一系列措施，扭转了被动局面，重新打造科技研发团队，以公司的需要为努力方向，整合内部资源全面支持公司市场营销和现场服务，为公司经营发展和科技进步做好技术支持，2021年和2022年研发中心取得了近几年少有的良好成绩。我本人也为研发中心取得良好业绩作出了自己的努力和贡献，认为还是给党组织交了一份满意的成绩单，主要体现在以下几个方面。

一、体制机制

参与制定公司专业技术系列人才管理相关制度文件，成功推行科研机制改革，成立5个研究所，打造技术研发人才团队。

二、科技项目

1. 成功组织人员完成广东省科技厅重点领域研发项目。在公司研发团队绝大多数人员已认为不可能完成结题验收的情况下，我亲自组织报告编制团队分章节重新编写报告，最终按时提交广东省科技厅生产力促进中心申请验收，并于2023年2月23日通过验收，避免了公司失约。

2. 亲自参与并组织人员积极开展龙岗面源污染治理科研项目，高质量完成成果报告，按时提交龙岗水务局，避免了公司失约。

3. 积极申报电建集团科研项目，连续两年获得电建集团科技项目资金资助1 000多万元。

4. 积极推进公司研发项目实施，总体进展顺利。

三、平台建设

1. 2021年一次申报成功获得深圳市研发与标准化同步示范企业称号。没有委托中介，亲自组织编写申报材料并带队答辩，一次申报就成功，为深圳市水务企业所仅有，为公司赢得了声誉。

2. 2021 年获得广东省城乡水环境治理(中国电建)工程技术研究中心认定。

3. 2021 年成功获得国家高新技术企业重新认定。2021 年为公司减免所得税及加计扣除 7 917 万元,2019—2021 年累计为公司减免所得税及加计扣除超 3 亿元,为公司利润指标完成和健康发展作出了重大贡献。

4. 2021 年成功招生一名博士后进公司博后工作站,获得深圳市资助资金 105 万,避免了公司博后工作站摘牌风险。

5. 2022 年成功获得深圳市企业技术中心认定,为公司申请施工特级资质奠定了基础。

四、科技奖励申报

亲自总结提炼电建集团重大科技项目报告成果,力排众议,积极申报大禹水利科技进步奖、广东省水利科技进步奖、电力行业协会科技进步奖、深圳市科技进步奖、中施企协科技进步奖等外部奖项,成功获得集团级以上科技进步一等奖 5 项,在科技奖项方面取得很好的成绩,为公司成功获评行业领军企业、主要领导获评领军人才提供了重要技术成果支持。

在电建集团公司对电建生态公司的综合考核中,公司技术研发 2021 年考核得分为满分,还另外加了 2 分;2022 年技术研发考核得分也不错,也被评为电建集团技术研发先进单位。我没有辜负领导对我的期望。

综上所述,我任技术研发中心总经理 1 年 10 个月左右的时间内,很好地完成了组织赋予我的职责,在和研发中心员工共同工作和战斗的时间里,我同研发中心的员工建立了深厚的友情,离任之际,很有感触。虽有无官一身轻的轻松,更有念念不忘的同事情和殷切期望。以下是我的离任寄语。

我自 2021 年 4 月 16 日起担任技术研发中心总经理一职,截至今天离任,改任公司咨询,历时 1 年 10 个月左右,回顾和技术研发中心全体员工在一起工作的点点滴滴,我心潮澎湃,我就谈三点吧。

第一,我要感谢公司主要领导的信任。我任职之年,正是国家"十四五"开局之年,也是公司转型的关键时期,公司技术研发团队处于非常困难的时期,我在公司领导的指导下,尽自己最大努力,打造公司技术研发管理团队和专、兼职技术人员组成的技术研发团队,带领团队,脚踏实地,攻坚克难,在技术研发、平台建设、奖项申报等方面取得了很好的业绩,没有辜负领导对我的信任。

第二,我要感谢技术研发中心全体同事对我工作的支持。我任职技术研发中心总经理的第二天,即 2021 年 4 月 17 日上午,就召开了部门会议,从"使命、态度、目标、能力、方法、要求"六个方面进行了交流。近两年来,技术研发中心员工变动较大,多位已离职,留下的和新加入研发中心的人员,能够在各种复杂情况下团结一心、埋头苦干,即使连续三年在公司绩效考核都在倒数第三以内的情况下,还能无怨无悔,不忘我们的初心使命,坚守岗位,实属不易,难能可贵,在各自的岗位上都作出了不错的业绩。我感谢你们对我工作的支持,没有你们的努力和支持,我今天就不能自豪地离任。

第三,祝愿。刚才公司人才管理中心丁敏总经理宣布了公司的人事任命,平杨总来公司技术研发中心出任总经理一职,我完全拥护公司的决定。平杨总是一位能力非常强的领导，博士研究生毕业，在设计院当过总工，专业基础扎实，理论水平高，主持过大型水利水电工程勘察设计工作，也承担过省部级科研项目，目前还担任公司大型水环境治理工程项目经理，是一位非常全面的专家型领导。我祝愿技术研发中心在平杨总的领导下，在公司领导的指导和其他部门的大力支持下，在未来一定能取得更加辉煌的成绩，为电建生态公司高质量发展做好技术支撑，作出更大贡献！

最后，给大家拜个早年，祝大家新年快乐，身体健康，万事如意，生活幸福！

王正发

2023 年 1 月 12 日